기술사 / 기사·산업기사 / 공무원 / 한국국토정보공사

지적핵심요론

예문사

한국의 근대적 지적제도는 1910~1924년 실시된 토지조사사업과 임야조사사업의 완성으로 시작되었다. 구한국 정부에서 계획하고 일제에 승계된 이 사업의 완성은 근대적 토지행정 체계로 전환되는 역사적인 계기가 되었으나, 백여 년의 시간이 경과된 현시점에서는 지적공부의 등록경계와 현실의 지상경계가 불일치하는 지적불부합 현상이 발생하는 등 정확도가 매우 저하되었다. 때문에 지적을 사용하는 국민의 불편을 초래할 뿐 아니라 지적공부의 등록사항이 부족하여 글로벌 정보화시대에 필요한 다양한 요소를 반영하지 못함으로써 각종 토지 관련 정책수립에 장애가 되고 있는 실정이다.

결국 정부와 관계기관의 부단한 노력의 결과로 지난 2011년 9월 16일 「지적재조사에 관한 특별법」이 제정되고, 2012년 3월 17일 시행됨으로써 현재와 미래의 국민적 요구를 반영할 수 있는 지적측량의 정확도를 확보하고, 정보화시대에 필요한 다양한 요소를 정확하게 등록하여 글로벌 지적의 표준을 선도할 수 있는 한국형 지적제도를 구축할 수 있게 되었고 현재 전국적으로 사업이 진행되고 있다.

지적재조사사업은 2030년까지 추진될 예정인바, 이로써 토지에 대한 완벽한 인프라가 구축되어 우리나라의 지적제도는 세계 최고 수준으로 발전할 것이고, IT산업 등과 융합하여 공간정보 분야의 새로운 서비스를 창출하는 등 그 어느 때보다 공간정보의 활용 및 수요가 증대되는 만큼 우리나라 산업 전 부문에 걸쳐 크게 기여하게 될 것이다.

또한 100년 전 토지조사사업 당시 지적조사, 측량, 제도 등 각 분야에 많은 기술 인력이 참여한 것과 같이 최신 기술력과 이론을 갖춘 지적인력에 대한 수요가 크게 늘고 공간정보·부동산·감정평가 등 연관 분야에 대한 지적이론의 필요성도 증대할 것이다.

이러한 흐름에 맞춰 본서는 지적과 공간정보, 부동산, 감정평가 등 지적 관련 연관 분야에 진출하기 위해 지적 학문을 공부하는 학생과 수험생이 쉽게 지적 관련 이론을 이해할 수 있도록 핵심 요점을 정리한 것이다.

특히, 대학에서 처음 지적학을 배우는 학생들에게는 알기 쉬운 기본서로서, 지적기술사·지적기사·지적산업기사 등 국가기술자격을 취득하려는 수험생들에게는 핵심 내용을 정리해 주는 수험서로서, 지적직공무원·한국국토정보공사·지적 관련기관 등 취업을 준비하는 사람들에게는 체계적인 지적이론을 제시하는 교재로 쓰일 수 있도록 내용을 선별하여 구성하였다.

보다 쉬운 이해를 돕기 위하여 지적학, 지적측량, 지적관계법규, 토지정보체계론, 응용측량으로 편을 나누어 각 부문별로 핵심 이론과 최신 경향 및 현행 법령 등의 요점을 정리하고 풀이하였다. 모쪼록 이 책을 만나는 모든 독자들이 이를 효율적으로 활용하여 지적 이론을 확고히 정립하고 자격시험에 합격하여 각자가 희망하는 분야에서 전문가로서 일하게 되기를 기원한다.

본서를 출간하면서 많은 서적과 연구 및 자료를 참고하고 인용할 수 있도록 도와주신 선배, 동료께 이 자리를 빌려 깊은 감사의 인사를 드리며, 출판할 수 있도록 배려해주신 도서출판 예문사에도 고마움을 전한다.

2024. 8
저자 일동

Contents

5

제8장 토지조사 일반

Unit 02 지적측량

Unit 03 지적관계법규

Unit 04 토지정보체계론

Unit 05 응용측량

지적학

제1장 지적일반

01 지적의 개념

1. 지적의 어원

① 프랑스의 브론데임(Blondheim) 교수와 스페인의 일머(Ilmoor D.) 교수는 지적(Cadastre)이라는 용어가 그리스어 카타스티콘(Katastikhon)에서 유래된 것으로 공책 (Notebook)이란 의미를 지니고 있다고 보았다.

② 미국의 맥엔트리(J. G. McEntyre) 교수는 라틴어인 카타스트럼(Catastrum) 또는 캐피타스트럼(Capitastrum)에서 유래되었다고 보았다.

③ Katastikhon과 Capitastrum 또는 Catastrum은 모두 "세금 부과"의 뜻을 내포하고 있고, Katastichon은 Kata(위에서 아래로)와 Stikhon(부과)의 합성어로 조세등록이란 의미이기 때문에 지적의 어원은 조세에서 출발한 것으로 보는 것이 보편적인 견해이다.

④ 'Cadastre'라는 특정어는 미국을 비롯한 유럽에서는 한정적 의미로만 쓰이고 있을 뿐이며, 지적과 등기를 분리해서 생각하지 않고 단일제도로 발전시킨 나라들은 대체로 'Land Registration' 또는 'Land Register'로 표기한다.

⑤ 우리나라에서 지적이란 용어를 사용하기 시작한 것은 1895년 3월 26일 칙령 제53호로 공포된 내부관제에 "판적국에서 지적사무를 본다."라고 한 것이 처음이다.

2. 지적의 정의

① 대만의 래장(來璋, 1981) : 지적이란 토지의 위치, 경계, 종류, 면적, 권리상태 및 사용상태를 기재한 도책이다.

② 미국의 J. G. M. Entyre : 토지에 대한 법률상의 용어로서 조세를 부과하기 위한 부동산의 량, 가치 및 소유권의 공적인 등록이다.

③ 네덜란드의 J. L. G. Henssen : 국내의 모든 부동산에 관한 데이터를 체계적으로 정리하여 등록하는 것이다.

④ 영국 S. R. Simpson : 과세의 기초를 제공하기 위하여 한 나라 안의 부동산의 수량과 소유권 및 가격을 등록한 공부이다.

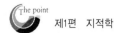

⑤ 국제측량사 연맹(FIG) : 통상적으로 토지에 대한 권리와 제한사항 및 의무사항 등 이해관계에 대한 기록을 포함한 필지 중심의 현대적인 토지정보시스템이다.

⑥ 미국의 국립연구위원회(National Research Council) : 토지에 대한 이해관계의 성격과 범위를 모두 포함하는 토지에 관한 이해관계의 기록이다.

⑦ 원영희 : 국토의 전반에 걸쳐 일정한 사항을 국가 또는 국가의 위임을 받은 기관이 등록하여 비치하는 기록으로서 토지의 위치, 형태, 용도, 면적 및 소유관계를 공시하는 제도이다.

⑧ 최용규 : 자기 영토의 토지현상을 공적으로 조사하여 체계적으로 등록한 데이터로 모든 토지활동의 계획 관리에 이용되는 토지정보원이다.

⑨ 강태석 : 토지의 표면이나 공중 또는 지하를 막론하고 모든 부동산을 지적행정과 측량에 의하여 체계적으로 등록하고 운용하는 국가의 관리행위이다.

⑩ 이범관 : 국가가 토지에 대한 물리적 현황과 소유권을 비롯한 권리관계를 공시할 목적으로 필지단위로 행한 기록이다.

⑪ 류병찬 : 국가기관의 통치권이 미치는 모든 영토를 필지단위로 구획하여 토지에 대한 물리적 현황과 법적 권리관계 등을 공적 장부에 등록 공시하고, 그 변경사항을 영속적으로 등록 관리하는 국가의 사무이다.

⑫ 지종덕 : 지적이란 국가가 토지(지표·공중·지하)의 제반 정보를 지적측량에 의하여 체계적으로 등록하고 관리하는 것이다.

3. 지적학의 범위

1) 지적학의 연구대상

① 지적학은 토지와 그 정착물에 대한 정보를 필지 단위로 정확하게 등록 공시하고 그 변경사항을 지속적으로 유지관리하며 토지 관련 정보의 공동 활용을 체계화하기 위한 원리와 기법을 연구 개발하는 학문이다.

② 지적학의 연구대상은 토지와 그 정착물인 건축물 등을 국가의 공적 장부에 등록 공시하고 변경사항을 영속적으로 유지·관리하며 각종 최신정보를 신속하고 정확하게 제공하기 위하여 운영하는 지적제도의 전반에 관한 사항이다.

2) 지적학의 연구범위

① 토지현상의 조사 : 토지의 등록단위인 필지별로 하게 되는 일필지조사로, 토지를 주체로 한 관리적 측면에서의 등록요소가 모두 조사대상이 되며 이를 지적조사라 한다.

② 조사된 내용의 기록 : 토지의 조사된 상황을 원형 그대로 지면이나 컴퓨터에 표현함으로써 현장상황을 수비게 판별케 하며 복원이 가능하게 한다.

③ 토지기록에 대한 관리와 운영 : 등록된 토지기록의 능률성 제고에 관한 부분

4. 지적의 기본이념

1) 기본이념의 개념

(1) 개요

① 지적제도는 국가의 통치권이 미치는 모든 영토를 필지별로 구획해 각 필지별 토지소재, 지번, 지목, 경계, 면적 등 물리적 현황과 소유권 등 법적 권리관계를 등록 공시하기 위한 제도이다.

② 지적국정주의, 형식주의, 공개주의를 3대 이념이라 하며, 여기에 실질적 심사주의와 직권등록주의를 더해 5대 이념이라 한다.

(2) 기본이념의 종류

① 지적국정주의 : 지적공부의 등록사항은 국가만이 이를 결정할 수 있다는 이념

② 지적형식주의 : 등록사항은 지적공부에 등록공시하여야만 효력이 인정되는 이념

③ 지적공개주의 : 지적공부의 등록사항은 소유자, 이해관계인 등에게 공개하여 이용하게 한다는 이념

④ 실질적 심사주의(사실심사주의) : 등록이나 변경등록은 절차상의 적법성뿐만아니라 사실관계의 부합여부를 심사한다는 이념

⑤ 직권등록주의(강제등록주의) : 모든 필지는 강제적으로 등록공시하여야 한다는 이념

2) 기본이념의 이해

(1) 지적국정주의(國定主義)

① 국정주의라 함은 지적공부의 등록 사항인 토지소재, 지번, 지목, 경계 또는 좌표와 면적은 국가의 공권력에 의해 오직 국가만이 결정할 수 있는 권한을 가진다는 이념이다.

② 소유자가 자연인, 국가, 지방자치단체, 법인 또는 비법인 사단·재단 등에 관계없이 필지를 구성하는 기본 요소 등은 국가기관의 장인 시장, 군수, 구청장이 등록이란 행정처분으로 결정한다는 이념이다.

(2) 지적형식주의(形式主義)

① 형식주의라 함은 국가의 통치권이 미치는 모든 영토를 필지 단위로 구획하여 지번, 지목, 경계, 좌표, 면적 등을 정한 다음 국가기관의 장인 시장, 군수, 구청장이 비치하고 있는 공적 장부인 지적공부에 등록 · 공시해야만이 효력이 인정된다는 이념이다.

② 따라서 모든 토지는 지적공부에 등록 · 공시해야만이 토지 등기가 가능하게 되어서 토지에 대한 평가, 과세, 거래, 토지이용계획 등의 기존 자료로 활용될 수 있는데 이는 형식주의에 의한 공시효력을 인정하고 있기 때문이다.

(3) 지적공개주의(公開主義)

① 공개주의라 함은 지적공부에 등록된 사항은 토지소유자나 이해관계인 등 일반 국민에게 신속 정확하게 공개하여 모든 국민이 공평하게 이용할 수 있도록 해야 한다는 이념이다.

② 국가의 통제권이 미치는 모든 영토를 지적공부에 등록 · 공시하여 국가기관의 행정 목적에만 이용하는 것이 아니라 다른 국가기관이나 지방자치단체 및 공공기관과 일반 국민에게 공개하여 국가 및 개인의 각종 토지정책의 기초자료로 활용할 수 있게 해야 한다는 이념이다.

(4) 실질적 심사주의(實質的審査主義)

① 실질적 심사주의는 지적공부에 새로이 등록하는 사항이나 이미 등록된 사항의 변경 등록은 국가기관의 장인 시장 · 군수 · 구청장이 지적관계법령에 의한 절차상의 적법성뿐만 아니라 실체법상 사실관계의 부합 여부를 조사하여 지적공부에 등록하여야 한다는 이념으로 사실심사주의라고도 한다.

② 따라서 지적측량수행자가 실시한 측량성과는 반드시 소관청이 측량검사를 실시해야 하며 지목변경, 합병 등 토지이동 신청이 있는 경우에는 현지 출장하여 토지 확인 조사를 실시하여 사실관계와 부합 여부를 확인한 후 지적공부를 정리해야 한다.

(5) 직권등록주의(職權登錄主義)

① 직권등록주의라 함은 국가의 통치권이 미치는 모든 영토를 필지 단위로 구획하여 국가기관의 장인 시장, 군수, 구청장이 강제적으로 지적공부에 등록 · 공시하여야 한다는 이념으로서 등록강제주의 또는 적극적 등록주의라고도 한다.

② 따라서 지적소관청은 지적소관청은 「공간정보의 구축 및 관리 등에 관한 법률」 제64조의 규정에 따라 모든 토지를 지적공부에 등록해야 하며 미등록 토지를 발견하였을 때에는 이를 직권으로 조사·측량하여 토지소재, 지번, 지목, 경계 또는 좌표와 면적 및 소유자 등을 지적공부에 새로이 등록하여야 한다.

5. 일필지

1) 일필지의 개념
① 법적으로 물권이 미치는 권리의 객체로서 토지의 등록단위, 소유단위, 이용단위
② 소유자와 용도가 동일하고 지반이 연속되어 하나의 지번이 부여되는 토지의 기본단위
③ 소유권의 단위인 동시에 경영의 단위
④ 토지에 대한 물권의 효력이 미치는 범위를 정하고 거래단위로서 개별화·특정화시키기 위하여 인위적으로 구획한 법적 등록단위
⑤ 지적측량에 의하여 일정한 직선으로 연결한 폐합다각형으로 지적(임야)도 위에 나타난다.

2) 일필지의 정의
① 1필지는 "지적공부에 등록하는 토지의 법률적인 단위구역"으로서 "법적인 토지등록단위"이다.
② 1필지는 폐다각형으로 규정되며 지번, 지목, 경계 및 면적 등의 사항이 정해진다.

3) 일필지의 성립요건
① 지번 부여 지역이 동일할 것
② 소유자가 동일할 것
③ 지목이 동일할 것
④ 지반이 연속되어 있을 것
⑤ 소유권 이외의 권리가 같을 것
⑥ 지적공부의 축척이 동일할 것
⑦ 등기 여부가 같을 것

4) 일필지의 경계등록
① 일필지의 경계는 소유자 간의 합의에 의하여 설치된 경계표에 따라 국가가 지적측량에 의하여 결정 등록함으로써 공시된다.

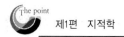

② 우리나라의 일필지 경계를 지적공부에 등록하는 방법으로는 정해진 축척에 따라 지적도나 임야도에 도해적으로 등록하는 도해지적방법과 경계점좌표등록부에 평면직각종횡선 좌표로 등록하는 수치지적방법이 있다.

02 지적의 기능과 역할

1. 지적의 기능

1) 지적의 일반적 기능

(1) 사회적 기능

토지를 등록 공시하여 사회적으로 토지문제해결의 중요한 역할을 한다.

(2) 법률적 기능

① 사법적 기능 : 사인간 토지거래의 용이성, 경비의 절감, 거래의 안전성을 제공
② 공법적 기능 : 지적법에 의한 토지등록은 법적 효력을 획득, 공적 확인의 자료가 된다.

(3) 행정적 기능

① 토지 과세액 평가 및 부과징수의 수단
② 공공계획 수행 및 용지확보에 자료로 이용
③ 투기억제를 위한 토지규제 자료로 이용
④ 기타 각종 공공행정의 자료 제공

2) 지적의 실제적 기능

① 토지에 대한 기록의 법적인 효력 및 공시
② 국토 및 도시계획의 자료
③ 토지관리의 자료
④ 토지유통의 자료
⑤ 토지에 대한 평가기준
⑥ 지방행정의 자료

2. 지적의 역할

① 토지등기의 기초 : 우리나라의 토지공시체계는 토지의 표시현황에 대하여는 토지대장을 기초로 등기부를 정리하고, 소유권의 득실 변경에 관하여는 등기부를 기초로 토지대장을 정리하도록 하고 있는 등 지적제도와 등기제도는 상호보완관계에 있다.

② 토지평가의 기준 : 모든 토지를 지적공부에 등록한 후 그 등록사항을 기초로 기준지가를 결정하여 토지등급과 기준수확량등급을 설정하여 토지에 대한 평가의 기초자료로 활용한다.

③ 토지과세의 기준 : 모든 토지는 지적공부에 등록된 필지단위로 지목, 면적, 토지등급에 의하여 재산세와 취득세, 양도소득세와 상속세 등의 세금을 과세한다.

④ 토지거래의 기준 : 거래대상의 토지에 관한 현황을 지적공부에 의하여 알 수 있으며 지적공부에 등록된 지번·지목·면적·경계 등을 기준으로 거래대상이 되므로, 부동산등기부와 함께 토지거래의 기준이 된다.

⑤ 토지이용계획의 기초 : 지적공부에 등록된 등록사항은 국토종합개발계획, 도시개발사업, 재개발사업 등 각종 토지이용계획 및 개발계획 등의 기초자료로 활용되며 이를 기초로 각종 부동산정책을 입안·결정·집행한다.

⑥ 주소표기의 기준 : 민법, 호적법, 주민등록법 등에 규정된 주소는 지적공부에 등록된 토지의 소재와 지번을 기준으로 한다.

⑦ 국토통계, 도시행정, 건축행정, 농림행정, 국유재산관리 등에 필요한 기초자료를 제공한다.

3. 지적의 필요성

① 토지분쟁을 원만히 해결하기 위한 기초자료
② 국토의 효율적 이용·관리방안에 대한 새로운 계획을 입안하거나 개발계획을 수립
③ 정확한 세원 확보
④ 토지거래의 안전과 신속성 확보
⑤ 각종 부동산활동에 있어서 의사결정의 기초정보로 활용

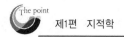

03 지적의 특징과 원리

1. 지적제도의 특징

1) 영국의 심프슨

① 안정성 : 토지 소유권 및 기타권리는 일단 등록되면 안전한 불가침의 영역이다.

② 간편성 : 소유권 등록은 단순한 형태로 사용, 절차는 명확·확실해야 한다.

③ 정확성과 신속성 : 지적제도의 효율성을 위해 토지등록은 정확하고 신속해야 한다.

④ 저렴성 : 소유권 등록에 의하여 소유권을 입증하는 것보다 저렴한 것은 없다.

⑤ 적합성 : 상황변화에 상관없이 결정적인 요소는 적합해야 하고 비용, 인력, 기술에 유용해야 한다.

⑥ 등록의 완전성 : 등록은 모든 토지에 대하여 완전하여야 하며 최근 상황을 반영하여야 한다.

2) 유병찬

① 법적 측면에서 안정성

② 제도적 측면에서 공정성

③ 기술적 측면에서 정확성

④ 경제적 측면에서 경제성

2. 현대지적의 원리

① 공기능성의 원리 : 공기능성의 본원적 의미는 어떤 집단 속에서 대다수의 개인에게 공통되는 이해 또는 목적을 가지는 것으로 불특정다수자의 이익의 추구이며, 사적 이익이라는 개별적 추구를 공적 입장에서 보호하자는 조화에 바탕을 두고 있다. 따라서 모든 지적사항은 필요에 따라 공개되어야 하며 객관적이고 정확성이 있어야 한다.

② 민주성의 원리 : 현대지적의 민주성이란, 제도의 운영주체와 객체가 내적인 면에서 인간화가 이루어지고 외적인 면에서 주민의 뜻이 반영되는 행정이라 할 수 있으며, 정책결정에서 국민의 참여, 국민에 대한 충실한 봉사, 국민에 대한 행정적 책임 등이 확보되는 상태를 말한다.

③ 능률성의 원리 : 지적의 능률성은 토지현황을 조사하여 지적공부를 만드는 데 따르는 실무활동의 능률과 주어진 여건과 실행과정에서 이론개발 및 그 전달과정의 개선을 뜻하며 지적활동의 과학화·기술화 내지 합리화·근대화를 지칭하는 것이다.

④ 정확성의 원리 : 토지의 정보를 수록하는 지적은 사회과학적 방법과 자연과학적 방법이 함께 접근되어야 하며, 지적의 정확성이 현대지적의 기능을 최고화하기 위한 원리이다.

3. 현대지적의 특성

1) 역사성과 영구성
① 지적의 발생에 대해서는 여러 가지 설이 있으나 역사적으로 가장 일반적 이론은 합리적인 과세부과이며, 토지는 측정에 의해 경계가 정해진다.
② 중농주의 학자들에 의해서 토지는 국가 및 지역에서 부를 축적하는 원천이며, 수입은 과세함으로써 처리되었고 토지의 용도 및 수확량에 따라 토지세가 차등 부과된다.
③ 이러한 사실은 과거의 양안이나 기타 기록물을 통해서도 알 수 있다.

2) 반복민원성
① 지적업무는 필요에 따라 반복되는 특징을 가지고 있다.
② 실제로 시·군·구의 지적소관청에서 행해지는 대부분의 지적업무는 지적공부의 열람, 등본 및 공부의 소유권 토지 이동의 신청접수 및 정리, 등록사항 정정 및 정리 등의 업무가 일반적이다.

3) 전문기술성
① 자신이 소유한 토지에 대해 정확한 자료의 기록과 이를 도면상에서 볼 수 있는 체계적인 기술이 필요하며, 이는 전문기술인에 의해서 운영·유지된다.
② 부의 축적수단과 삶의 터전인 토지는 재산가치에 대한 높은 인식이 크므로 법지적 기반 위에서 확실성이 요구된다.
③ 일반측량에 비해 지적측량은 토지관계의 효율화와 소유권 보호가 우선이므로 전문 기술에 의한 기술진의 중요도가 필요하다.
④ 지적측량을 통해 토지에 대한 여러 가지 자료를 결합시켜 종합정보를 제공하는 정보제공의 기초수단이다.

4) 서비스성과 윤리성
① 소관청의 민원업무 중에서 지적업무의 민원이 큰 비중을 차지하고 있어 다른 행정업무보다 서비스 제공에 각별한 관심이 요구된다.

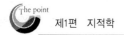

② 지적민원은 지적과 등기가 포함된 행정서비스로, 개인의 토지재산권과 관련되는 중요한 사항으로서 윤리성을 갖지 않고 행정서비스를 제공한다면 커다란 사회적 혼란 내지는 국가적 손실을 초래할 수 있어 다른 어떤 행정보다 공익적인 측면에서 서비스와 윤리성이 강조된다.

③ 지적행정업무는 매 필지마다 경계·지목·면적·소유권 등에서 이해관계가 있기 때문에 지적측량성과, 토지이동정리, 경계복원 등에서 객관적이고 공정한 의식이 요구된다.

5) 정보원

① 지적은 광의적인 의미의 지리정보체계에 포함되며, 협의적으로는 토지와 관련된 종합시스템이다.

② GIS는 지형공간의 의사결정과 분석을 위해 토지에 대한 자료를 수집·처리·제공하며, 지적 분야도 이와 같은 범주에 포함되도록 체계가 운영된다.

③ 토지는 국가적·개인적으로 중요한 자원이며 이들 토지의 이동상황이나 활동 등에 대한 기초적인 자료로서 지적정보가 활용된다.

04 지적의 주요 구성내용

1. 등록주체

① 토지를 지적공부에 등록하는 소관청

② 국가기관으로서의 시장·군수·구청장

③ 지적국정주의 채택

2. 등록객체

① 통치권이 미치는 모든 영토

② 한반도와 그 부속도서

③ 직권등록주의(등록강제주의) 채택

3. 등록공부

① 토지의 물리적 현황과 법적 권리관계 등을 등록 공시하는 국가장부인 지적공부

② 8종의 지적공부

③ 지적공개주의 채택

4. 등록사항

① 토지표시에 관한 기본정보, 소유권에 관한 정보, 토지이용에 관한 정보, 토지가격에 관한 정보, 토지거래에 관한 정보
② 지적형식주의 채택

5. 등록방법

① 토지 등록사항을 지적공부에 등록
② 토지이동조사와 지적측량에 의함
③ 실질적 심사주의(사실심사주의) 채택

05 지적공부

1. 지적공부의 종류

지적공부는 일반적으로 지적부(地籍簿, Cadastral Book)와 지적도(地籍圖, Cadastral Map)로 구분되는데, 우리나라의 경우 지적공부(Cadastral Record)는 대장형식과 도면형식, 경계점좌표등록부 및 지적파일이 있다.

1) 지적부

토지에 관한 속성자료를 등록 공시하는 지적공부로서 우리나라는 토지대장, 임야대장으로 구분한다.
① 토지대장 : 지적도에 등록되어 있는 토지에 대한 물리적 현황 및 소유자 등을 등록하는 국가의 공적 장부
② 임야대장 : 임야도에 등록되어 있는 토지에 대한 물리적 현황 및 소유자 등을 등록하는 국가의 공적 장부

2) 지적도

국가에 따라 부동산도면(Real Estate Map), 재산도면(Property Map)이라 하며, 등록방식에 따라 고립형 지적도(Island Map Or Insular Map)와 연속형 지적도(Serial Map Or Continuous Map)로 구분되는데 우리나라 지적도는 연속형 지적도이며 지적도와 임야도로 구분 작성한다.

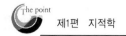
① 지적도 : 토지대장에 등록된 토지의 필지별 경계선과 지번 지목 등을 등록하는 지적공부

② 임야도 : 임야대장에 등록된 토지의 필지별 경계선과 지번 지목 등을 등록하는 지적공부

(1) 고립형 지적도(Island Map or Insular Map)

　① 도로, 구거, 하천 등 지형지물에 의한 블록별로 지적도면 작성

　② 도곽 개념이 없고 인접도면과 접합 불가능

　③ 토지를 지적공부에 필요시마다 분산하여 등록하는 분산등록제도를 채택하는 지역에서 적용

　④ 채택국가 : 프랑스, 독일, 네덜란드 등

　⑤ 단점

　　• 도면관리 불편

　　• 대규모 개발사업계획수립 등 어려움

　　• 특정지역 파악위해 집성도 작성요

(2) 연속형 지적도(Serial Map or Continuous Map)

　① 도곽에 의하여 인접도면과 접합 가능한 연속되어 있는 지적도면

　② 토지를 일괄 조사측량하여 일괄등록제도를 채택하고 있는 지역에서 적용

　③ 채택국가 : 한국, 일본, 대만

3) 공유지연명부

1필지에 대한 토지소유자가 2명 이상인 경우에 토지대장 또는 임야대장 이외에 별도로 작성 비치하는 지적공부

4) 대지권등록부

집합건물의 소유 및 관리에 관한 법률에 의거 집합건물의 구분소유 단위로 등기된 대지권을 등록 공시하기 위하여 작성하는 지적공부

5) 경계점좌표등록부

① 도시개발사업, 농어촌정비사업, 기타 토지개발사업 등 지적확정측량을 실시한 지역 및 시가지 지역의 축척변경지역 등에 대하여 경계점의 위치를 좌표로 등록 · 공시하기 위하여 작성하는 지적공부

② 수치측량의 도입으로 1976년부터 작성되어 "수치지적부"로 부르다가 2001. 1. 26 제10차 지적법 전문개정 시 경계점좌표등록부로 변경

③ 경계점좌표등록부는 가로 27cm, 세로 19cm의 규격으로 작성

④ 경계점좌표등록부를 비치하는 지역에서는 필지의 경계점좌표 등을 등록한 경계
   점좌표등록부가 지적공부

⑤ 소관청은 도시개발사업 등으로 인하여 필요하다고 인정되는 지역 안의 토지에
   대하여 경계점좌표등록부를 비치

⑥ 경계점좌표등록부에는 토지의 소재, 지번, 좌표, 토지의 고유번호, 지적도면의 번
   호, 필지별 경계점좌표등록부의 장번호, 부호 및 부호도 등을 등록

6) 지적전산파일

① 지적공부에 등록할 사항을 전산정보처리조직에 의하여 자기디스크 · 자기테이프
   등의 매체에 기록 · 저장 및 관리하는 집합물

② 1978년부터 1984년까지 전국의 대장 전산화를 완료하여 1990년 전국 on-line 시
   스템을 구축하고, 1991년 불가시적인 지적공부(지적파일)를 신설

③ 1999년부터 2003년까지 전국의 75만여 장의 도면 전산화를 완료하고 2002년부터
   PBLIS(Parcel Based Land Information System, 필지중심토지정보시스템) 구축

④ 토지정보의 공동 활용을 위해 2006년부터 LMIS(Land Management Information
   System, 토지관리정보시스템)와 PBLIS를 통합한 KLIS(Korea Land Information
   System, 한국토지종합정보시스템) 운영

⑤ 소관청의 전산처리조직에 의한 지적공부는 지역전산본부(특별시 · 광역시 · 도
   또는 시 · 군 · 구)에 보관하고 관리

2. 지적공부의 등록방법

1) 분산등록제도

① 토지등록이 필요할 때마다 토지를 지적공부에 등록하는 제도, 주로 국토면적이
   넓은 국가에서 채택하며 지형도를 기본도로 사용

② 장점 : 일시에 많은 예산이 소요되지 않음

③ 단점 : 지적공부등록에 관한 예측이 불가능하며, 필지별 등록단가가 높음

2) 일괄등록제도

① 일정지역 내의 모든 토지를 일시에 조사측량하여 지적공부에 등록하는 제도, 국
   토관리에 정확도 높은 지적도를 기본도로 활용

② 한국, 대만 등 국토면적이 좁고 인구가 많은 국가에서 채택

③ 장점 : 분산등록제도에 비해 안전한 소유권보호, 국토의 체계적 이용관리 가능 및
   저렴한 필지별 등록단가

④ 단점 : 초기에 많은 비용 소요

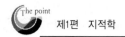

06 토지등록의 절차

1. 토지이동의 개념

1) 광의적 개념

토지에 대한 변동 또는 지적관리상의 일체의 변동

2) 법적 개념

신규등록할 토지가 생기거나 이미 등록된 토지의 지번, 지목, 경계 또는 좌표 및 면적 등이 달라지는 것

2. 신고와 신청의 구분

1) 신고주의

토지 이동 시 소유자는 의무적으로 국가에 그 사유와 이동현황을 소정기일 내에 소정양식의 신고서에 작성 제출

2) 신청주의

토지의 이동에 대하여 법률적으로 강제되지 않고 소유자의 의사에 맡겨 정리되는 대상은 신청으로 구분

3) 직권조사주의

신청기피나 신청을 강제하지 않을 때 소관청이 토지이동 사실을 인지한 때 또는 일정기간마다 조사를 실시하여 지적 정리를 행하는 것

3. 신청권자

1) 토지소유자

① 원칙 : 부동산등기부에 등기된 소유자
② 미등기토지 : 지적공부에 등록된 소유자
③ 신규등록대상지 : 법령에 의한 소유자 인정절차를 이행한 자 또는 법원의 판결에 의해 소유자로 확정된 자

2) 신청의무의 승계

신소유자는 소유권 이전과 동시에 신청의 의무가 포괄승계됨

3) 신청의 대위

① 토지이동의 신청은 소유자가 원칙
② 다만, 공공용지, 국가 등의 토지매입 등의 경우에는 사실상 신청권 위임 상태이므로 소유자를 대신하여 관계자가 신청 가능

4. 처리절차

① 현지조사 및 지적측량 실시
② 지적공부정리 결의
③ 지적공부정리 : 정리완료로서 토지이동의 효력이 발생함
④ 초일불산입의 원칙
⑤ 촉탁등기
⑥ 지적공부정리의 통지

07 토지등록의 말소

1. 토지등록말소의 개념

① 토지의 멸실에 따른 등록말소는 물권의 대상인 토지가 자연적, 인위적인 원인으로 사실상 소멸되고 또 등록요건을 갖춘 토지가 그 요건을 상실할 경우 그에 대한 법상의 등록내용과 등록효력을 상실케 하는 행정처분이다.
② 해면성 말소가 대표적이며 등록전환, 합병의 경우는 엄밀한 의미의 말소는 아니다.

2. 바다로 된 토지의 등록말소

① 토지의 침몰, 호소의 침식 등으로 지적공부에 등록된 토지가 해면이 되어 원상회복을 할 수 없는 때에는 "권리목적물이 멸실한 때는 그에 대한 물권이 소멸된다."는 민법 정신에 따라 지적공부의 등록도 말소된다.
② 일필 토지 중 일부가 멸실한 경우 : 등기법은 멸실 아닌 토지면적의 변경으로 보지만 측량·수로조사 및 지적에 관한 법률에서는 토지분할 후 해면 부분만 말소된다.
③ 토지가 하천이 된 경우 : 지적공부는 말소하지 않지만 등기부는 멸실로 보아 말소하는 모순이 있다.

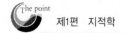
3. 멸실의 원인

① 자연적 해몰 : 지반의 침하, 지진, 해일 등 자연현상에 의한 토지의 침몰
② 인위적 해몰 : 인공적인 해안선 변경으로 토지가 해면이 되는 경우

4. 토지의 멸실(해면성)로 보는 기준

① 자연적 기준 : 등록토지가 해면이 될 것
② 인위적 기준 : 원상회복 또는 다른 지목으로 될 가능성이 없을 것

08 토지등록의 효력

1. 행정처분의 구속력

토지등록의 행정처분이 유효하는 한 정당한 절차 없이 그 존재를 부정하거나 효력을
기피할 수 없다는 효력

2. 토지등록의 공정력

등록에 하자가 있더라도 절대무효인 경우를 제외하고는 소관청, 감독청, 법원 등에 의
하여 쟁송 또는 직권취소될 때까지 그 행위는 적법 추정을 받는 것

3. 토지등록의 확정력

일단 유효한 등록사항은 일정기간 경과 후에는 그 상대방이나 이해관계인뿐만 아니라
소관청 자신까지도 특별한 사유 없는 한 그 효력을 다툴 수 없음

4. 토지등록의 강제력

지적측량이나 토지등록사항에 대하여 사법부에 의존하지 않고도 행정청의 자력으로 집
행할 수 있는 효력

제2장　지적제도의 발생과 유형

01　지적의 발생설

1. 지적발생설의 종류
① 과세설 : 세금 징수의 목적에서 출발
② 치수설 : 토목측량술 및 치수에서 비롯됨
③ 통치설 : 통치적 수단에서 시작됨
④ 침략설 : 영토 확장과 침략상 우위 목적

2. 과세설

1) 의의
① 국가가 과세를 목적으로 토지에 대한 각종 현상을 기록하고 관리하는 수단으로부터 지적제도가 출발하였다는 이론이다.
② 이집트의 역사학자들은 기원전 3400년에 과세를 목적으로 한 측량이 실시되었고 기원전 3000년 경에 지적기록이 존재하였다고 한다.
③ 과세설은 지적의 발생설 중 가장 지배적인 이론으로서 농경사회에서 수확을 거둬들일 수 있는 토지는 가장 큰 재산적 가치가 있었으므로 과세 또한 토지에 집중되었으나 점차 과세를 위한 지적은 소유권 보호의 형태로 발전되었다.

2) 관련기록
① 수메르의 토지 및 관련 기록
② 모세의 탈무드법에 규정된 토지세(Title)

3) 과세설의 근거

(1) 둠즈데이북(Domesday Book)
① 1066년 헤스팅스(Hastings)전투에서 노르만족이 색슨족을 격퇴한 20년 후 William 1세가 전 영국의 자원목록으로 체계적으로 작성한 토지기록장부로서, 현재의 토지대장과 같은 개념이다.

② 본래 Williams 1세가 자원목록으로 정리하기 전에 덴마크 침략자로의 약탈을 피하기 위해 지불되는 보호금인 데인겔트(Dangelt)를 모으기 위해 색슨 영국에서 사용되어 온 과세용 지세장부이다.

③ 토지와 가축의 수까지 기록한다.

④ 두 권의 책이며, 공문서 보관소에 보존되어 있다.

(2) 신라 장적문서

① 현존하는 최고(最古)의 우리나라 지적기록으로, 신라말기 지금의 청주지역인 서원경 부근 4개 촌락의 향적문서를 말한다.

② 1933년 일본 나라지방에 있는 동대사(東大寺)의 정창원(正倉院)에서 발견되었으며 장적문서, 민정문서, 장적, 촌락문서, 촌락장적 등 명칭이 다양하다.

③ 촌민지배 및 과세를 위하여 촌 내의 사정을 자세히 파악하여 문서로 작성하는 치밀성을 보인다.

④ 장적문서의 작성은 매 3년마다 일정한 방식에 의하여 수의 증감을 기록한 당시의 종합정보 대장이다.

⑤ 기재사항
  - 현·촌명 및 촌락영역
  - 호구 수 및 우마 수
  - 토지종목 및 면적
  - 뽕나무, 백자목(柏子木, 잣나무), 추자목(楸子木, 호두나무)의 수량
  - 호구의 감소, 우마의 감소, 수목의 감소 등

⑥ 장적문서의 특징
  - 촌락의 행정사무는 촌주가 담당
  - 농민 개인당 토지의 보유량은 대부분 1결 내의 적은 면적
  - 수취에 대한 변동사항은 3년마다 작성
  - 촌주는 여러 촌락을 관할하여 과세의 수취와 수취대상의 변동사항을 정확하게 파악
  - 촌주에게는 촌주위전의 전답을 줌

3. 치수설

1) 의의

① 치수설은 고대 이집트나 중국에서 제방, 수로를 축조하기 위한 토목공사나 홍수
이후 경지 정리의 필요에서 토지기록이 발생하였으며, 이것이 지적의 발생기원
이라는 이론이다.

② 관개시설에 의한 농업적 용도에서 치수를 위하여 토목과 측량술이 발달되었고,
이에 따라 농경지의 생산성에 대한 합리적인 과세를 목적으로 토지기록이 이루
어졌다는 이론이다.

2) 관련기록

① BC 5000~3000년경 나일강변의 이집트와 티그리스 · 유프라테스 하류지역의 메소
포타미아지방에서 제방 · 수로 등의 토목공사와 삼각법에 의한 토지측량법을 실시
하였다.

② 8세기경 황하유역의 중국도 정밀한 측량기구가 제작된 것으로 보아 7세기경에
토지측량이 시행되었을 것으로 추정된다.

4. 지배설

1) 의의

① 지배설 또는 통치설은 영토의 보존과 통치수단이라는 두 관점에 대한 이론으로
서 국토의 경계를 정하고 이것을 유지시키는 과정에서 지적이 발생했다는 관점
이다.

② 통치권자는 영토 내 주민의 생활공간 확보 및 권력의지의 실현을 위해 영토확장
에 관심을 두며, 점령한 토지는 보존하려는 노력을 한다.

③ 지배설은 지적이 영토보존의 수단으로써 국가형태 유지 및 집단생활을 위한 토
지의 보호역할을 수행하는 과정에서 발생하였으며, 통치의 수단으로 이용되었다
는 것을 의미한다.

2) 지배설의 근거

① 이집트의 파라오, 그리스 미케네국왕은 국토를 소유하고 통치의 수단으로 사용하
였다.

② 근세 일제 식민사에서도 토지조사사업을 제일 먼저 시행하였다.

02 지적의 분류

1. 발전과정에 따른 분류

1) 세지적(Fiscal Cadastre)

(1) 세지적의 개념

① 국가재정에 필요한 세금의 징수를 주목적으로 하는 제도이며 과세지적이라 한다.

② 국가재정이 토지세에 의존하던 농경시대에 개발된 최초의 지적제도이다.

③ 필지별 세액산정을 위해 면적본위로 운영한다.

(2) 세지적의 특징

① 1720년경 밀라노의 지적도 제작과 1807년 프랑스 나폴레옹의 지적제도가 세지적에 속한다.

② 부동산 크기를 조사측량하고 가격을 평가하여 과세자료로 이용하는 것이 주목적이다.

③ 등록사항으로 토지소재, 지번, 지목, 면적, 경계와 소유자, 가격, 건물 등을 포함한다.

④ 세지적하에서 세금기록은 소유권에 관한 권원서류로도 활용된다.

(3) 세지적의 단계

① 평가된 모든 필지를 발견하고 감정한다.

② 각 토지는 분류되고 그 가치가 결정된다.

③ 세금은 신뢰 있는 소유권으로부터 징수된다.

2) 경제지적(Economic Cadastre)

① 도시계획이나 농지개량사업의 기초가 되는 지적제도로서 유사지적이라고도 한다.

② 지형과 지물에 특히 중점을 두고 오히려 지적의 생명이라 할 수 있는 일필지의 경계에는 그다지 신경쓰지 않는 것이 특징이다.

3) 법지적(Legal Cadastre)

(1) 법지적의 개념

① 토지거래의 안전과 소유권보호를 주목적으로 하는 제도로서 소유권지적이라 하며, 지적의 개념이 토지소유권 보호를 위한 기능으로 변화됨을 의미한다.

② 토지이용의 다양성과 상품성이 강조된 산업화시대(17세기 유럽)에 개발된 제도이다.

(2) 법지적의 내용

① 소유권의 한계 설정과 경계 복원의 가능성이 강조되고 위치본위로 운영된다.

② 토지등록에 있어서 소유권에 대한 국가의 보호와 법률적 효력이 부여된다.

③ 등록사항은 세지적과 같으나 소유권 이외의 기타 권리를 포함하기도 한다.

(3) 법지적의 특징

① 일반적으로 지적과 등기의 통합 형태이다.

② 일필지는 소유권에 따라 결정되고 표현된다.

③ 토지법, 등기법, 지적법 등 토지등록기본법 제정을 기본요소로 한다.

4) 환경지적(Environmental Cadastre)

① 환경지적은 필지와 더불어 자연적 · 인공적인 환경의 모든 속성을 포함하는 데이터베이스이다.

② 인공현상으로는 물리적 구조, 토지의 자연 형상으로는 수로 · 초목 · 토양 등이 있다.

③ 최근에는 다목적지적의 출현으로 환경지적이 무시되는 경향이 있다.

5) 다목적 지적(Multi - purposs Cadastre)

(1) 다목적 지적의 개념

① 다목적 지적은 토지이용의 효율화를 위해 토지에 대한 모든 관련 자료를 일필지를 기초로 집적 관리하고 공급하는 제도로서 토지 관련 정보의 종합적인 기록유지와 공급의 종합토지정보시스템이다.

② 토지에 관한 등록자료의 용도가 다양화됨에 따라 더 많은 자료의 관리와 이를 신속하고 정확하게 공급하기 위한 제도이다.

③ 토지의 각종 등록자료의 관리 및 공급으로 토지이용의 효율성을 추구하는 제도이다.

④ 종합지적 또는 통합지적이라고 한다.

⑤ 토지소유권, 토지이용, 토지평가, 토지자원관리에 관한 의사결정에 필요한 정보를 포함한다.

⑥ 등록자료의 통계 · 추정 · 검증 · 분석이 가능한 프로그램에 의하여 컴퓨터시스템으로 운영할 때 가능한 종합적 토지정보시스템이다.

(2) 다목적 지적의 내용

① 사회의 발달과 그 기능의 복잡화 · 분업화로 토지에 대한 세금징수 및 소유권 보호뿐만 아니라 토지이용의 효율화를 위하여 출연한 토지 관련 정보의 종합적 기록유지 및 공급의 종합적 토지정보시스템이다.

② 이 제도에서는 토지소유권, 토지이용, 토지평가, 토지자원관리에 관한 의사
　결정에 필요한 정보를 포함한다.

③ 방대한 등록자료에 대한 통계·추정·검증·분석이 가능한 프로그램을 개발
　하여 컴퓨터시스템으로 운영할 때 더욱 효율적이다.

(3) 다목적 지적의 목적

① 토지 관련 정보의 계속적인 종합기록을 제공한다.

② 토지정보는 필지단위로 등록되며, 지속적이고 손쉽게 정보 획득이 가능하다.

③ 공공목적상 토지 관련 정보를 종합적으로 제공한다.

(4) 다목적 지적의 특징

① 다양한 필지관계 정보를 기록·보관·제공한다.

② 소유토지단위를 토지정보의 공간적 기본단위로 사용한다.

③ 공공기관과 국민 모두에게 봉사하는 대규모 공동체 지향적 정보시스템이다.

④ 토지 관련 정보의 종합적인 기록을 필지를 단위로 계속적인 형태로 제공한다.

(5) 다목적지적의 요소

① 측지기본망(Geodetic Reference Network)

② 기본도(Base Map)

③ 지적중첩도(Cadastral Overlay)

④ 필지식별번호(Unique Parcel Identification Number)

⑤ 토지자료파일(Land Data File)

2. 표시방법(측량방법)에 따른 분류

1) 도해지적(Grephical Cadastre)

(1) 의의

토지경계를 도해적으로 측정하여 지적도 또는 임야도에 등록하고 토지경계의
효력을 도면에 등록된 경계에 의존한다.

(2) 도해지적의 장점

① 토지형상의 시각적 파악이 용이하다.

② 측량비용이 저렴하다.

③ 고도의 기술이 요구되지 않는다.

(3) 도해지적의 단점

① 축척별 허용오차가 다르다.

② 도면신축이 발생하며, 보관관리가 어렵다.

③ 개인적·기계적·자연적 오차가 발생한다.

④ 오차에 대한 신뢰성의 문제가 있다.

2) 수치지적

(1) 의의

토지경계점을 수학적 좌표(X. Y)로 등록하는 제도이다.

(2) 수치지적의 장점

① 자동제도방식으로 지적도 제작이 편리하다.

② 축척 제한 없이 도면작성이 가능하다.

③ 측량이 신속하고, PC 이용으로 내업이 간편하다.

④ 도해지적에 비해 정밀도가 높다.

(3) 수치지적의 단점

① 새로이 도면을 작성해야만 한다.

② 등록 당시의 측량기준점 사용 여부에 따라 정확도에 영향을 받는다.

③ 측량장비의 가격이 고가이다.

④ 측량사의 전문지식이 요구된다.

3) 계산지적

(1) 의의

① 시가지 등의 지역에 필요시 언제나 경계점의 정확한 위치결정이 용이하도록 측량기준점과 연결하여 관측하는 측량기법이다.

② 도시계획, 시가지 택지개발 등의 공공계획은 대부분 컴퓨터에 의한 수치적 설계가 이루어지는데, 지적정리에 있어서도 이의 설계자료를 그대로 이용하기도 하며, 이를 계획지적 또는 설계지적이라 한다.

(2) 계산지적의 특징

① 측량방법상 수치지적과 동일하다.

② 경계점의 표시가 필요없다.

③ 상대오차 ±2cm 정도의 높은 정확도를 갖는다.

④ 능동적 지적관리의 개념이다.

⑤ 수치지적이 국지적인 수치데이터로 작성되나 계획지적은 통일된 국가기준계에 의하므로 좌표지적이라고도 한다.

⑥ 좌표지적은 단일좌표계로 되어 자동화가 용이하고, 컴퓨터로 도면작성이 가능하다.

3. 등록대상(등록방법)에 따른 분류

1) 2차원지적

① 토지의 수평면상 투영만을 가상하여 경계를 등록공시하는 제도로서 평면지적이라고도 한다.

② 토지의 물리적 현황만을 등록·관리한다.

2) 3차원지적

① 토지의 지표, 지하, 공중에 형성되는 선·면·높이를 등록·관리하며 입체지적이라고도 한다.

② 인력·비용·시간이 많이 소요되나, 지상·공중의 구조물 및 지하시설물까지 효율적으로 관리가 가능하다.

3) 4차원지적

① 3차원지적의 개념에 시간 개념이 추가된다.

② 토지이동변경의 연혁의 파악이 용이하다.

③ 다목적 지적제도하에서 전산화가 전제가 된다.

03 지적의 구성요소

1. 외부요소

1) 지리적 요소

지형, 식생, 토지이용 및 기후 등 최적 지적측량방법의 결정에 영향을 미친다.

2) 법률적 요소

지적법령은 지적제도의 운용에 있어서 경제성과 효율성을 도모하는 중요한 역할을 한다.

3) 사회·정치·경제적 요소

일국의 토지소유권제도는 사회적·정치적 요소들이 작용한 산물이므로 지적제도에는 이러한 요소들이 신중하게 평가되어야 한다.

2. 지적의 3대 구성요소(내부요소)

1) 개요

① J. L. G. Henssen과 국내 학자들이 주장한 소유자, 권리, 필지는 광의적 개념이며, 원 영희와 지종덕이 주장한 토지, 등록, 공부는 협의적 의미로 이해하는 것이 타당하다.

② 이왕무 등은 토지, 경계 설정과 측량, 등록, 지적공부를 지적의 주요 구성요소로 보았다.

2) 광의적 개념

① 소유자(Person) : 토지를 소유할 수 있는 권리의 주체로서 소유권 및 기타 권리를 갖는 자를 말하며 자연인, 법인, 사단, 재단, 종중, 지방자치단체, 국가 등이 포함된다.

② 권리(Right) : 토지를 소유할 수 있는 법적 권리로서 토지의 사용·수익·처분이 가능한 토지의 소유권과 저당권, 지역권, 지상권, 임차권 등의 기타 권리이다.

③ 필지(Parcel) : 법적으로 물권이 미치는 권리의 객체일필지는 토지의 등록단위, 소유단위, 이용단위가 된다.

3) 협의적 개념

① 토지 : 지적제도는 토지를 대상으로 성립하고 일필지로 등록하며 그 대상과 범위는 국토의 개념과 같다.

② 등록 : 토지의 물권을 객체화하기 위해 일정한 기준의 등록단위를 정해 일정사항(토지소재, 지번, 지목, 경계, 면적 등)을 등록하는 법률행위로서 모든 토지는 공부에 등록함으로써 법률적인 효력이 발생한다.

③ 공부 : 토지를 구획하여 일정사항을 기록한 공적 장부로서 그 형식과 규격을 법으로 정하며, 국가는 항상 이를 일정한 장소에 비치하여 국민이 활용할 수 있도록 한다.

3. 다목적지적의 5대 구성요소

1) 측지기본망(Geodetic Reference Network)

(1) 의의

토지 경계와 지형 간에 상관관계를 맺어주고 지적도의 경계선을 현지 복원하도록 정확도를 유지하는 기초점의 연결망이다.

(2) 특징

① 기초점을 영구적으로 유지관리한다.

② 전 지역이 통합된 망이어야 한다.

③ 국지좌표계도 전국단위로 통합한다.

④ 전 세계적으로 통합되어야 한다.

2) 기본도(Base Map)

(1) 의의

측지기본망을 기초로 작성된 지형도이다.

(2) 특징

① 도해 및 수치 형태로 등록·관리하며 격자 표시형태를 갖는다.

② 국가 측지기본망과 연결되어 있다.

3) 지적중첩도(Cadastral Overlay)

(1) 의의

측지기본망 및 기본도와 연계활용하고 토지경계를 식별할 수 있도록 지적도와 시설물, 토지이용, 지역지구도 등을 결합한 상태의 도면을 말한다.

(2) 특징

① 전국적으로 지적표준규정에 의거 작성, 기본도와 중첩 가능해야 한다.

② 지적도에는 필지식별번호, 경계점, 도로, 철도, 측량기준점, 수준점 등을 숫자와 기호로 등록·관리한다.

4) 필지식별번호(Unique Parcel Identification Number)

(1) 의의

각 필지별 등록사항의 저장, 수정 등을 용이하게 처리할 수 있는 가변성 없는 고유번호를 말하며 대표적인 것이 지번이다.

(2) 특징

① 대장등록사항과 도면등록사항을 연결시키며 기타 토지자료 파일과 연계하거나 검색하는 등 모든 필지 관련 자료의 공통적 색인번호 역할을 한다.

② 토지평가, 토지과세, 토지거래, 토지이용계획, 각종 정보의 검색 등에 활용한다.

5) 토지자료 파일(Land Data File)

(1) 의의

정보의 검색 및 다른 자료철에 보관된 정보를 연결시킬 수 있는 필지식별번호가 포함된 일련의 공부 또는 자료철이다.

(2) 특징

① 과세대장, 건축물관리대장, 천연자료기록, 기타 토지 관련 자료를 등록한 대장이다.

② 필지식별번호에 의하여 상호 정보교환 및 자료 검색이 가능하다.

04 국가별 지적제도의 도입

1. 프랑스

1) 개요

1804년 프랑스 공화정부의 초대 황제로 즉위한 나폴레옹은 1807년 9월 15일 지적법 (Napoleonien Cadastre Act)을 제정하고 대단지 내의 필지에 대한 조사를 시행하여 근대 지적제도를 탄생시켰다.

2) 프랑스 지적제도의 창설과정

프랑스의 지적제도는 나폴레옹 지적법에 따라 1808년부터 1850년까지 군인과 측량사를 동원하여 전국에 걸쳐 실시한 지적측량성과에 의하여 완성되었으며, 토지에 대한 공평한 과세와 소유권에 관한 분쟁을 해결하기 위하여 창설되었다.

3) 측량위원회의 사업

프랑스의 지적조사를 위하여 나폴레옹은 미터법을 창안한 드람브르(Delambre)를 위원장으로 한 측량위원회를 발족시켜 프랑스 전 국토에 대하여 다음과 같은 세부사업을 시행하였고, 지적도와 지적부를 작성하여 근대적인 지적제도를 창설하였다.

① 필지 측량의 실시

② 필지별 생산량 조사

③ 소유자 조사

④ 축척 1/5,000 지적도 및 지적대장 작성

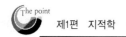

4) 프랑스 지적제도의 영향

프랑스의 지적제도는 나폴레옹의 영토 확장과 더불어 유럽의 전역에 대한 지적제도의 창설에 직접적인 영향을 미치게 되었다.

5) 프랑스 지적의 특징

① 토지에 대한 공평한 과세와 소유권에 관한 분쟁을 해결하기 위하여 1850년 지적제도를 창설하였다.
② 세금 부과를 목적으로 하였으며, 도해적인 방법으로 실시하였다.
③ 나폴레옹 지적은 근대적 지적제도의 효시로서 둠즈데이북 등과 세지적의 근거로 제시되고 있다.
④ 드람브르(Delambre)를 위원장으로 한 측량위원회에서 전 국토에 대한 필지별 측량을 실시하고 생산량과 소유자를 조사하여 지적도와 지적부를 작성함으로써 근대적인 지적제도를 창설하였다.
⑤ 현재 프랑스는 중앙정부, 시·도, 시·군 단위의 3단계 계층구조로 지적제도를 운영하고 있으며, 1900년대 중반 지적재조사사업을 실시하였고, 지적전산화가 비교적 잘 이루어졌다.

2. 독일

1) 개요

1870년 측량에 착수하여 1900년 전국적인 지적제도를 완료하였다.

2) 독일 지적의 특징

① 독일의 지목은 8개의 대분류와 64개의 소분류로 구분되는데 건물 및 대지의 대분류 아래에 11종의 소분류 지목으로 구성된다.
② 독일의 지적공부는 부동산지적도와 부동산지적부로 구성되어 있다.
③ 부동산지적도는 고립형 지적도의 형태이나 단계적으로 연속형 지적도로 전환하였다.
④ 부동산지적도는 측량용과 열람용으로 구분하여 작성한다.
⑤ 측량용 지적도는 현지측량성과인 거리와 소유권사항 등을 등록한다.
⑥ 열람용 지적도는 경계선, 지번, 건물의 위치 등을 등록한다.
⑦ 부동산지적도에는 도로의 명칭, 건물의 위치, 건물번호, 토양의 종류 등을 등록관리한다.

⑧ 니더작센주의 지적도에는 차선경계, 가로등, 가로수 등을 등록하고 있으며, 함부르크주도 가로수를 등록하고 있다.

⑨ 부동산지적부는 소유자별로 토지등록카드, 지번별 색인목록부, 성명별 목록부로 구성된다.

3. 네덜란드

1) 개요

네덜란드의 근대적 지적제도는 프랑스의 지배하인 1832년 나폴레옹이 러시아와 전쟁을 위한 조세를 확보할 목적으로 창설되었다.

2) 네덜란드 지적의 특징

① 창설 당시부터 지적과 등기가 통합되어 운영되며, 소극적 등록주의를 채택한다.

② 지적 및 토지등기청에서 지적업무를 전담 운영한다.

③ 지적업무 수행을 위한 수준의 수수료 체계를 운영한다.

4. 덴마크

1) 개요

덴마크는 11세기에 도면이 없는 토지대장(Soil Book)을 작성하였고, 조세를 부과할 목적으로 1844년에 근대적 지적제도를 구축하였다. 도해방식에 의해 농촌지역은 1806년부터 1822년까지 1/4,000축척으로 지적도를 작성하였고, 도시지역은 1860년대에 1/800축척으로 지적도를 작성하였으며, 지적도에 필지의 부동산정보, 지번, 토양의 질 등을 등록하여 세금징수를 용이하게 하였다.

2) 덴마크 지적의 특징

① 중앙 지적행정조직은 국가 측량 및 지적청에서 담당한다.

② 지방 지적행정조직은 수도인 코펜하겐 지적청 외에는 없다.

③ 지적측량은 지적측량사 책으로 행해지며 측량성과검사제도가 없다.

④ 지적측량은 면허를 받은 민간의 지적측량사가 수행하며, 측량결과를 측량 및 지적청에 제출하여 지적공부에 등록한다.

⑤ 측량 및 지적청은 변경사항을 토지등기부와 지방부동산등기부의 관리부서로 통지한다.

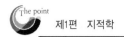

⑥ 지적공부는 토지등기부, 지적도, 경계측정점파일, 기준점등록부 등 4가지로 구성
된다.

⑦ 지적공부에는 오염지역이나 해안보호지역 등 토지에 대한 규제사항까지 등록한다.

⑧ 토지등기부(토지대장)는 법무부 산하 지방등기소에서 등록·관리하며, 부동산에
대한 소유권, 소유자 성명, 저당권, 지상권 등을 등록하며, 등록된 사항은 국가에서
보장한다.

⑨ 지방부동산등기부는 토지 및 건물의 가격에 관한 자료를 등록·관리한다.

⑩ 시장원리에 의하여 측량수수료가 결정되고 공식적인 수수료 체계나 정해진 요율
이 없다.

5. 스위스

1) 개요

1848년 스위스 연방정부 설립 이전에는 프랑스 영토에 속한 지역의 지적조사는 프
랑스에 의해 실시되었고, 정부 설립 이후 1911년까지 과세를 목적으로 주별로 도해
방식의 지적측량이 실시되었으나 주별로 성과가 상이하여 1911년 지적공부에 관한
법률을 제정하여 지적조사를 통일하고 등기를 실시함으로써 근대적 토지등록제도
가 탄생되었다.

2) 스위스 지적의 특징

① 지적과 등기가 일원화되었고 적극적 등록주의를 채택한다.

② 연방 지적행정조직은 사법경찰청 법무국 지적과 및 측량과에서 담당한다.

③ 지방 지적행정조직은 경제적 특성에 따라 주별로 담당부서가 다르며, 대부분 측
량과와 지적사무소를 운영한다.

④ 지적공부는 부동산 등록부, 소유자별 대장, 지적도,수치지적부 등 4종으로 구성된다.

6. 호주

1) 개요

호주는 영국의 증서등록제도를 기초로 지적제도를 도입하였으나 증서의 사실확인
의 어려움과 세금 부과에 따른 마찰이 발생하여 1858년 부동산법에 의해 토렌스제
도가 도입되었다. 토렌스제도는 개별 필지마다 도면을 작성하여 토지권리사무소에
영구적으로 보관된다.

2) 호주 지적의 특징

① 주정부의 토지정보센터(LIC)와 토지권리사무소(LTO)에서 지적업무를 담당한다.

② 토지등기청에서 토지등기와 지적 측량도면을 관리한다.

③ 연방 토지정보센터에서 측지망의 관리와 지형도 작성 및 각주별 지적전산화 통합관리한다.

④ 토지권리사무소에 등록된 필지 도면(파일도)을 모아서 지적도를 작성하며, 이를 등록지적도라 한다.

⑤ 지적도의 축척은 도시지역은 1/2,000 ~ 1/4,000이고, 농촌 지역은 1/25,000이다.

7. 일본

1) 개요

일본은 메이지유신 이후 1873년 '지조개정사업'을 추진하여 1876~1882년에 걸쳐 근대적인 지적 제도를 창설하였으나, 당시의 기술력이 부족하여 등록 필지의 크기·형태·면적 등이 실제와 달라 토지분쟁 등 여러 가지 문제가 발생하자 1951년 국토조사법을 제정하여 지적재조사 사업을 추진하고 있다.

2) 일본 지적의 특징

① 1884년 지조조례가 제정되어 지조세율, 측량방법, 지가결정방법, 지목변경 등 토지이동의 신청 절차 등을 규정하였다.

② 1887년 지권제도를 폐지하고 토지대장제도를 신설하였다.

③ 1931년 지조법을 제정하여 지조조례를 폐지하고, 각 세무서에 토지대장을 비치하고 토지의 소재, 지번, 지목, 면적, 임대 가격, 소유자의 성명, 주소 등을 등록하도록 규정하였다.

④ 1960년 부동산등기법이 개정되어 등기제도와 지적제도가 통합되었다.

⑤ 1951년에 국토조사사업을 제정하고 국토청 주관으로 국토조사에 착수하였다.

⑥ 지적행정조직은 중앙에는 법무성에서 지적업무를 관장하며, 지방에는 지방법무국 산하의 지국과 출장소에서 관장한다.

⑦ 국토조사에 의하여 조사측량한 결과 지적도와 지적부를 작성한다.

⑧ 지적부는 필지마다 토지소재, 지번, 지목, 면적, 소유자 등을 조사하여 등록한다.

⑨ 토지가옥조사사의 측량 및 조사 성과를 기준으로 조사도가 작성된다.

⑩ 지적측량 성과에 대한 검사는 등기관이 서류상으로만 검사한다.

⑪ 시정촌에서 과세 대장과 도면을 정리하여 과세 사무에 활용한다.

⑫ 부동산등기법에 의한 지도를 비치하지 못한 출장소에서는 명치 시대에 작성된 자한도(字限圖)를 공도로 하여 활용한다.

⑬ 지적도 축척은 도시지역은 1/250, 1/500, 농촌지역은 1/500, 1/1,000, 임야지역은 1/1,000, 1/2,500, 1/5,000이다.

8. 대만

1) 개요

대만은 청일전쟁에서 승리한 일본이 1898년 지적규칙, 토지조사규칙을 공포하여 토지조사에 착수하여 1903년 완료하고, 1909년 임야조사규칙을 공포하여 1914년까지 임야조사를 완료함으로써 지적제도가 확립되었다. 2차 세계대전 중 미군의 폭격으로 지적도 일부 소실되고 토지정보의 고차원적 이용 불가능 등 지적재조사의 필요성이 대두되어 1972년 항공측량에 의해 일부 지역을 실험측량하고 이를 바탕으로 1975년부터 본격적인 지적재조사사업을 추진하여 2005년 도시지역의 지적재조사사업을 완료하였다.

2) 대만 지적의 특징

① 대만정부 수립 후 1930년 국민당 정부가 제정·공포하여 대륙 본토에서 시행하던 토지법을 대만에도 그대로 적용하여 지적과 등기를 일원화하였다.

② 지적행정조직은 중앙에는 내정부 지정국에서 담당한다.

③ 대만성은 별도의 지적행정조직을 갖고 있으며 현·시정부의 지적업무는 지정과에서 담당한다.

④ 향(鄉), 진(鎭), 구(區) 단위에 지정 사무소를 설치하여 지적업무를 담당한다.

⑤ 지적공부는 토지 등기부, 건축물 등기부, 지적도로 구성된다.

⑥ 지적도의 축척은 지적재조사를 통해 도시지역은 1/500, 농지 및 임야지역은 1/1,000, 고산지역은 1/2,000로 전환되었다.

제3장 토지의 등록

01 토지등록의 개념과 원칙

1. 토지등록의 개념

1) 토지등록의 의미

① 토지의 등록이란 국가기관인 소관청이 토지등록사항의 공시를 위해 토지에 대한 장부를 비치하고 토지소유자 및 이해관계인에게 필요한 정보를 제공하기 위한 행정행위를 말한다.

② 실정법상 지적관리만을 의미하나 국제적 지적학에서는 지적과 등기가 포함된 포괄적 개념으로 파악한다.

③ 이러한 토지등록제도는 날인증서등록제도, 권원등록제도, 소극적등록제도, 적극적등록제도, 토렌스시스템으로 분류된다.

2) 토지등록의 목적

① 소유권 보호

② 조세징수

③ 도시화, 산업화, 인구증가로 고도로 분화되는 사회구조의 안정적 관리를 위한 각종 토지 정보의 제공

3) 토지등록제도의 특징

① 토지소유권의 안정적 증진

② 부동산 투자에 대한 시장 조작이 용이하고, 재산증식의 수단으로 이용

③ 사인 간에 토지거래의 용이성 및 비용절감

④ 토지에 대한 장기 신용에 대한 안정성

⑤ 토지의 평가나 토지과세자료의 확인기능

⑥ 토지개혁 및 개량을 통한 토지배분 정책의 수행 및 토지이용의 효율화

⑦ 토지거래규제 및 토지공개념 실현

⑧ 도시, 주택, 교통 등 각종 공공계획에 이용

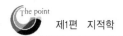

2. 토지등록의 원칙

1) 등록의 원칙(登錄의 原則)

① 토지에 관한 모든 표시사항을 지적공부에 반드시 등록해야 하며 토지의 이동이 생기면 지적공부에 변동 사항을 정리 등록해야 한다는 원칙으로서 토지표시의 등록주의라고도 한다.

② 적극적 등록주의와 법지적을 채택하는 나라에서 적용되며 토지에 관한 모든 사항은 지적공부에 등록되어야 토지권리의 법률상 효력을 인정받는 원칙으로서 형식주의 규정이라 할 수 있다.

2) 신청의 원칙(申請의 原則)

① 토지의 등록은 토지소유자의 신청을 전제로 처리하는 원칙이다.

② 측량·수로조사 및 지적에 관한 법률에서는 토지의 등록은 토지소유자의 신청을 전제로 하되 신청이 없을 때에는 직권으로 직권으로 조사·측량하여 처리하도록 한다.

3) 특정화의 원칙(特定化의 原則)

① 권리객체로서의 모든 토지는 반드시 특정적이고 단순하며 명확한 방법에 의하여 인식할 수 있도록 개별화하여야 한다는 원칙이다.

② 지번, 경계, 소유자 등의 요소를 사용하여 토지를 특정화할 수 있으며, 특히 지번은 토지 관련 자료의 식별인자가 된다.

4) 국정주의 및 직권주의(國定主義 및 職權主義)

① 국정주의는 지적공부의 등록사항인 토지소재, 지번, 지목, 경계 또는 좌표와 면적 등은 국가의 공권력에 의하여 국가만이 이를 결정할 수 있는 권한을 가진다는 원칙이다.

② 직권주의는 모든 필지는 필지단위로 구획하여 국가기관인 소관청이 강제적으로 지적공부에 등록 공시하여야 한다는 원칙이다.

5) 공시의 원칙 및 공개주의(公示의 原則 및 公開主義)

① 토지등록의 법적 지위에 있어서 토지의 이동이나 물권의 변동은 반드시 외부에 알려야 한다는 원칙이다.

② 토지에 관한 등록사항은 지적공부에 등록하고 이를 일반에 공지하여 누구나 이용하고 활용할 수 있게 하여야 한다.

6) 공신의 원칙(公信의 原則)

① 등기를 믿고 권리행위를 한 선의의 거래자를 보호하여 진실로 등기내용과 같은 권리관계가 존재한 것처럼 법률효과를 인정하려는 원칙이다.

② 물권 변동에 대한 거래의 안전을 보장하기 위한 원칙이다.

02 토지등록부의 편성주의

1. 개요

1) 토지등록부의 개념

① 토지등록부는 토지소관청이 작성·비치하는 공부

② 토지의 소재, 지번, 지목, 면적, 소유자 주소·성명 등을 기재한 장부

③ 국가별 특성에 따라 여러 가지 편성방법을 사용하는데 물적 편성주위, 인적 편성주의, 연대적 편성주의, 물적·인적 편성주의로 대별

2) 토지등록부의 편성방법

① 물적 편성주의 : 토지 중심으로 대장작성

② 인적 편성주의 : 소유자 중심으로 대장작성

③ 연대적 편성주의 : 신청순서에 따라 작성

④ 물적·인적 편성주의 : 물적 편성주의에 인적 편성주의 가미

2. 물적 편성주의

① 개별 토지를 중심으로 등록부를 편성

② 지번순서에 따라 등록

③ 가장 우수하고 합리적, 많이 쓰임

④ 장점 : 토지의 이용·관리·개발 측면에 편리

⑤ 단점 : 소유자별 파악이 곤란

3. 인적 편성주의

① 동일소유자의 모든 토지를 대장에 기록

② 세지적의 소산

③ 토지의 이용·관리·개발 등 토지행정에 지장

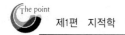
④ 인명목록, 전산프로그램 개발 등으로 약점을 보완

⑤ 네덜란드에서 채택

4. 연대적 편성주의

① 신청순서에 따라 순차적으로 대장 작성

② 프랑스의 등기부와 미국의 Recording System이 이에 속함

③ 등기부 편성방법으로 가장 유효하나 그 자체만으로 공시기능을 발휘하지 못함

5. 인적 · 물적 편성주의

① 물적 편성주의를 기본으로 운영하되, 인적 편성주의 요소를 가미

② 소유자별 토지등록부를 동시에 작성

③ 스위스, 독일의 경우 둘 이상의 토지를 하나의 용지에 기록함

④ 토지대장도 소유자별 토지등록카드와 함께 지번별 목록, 성명별 목록 등을 작성 운용

03 토지등록제도의 유형

1. 토지등록의 필요성

① 소유권 보호

② 조세징수

③ 각종 토지정보의 제공

2. 토지등록제도의 유형

① 날인증서등록제도

② 권원등록제도

③ 소극적 등록제도

④ 적극적 등록제도

⑤ 토렌스시스템(Torrens System)

3. 토지등록제도의 유형별 특징

1) 날인증서등록제도

① 토지의 이익에 영향을 미치는 공적 등기를 보전하는 제도

② 기본원칙 : 모든 등록된 문서는 미등록문서와 후순위등록문서보다 우선권을 가짐

③ 단점 : 문서는 거래기록에 불과하므로 당사자의 법적 권한을 입증하지 못하고 따라서 그 거래의 유효성을 증명하지 못함

2) 권원등록제도

① 날인증서등록제도의 결점을 보완하기 위한 제도로서 공적 기관에서 보존되는 특정인의 토지에 대한 권리와 그 권리들이 존속되는 한계에 대한 권위 있는 등록

② 국가는 등록 이후 거래 유효성에 책임을 짐

③ 과실, 사기방지, 확고한 안정성 부여

④ 토지표시부, 소유권, 저당권 등 기타 권리로 구분

3) 소극적 등록제도

① 일필지의 소유권이 거래되면서 발생하는 거래증서를 변경·등록하는 제도

② 거래행위에 따른 토지등록은 사유재산 양도증서의 작성, 거래증서의 작성으로 구분되며 등록의무는 없고 신청에 의함

③ 토지등록부는 거래사항의 기록일 뿐 권리 자체의 등록과 보장을 의미하지는 않음

④ 네덜란드, 영국, 프랑스, 미국의 일부 주에서 시행되며 오늘날 나라마다 보완되어 다양하게 변환된 형태로 나타남

4) 적극적 등록제도

① 토지등록은 일필지의 개념으로 법적 권리보장이 인증되고 국가에 의해 그러한 합법성과 효력이 발생

② 기본원칙

• 지적공부에 등록되지 않는 토지는 어떠한 권리도 인정받을 수 없음

• 등록은 강제적이고 의무적

• 지적측량 시행 후 토지등기 가능

③ 선의의 제3자 보호 : 토지등록상의 문제로 인한 피해는 법적으로 보장되고 국가에 소송을 제기할 수 있으며, 보상도 받을 수 있음

5) 토렌스 시스템(Torrens System)

(1) 개념

① 토렌스시스템은 적극적 등록제도의 발전된 형태로서 오스트레일리아의 Robert Torrens 경이 창안하였다.

② 토지의 권원을 등록함으로써 토지등록의 완전성을 추구하고 선의의 제3자를 완벽하게 보호하는 것을 목표로 한다.

③ 법률적으로 토지의 권리를 확인하는 대신 토지의 권원(Title)을 등록하는 제도이다.

(2) 목적

① 토지의 권원(Title)을 명확히 한다.

② 변동사항의 정리를 용이하게 한다.

③ 권리증서의 발행을 편리하게 한다.

(3) 특징

① 토지에 대한 소유권과 토지법의 변화에 따른 처리를 단순화하기 위한 것

② 업무의 활성화

③ 소유권의 안전성 확보

④ 보증기금을 신설하여 잘못된 소유권 주장으로부터 왕실을 보호

(4) 토렌스 시스템의 3대 기본원칙

런던 왕립등기소장 T. B. Ruoff가 주장하여 캐나다의 Magwood가 구체화한 기본이론

① 거울이론(Mirror Principle)
- 소유권에 관한 현재의 법적 상태는 오직 등기부에 의해서만 이론의 여지없이 완벽하게 보여 진다는 원리
- 토지권리증서의 등록은 토지거래의 사실을 완벽하게 반영하는 거울과 같다는 이론
- 소유권증서와 관련된 모든 현재의 사실이 소유권의 원본에 확실히 반영된다는 원칙

② 커튼이론(Curtain Principle)
- 소유권의 법적 상태와 관련한 확실성을 보장하기 위하여 단지 현재의 등기부에 등기된 사항만 논의되어야 한다는 이론
- 현재의 소유권 증서는 완전한 것이며 이전의 증서나 왕실증여를 추적할 필요가 없다는 것

- 토렌스제도에 의해 한 번 권리증명서가 발급되면 당해 토지에 대한 이전의 모든 이해관계는 무효가 되며 현재의 소유권을 되돌아 볼 필요가 없다는 것

③ 보험이론(Insurance Principle)
- 권원증명서에 등기된 모든 정보는 정부에 의하여 보장된다는 원리
- 토지등록이 토지의 권리를 아주 정확하게 반영한 것이나 인간의 과실로 인하여 착오가 발생하는 경우에 피해를 입은 사람은 누구나 피해보상에 관한한 법률적으로 선의의 제3자와 동등한 입장에 놓여야만 된다는 이론
- 토지의 등록을 뒷받침하며, 어떠한 경로로 인한 소유자의 손실을 방지하기 위하여 수정될 수 있다는 이론
- 금전적 보상을 위한 이론이며, 손실된 토지의 복구를 의미하는 것은 아님

(5) 등록부 작성 및 관리
① 거래증서를 등기부로 편철하는 경우에는 거래증서를 2통 작성하여 1통은 소유자에게 교부하고 1통은 등록부로서 편철 관리하여야 한다.
② 이렇게 등록된 등록된 부동산권원증명서는 공신력을 인정받는다.

(6) 등기공무원의 권한
① 사실심사권을 갖는다.
② 일필지의 등록은 세밀하게 규제되고, 소유권 보존 등 초기등록 시에 완벽히 조사한다.
③ 일단 등록된 토지는 그 행위가 사기에 의한 것일지라도 정당한 소유자로 간주되고 피해자가 생기면 국가가 보상한다.

(7) 토렌스 시스템의 단점
① 공유토지 경우 지분권 설정이 어렵다.
② 집합건물의 소유권등록관리가 어렵다.
③ 상속 등의 경우와 같이 단일 소유권을 가진 여러 필지의 등록 관리에 비효율적이다.

04 지적제도와 등기제도의 관계

1. 지적제도

지적제도는 국가기관이 통치권이 미치는 모든 영토를 필지단위로 구획하여 토지에 대한 물리적 현황과 법적 권리관계를 지적공부에 등록공시하고, 그 변경사항을 영속적으로 등록·관리하는 국가의 업무이다.

2. 등기제도

1) 개요

등기공무원이 법적 절차에 따라 등기부에 부동산의 표시 또는 부동산에 관한 일정한 권리관계를 기재하는 부동산에 대한 물권을 공시하는 제도를 말한다.

2) 등기의 효력

① 권리변동적 효력 : 물권행위와 그것에 대응하고 부합하는 등기가 있으면 부동산에 관한 물권의 변동이라는 효력이 발생한다.

② 추정적 효력 : 어떤 등기가 있으면 그에 대응하는 실체적 권리관계가 존재하는 것으로 추정된다는 것을 의미한다.

③ 순위확정적 효력 : 동일한 부동산에 관하여 설정된 여러 개의 권리의 순위관계는 법률에 따른 다른 규정이 없으면 등기의 전후 내지 선후에 의하여 정해진다.

④ 대항적 효력 : 부동산등기법에 의한 환매특약의 등기 또는 지상권, 지역권, 전세권, 저당권, 임차권 등이 등기를 할 때에는 그 등기의 내용으로서 기재된 일정한 사항을 가지고 제3자에 대해서도 대항할 수 있다는 것을 의미한다.

⑤ 점유적 효력 : 부동산의 소유자로 등기되어 있는 자가 10년 동안 자주점유(自主占有)를 할 때에는 소유권을 취득한다는 의미이다.

3. 지적제도와 등기제도의 비교

구분	지적제도	등기제도
기본이념	국정주의, 형식주의, 공개주의	형식주의(성립요건주의)
등록방법	직권등록주의, 단독신청주의	당사자신청주의, 공동신청주의
심사방법	실질적 심사주의	형식적 심사주의
공신력	인정(우리나라는 불인정)	불인정

구분	지적제도	등기제도
편제방법	물적 편성주의	물적 편성주의
처리방법	신고의 의무, 직권조사처리	신청주의
신청방법	단독신청주의	공동신청주의
담당부서	국토해양부 – 시·도지적과 – 시·군·구지적과	법무부 – 대법원 – 지방법원·지원·등기소
공부	• 토지　　　• 임야대장 • 공유지연명부　• 대지권등록부 • 지적도　　　• 임야도 • 경계점등록부　• 지적전산파일	• 토지등기부　　• 건물등기부 • 입목등기부　　• 상업등기부 • 선박등기부　　• 법인등기부 • 공장등기부 등
기능	토지의 물리적 현황 공시	토지에 대한 권리관계 공시
등록사항	토지소재, 지번, 지목, 경계, 면적, 소유자주소성명 등	소유권, 저당권, 전세권, 지역권, 지상권 등
기타	지적측량 실시	절차적 요식행위 요구

4. 지적과 등기의 관계

① 등기와 등록대상이 동일 토지라는 점에서 밀접한 관계이다.

② 등기와 등록은 그 목적물의 표시 및 소유권의 표시가 항상 부합되어야 한다.

③ 등기에 있어서 토지 표시에 관한 사항은 지적공부, 등록의 경우 소유권에 관한 사항은 등기부를 기초로 한다.

④ 단, 미등기 토지의 소유자 표시에 관한 사항은 지적공부를 기초로 한다.

제4장 지적재조사

01 지적불부합지

1. 지적불부합지의 발생원인

1) 측량에 의한 불부합의 원인
① 원점의 다양성과 측량기준점의 통일성 결여 및 유지·보수의 부적정에서 오는 오류
② 6.25 전쟁 및 토지의 급속한 개발에 따른 측량표의 망실 및 이동
③ 망실된 측량기준점의 복구과정에서 발생된 오류
④ 도근측량의 오차 누적 및 오측에 의한 불부합
⑤ 일필지측량 시 오차 누적과 명확한 기지점을 이용하지 못한 세부측량에 의한 불부합

2) 토지이동 정리과정에서 발생하는 원인
① 토지조사 이후 급증한 지적관리에 따른 토지이동 정리수행 시 발생된 오류의 누적
② 해방 이후 귀속지불하, 농로분할, 집단지분할, 무신고이동지 정리 등의 이동정리 시 발생하는 오류
③ 지적복구 및 지적도면 재작성과정의 제도오차의 영향

3) 지적도면에 의한 불부합의 원인
① 지적도면 축척의 다양성
② 도면의 신축 및 훼손
③ 지적도 재작성의 부정확
④ 토지이동의 부정확
⑤ 토지경계관리의 부정확
⑥ 지적복구 및 도면 재작성 과정의 오차

2. 지적불부합지가 미치는 영향

1) 사회적 영향

① 토지분쟁의 증가　　　② 토지 거래질서의 문란

③ 국민 권리행사의 지장　　　④ 권리 실체 인정의 부실 초래

2) 행정적 영향

① 지적행정의 불신 초래　　　② 토지이동 정리의 정지

③ 지적공부의 증명발급 곤란　　　④ 토지과세의 부적정

⑤ 부동산등기의 지장초래　　　⑥ 공공사업 수행의 지장

⑦ 소송 수행의 지장

3. 지적불부합지의 유형

1) 중복형

① 일필지의 일부가 중복 등록되는 경우

② 등록전환 시의 과실 및 기준점측량 시 사용한 원점이 서로 상이할 경우 원점지역 의 접촉지역(리·동계가 접하는 곳)에서 많이 발생한다.

③ 측량 당시 기 등록된 인접 토지의 경계선 확인이 불충분하여 발생한다.

④ 발견이 쉽지 않고 상당기간 오류가 진행된 상태에서 권리행사가 계속되어 이를 정정하기가 어렵다.

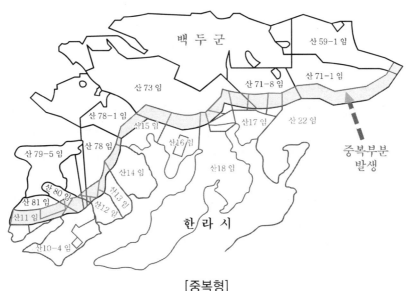

[중복형]

2) 공백형

① 경계가 마주한 토지가 지적도상에는 떨어져 있는 것처럼 공백부가 발생한 경우
② 삼각점 또는 도근점의 계열과 도선의 배열이 상이한 경우에 신규등록이나 등록전환측량의 오류로 나타나기도 한다.
③ 측량기술상의 오류 등으로 등록시기와 측량자가 다른 경우에 많이 발생한다.
④ 수 필지씩 산재되어 있는 경우가 많고 집단적으로 발생하는 경우는 드물다.

[공백형]

3) 편위형

① 도근점의 위치부정확 또는 현황측량방식에 의한 집단지 이동의 경우에 발생하는 유형으로, 측판점의 위치결정 오류에 의한 경우가 대부분이다.
② 가장 흔한 유형이며, 쉽게 발견되지 않아 소유자의 저항이 적어 오래 방치되는 경향이 많다.
③ 이 지역에서 이동측량 신청이 있는 경우 측량사는 부득이하게 국지적인 경계결정처리를 하는 경우가 많아 불부합지는 증가하게 된다.
④ 규모가 크고 집단적이어서 정정을 위한 행정처리가 어렵다.

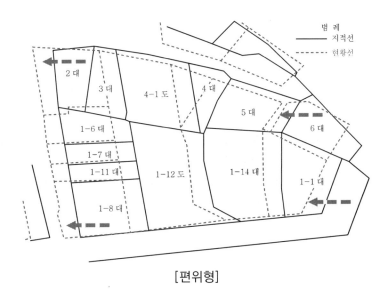

[편위형]

4) 불규칙형

① 일정한 방향으로 밀리거나 중복되지 않고 산발적으로 오류가 발생한 경우

② 기초점 자체의 위치오류, 경계결정의 착오, 소유자 간의 경계혼동 등 다양한 원인들이 복합적으로 누적되어 정확한 원인분석이 어렵다.

③ 세부측량 당시부터 누적된 경우가 많다.

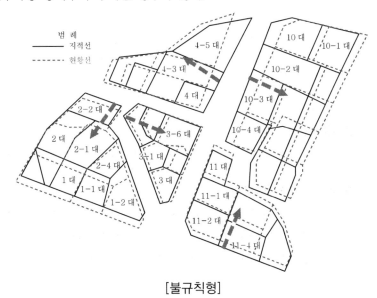

[불규칙형]

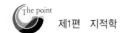
5) 위치오류형

① 1필의 토지가 형상과 면적은 일치하나 지적공부와 지상의 위치가 다른 곳에 위치한 유형
② 주로 세부측량 시 도근점이나 기지경계선에서 멀리 떨어진 산림속의 경작지, 산답(山畓) 등에서 많이 발생한다.
③ 임야 내의 독립적인 전, 답 및 정위치에 등록되지 않은 도서 등은 비교적 정정이 용이하여 도면상 위치만 변경한다.
④ 연속된 산답의 경우 인접 임야와 정위치에 등록될 필지와의 관계에서 정정 시 어려움이 따른다.

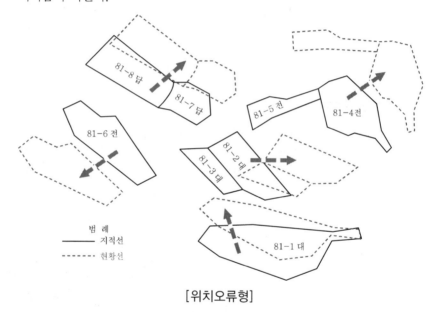

[위치오류형]

6) 기타형

5가지 유형 이외의 지적불부합지 유형으로서 지형변동형 등이 있다.

7) 경계 이외의 불부합

① 공부와 실지가 상이한 지목이나, 소유자의 주소·성명 등 표시사항의 오류가 있다.
② 도면과 대장, 대장과 등기부 상호 간의 불일치를 포함한다.
③ 최근 일제 조사정리 등의 노력으로 많이 해소되고 있다.

4. 지적불부합지의 해결방안

1) 불부합지의 조사

① 항공사진측량에 의한 방법
② 측판측량에 의한 방법
③ 조사부 작성 – 필지별 카드화
④ 조사현황도 작성

2) 불부합지의 해결방안

① 지적불부합지 정리를 위한 임시조치법 제정 및 지적관계법령 보완
② 지적도 축척변경사업의 확대시행
③ 도시재개발사업 및 토지구획정리사업 등
④ 지적재조사사업
⑤ 현황 위주로 점유형태를 재확정
⑥ 종전 등록면적과 대비하여 금전 청산
⑦ 수치측량지역으로 전환하는 방법

3) 지적불부합지의 정리 순서

① 대상지역 선정
② 지적공부의 봉쇄
③ 사업시행계획의 수립
④ 사업시행공고
⑤ 주민홍보
⑥ 토지 경계표지 설치
⑦ 청산
⑧ 지적공부 정리

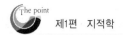
02 지적재조사사업

1. 지적재조사의 개념

1) 지적재조사의 의의

① 지적재조사사업(地籍再調査事業, Cadastral Resurvey Project, Cadastral Renovation Project, Cadastral Reform Project)은 현대적인 측량방법에 의하여 재측량을 실시하고 새로운 지적공부인 지적도와 지적대장을 재작성하는 사업이다.

② 지적재조사는 지적의 목적별 요소를 현재보다 개량·확장함으로써 지적의 범위를 넓혀 효율적인 토지관리체제로 발전시키려는 노력을 의미한다.

③ 지적재조사는 지적관리상의 문제점들을 근본적으로 개선하여 지적제도를 현대화시키는 국가적인 사업이다.

2) 지적재조사의 배경

① 100여 년 전 일제강점기에 평판과 대나무자로 측량하여 수작업으로 만든 종이지적을 지금까지 그대로 사용하고 있어 지적의 디지털화에 어려움이 있다.

② 측량기술의 발달로 지적공부의 등록사항이 토지의 실제 현황과 일치하지 않는 경우가 전 국토의 약 15%에 달하고 있어 이를 방치할 경우 심각한 문제가 발생한다.

③ 지적공부의 등록사항을 조사·측량하여 기존의 지적공부를 디지털에 의한 새로운 지적공부로 전환해야 한다.

④ 토지의 실제현황과 일치하지 않는 지적공부의 등록사항을 바로잡기 위한 지적재조사사업의 실시 근거 및 절차규정 등을 마련해야 한다.

⑤ 국토를 효율적으로 관리함과 아울러 국민의 재산권을 보호한다.

3) 지적재조사의 필요성

① 도해지적의 한계 극복

② 지적정보의 다양화

③ 다목적 지적으로 전환

④ 수치지적으로 전환

⑤ 지적공부의 정확성 확보

⑥ 미등기 및 부실등기의 해소

⑦ 지적 관련 분쟁의 방지

⑧ 종합토지정보체계의 구축

⑨ 지적제도의 완결적인 구축

4) 지적재조사의 목적

① 공적 측면에서 국토의 효율적인 관리 및 토지정책, 행정 수행의 기초자료 제공
② 사적 측면에서 국민의 토지소유권 보호 및 토지거래의 안전성·신속성 보장
③ 국토의 효율적인 관리와 국민의 토지소유권 보호를 위해서 측량 및 정보처리 기술을 혁신하고, 지적불부합이 야기되는 현재의 지적제도를 전면 개선
④ 토지 관련 정보의 신속·정확한 제공
⑤ 지적정보를 공동 활용하여 중복투자 방지
⑥ 지적행정의 효율성 및 능률성 도모

2. 지적재조사의 효과

1) 행정적 측면

① 토지정보의 인프라 구축 및 토지정보관리체계의 확립으로 다양한 행정정보 활용
② 토지 관련 정보의 공동 활용으로 효율적인 부동산정책의 실현
③ 토지분쟁의 근원적 해소로 지적행정 및 국가정책의 공신력 증대
④ 국토 면적 증가로 새로운 국익 창출

2) 경제적 측면

① 위치정보 서비스 제공 등 국토공간정보 관련 산업의 발전으로 신규고용 창출
② 국토정보의 통합관리로 중복투자 및 예산낭비 방지
③ 국토정보와 통신기술의 결합으로 경제적 파급효과를 극대화
④ 해외시장 개척과 통일에 대비한 기술력 향상 도모

3) 사회적 측면

① 토지 및 부동산의 효율적 관리로 세수증대 및 공평과세의 실현
② 현실과 부합되는 토지정보 구축으로 건전한 토지 거래질서 확립
③ 국내 기술진에 의한 새로운 지적제도 구축으로 일제 잔재 청산

4) 대국민서비스 측면

① 입체적이고 다양한 3차원 지적서비스 제공
② 향후 유비쿼터스 환경에서 신속하고 정확한 서비스 제공
③ 전 국토의 과학적인 관리와 집약적인 활용으로 국민의 삶의 질이 향상

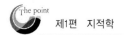

3. 지적재조사의 추진경위

① 1994년 지적재조사 실험사업 실시 : 1994년 12월 경남 창원시 2개동에 실험사업 실시

② 1995년 지적재조사사업 추진 1차 기본계획 : 관련부처의 반대로 인하여 특별법(안) 국회상정을 보류하여 입법이 무산

③ 2000년 지적재조사사업 추진 2차 기본계획 수립 : 지방자치단체의 단계적 지적불부합지 정비사업 추진을 권고하는 감사원의 조치에 따라 중단

④ 2002년 지적불부합지정리기본계획 : 2001년 감사원의 권고고치에 따라 2004년부터 2010년까지 전국의 '지적불부합지사업'을 계획

⑤ 2006년 토지조사특별법 입법 발의 : 노현송 의원이 토지조사특별법을 발의하였으나 기획재정부에서 '선 시범사업 후 특별법 제정'을 요청하여 '디지털지적구축 시범사업' 추진 결정

⑥ 2008년 디지털지적 구축사업 추진 : 2008년부터 2010년까지 총 150억 원의 예산을 통해, 전국 17개 지적불부합 지구를 대상으로 시범사업 실시

⑦ 2011년 지적재조사에 관한 특별법 제정 : 2011년 4월 김기현의원이 지적재조사특별법을 발의하여 2011.9.16. 지적재조사에 관한 특별법(법률 제11062호)을 제정하고, 2012.3.17. 시행령(대통령령 제23666호)과 시행규칙(국토해양부령 제448호)을 제정하여 시행

⑧ 2012년 지적재조사기획단 운영 : 2014.4.26. 지적재조사기획단의 구성 및 운용에 관한 규정(국토해양부 훈령 제808호)을 제정

⑨ 2013년 지적재조사측량규정 제정 : 2013.1.2. 지적재조사측량규정(국토해양부 고시 제2013-1083호)을 제정

⑩ 2013년 제1차 지적재조사사업 기본계획(2012~2030) 제정 : 2013.2.21. 제1차 지적재조사사업 기본계획(국토해양부 고시 제2013-122호)을 고시

⑪ 2015년 지적재조사업무규정 제정 : 2015.1.6. 지적재조사업무규정(국토교통부 고시 제2015-11호)을 고시

⑫ 2015년 지적재조사행정시스템 운영규정 제정 : 2015.8.12. 지적재조사행정시스템 운영규정(국토교통부 훈령 제567호)을 제정

⑬ 2016년 제2차 지적재조사 기본계획(2016~2020) 제정 : 2016.3.25. 제2차 지적재조사 기본계획(국토교통부 고시 제2016-131호)을 고시

⑭ 2021년 지적재조사 책임수행기관 운영규정 제정 : 2021.6.18. 지적재조사 책임수행기관 운영규정(국토교통부 고시 제2021-879호)을 고시

⑮ 2021년 제3차 지적재조사 기본계획 수정계획(2021~2030) 제정 : 2021.2.26. 제3차 지적재조사 기본계획 수정계획(국토교통부 고시 제2021-210호) 고시

4. 디지털지적구축 시범사업

1) 개요

(1) 의의

① 디지털지적구축 시범사업은 '토지조사특별법 제정 및 지적재조사 시행기반 조성'을 목표로 한다.

② 2008년부터 2010년까지 3년 동안 시·도별 1개 지구 시범지역 선정 및 사업 추진, 세계좌표 기반의 측량성과 산출, 지적측량기준점 전국 확대 설치, 통합 지적부 작성을 주요 내용으로 추진하는 계획이다.

(2) 목적

① 본 사업의 추진 근거를 확보할 수 있는 특별법 제정의 기초자료 제공

② 본 사업 수행 시 발생할 수 있는 시행착오 사전 예방

③ 시범사업을 통한 결과분석 및 타당성 검토

④ 업무추진계획 수립과 예산 및 인력의 적절한 배치를 통해 지적재조사사업의 기반 조성

2) 디지털지적구축 시범사업 추진

(1) 추진방향

① 전 국토에 대한 디지털지적구축의 사전 단계

② 경계설정·면적증감처리·청산방법 등의 업무를 실제 적용하여 타당성 및 문제점 분석

③ 세계측지계 전환 관련 연구 결과를 시범사업지구에 적용하여 측량 시행

④ 지방자치단체의 재정 부담을 최소화하도록 150억 원의 예산을 국비에서 부담

⑤ 3개년 계획으로 디지털지적구축 시범사업 추진단을 구성하여 사업 추진

(2) 추진방법

① 추진기간 : 2008년부터 2010년까지 3년

② 주요업무 : 추진지침 작성 및 지적측량 실시, 청산 및 확정, 전국 주요지역에 대한 기준점 설치, 지적조사시스템 개발, 공부 정리 및 결과분석 등

③ 시범지구 : 각 시·도별로 1개 지구를 선정하되, 시범사업 결과가 효율적으로 분석되도록 도시·농촌, 축척별 구분 등 다양한 유형이 포함

④ 측량방법 : 세계측지계 기반의 GPS, T/S(Total Station)에 의한 최신 측량 방식 적용

⑤ 공부 정리 : 축척변경사업을 적용하여 "경계점좌표등록부"에 정리하고, 「대장 + 도면」 형태의 지적공부(가칭 "지적부")를 시험 등록

⑥ 근거법령 : 지적법 및 지적불부합지정리지침에 의함

(3) 추진체계

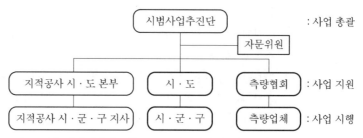

자료 : (사)미래정부연구원(2100), 디지털지적구축 시범사업 중간평가연구, 국토해양부, p. 33.

[디지털지적구축 시범사업 추진체제]

3) 디지털지적구축 시범사업 추진내용

(1) 1차년도(2008) 사업

① 시범사업지구 선정(16개 시·도의 17개 시·군·구에서 선정)

② 업무처리지침 및 측량작업지침을 작성

③ 지적삼각보조점 측량을 GPS 방법에 의해 실시하고, 지역좌표계와 세계좌표계 성과를 각각 산출

④ 지적도근점 측량을 GPS 또는 T·S(Total Station) 방법에 의해 실시

⑤ 일필지측량은 각 기준점을 기준으로 3차원 지적측량을 실시

⑥ 시범사업을 통해 얻어지는 데이터의 통합관리와 업무기능이 포함된 지적조사시스템 구축

(2) 2차년도(2009) 사업

① 경계조정 및 청산업무에 관한 사항 처리

② 지적기준점에 대한 세계좌표계 성과 산출

③ 기존에 설치된 약 1,600개의 지적삼각점 및 지적삼각보조점의 표지를 정비하고 세계측지계에 의한 성과 산출

④ 경계점좌표등록부 시행지역의 세계측지계 전환에 대한 연구 수행

⑤ 시범지구에 대한 세계좌표 기반의 확정측량 실시

⑥ 지적불부합지 조기 해소를 위한 지적재조사 특별법 연구 수행

(3) 3차년도(2010) 사업

① 시범지구의 지적공부 정리

② 시범사업 결과분석 및 타당성 검토 수행

③ 특별법(안) 제정 추진 및 지적조사시스템 구축 완료

5. 지적재조사의 추진방안

1) 추진계획의 수립

① 추진전략 수립이 선행되어야 한다.

② 토지, 건물 등 지적공부에 등록할 재조사 대상을 결정하여야 한다.

③ 세부 사업계획이 수립되어야 한다.

④ 측량기준 및 측량방법을 결정하여야 한다.

⑤ 합리적인 청산기준이 마련되어야 한다.

⑥ 소요예산의 조달방안을 강구하여야 한다.

⑦ 국토공간정보청(가칭) 등 전담기구의 설치가 필요하다.

2) 지적재조사의 측량방법

(1) 기초측량

① 세계좌표계에 의한 기준점측량을 실시

② 대삼각망은 VLBI 및 GPS 상시관측소 성과를 기준으로 실시

③ 삼각측량과 도근측량은 GPS 측량방법으로 실시

(2) 일필지측량

① 도심밀집지역은 토탈측량과 항공사진측량을 병행

② 일반도시지역과 준도시지역은 토탈측량과 GPS-RTK 측량 및 항공사진측량을 병행

③ 농촌지역은 항공사진측량에 의하고 토탈측량과 GPS-RTK 측량을 병행

④ 임야지역은 항공사진측량과 항공라이다측량, 토탈스테이션 및 GPS-RTK 측량을 병행하고 KLIS 도면 활용

(3) 건물 등의 구조물측량

① 지상의 건물 등 구조물측량은 항공사진측량, 지상사진측량, 지상라이다측량, 토탈측량 및 GPS-RTK 측량을 병행하며, 경사사진측량을 참조

② 지하시설물측량의 경우 기존시설물은 지하시설물측량방법에 의하고 신규 사업의 경우 지하시설물공사와 동시에 측량을 실시

3) 지적재조사 주요업무

① 지적재조사 기본계획 수립·운영

② 사업예산 확보, 배정 및 관리

③ 중앙지적재조사위원회 구성·운영

④ 국회업무

⑤ 지적재조사 기금조성 관련

⑥ 지적재조사사업 지도 파악 및 관리

⑦ 각종 위원회 제도 운영

⑧ 지적재조사에 관한 특별법·시행령·시행규칙 운영

⑨ 지적재조사 업무처리규정 운영, 지적재조사 측량대행제도 운영, 지적재조사 측량 규정 운영

⑩ 조정금 관련 제도 운영

⑪ 토지소유자 협의회 제도 운영

⑫ 사업지구 내 지목변경 업무

⑬ 지적재조사 관련 이의신청 업무, 소송 업무, 기타 민원 업무

⑭ 지적재조사측량 기술개발, 지적측량 기준점 관리, 세계측지계 기준 좌표변환, 일 필지조사 업무, 경계점표지 관련 업무, 경계결정 방법 및 이의신청

⑮ 지적재조사관리시스템 구축 및 운영, 지적재조사측량 데이터 관리 및 자료 제공

4) 지적재조사에 관한 특별법 주요내용

(1) 기본계획 등의 수립

① 기본계획 수립

- 국토교통부장관은 지적재조사사업을 효율적으로 시행하기 위하여 사업에 관한 기본방향, 사업의 시행기간 및 규모, 사업비의 연도별 집행계획 및 배분계획, 사업에 필요한 인력확보계획, 디지털 지적의 표준, 교육 및 연구·개발 등이 포함된 '지적재조사사업에 관한 기본계획'을 수립

- 기본계획을 수립할 때에는 미리 공청회를 개최하여 관계 전문가 등의 의견을 들어 기본계획안을 작성하고, 시·도지사[1]등에게 송부하여 의견을 들은 후 중앙지적재조사위원회의 심의를 거쳐야 하고, 기본계획안을 송부받은 시·도지사는 지적소관청에 송부하여 의견을 들어야 함

---

1) 특별시장·광역시장·도지사·특별자치도지사·특별자치시장 및 「지방자치법」 제198조에 따른 인구 50만 이상 대도시의 시장을 의미

- 기본계획안을 송부 받은 날로부터 지적소관청은 20일 이내에 시·도지사에게, 시·도지사는 30일 이내에 국토교통부 장관에게 의견을 제출
- 국토교통부 장관은 기본계획을 수립하거나 변경하였을 때에는 관보에 고시하고 시·도지사에게 통지하며, 시·도지사는 지적소관청에 통지
- 5년 후 기본계획의 타당성을 재검토하고 필요하면 변경

② 시·도종합계획 수립
- 시·도지사는 기본계획을 토대로 지적재조사지구 지정의 세부기준, 지적재조사사업의 연도별·지적소관청별 사업량, 사업비의 연도별 추산액과 지적소관청별 배분 계획, 사업에 필요한 인력확보 계획, 사업의 교육과 홍보 등이 포함된 지적재조사사업에 관한 종합계획(시·도종합계획)을 수립
- 시·도종합계획을 수립할 때는 시·도종합계획안을 지적소관청에 송부하여 의견을 들은 후 시·도 지적재조사 위원회의 심의를 거쳐야 함
- 지적소관청은 송부받은 날로부터 14일 이내에 의견을 제출
- 시·도지사는 시·도종합계획을 확정한 때에는 지체 없이 국토교통부장관에게 제출
- 5년 후 시·도종합계획의 타당성을 재검토하고 필요하면 변경

③ 지적재조사사업의 시행자
- 지적재조사사업은 지적소관청이 시행
- 지적소관청은 지적재조사사업의 측량·조사 등을 책임수행기관에 위탁할 수 있음

④ 책임수행기관의 지정
- 국토교통부장관은 지적재조사사업의 측량·조사 등의 업무를 전문적으로 수행하는 책임수행기관을 지정할 수 있음
- 책임수행기관은 사업범위를 전국 또는 권역별(인접한 2개 이상의 특별시·광역시·도·특별자치도·특별자치시를 묶음)로 지정할 수 있음
- 지정대상은 한국국토정보공사와 법인(지적재조사사업을 전담하기 위한 조직과 측량장비를 갖추고, 지적분야 측량기술자 1,000명(권역별로 책임수행기관의 경우에는 권역별로 200명) 이상이 상시 근무하는 민법 또는 상법에 따라 설립된 법인)으로 함
- 책임수행기관의 지정기관은 5년

⑤ 실시계획 수립

- 지적소관청은 시·도종합계획을 통지받았을 때는 지적재조사사업의 시행자, 사업지구의 명칭·위치·면적, 사업의 시행시기 및 기간, 사업비의 추산액, 토지현황조사, 사업지구의 현황, 사업의 시행에 관한 세부계획, 지적재조사측량에 관한 시행계획, 홍보 등이 포함된 실시계획을 수립하여야 함
- 지적소관청은 실시계획 수립내용을 30일 이상 주민에게 공람하여야 하며, 공람기간 내에 실시계획에 포함된 필지 토지소유자와 이해관계인에게 실시계획 수립내용을 서면으로 통보한 후 주민설명회를 개최
- 지적소관청은 실시계획에 포함된 필지는 지적재조사예정지구임을 지적공부에 등록

⑥ 지적재조사지구 지정

- 지적소관청은 실시계획을 수립하여 시·도지사에게 지적재조사지구 지정을 신청
- 토지소유자의 동의 : 지구 지정을 신청할 때에는 지적공부의 등록사항과 토지의 실제 현황이 다른 정도가 심하여 주민의 불편이 많은 지역인지와 사업시행의 용이성 및 사업시행의 효과성을 고려하여 지적재조사예정지구 토지소유자 총수의 3분의 2 이상과 토지면적 3분의 2 이상에 해당하는 토지소유자의 동의를 받아야 함
- 우선 지정 신청 : 지적재조사예정지구에 토지소유자협의회가 구성되어 있고 토지소유자 총수의 4분의 3 이상의 동의가 있는 지구에 대하여는 우선하여 지정을 신청할 수 있음
- 시·도지사는 지적재조사지구를 지정·변경한 경우에는 시·도 공보에 고시하고 그 지정·변경내용을 국토교통부장관에게 보고하며, 관계 서류를 일반인에게 열람
- 지적재조사지구의 지정·변경이 고시된 때에는 지적공부에 지적재조사지구로 지정된 사실을 기재
- 지구 지정의 효력상실 : 지적소관청은 지적재조사지구 지정고시를 한 날부터 2년 내에 토지현황조사 및 지적재조사측량을 시행하여야 하고, 시행하지 아니할 때에는 그 기간의 만료로 지적재조사지구의 지정은 효력이 상실

(2) 토지현황조사 및 측량

① 토지현황조사

- 지적소관청은 실시계획을 수립한 때에는 지적재조사예정지구임이 지적공부에 등록된 토지를 대상으로 토지현황조사를 하여야 함
- 토지현황조사는 지적재조사측량과 병행하여 실시할 수 있음
- 토지현황조사를 할 때에는 소유자, 지번, 지목, 경계 또는 좌표, 지상건축물 및 지하건축물의 위치, 개별공시지가 등을 기재한 토지현황조사서를 작성
- 조사사항 : 토지·건축물·토지이용계획에 관한 사항, 토지이용 현황 및 건축물 현황, 지하시설물(지하구조물) 등에 관한 사항
- 토지현황조사는 사전조사와 현지조사로 구분하여 실시하며, 현지조사는 지적재조사측량과 병행실시 가능

② 지적재조사측량

- 지적재조사측량은 지적기준점을 정하기 위한 기초측량과 일필지의 경계와 면적을 정하는 세부측량으로 구분
- 기초측량과 세부측량은 「공간정보의 구축 및 관리에 관한 법률」에 따른 국가기준점 및 지적기준점을 기준으로 측정
- 기초측량은 위성측량 및 토털 스테이션측량(Total Station 測量 : 각도·거리 통합 측량기를 이용한 측량)의 방법으로 실시
- 세부측량은 위성측량, 토털 스테이션측량 및 항공사진측량 등의 방법으로 실시

③ 지적재조사측량의 성과검사

- 지적재조사사업의 측량·조사 등을 위탁받은 책임수행기관은 지적재조사측량성과의 검사에 필요한 자료를 지적소관청에 제출
- 기초측량 검사 : 지적소관청은 기초측량성과의 검사에 필요한 자료를 시·도지사에게 송부하여 그 정확성에 대한 검사를 요청하며, 시·도지사는 기초측량성과의 정확성에 대한 검사를 수행하고, 그 결과를 지적소관청에 통지
- 사업기간 단축 등을 위해 필요한 경우에는 기초측량성과의 정확성에 대한 검사업무를 지적소관청으로 하여금 수행하게 할 수 있음
- 세부측량 검사 : 지적소관청은 위성측량, 토털 스테이션측량 및 항공사진측량 방법 등으로 지적재조사측량성과의 정확성을 검사하며, 인력 및 장비 부족 등의 부득이한 사유로 지적재조사측량성과의 정확성에 대한 검사

를 할 수 없는 경우에는 시·도지사에게 그 검사를 요청할 수 있으며, 검사를 한 시·도지사는 그 결과를 지적소관청에 통지

- 측량성과의 결정 : 지적재조사측량성과와 지적재조사측량성과에 대한 검사의 연결교차가 지적기준점은 0.03m, 경계점은 0.07m의 범위 이내일 때에는 해당 지적재조사측량성과를 최종 측량성과로 결정

④ 경계복원측량 및 지적공부정리의 정지

- 원칙 : 지적재조사지구 지정고시가 있으면 해당 지적재조사지구 내의 토지에 대해서는 사업완료 공고 전까지 경계복원측량 및 신규등록·등록전환·분할·바다로 된 토지의 등록말소·축척변경·등록사항의 정정 등의 지적공부의 정리를 할 수 없음

- 예외 : 지적재조사사업의 시행을 위하여 실시하는 경계복원측량, 법원의 판결 또는 결정에 따른 경계복원측량 또는 지적공부의 정리, 토지소유자의 신청에 따라 시·군·구 지적재조사위원회가 경계복원측량 또는 지적공부정리가 필요하다고 결정하는 경우에는 가능

⑤ 토지소유자협의회

- 지적재조사예정지구 또는 지적재조사지구의 토지소유자는 토지소유자 총수의 2분의 1 이상과 토지면적 2분의 1 이상에 해당하는 토지소유자의 동의를 받아 토지소유자협의회를 구성할 수 있음

- 토지소유자협의회는 위원장을 포함한 5명 이상 20명 이하의 위원으로 구성

- 토지소유자협의회의 위원은 그 지적재조사예정지구 또는 지적재조사지구에 있는 토지의 소유자이어야 하며, 위원장은 위원 중에서 호선

- 토지소유자협의회의 기능 : 지적소관청에 대한 지적재조사지구의 신청, 토지현황조사에 대한 참관, 임시경계점표지 및 경계점표지의 설치에 대한 참관, 조정금 산정기준에 대한 의견 제출 및 감정평가액으로 조정금을 산정하는 경우 「감정평가 및 감정평가사에 관한 법률」에 따른 감정평가법인 등 1인의 추천, 경계결정위원회 위원의 추천

(3) 경계의 확정

① 경계설정 기준

〈지적소관청의 지적재조사를 위한 경계설정기준 순위〉

㉠ 지상경계에 대하여 다툼이 없는 경우 토지소유자가 점유하는 토지의 현실경계

ⓛ 지상경계에 대하여 다툼이 있는 경우 등록할 때의 측량기록을 조사한 경계

ⓒ 지방관습에 의한 경계

- 경계설정기준 순위로 경계설정을 하는 것이 불합리하다고 인정하는 경우에는 토지소유자들이 합의한 경계를 기준으로 지적재조사를 위한 경계 설정 가능

- 지적재조사를 위한 경계를 설정할 때에는 도로법, 하천법 등 관계 법령에 따라 고시되어 설치된 공공용지의 경계가 변경되지 않도록 해야 함(해당 토지소유자들 간에 합의한 경우에는 제외)

② 경계점표지 설치 및 지적확정예정조서 작성

- 지적소관청은 경계를 설정하면 임시경계점표지를 설치하고 지적재조사측량을 실시

- 지적소관청은 지적재조사측량을 완료하였을 때에는 기존 지적공부상의 종전 토지면적과 지적재조사를 통하여 산정된 토지면적에 대한 지번별 내역 등을 표시한 지적확정예정조서2)를 작성

- 지적확정예정조서를 작성하였을 때에는 토지소유자나 이해관계인에게 그 내용을 통보하여야 하며, 통보를 받은 토지소유자나 이해관계인은 지적소관청에 의견을 제출할 수 있음

- 누구든지 임시경계점표지를 이전 또는 파손하거나 그 효용을 해치는 행위를 하여서는 안 됨

③ 경계의 결정

- 지적재조사에 따른 경계결정은 경계결정위원회의 의결을 거쳐 결정

- 지적소관청은 경계에 관한 결정을 신청하고자 할 때에는 지적확정예정조서에 토지소유자나 이해관계인의 의견을 첨부하여 경계결정위원회에 제출

- 경계결정위원회는 지적확정예정조서를 제출받은 날부터 30일 이내에 경계에 관한 결정3)을 하고 이를 지적소관청에 통지

- 토지소유자나 이해관계인은 경계결정위원회에 참석하여 의견 진술 가능

- 경계결정위원회는 경계에 관한 결정을 하기에 앞서 토지소유자들로 하여금 경계에 관한 합의를 하도록 권고할 수 있음

- 지적소관청은 경계결정위원회로부터 경계에 관한 결정을 통지받았을 때에는 지체 없이 이를 토지소유자나 이해관계인에게 통지(이의신청 기간

---

2) 지적확정예정조서 : 토지의 소재지, 종전 토지의 지번, 지목 및 면적, 산정된 토지의 지번, 지목 및 면적, 토지소유자의 성명 또는 명칭 및 주소, 그 밖에 국토교통부장관이 고시하는 사항 등이 포함
3) 부득이한 사유가 있을 때에는 경계결정위원회는 의결을 거쳐 30일의 범위에서 연장 가능

안에 이의신청이 없으면 경계결정위원회의 결정대로 경계가 확정된다는 취지를 명시)

④ 경계 결정에 대한 이의신청
- 토지소유자나 이해관계인이 경계 결정에 대하여 불복하는 경우에는 통지를 받은 날부터 60일 이내에 지적소관청에 증빙서류를 첨부한 이의신청서를 제출하여 이의신청
- 지적소관청은 이의신청서가 접수된 날부터 14일 이내에 이의신청서에 의견서를 첨부하여 경계결정위원회에 송부
- 경계결정위원회는 30일 이내4)에 이의신청에 대한 결정 처리
- 경계결정위원회는 이의신청에 대한 결정을 하였을 때에는 그 내용을 지적소관청에 통지
- 지적소관청은 결정내용을 통지받은 날부터 7일 이내에 결정서를 작성하여 이의신청인과 토지소유자나 이해관계인에게 송달5)
- 토지소유자는 60일 이내에 경계결정위원회의 결정에 대하여 행정심판이나 행정소송을 통하여 불복6)할 지 여부를 지적소관청에 통지

⑤ 경계의 확정
- ㉠ 지적재조사사업에 따른 경계는 다음의 시기에 확정
  - 이의신청 기간에 이의를 신청하지 아니하였을 때
  - 이의신청에 대한 결정에 대하여 60일 이내에 불복의사를 표명하지 아니하였을 때
  - 경계에 관한 결정이나 이의신청에 대한 결정에 불복하여 행정소송을 제기한 경우에는 그 판결이 확정되었을 때
- ㉡ 경계가 확정될 경우 지적소관청은 지체 없이 경계점표지를 설치(지적소관청이 경계를 설정할 때 설치하고 지적재조사측량을 실시한 임시경계점표지와 동일할 때는 그 임시경계점표지를 경계점표지로 봄)하고 지상경계점표지등록부7)를 작성하고 관리
- ㉢ 누구든지 경계점표지를 이전 또는 파손하거나 그 효용을 해치는 행위를 하여서는 안 됨

---

4) 부득이한 경우에는 30일의 범위에서 처리기간을 연장
5) 이의신청인에게는 결정서 정본, 토지소유자나 이해관계인에게는 부본 송달
6) 경계결정위원회의 결정에 불복하는 토지소유자의 필지는 사업대상지에서 제외할 수 있음
7) 지상경계점좌표등록부 : 토지의 소재, 지번, 지목, 작성일, 위치도, 경계점 번호 및 표지종류, 경계설정기준 및 경계형태, 경계위치, 경계점 세부설명 및 관련자료, 작성자의 소속·직급(직위)·성명, 확인자의 직급·성명 등을 포함하여 작성

⑥ 지목의 변경
- 지적재조사측량 결과 지적공부상 지목과 실제의 이용현황과 다른 경우 지적소관청은 시·군·구 지적재조사위원회의 심의를 거쳐 기존의 지적공부상의 지목을 변경할 수 있음(지목을 변경하기 위하여 다른 법령에 따른 인허가 등을 받아야 할 때에는 그 인허가 등을 받거나 관계 기관과 협의한 경우에만 실제의 지목으로 변경할 수 있음)
- 전·답·과수원 상호 간의 지목변경, 개발행위허가·농지전용허가·산지전용허가 등 지목변경과 관련된 규제를 받지 아니하는 토지의 지목변경에 대해서는 시·군·구 지적재조사위원회의 심의를 거치지 않을 수 있음

(4) 조정금의 산정 및 처리

① 조정금의 산정
- 지적소관청은 경계 확정으로 지적공부상의 면적이 증감된 경우에는 필지별 면적 증감내역을 기준으로 조정금을 산정하여 징수하거나 지급(1인의 토지소유자가 다수 필지의 토지를 소유한 경우에는 해당 토지소유자가 소유한 토지의 필지별 조정금 증감내역을 합산하여 징수하거나 지급)
- 국가 또는 지방자치단체 소유의 국유지·공유지 행정재산의 조정금은 징수하거나 지급하지 않음
- 조정금은 경계가 확정된 시점을 기준으로 감정평가법인 등 2인(토지소유자협의회가 추천한 감정평가법인등이 있는 경우에는 해당 감정평가법인 등 1인을 포함하며, 추천이 없는 경우에는 지적소관청이 추천)이 평가한 감정평가액을 산술 평균하여 산정(토지소유자협의회가 요청하는 경우에는 시·군·구 지적재조사위원회의 심의를 거쳐 「부동산 가격공시에 관한 법률」에 따른 개별공시지가로 산정할 수 있음)
- 지적소관청은 조정금을 산정하고자 할 때에는 시·군·구 지적재조사위원회의 심의를 거침

② 조정금의 지급·징수
- 조정금은 현금으로 지급하거나 납부
- 지적소관청은 조정금을 산정하였을 때에는 지체 없이 조정금조서를 작성하고, 토지소유자에게 개별적으로 조정금액을 통보
- 조정금액을 통지한 날부터 10일 이내에 토지소유자에게 조정금의 수령통지 또는 납부고지를 하고, 수령통지를 한 날부터 6개월 이내에 조정금을 지급
- 조정금의 납부고지를 받은 자는 그 부과일부터 6개월 이내에 조정금을 납부(1년의 범위에서 분할납부 가능)

- 지적소관청은 조정금을 납부하여야 할 자가 기한까지 납부하지 아니할 때에는 「지방행정제재·부과금의 징수 등에 관한 법률」에 따라 징수할 수 있음

③ 조정금의 공탁
 ㉠ 지적재조사사업에 따른 조정금 공탁 사유
  - 조정금을 받을 자가 그 수령을 거부하거나 주소 불분명 등의 이유로 조정금을 수령할 수 없을 때
  - 지적소관청이 과실 없이 조정금을 받을 자를 알 수 없을 때
  - 압류 또는 가압류에 따라 조정금의 지급이 금지되었을 때
 ㉡ 지적재조사지구 지정이 있은 후 권리의 변동이 있을 때에는 그 권리를 승계한 자가 조정금 또는 공탁금을 수령하거나 납부

④ 조정금에 대한 이의신청
  - 수령통지 또는 납부고지된 조정금에 이의가 있는 토지소유자는 수령통지 또는 납부고지를 받은 날부터 60일 이내에 지적소관청에 이의신청 할 수 있음
  - 지적소관청은 이의신청이 제기된 조정금이 감정평가법인 등의 감정평가액으로 산정된 조정금인 경우에는 해당 조정금 산정에 참여하지 아니한 감정평가법인 등 2인에게 재평가를 의뢰하여 조정금을 다시 산정
  - 지적소관청은 이의신청을 받은 날부터 45일 이내에 시·군·구 지적재조사위원회의 심의·의결을 거쳐 이의신청에 대한 결과를 신청인에게 통지

⑤ 조정금의 소멸시효
  조정금을 받을 권리나 징수할 권리는 5년간 행사하지 아니하면 시효의 완성으로 소멸

(5) 지적공부의 작성
① 사업완료의 공고 및 공람
  - 지적소관청은 지적재조사지구에 있는 모든 토지에 대하여 경계 확정이 있었을 때에는 지체 없이 사업완료 공고를 하고 관계 서류를 일반인이 공람
  - 경계결정위원회의 결정에 불복하여 경계가 확정되지 아니한 토지가 있는 경우 그 면적이 지적재조사지구 전체 토지면적의 10분의 1 이하이거나, 토지소유자의 수가 지적재조사지구 전체 토지소유자 수의 10분의 1 이하인 경우에는 사업완료 공고를 할 수 있음
  - 사업완료 공고에 따른 공보 고시 사항 : 지적재조사지구의 명칭, 토지의 소재지, 종전 토지의 지번, 지목 및 면적, 산정된 토지의 지번, 지목 및 면

적, 토지소유자의 성명 또는 명칭 및 주소, 그 밖에 국토교통부장관이 고시하는 사항 등
- 사업완료 공고에 따른 일반인 공람(14일 이상) 서류 : 새로 작성한 지적공부, 지상경계점등록부, 측량성과 결정을 위하여 취득한 측량기록물

② 새로운 지적공부의 작성
  ㉠ 지적소관청은 사업완료 공고가 있었을 때에는 기존의 지적공부를 폐쇄하고 새로운 지적공부를 작성(그 토지는 사업완료 공고일에 토지의 이동이 있은 것으로 봄)
  ㉡ 새로운 지적공부 등록사항
    - 토지의 소재, 지번, 지목, 면적, 경계점좌표, 소유자의 성명 또는 명칭, 주소 및 주민등록번호(국가, 지방자치단체, 법인, 법인 아닌 사단이나 재단 및 외국인의 경우에는 「부동산등기법」 따라 부여된 등록번호), 소유권지분, 대지권비율, 지상건축물 및 지하건축물의 위치
    - 토지의 고유번호, 토지의 이동 사유, 토지소유자가 변경된 날과 그 원인, 개별공시지가, 개별주택가격, 공동주택가격 및 부동산 실거래가격과 그 기준일, 필지별 공유지 연명부의 장 번호, 전유(專有) 부분의 건물 표시, 건물의 명칭, 집합건물별 대지권등록부의 장 번호, 좌표에 의하여 계산된 경계점 사이의 거리, 지적기준점의 위치, 필지별 경계점좌표의 부호 및 부호도, 「토지이용규제 기본법」에 따른 토지이용과 관련된 지역ㆍ지구 등의 지정에 관한 사항, 건축물의 표시와 건축물 현황도에 관한 사항, 구분지상권에 관한 사항, 도로명주소, 그 밖에 국토교통부장관이 필요하다고 인정하는 사항
    - 경계가 확정되지 아니하고 사업완료 공고가 된 토지에 대하여는 "경계미확정 토지"라고 기재하고 지적공부를 정리할 수 있으며, 경계가 확정될 때까지 지적측량을 정지시킬 수 있음

③ 등기촉탁
  - 지적소관청은 새로이 지적공부를 작성하였을 때에는 지체 없이 관할등기소에 그 등기를 촉탁(그 등기촉탁은 국가가 자기를 위하여 하는 등기로 봄)
  - 토지소유자나 이해관계인은 지적소관청이 등기촉탁을 지연하고 있는 경우에는 직접 등기를 신청할 수 있음

④ 폐쇄된 지적공부의 관리
  지적재조사 사업완료 공고에 따라 폐쇄된 지적공부는 영구히 보존

⑤ 건축물현황에 관한 사항의 통보

지적재조사 사업완료 공고가 있었던 지역을 관할하는 특별자치도지사 또는 시장·군수·자치구청장은 「건축법」에 따라 건축물대장을 새로이 작성하거나, 건축물대장의 기재사항 중 지상건축물 또는 지하건축물의 위치에 관한 사항을 변경할 때에는 그 내용을 지적소관청에 통보

(6) 지적재조사 위원회

① 중앙지적재조사위원회

- 지적재조사사업에 관한 주요 정책을 심의·의결하기 위하여 국토교통부장관 소속으로 중앙지적재조사위원회(중앙위원회)를 둠
- 중앙위원회는 위원장 및 부위원장 각 1명을 포함한 15명 이상 20명 이하의 위원으로 구성
- 위원장은 국토교통부장관이 되며, 부위원장은 위원 중에서 위원장이 지명
- 위원은 기획재정부·법무부·행정안전부 또는 국토교통부의 1급부터 3급까지 상당의 공무원 또는 고위공무원단에 속하는 공무원, 판사·검사 또는 변호사, 법학이나 지적 또는 측량 분야의 교수로 재직하고 있거나 있었던 사람, 그 밖에 지적재조사사업에 관하여 전문성을 갖춘 사람 중에서 위원장이 임명 또는 위촉
- 위원 중 공무원이 아닌 위원의 임기는 2년
- 중앙위원회의 회의는 분기별로 개최
- 재적위원 과반수의 출석과 출석위원 과반수의 찬성으로 의결
- 중앙위원회 심의·의결사항 : 기본계획의 수립 및 변경, 관계 법령의 제정·개정 및 제도의 개선에 관한 사항, 그 밖에 지적재조사사업에 필요하여 중앙위원회의 위원장이 회의에 부치는 사항

② 시·도 지적재조사위원회

- 시·도의 지적재조사사업에 관한 주요 정책을 심의·의결하기 위하여 시·도지사 소속으로 시·도 지적재조사위원회(시·도 위원회)를 둘 수 있음
- 시·도 위원회는 위원장 및 부위원장 각 1명을 포함한 10명 이내의 위원으로 구성
- 위원장은 시·도지사가 되며, 부위원장은 위원 중에서 위원장이 지명
- 위원은 해당 시·도의 3급 이상 공무원, 판사·검사 또는 변호사, 법학이나 지적 또는 측량 분야의 교수로 재직하고 있거나 있었던 사람, 지적재조사사업에 관하여 전문성을 갖춘 사람 중에서 위원장이 임명 또는 위촉
- 위원 중 공무원이 아닌 위원의 임기는 2년

- 시·도 위원회는 재적위원 과반수의 출석과 출석위원 과반수의 찬성으로 의결
- 시·도 위원회 심의·의결사항 : 지적소관청이 수립한 실시계획, 시·도 종합계획의 수립 및 변경, 지적재조사지구의 지정 및 변경, 시·군·구별 지적재조사사업의 우선순위 조정, 그 밖에 지적재조사사업에 필요하여 시·도 위원회의 위원장이 회의에 부치는 사항

③ 시·군·구 지적재조사위원회
- 시·군·구의 지적재조사사업에 관한 주요 정책을 심의·의결하기 위하여 지적소관청 소속으로 시·군·구 지적재조사위원회(시·군·구 위원회)를 둘 수 있음
- 시·군·구 위원회는 위원장 및 부위원장 각 1명을 포함한 10명 이내의 위원으로 구성
- 위원장은 시장·군수 또는 구청장이 되며, 부위원장은 위원 중에서 위원장이 지명
- 위원은 해당 시·군·구의 5급 이상 공무원, 해당 지적재조사지구의 읍장·면장·동장, 판사·검사 또는 변호사, 법학이나 지적 또는 측량 분야의 교수로 재직하고 있거나 있었던 사람, 지적재조사사업에 관하여 전문성을 갖춘 사람 중에서 위원장이 임명 또는 위촉
- 위원 중 공무원이 아닌 위원의 임기는 2년
- 시·군·구 위원회는 재적위원 과반수의 출석과 출석위원 과반수의 찬성으로 의결
- 시·도 위원회 심의·의결사항 : 경계복원측량 또는 지적공부정리의 허용 여부, 지목의 변경, 조정금의 산정, 조정금 이의신청에 관한 결정, 그 밖에 지적재조사사업에 필요하여 시·군·구 위원회의 위원장이 회의에 부치는 사항

(7) 경계결정위원회
① 지적소관청 소속으로 경계결정위원회를 둠
② 위원회는 위원장 및 부위원장 각 1명을 포함한 11명 이내의 위원으로 구성
③ 위원장은 위원인 판사가 되며, 부위원장은 위원 중에서 지적소관청이 지정
④ 경계결정위원회 위원(ⓒ, ⓔ의 위원은 해당 지적재조사지구에 관한 안건인 경우에 위원으로 참석)
ⓐ 관할 지방법원장이 지명하는 판사

ⓛ 지적소관청 소속 5급 이상 공무원, 변호사, 법학교수, 그 밖에 법률지식이 풍부한 사람, 지적측량기술자, 감정평가사, 그 밖에 지적재조사사업에 관한 전문성을 갖춘 사람으로서 지적소관청이 임명 또는 위촉하는 사람

ⓒ 각 지적재조사지구의 토지소유자(토지소유자협의회가 구성된 경우에는 토지소유자협의회가 추천하는 사람으로서 위원에 반드시 포함되어야 함)

ⓔ 각 지적재조사지구의 읍장 · 면장 · 동장

⑤ 위원 중 공무원이 아닌 위원의 임기는 2년

⑥ 경계결정위원회는 직권 또는 토지소유자나 이해관계인의 신청에 따라 사실조사를 하거나 신청인 또는 토지소유자나 이해관계인에게 필요한 서류의 제출을 요청할 수 있으며, 지적소관청의 소속 공무원으로 하여금 사실조사를 하게 할 수 있음

⑦ 토지소유자나 이해관계인은 경계결정위원회에 출석하여 의견을 진술하거나 필요한 증빙서류를 제출할 수 있음

⑧ 경계결정위원회의 결정 또는 의결은 문서로써 재적위원 과반수의 찬성이 있어야 함

⑨ 경계결정위원회 의결사항 : 경계설정에 관한 결정, 경계설정에 따른 이의신청에 관한 결정

(8) 지적재조사 추진조직

① 지적재조사기획단 : 기본계획의 입안, 지적재조사사업의 지도 · 감독, 기술 · 인력 및 예산 등의 지원, 중앙위원회 심의 · 의결사항에 대한 보좌를 위하여 국토교통부에 지적재조사기획단을 둠

② 지적재조사지원단 : 지적재조사사업의 지도 · 감독, 기술 · 인력 및 예산 등의 지원을 위하여 시 · 도에 지적재조사지원단을 둘 수 있음

③ 지적재조사추진단 : 실시계획의 입안, 지적재조사사업의 시행, 책임수행기관에 대한 지도 · 감독 등을 위하여 지적소관청에 지적재조사추진단을 둘 수 있음

6. 외국의 지적재조사

1) 일본

(1) 일본 지적조사사업의 개요

① 1873년 '지조개정사업'을 추진하여 1876~1882년에 걸쳐 근대적인 지적 제도 창설

② 1951년 국토조사법을 제정하여 지적재조사 사업 추진

③ 1957년 국토조사법을 개정하여 사업주체의 임의방식에서 특정계획방식으로 전환

④ 1962년 국토조사촉진특례법의 제정에 따라 10개년 계획방식으로 전환

(2) 지적조사의 순서

① 지적조사의 실시계획수립 및 준비

② 지구설명회 개최

③ 경계표지 설치(반드시 인접 토지소유자의 입회·합의하여 설치)

④ 지적도근점 설치 및 측량

⑤ 일필지조사(조사원 : 지방사무소 국토조사계 직원)

⑥ 일필지측량(지상법과 항측법, 수치법과 도해법 병행)

⑦ 지적도·지적부의 작성 및 성과의 열람

⑧ 인증 및 등기

(3) 사업비용의 부담

구분	국가	도		시·정·촌	
부담률	50%	25%		25%	
		순 부담	특별교부세	순 부담	특별교부세
		5%	25%×0.8=20%	5%	25%×0.8=20%

자료 : 이정빈(2007), 북해도지역을 중심으로 한 지적조사에 관한 연구, 석사학위논문, 명지대학교 대학원, p. 63.

(4) 지적조사사업의 추진현황

① 도·도·부·현별로 지역에 따라 그 추진율에 차이가 있음

② 농촌지역에서의 진행은 순조롭지만, 도시지역(오사카 2%, 교토 6%, 나라 10%, 치바 12%, 도쿄 18%, 2005년)의 진행은 지지부진

③ 2000년부터 긴급 실시가 필요한 지역을 선정하여 5개년 계획을 수립 시행

④ 2009년 12월 전국 평균 약 49%의 진행률을 보이고 있음

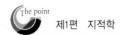

2) 대만

(1) 대만 지적재조사사업의 개요

① 1898~1903년까지 토지조사, 1909~1914년까지 임야조사를 완료하여 지적제도 확립

② 1972년 항공측량에 의해 일부 지역을 실험측량하고 1975년 7월부터 본격적인 지적재조사사업을 추진하여 2005년 도시지역의 지적재조사사업을 완료

③ 2004년 현재 지적재조사사업은 면적 기준 10%(3,558,000ha 중 368,403ha 완료), 필수기준 48%(11,800,000필 중 5,681,415필 완료) 진행

(2) 대만 지적재조사사업의 추진계획

① 제1기 계획(5년 : 1976~1980) : 대북시, 대만성, 4개 직할시 및 11개 현 관할 시지역의 지적도 손상이 심한 도시지역에서 실시

② 제2기 계획(4년 : 1981~1984) 및 제3기 계획(4년 : 1985~1988) : 대북시와 고웅시 내의 제1기분 계획에서 미완료 부분을 계획에 추가하며, 대만성 내의 4개 직할시, 17개 현 직할시, 77개 지방도시 중에서 지적도가 심하게 훼손된 도시계획지역에서 실시

(3) 대만의 지적재조사사업의 특징

① 대만의 지적재조사사업은 내정부(內政府)에서 담당하고, 사업집행의 주관기관은 내정부 지정사이고, 처리기관은 시·도 지정처, 집행기관은 시·도 지정처 토지측량대대가 담당

② 지적도 중측사업에 소요되는 경비 중 인력은 각 관할 성, 시정부에서 부담

③ 지적재측량에 소요되는 경비는 원칙적으로 중앙정부에서 1/2, 지방자치단체인 각 관할 성, 시정부에서 1/2씩 부담

④ 1976년부터 2005년까지 대만의 전국 도시지역 지적재조사 사업에 투입된 비용은 71억 대만달러(약 2천 130억 원)

⑤ 30여 년간 지적재조사에 따른 토지소송은 전체 필지의 0.0003%에 불과함

⑥ 토지경계 분쟁 발생 시 측량사, '부동산 분쟁조정위원회' 및 법원에서 적극 화해 및 권고하여 경계분쟁 해소

⑦ 지적도면은 도시지역은 1/500, 농촌지역은 1/1,000, 기타 지역은 1/2,000로 작성

(4) 대만의 지적재조사사업 작업순서

① 계획준비 : 행정구역 단위로 지구선정 및 공포, 주민 홍보

② 지적조사 : 필지별 지번, 지목, 경계, 소유자 및 경계표석 설정

③ 지적측량 : 기초측량(삼각점 검측 및 도근측량)과 일필지측량(항공사진 측량 및 지상측량 병행)으로 구분 실시

④ 면적계산 : 좌표면적 계산

⑤ 성과검사 : 위치검사, 형태검사, 면적검사 및 도표대조검사

⑥ 공부작성 : 토지표시, 변경등기결과 정리부, 중측 전후 지번대조정리부, 면적계산부, 지적조사표

⑦ 성과도 작성 : 공고 10일 전까지 완성

⑧ 공고 통지 : 중측 결과를 30일간 공고 및 토지소유자에게 통지

⑨ 이의 처리 : 공고기간 내 토지소유자의 이의 신청 처리

⑩ 토지표시 변경등기 : 공고 기간 만료 후 1개월 내 등기소에 통지

⑪ 지적도 조제 : 원도는 성시에 보관, 복제본은 열람용

⑫ 보고서 작성 : 각종 통계작성 및 중측사업결과 문제점 처리내용 분석검토

(5) 대만의 지적재조사사업의 측량방법

① 초기 도해방식으로 시행

② 항측법은 1973, 1976, 1977, 1992, 1993, 1995년에 걸쳐 시범 적용되었으나, 현장조사측량의 비율이 높아 사업비가 증가되어 널리 사용하지 못함

③ 수치법은 1976년 항측법과 함께 시험 운영한 결과 그 성과가 양호하여, 1981년에 수치법 측량을 시험적으로 운영한 이후, 해마다 지구를 확대하다가 1989년부터 전면적으로 사용

④ 1990년에서 2005년까지 「대만성지적도중측후속계획」을 수립하고 도시지역부터 수치지적측량방식으로 실시

⑤ 1993년에 GPS로 4등 기본기준점측량을 시험실시한 이후 1994년부터 부분적으로 확대 실시하고, 1997년부터 전면적으로 GPS방식에 의해 기준점 측량

3) 독일

(1) 독일 지적재조사사업의 개요

① 1801년 바바리아(Bavaria) 지방에서 지적측량이 시작되어 1864에 완성되었지만 전반적인 지적조사는 1900년에 확립

② 독일의 지적개선사업은 지적전산화사업을 말하며, 각 주별로 진행방식이 다름

③ 지적재조사측량은 지상측량방법과 항공사진측량방법을 병용

④ 지적도의 축척은 1/5,000을 기본도로 하여 시가지는 1/500, 농·산림지역은 1/1,000~1/2,500

⑤ 지적과 등기는 이원화되어 있음

(2) 독일의 지적전산화

① 1960년대 니더작센 주 내무부의 지적 및 측량국에서 부동산지적대장의 전산 화에 착수하여 1976년 완료

② 부동산지적도는 1977년부터 연방정부의 측량·지적협의회(AVD)에서 전산 개발에 착수하여 1986년 수치지적도 사용을 결정하고 1980년대 말부터 전산 화사업 완료

③ 16개 연방주가 수치부동산지적대장(ALB)과 수치부동산지적도면(ALK) 전 산화를 완료하였고, ALB과 ALK을 통합한 부동산 지적정보시스템(ALKIS) 을 구축

```
*----------------------------------*----------------------------------*
|AUSZUG AUS DEM LIEGENSCHAFTSKATASTER|FLURSTÜCK  129999-009-00129/000   7|
| -LIEGENSCHAFTSBUCH-               |                                  |
|                                   |DATUM        08.01.2002 01        |
|***Flurstücks-/Eigentümernachweis***|                        Seite  1|
| Kataster-/Vermessungsamt  0069              Potsdam-Mittelmark      |
|                                             Lankeweg 4              |
|                                             14513 Teltow            |
|                                             ----------------------- |
| Gemarkung                129999            Potsdam                  |
| Gemeinde                 12069999          Potsdam                  |
| Kreis/Stadt                                Potsdam-Mittelmark       |
| Finanzamt                3047              Potsdam/Land             |
*----------------------------------------------------------------------*
|                                                                      |
| Gmkg   Flr  Flurst-Nr   P                                            |
| 129999   9    129       7                                            |
| ========================= Entstehung    1939                        |
|                                                                      |
| Lage                     NICHT ERFASST                              |
|                                                                      |
| Tatsächliche Nutzung                                                 |
|                  311 m2  21-170 Gebäude- und Freifläche- Gewerbe und I|
| -------------------------                                            |
| Fläche      ********311 m2                                           |
| =========================                                           |
|                                                                      |
| Amtsgericht         0131   Brandenburg                              |
| Grundbuchbezirk     129999 Potsdam                                  |
| Bestand             129999-01266   2 Bvnr   5 (N) Eigentum          |
| =======                                                             |
|                                                                      |
| 1                                                                   |
|    Mustermann, Marcel                                               |
|    *05.07.1964                                                      |
|    :Steinstr. 19                                                    |
|    :14473 Potsdam                                                   |
|                                                                      |
| 2                                                                   |
|    Mustermann, Maren, geb. von Geburt                               |
|    *01.01.1975                                                      |
|    :Steinstr. 19                                                    |
|    :14473 Potsdam                                                   |
|                                                                      |
*----------------------------------------------------------------------*
```

(a) 수치부동산 지적대장

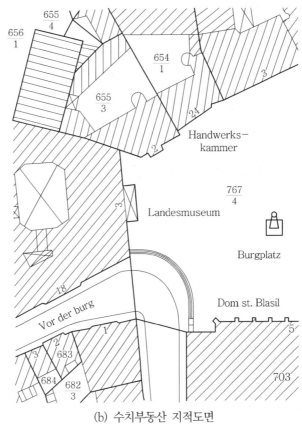

(b) 수치부동산 지적도면

[독일의 수치부동산 지적대장 및 지적도]

출처 : 김택진(2009), 우리나라 지적제도의 발전 방향, 한국토지공법
학회 제70회 학술대회논문집, 한국공법학회, pp. 69~70.

4) 프랑스

(1) 프랑스 지적재소사사업의 개요

① 프랑스 지적법은 1807년 나폴레옹 1세에 의해 제정되고 1830년까지 지적조
사를 완료

② 1898년 새로운 지적법의 제정으로 지적재조사를 착수하였으나 강제력이 없
어 실적 부진

③ 1930년 지적법을 개정하여 지적재조사사업 추진

④ 현행 지적제도는 1941년에 다시 개정된 지적법에 의하여 확립

⑤ 지적사무소 하부기관으로 지적재조사부(Renewal of Cadastre)를 설치 운영

⑥ 농촌지역은 전부 완료하였으며, 도시지역은 계속 진행 중에 있음

(2) 지적재조사사업의 추진기관 및 예산
① 사업의 주체는 경제성 및 재무성이 주관이 되어 실시
② 소요경비는 국가가 전액 부담하나, 시의 요청에 의하여 사업이 시행될 경우에는 국가와 시가 공동으로 부담

(3) 지적재조사사업의 측량방법
① 수정방법 : 기존 토지경계를 현실과 부합되게 일부 조정하여 수정
② 재측량방법 : 기존 경계가 현실과 불부합된 지역은 지상측량방법을 병행
③ 측량방법 : 지상측량과 항공사진측량을 병용
④ 축척체계 : 도시지역은 1/500, 농촌지역은 1/1,000, 기타지역은 1/2,000
⑤ 지적과 등기는 일원화되어 있음

5) 스위스
① 1808년부터 각 주정부가 자체적으로 산발적인 지적조사를 실시
② 1911년 연방정부가 통일된 지적조사사업에 착수
③ 1923년 전 국토의 92%인 38,000km²에 대하여 계획을 수립하고 일부지역은 지적재조사를, 일부지역은 지적조사를 실시
④ 1940년부터 지적재조사에 항공사진측량을 적용하여 수치지적으로 등록

6) 오스트리아
① 1817년부터 토지과세대장(Grundsteuer Kataster)과 함께 도해지적 시행
② 1822년에 부분적인 지적재조사의 필요성이 강조되었고, 1887년부터 1966년까지 9개 주에 대하여 545지번 지역의 지적재조사를 완료
③ 1955년부터 지적 자동화를 실시하여 1968년 대장전산화를 완료
④ 1961년부터 자동제도기를 이용한 지적도의 재작성 추진

제5장   지적제도의 발달

01 토지소유권 보장제도

1. 토지소유권 보장제도의 변천

1) 토지증명제도(소유권증명제도)의 발전과정

① 양안제도 : 고려시대부터 조선시대까지 시행되고 토지조사사업의 실시로 폐지

② 입안제도 : 1892년까지 시행됨

③ 지계제도 : 1893~1905년까지 13년간 시행됨

④ 토지가옥증명제도 : 1906~1910년까지 5년간 시행

⑤ 지적 및 등기제도 : 토지조사사업 이후에 실시

2) 입안제도

① 경국대전에 의하면 토지가옥의 매매가 있는 경우에 100일 이내에 관에 신고하여 입안을 받도록 함

② 토지가옥의 매매를 증명하는 제도이며 등기권리증과 같은 효력이 있음

③ 조선초기부터 시행된 제도로 건축물에 대한 제도로는 최초

3) 지계제도

① 1901년 지계아문을 설치하여 각 도에 지계감리를 두어 "대한제국전답관계"라는 지계를 발급

② 지계는 전답의 소유에 대한 관의 인증으로 입안의 근대화로 볼 수 있으며 전답의 매매, 양여 시에 소유주는 반드시 "관계"를 받도록 함

4) 토지가옥증명제도

① 1905년 을사조약 체결 이후 "토지가옥증명규칙"과 "토지가옥소유권증명규칙"을 공포하여 토지가옥의 매매, 교환, 증여 시에 토지가옥증명대장에 기재하여 공시하는 제도를 시행

② 가옥의 거래 등에 대해 부윤, 군수 등의 실질적 심사를 거쳐 토지가옥명부에 등록하는 제도

③ 일제시대에 제정 공포된 건물등기제도에 비해 차츰 소홀히 취급되어 과세대장의 역할을 함

2. 문기(文記)

1) 문기의 개념
① 조선시대에 토지 및 가옥을 매수 또는 매도할 때 작성한 매매 계약서를 말하며 '명문 문권'이라고도 함
② 토지 매매 시에 매도인은 신 문기는 물론 그 토지의 전리전승 유래를 증명하는 구문기도 함께 인도해야 하는 요식행위

2) 문기의 작성
① 매수인, 매도인 쌍방의 합의 외에 대가의 수수 목적물의 인도 시에 서면으로 계약서를 작성
② 양 당사자와 증인, 집필인이 작성
③ 구두 계약일 경우에는 후에 문기를 작성
④ 구문기를 분실하였을 경우에도 그 사실을 증명하는 관의 입안 또는 입지를 발급받아 구문기를 대신함

3) 종류 및 기재내용
① 종류 : 신문기, 구문기, 명문문권, 매매문기, 매려문기 등 약 11종의 문기가 있으며 '백문매매'란 입안을 받지 않은 매매계약서를 의미
② 기재내용 : 매도연월일, 매수인, 매매의 이유, 그 토지의 권리 전승의 유래, 토지가옥의 소재처와 사표, 매매대금과 그 수취 사실, 영구적 매도의 문언, 본문기의 허급 여부와 그 이유, 담보문언

4) 효력
① 신문기의 작성과 구문기 기타 증거서류의 인도는 토지가옥 매매계약의 성립요건이며 매매사실의 사적 공시수단 및 증명수단
② 상속, 증여, 소송 및 입안청구 시 증거가 됨
③ 문기는 확정적 효력을 가지며 소유자의 권원증서

3. 입안(立案)

1) 입안의 개념

① 토지가옥의 매매를 국가에서 증명하는 제도로서, 현재의 등기권리증과 같은 지적의 명의변경 절차

② 입안의 효력 : 매매계약에 대한 확정력, 공증력이 부여되어 권리관계가 명확하게 됨

③ 입안의 목적 : 진실한 권리자 보호 및 거래의 안전보장에 기여함을 목적으로 함

④ 기재내용 : 입안일자, 입안관청명, 입안사유, 당해관의 서명

2) 작성절차

① 계약성립 후 소유권이 이전되면 매수인이 매매문기 등을 첨부하여 입안청구의 소지를 매도인의 소재관에게 100일 이내에 제출(목적물 소재관에게 청구하는 예외도 있음)

③ 한성부는 당하관이 화압하고, 당상관 1명이 화압 후 입안성급 결정하여 관인날인

④ 관은 매매당사자, 증인, 필집 등을 조사하고 매매의 합법성을 확인하여 입안 발급

3) 입안의 규정

① 속전등록 : 입안기한의 규정은 없으나 입안 받지 않는 토지는 몰관한다고 규정

② 경국대전 : 토지가옥의 매매는 백일 이내(3년에서 단축), 상속은 1년 이내에 입안토록 규정

4) 입안의 폐지

① 강행적·필요적 제도였으나 초기부터 잘 지켜지지 않았고, 조선후기 공문화되어 대전회통에 폐지를 명문화함

② 입안제도의 공문화 이유
- 절차의 비현실성
- 매매당사자, 증인, 집필인 등 출두 기피
- 과중한 작지부담

③ 백문매매(白文賣買)의 성행
- 백문매매는 문기의 일종으로 입안을 받지 않는 매매계약서를 뜻함
- 백문매매는 관습상 성행하였으며 후에 관에서도 합법화됨
- 백문매매의 성행은 입안(立案)의 폐지사유가 됨

4. 양안(量案)

1) 양안의 개념

고려시대부터 시작되어 조선시대를 거쳐 일제시대의 토지조사사업 전까지 세금의 징수를 목적으로 양전에 의해 작성된 토지기록부 또는 토지대장

2) 양안의 종류

① 시대, 사용처, 관리처에 따라 전적(田籍), 양안, 양안등서책, 전안, 전답안 등으로 부름

② 시대에 따른 구분

- 고려시대 양안의 명칭 : 도전장(都田帳), 양전도장(量田都帳), 양전장적(量田帳籍), 도전정(導田丁), 도행(導行), 작(作), 도전정(導田丁), 전적(田積), 전부(田簿), 적(籍), 안(案), 원적(元籍), 도행장(타량성책의 초안 또는 관아에 비치된 결세대장), 전안(田案), 갑인주안(甲寅株案 : 충숙왕원년 1314년의 양전으로 작성된 장부) 등

- 조선시대 양안의 명칭 : 양안, 양안등서책(量案謄書册), 전안(田案), 전답안(田畓案), 성책(成册), 양명등서차(量名謄書次), 전답결대장, 전답결타량정안, 전답타량책, 전답타량안, 전답결정안, 전답양안, 전답행번, 양전도행장 등

③ 작성시기에 따른 구분 : 구양안, 신양안(광무양안)

④ 국왕의 열람을 거친 경우 : 어람양안(御覽量案)

⑤ 행정기관별 구분 : 군양안, 목양안, 면양안, 리양안, 각 궁의 궁타량성책, 아문둔전의 양안성책

⑥ 소유권에 따른 구분 : 모택양안(某宅量案), 노비타량성책(奴婢打量成册), 연둔토, 목양토, 사전(寺田)

3) 작성목적

토지에 대한 세징수를 위해 작성되었으며, 토지조사사업의 실시로 폐지

4) 양안의 규정

① 경국대전 호전(戶典) 양전조(量田條)에는 "모든 전지는 6등급으로 구분하고 20년마다 다시 측량하여 장부를 만들어 호조(戶曹)와 그 도(道) 그 읍(邑)에 비치한다."고 규정

② 3부씩 작성하여 호조, 본도, 본읍에 보관

5) 기재내용

① 토지소재지, 천자문의 자호, 지번, 양전 방향, 토지형태, 지목, 사표, 장광척, 면적, 등급, 결부속, 소유자 등을 기록함

② 고려시대 : 지목, 전형(토지형태), 토지소유자, 양전방향, 사표, 결수, 총결수

③ 조선시대 : 논밭의 소재지, 지목, 면적, 자호, 전형(토지형태), 토지소유자, 양전방향, 사표, 장광척, 등급, 결부수, 경작 여부 등

6) 양안의 특징과 역할

① 양안은 오늘날의 토지대장과 같은 역할을 하였으며 그 수록내용도 별 차이가 없음

② 양안은 토지의 소재, 소유자, 위치, 등급, 형상, 면적, 자호 등을 기록하여 경작면적과 소유자 파악이 용이하고, 과세의 기초자료로 사용

③ 조선왕조의 사회적 · 경제적 문란으로 인한 토지문제를 해결하는 기능을 가짐

④ 사인 간의 토지거래에 있어서 기초자료 및 편리성을 제공

⑤ 양안은 토지와 징세의 파악 목적 및 토지소유자 확정의 목적과 기능도 가짐

⑥ 20년마다 양전을 실시하여 양안을 작성하도록 규정되어 있으나, 양전에 따른 막대한 비용과 인력이 소요되기 때문에 전국 규모의 양전은 거의 없고, 지역마다 필요에 따라 실시하여 양안을 부분적으로 작성

⑦ 현존하는 것으로 경자양안과 광무양안이 있음

7) 작성단계(광무양전의 경우)

광무양전이란 1898년 7월 6일 양지아문이 창설된 때부터 1904년 4월 19일 지계아문이 폐지된 기간에 시행한 양전사업을 통해 만들어진 양안으로서 신양안이라고도 함

① 1단계(야초책(野草冊) 양안) : 실제 측량에 의해 기록 · 작성된 최초의 양안

② 2단계(중초책(中草冊) 양안) : 관아에서 야초책 양안을 모아 편집하여 작성

③ 3단계(정서책(正書冊) 양안) : 양지아문에서 정리하여 완성한 양안

8) 토지의 형태

① 경자양안 : 방형, 직형, 제형, 규형, 구고형

② 광무양안 : 경자양안의 5가지 전답도형 표기 이외에도 원형, 타원형, 호시형, 삼각형, 미형 등의 10가지 형태와 이밖에도 여러 형태로 양안을 작성함

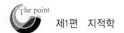

02 지적제도의 변천

1. 상고시대

1) 고조선

① 균형 있는 촌락의 설치와 토지분급 및 수확량 파악을 위하여 정전제(井田制)를 실시함

② 고불 58년 국토·산야를 측량하고 조세율 개정

③ 매륵 25년 오경박사 우문충이 토지를 측량하여 지도를 제작

2) 부여

① 사출도(四出道)라는 토지구획방법 시행

② 사출도는 그 당시 일종의 지방행정 구획으로, '출도(出道)'라고 표현한 것은 중앙의 수도를 중심으로 하여 마치 윷놀이의 형상과 같이 네 방향으로 통하는 길을 의미함

③ 읍락 간에 토지의 구분소유에 대한 법령이 존재하여 측량술을 이용한 지적제도의 존재를 추정할 수 있음

2. 삼국시대

구분	고구려	백제	신라
길이단위	척(尺)	척(尺)	척(尺)
면적단위	경무법	두락제, 결부제	결부제
지적도면	봉역도, 요동성총도	도적	방전, 직전, 제전, 규전, 구고전, 원전, 호전, 환전
측량방법	구장산술	구장산술	구장산술
지적사무 담당	• 사자(使者) • 주부(主簿) : 면적측정	• 내두좌평(內頭佐平) • 산학박사 : 지적·측량담당 • 산사(算師) : 측량시행 • 화사(畫師) : 도면 작성	• 조부(調部) : 토지세수 파악 • 산학박사 : 토지측량 및 면적측정

3. 통일신라시대

1) 관료전(官僚田)

① 관료전 제도는 직전수수(直田授受)의 법을 제정한 것으로 문무관료의 계급에 따라 차등을 두어 녹봉대신에 주던 토지

② 687년(신문왕 7년)에 녹읍제를 대신하여 지급하였으나 757년(경덕왕 16년)에 녹읍제의 부활로 없어진 제도

③ 고려시대의 전시과(田柴科), 과전법(科田法), 직전법(職田法)의 효시가 됨

2) 정전제(丁田制)

① 정전제는 국가가 정년(丁年)에 달한 자에게 일정량의 토지를 저급한 제도로서 당나라의 균전제(均田制)와 유사함

② 정전을 지급받은 정년자는 수확의 일부를 국가에 납부하게 하였으며, 60세가 되면 정전을 국가에 반환

③ 정(丁)에 해당하는 연령, 급전의 량과 정남(丁男) 또는 정녀(丁女)의 해당 여부는 알 수 없지만, 일본에서 발견된 신라 서원경 부근 4개 촌락의 향촌장적에 의하면 정남과 정녀는 18세 이상에서 59세 이하로 추정됨

4. 고려시대

1) 측량 단위

① 길이 단위 : 고려 초기에는 척(尺)을 사용하였으며, 고려후기에는 전품을 상·중·하 3등급으로 구분한 수등이척제 실시

② 면적 단위 : 고려 초기에는 경무법을 사용하였으며, 고려후기에는 두락제와 결부제 사용

2) 토지제도

(1) 고려초기

태조는 당나라의 토지제도를 모방하였고, 경종은 전제개혁을 착수하였으며, 문종은 전지측량을 단행

(2) 고려후기

① 과전법 실시 : 과전법을 실시하고, 양안도 초·중기와 다른 과전법에 적합한 양식으로 변경

② 자호제도 창설 : 토지의 정확한 파악을 목적으로 시행한 지번제도이며, 조선시대 일자오결제도의 계기가 됨

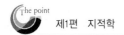

3) 지적담당기관

① 호조에서 관장하였으며 급전도감, 식목도감에서 지적업무를 담당

② 호부(戶部) : 호구(戶口), 공부(貢賦), 전량(錢糧) 등을 관장하는 부서로서 토지계량과 토지등록인 지적사무도 함께 관장하였으며, 충렬왕 원년(1275)에 판도사로 명칭 변경

③ 급전도감(給田都監) : 고려 초 전시과의 시행에 따라 토지를 분배하기 위하여 설치한 부서로서 토지제도의 문란으로 폐지되었다가 고종 44년(1257)에 부활되었으나, 공양왕 4년(1392)에 다시 폐지됨

④ 정치도감(整治都監) : 고려 말 폐단이 많은 전지(田地)를 개혁하기 위해 충목왕 3년(1347)에 설치한 부서로서 충정왕 1년(1349)에 폐지

⑤ 식목도감(式目都監) : 고려시대 국가의 주요한 격식과 법제의 의정을 담당하기 위하여 문종 때 설치한 기구

4) 토지등록부

① 양안이 전해진 것은 없으나 그 형식과 기재내용은 정인사 석탑조성기에 잘 나타나 있음

② 양안의 내용 : 지목, 토지형태, 사표, 소유자, 양전방향, 양전척의 단위, 결수 등

〈고려시대 토지제도 요약〉

구분	고려초	고려말
길이단위	척(尺)	상·중·하 수등이척제 실시
면적단위	경무법	두락제, 결부제
토지제도	• 태조 : 당제도 모방 • 경종 : 전제개혁 착수 • 문종 : 전지측량 단행	• 과전법 실시 • 자호제도 창설 : 조선시대 일자오결제도의 계기가 됨
지적담당	호조에서 관장, 급전도감, 식목도감에서 지적업무 담당	
토지등록부	양안은 없으나 그 형식과 기재내용은 정인사 석탑조성기에 잘 나타나 있음	
양안내용	지목, 토지형태, 사표, 소유자, 양전방향, 양전척의 단위, 결수 등	
양전척	문종 23(1069)년 규정 : 전 1결=방 33보, 6촌=1분, 10분=1척, 6척=1보(속)	
전지형태	방전, 직전, 제전, 규전, 구고전	
측량방법	구장산술, 방전장(方田章)으로 추정	

5) 토지 유형

(1) 역분전(役分田)

940년(태조 23년) 관계(官階)에 관계없이 공로·인품·충성도 등 논공행상에 따라 지급된 토지

(2) 전시과(田柴科)

국가에서 관료와 군인을 비롯한 직역자와 특정기관에 토지를 분급하던 제도로서 양반전·공음전·한인전·구분전·외역전·군인전 등의 사전과 공해전·사원전·궁원전 등의 공전으로 구분

① 시정전시과 : 경종 원년(976년) 역분전을 근간으로 전직·현직 불문하고 지급

② 개정전시과 : 목종 원년(998년) 문무직산관에 18등급에 따라 170~17결이 지급되었으며, 문신과 현직을 우대함

③ 경정전시과 : 문종 30년(1076년) 18등급에 따라 150~17결이 지급되었고, 경기지방에 제한되었으며 사전 지급을 대상으로 함

(3) 사전

① 양반전 : 현직 문무 양반관료에게 복무대가로서 국가가 지급한 토지

② 구분전 : 군인 유자녀에게 지급한 토지

③ 한인전 : 6품 이하 관리의 자제로 무관직자에게 지급된 토지

④ 향리전 : 향리에게 향역(鄕役)의 대가로 지급된 토지

⑤ 군인전 : 2군 6위의 직업군인에게 지급된 토지

⑥ 궁원전 : 왕의 비빈이나 왕족 거주 궁실인 궁원에 소속된 토지

⑦ 사원전 : 사원에 지급된 토지로 세금이 면제됨

⑧ 투화전 : 귀화한 외국인에게 지급된 토지

⑨ 사전(賜田) : 일정한 명목이 붙은 사전(私田) 이외에 국왕이 신하에게 특별히 하사한 토지

(4) 공전

① 민전(民田) : 민(民)이 사적으로 소유한 토지로서 향반, 향리, 농민, 노비까지도 소유 가능

② 내장전 : 왕실이 소유하여 직접 경여하는 왕실의 직속 토지

③ 공해전 : 관청에 분급된 토지로서 해당 관청의 경비조달 및 관청근무자의 보수 지급 목적

④ 둔전 : 변경 또는 군사요충지 및 지방의 주·현에 설치한 토지

⑤ 학전 : 국가감, 향학 등 학교의 운영경비를 조달하기 위하여 설정한 토지

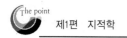

⑥ 적전 : 국왕이 직접 농사를 지어 신에게 제사지내는 토지

5. 조선시대

1) 토지측량

(1) 양전법의 유형

① 대거양전 : 도 단위 또는 전체 읍를 대상으로 한 양전
② 추생양전 : 몇 개의 읍을 대상으로 하며, 시기전 또는 진전만을 양전

(2) 양전법의 변천

① 조선 초기 : 전품(田品)을 상·중·하 3등급으로 구분하여 척수를 각각 다르게 하여 계산하는 수등이척제를 사용(상전지 농부수(手) 20지(指), 중전지 농부수 25지, 하전지 농부수 30지)
② 세종 26년 : 전토를 6등급으로 구분하여 타량
③ 인조 12년 : 새 양전척인 갑술척(甲戌尺)을 만들어 양전
④ 효종 4년 : 1등 양전척 하나만으로 양전

(3) 측량 단위

① 면적계산 : 결부제 사용
② 길이단위 : 척(尺)

2) 전의 형태

① 방전(方田) : 정사각형의 토지로 장과 광을 측량
② 직전(直田) : 직사각형의 토지로 장과 평을 측량
③ 구고전(句股田) : 직삼각형의 토지로 구와 고를 측량
④ 규전(圭田) : 이등변삼각형의 토지로 장과 광을 측량
⑤ 제전(梯田) : 사다리꼴의 토지로 장과 동활, 서활을 측량

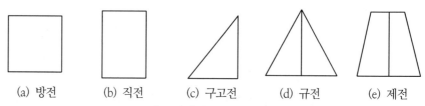

(a) 방전	(b) 직전	(c) 구고전	(d) 규전	(e) 제전

[조선시대 전의 형태]

3) 토지등록부

(1) 양안(量案)

① 조선시대 토지대장, 전적(田籍)이라고도 함

② 기재내용 : 소재지 · 지번 · 토지등급 · 지목 · 면적 · 토지형태 · 사표 · 소유자 등

③ 명칭 : 시대 · 용도 · 보관장소에 따라 다양

④ 사용기간 : 조선 초~토지조사사업

⑤ 20년마다 양전을 실시(경국대전)하고 새로 양안을 작성하여 호조와 본도, 본읍에 보관(단종실록, 성종실록=30년)

⑥ 양안작성의 3단계(광무양전의 경우)
- 야초책양안 : 실제 측량하여 작성
- 중초책양안 : 야초책양안을 편집 작성
- 정서책양안 : 양지아문에서 정리완성

⑦ 양지아문 양안의 토지 형태 : 방형, 직형, 제형, 규형, 고구형 외에도 원형, 타원형, 호시형, 삼각형, 미형 등 다양한 전답도형 사용

(2) 일자오결제도(一字五結制度)와 자호

① 개념
- 일자오결제도는 양전순서에 따라 토지에 천자문의 자번호를 부여한 제도이며 속전, 대전회통에 기록되어 있음
- 일자오결제도는 조선시대 인조 때 논의하여 숙종 때 실시하여 대한제국을 거쳐 일제 초기까지의 약 160년 동안 사용된 지번제도

② 자호부번의 원칙
- 천자문의 1자는 기경전, 폐경전을 막론하고 모두 5결이 되면 부여함
- 천자문의 자는 토지의 구역, 번호는 지번을 의미하므로, 자호는 고려와 조선시대의 지번을 의미
- 양전 후 자번호가 부여된 토지는 다시 개량해도 당초 자번호를 사용함이 원칙
- 양전이 끝난 이후에 개간한 토지는 인접지의 자번호에 지번(枝番)을 붙여 사용하는 부번제도를 실시
- 자호는 토지조사사업 시행이전에 토지에 붙이는 번호로서 군을 단위로 부번하였지만 개성군, 김화군, 철원군의 경우는 면단위로 부번
- 자호는 양안에 등록되었고, 토지조사 측량을 할 때 토지신고서와 결수연명부, 고복장(考卜帳) 등의 과세대장과 등기서류 등에도 사용

③ 자호가 없는 전답
  • 기간지 또는 화전 같은 것은 자호가 없는 경우가 있음
  • 새로 개간한 토지는 3년 경과 후 납세하고 군수로부터 소유권 확인
④ 자호의 기점
  • 자호의 기점은 대다수 군의 객사로부터 시작
  • 자호의 부번 방향은 일정치 않음
⑤ 일자오결제도의 문제점 : 다산 정약용이 경세유표에서 일자오결제도를 사용하면 그 수가 너무 많아 혼잡하고 부정확하다고 주장
⑥ 일자오결제도의 폐지 : 토지조사시에는 리·동별로 일련번호로 부번하였기 때문에 토지조사사업이 완료되고 이 제도도 없어짐

(3) 사표(四標)
① 고려와 조선의 양안에 수록된 사항으로서, 토지의 위치를 간략하게 표시한 것
② 속대전에 모든 토지는 사표와 주명(主名)을 양안에 수록토록 규정
③ 기록내용 : 동서남북의 토지소유자와 지목, 자번호, 양전방향, 토지등급, 토지형태, 토지의 동서길이와 남북너비, 토지면적 등
④ 사표의 특징
  • 사표의 기원은 통일신라 진성여왕 5년 담양개선사지 석등의 명문기록
  • 주위 4필지의 지적정보를 파악 가능
  • 자호는 지번, 사표는 도면의 역할
  • 1899년 광무양전 때 아산군 양안에 전답도형의 도기가 최초로 나옴

5) 조선시대 토지의 분류
(1) 공전
① 고궁전 : 왕실 창고와 궁을 위한 토지
② 녹봉전 : 특별 공신에게 내리는 토지
③ 공해전 : 중앙 관청에 분급된 수조지
④ 역전 : 역참의 유지를 위한 토지
⑤ 군둔전 : 군수 축적을 위한 토지

(2) 사전
① 과전 : 문무 관료에게 내리는 토지
② 직전 : 현직 관료에게 내리는 토지
③ 별역전 : 왕의 특명으로 지급된 토지
④ 공신전 : 공신에게 지급된 토지

6) 조선시대 지적관리 행정기구
(1) 양전부서 : 호조
(2) 전제상정소(임시관청)
① 1443년 세종 때 토지, 조세제도의 조사연구와 신법의 제정을 위해 설치
② 전제상정소준수조화(측량법규)라는 한국 최초의 독자적 양전법규를 1653년 효종 때 제정

03 양전과 양전개정론

1. 양전(量田)

1) 개념
양전이란 현재의 지적측량을 의미하며, 고려시대에 3등급의 수등이척제를 실시하여 조선에 승계된 후 세종 때에 전품을 6등급으로 구분한 수등이척제를 실시

2) 양전(수등이척제)의 연혁
① 고려 말 : 전품을 상·중·하 3등급으로 구분하고 계지척을 사용하여 각각 다르게 계산
② 조선 초 : 상등전 20지, 중등전 25지, 하등전 30지로 3등급으로 구분 타량함
③ 세종 25년(1443) : 전제를 정비하기 위해 전제상정소를 설치하고 이듬해 전품을 6등급으로 구분 타량하는 수등이척제를 실시
④ 인조 12년(1643) : 임진왜란으로 혼란해진 양전제를 바로잡기 위해 호조에서 새로운 양전척인 갑술척을 제작하여 양전함
⑤ 효종 4년(1653) : 전품6등을 6종의 양전척으로 측량하던 것을 1등척 하나로 양전함

3) 양전척
① 양전, 즉 토지측량에 쓰이는 자(尺)
② 고려시대 : 상전지=2지의 10배, 중전지=2지의 5배+3지의 5배, 하전지=3지의 10배
③ 조선시대
   • 초기 : 상등전=20지, 중등전=25지, 하등전=30지
   • 세종 : 1등전=4,755주척(99.36cm)   2등전=5,179주척(107.77cm)
            3등전=5,703주척(118.68cm)   4등전=6,434주척(138.89cm)
            5등전=7,550주척(157.12cm)   6등전=9,550주척(198.74cm)

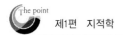
- 인조 이후 : 갑술척을 제작하여 사용하였으나 규격이 기존의 자(尺)와는 다르게 됨
- 효종 이후 : 1등척으로 6등의 토지를 모두 양전하여 비율에 따라 각각 타량 (1~6등전=1, 0.85, 0.7, 0.55, 0.4, 0.25)

4) 결부법(結負法)과 경무법(頃畝法)

결부법	경무법
농지비옥도에 따라 세액을 산출하는 주관적 방법	농지의 광협에 따라 세액을 결정하는 객관적 방법
매결의 세액이 동일하게 부과되고, 전국 토지를 측량하지 않고도 총세액은 해마다 일정하며, 과세원리상 불합리함	매경의 세는 경중에 따라 부과되며, 총세액은 매년 다르나 전국의 농지를 정확히 파악할 수 있음
조선시대의 대표적인 면적표기법이며, 신라~일제 초까지 사용됨	고려 초~중기에 사용되었고, 조선후기에 정약용, 서유구 등이 주장함
결복법·결부타속법이라고도 하며, 당초에는 수확량을, 후에는 토지면적을 의미	중국에서 시행되었던 토지제도이며, 경묘법으로 발음되기도 함

5) 광무양전

① 대한제국 성립 이후 왕권 강화 및 통치권 확보를 위한 군제(軍制) 정비와 토지제도 정비를 적극 추진
② 근대적 토지제도의 확립을 위해 1898년 양지아문(量地衙門)을 설치하고, 미국인 측량기사 거렴을 초빙하여 근대적 측량교육과 양전사업을 실시
③ 1898(광무 2년)~1904년(광무 8년)까지 대한제국 정부가 시도한 마지막 양전사업
④ 양지아문에서 1899년(광무 3년) 양전 담당 실무진으로 양무감리와 양무위원을 선임하고 양전 실시
⑤ 1901년까지 경기도 등 8개도 124개군 양전 완료
⑥ 1901년(광무 5년) 10월 지계아문을 설립하고 1902년 3월 양지아문을 통합하여 양전사업 진행
⑦ 경기도 등 5개도 94개군의 양전을 완료
⑧ 1904년 한일협약 및 1905년 을사조약의 체결로 양전사업 중단

2. 양전개정론(量田改正論)

1) 양전개정론의 개념

(1) 양전개정론의 대두 배경

① 19세기 전후 과세 평준을 위한 양전법 개정의 주장이 이익, 정약용, 서유구, 이기 등의 실학자들에서 대두

② 이들은 결부제를 폐지하고 경무법으로 개정해야 하며, 객관적인 새로운 방량법으로 양전법을 개정해야 한다고 주장

(2) 양전개정론 학자와 저서

① 정약용의 「목민심서(牧民心書)」

② 서유구의 「의상경계책(擬上經界策)」

③ 이기의 「해학유사(海鶴遺事)」

2) 정약용의 양전개정론

(1) 결부제의 문제점

① 결부제는 경전(經田, 국토관리)과 치전(治田, 토지파악)의 방법으로 객관성이 없고 법원리상 문제가 있음을 지적

② 전품의 원리와 연분(年分)의 원칙이 섞여 있음은 불합리

③ 전품은 6등분보다 9등분이 합리적

④ 양전척의 차법(差法)이 불합리

⑤ 전품 6등을 도(道)단위로 지품(地品)을 논하거나 지역에 따라 등급이 예정됨

(2) 개정방안

① 정전제(井田制)의 시행을 전제로 방량법과 어린도법을 시행해야 함(목민심서)

② 결부제하의 양전법은 전지의 측도가 어렵기 때문에 경무법으로 개정

③ 일자오결제도와 사표의 부정확성을 시정하기 위해 어린도를 작성

④ 정전제(井田制)나 어린도(魚鱗圖)같은 국토의 조직적 관리가 필요

⑤ 전국의 전(田)을 사방 100척으로 된 정방형의 1결의 형태로 구분

3) 서유구의 양전개정론

(1) 토지제도의 문제점

① 결부법은 과세는 편리하나 전지 누탈을 막을 수 없음

② 농민이 그 내용을 알기 어렵고 공사의 문적이 달라 기만행위와 재판이 계속됨

③ 전품에 따라 양전척이 달라 토지의 실면적 파악이 어려움

④ 전품의 착오가 있어도 시정이 어렵고 부세도 불편함

(2) 개정방안

  ① 양전법을 방량법, 어린도법으로 개정

  ② 양전사업을 전담하는 관청을 신설

4) 이기의 양전개정론(망척제)

(1) 개요

  ① 전지를 측량할 때에 정방형의 눈을 가진 그물을 사용하여 그물 속에 들어온 그물눈을 계산하여 면적을 산출하는 방법

  ② 조선 후기 실학자인 이기는 저서 "해학유서"에 수등이척제에 대한 개선방법으로 "망척제"의 도입을 주장

  ③ 망척제는 정방형의 눈을 가진 그물로 토지를 측량하여 면적을 산출하는 방법

  ④ 전안(田案) 작성 시 반드시 도면과 지적을 갖추어야 한다고 함

(2) 망척제(網尺制)의 특징

  ① 방(方), 원(圓), 직(直), 호(弧)형에 구애됨 없이 그물 한눈 한눈에 들어오는 것을 계산하는 면적 측정방법

  ② 동일한 기준의 사용으로 관원의 탈세 등 비리 예방

  ③ 그물눈의 수는 가로와 세로 모두 100눈씩으로 함

(3) 망척제의 계산

  ① 갑-병-정-사 연결 : 직전(直田)으로 면적의 크기는 20두

  ② 갑-을-무-정, 을-병-사-무, 사-임-신-무, 정-무-경-신을 각각 연결 : 방전(方田)의 형태로 면적의 크기는 각각 10두

  ③ 정-신-사 및 정-을-사를 연결 : 호시(弧矢)형으로 면적의 크기는 각각 15두 6승 5협

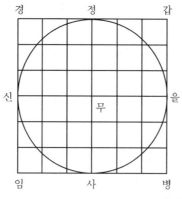

[망척제]

5) 어린도(魚鱗圖)

(1) 개념

① 어린도는 일정구역의 토지를 세분한 지적도의 모양이 물고기 비늘이 연속적으로 잇닿아 있는 것 같아 붙여진 명칭

② 정약용과 서유구 등 실학자들이 주장

(2) 어린도의 내용(정약용)

① 방량법의 일환으로 작성하여야 함

② 양전 시 화공이 경전관의 지시에 따라 휴(休)단위로 도(圖)를 작성하고 휴 내에 포함된 25구(區)의 묘(描)와 묘 사이에 포함된 전답의 경계를 표시하여야 함

③ 휴는 묵필로 자오선을 기준으로 그어지는 경위의 선으로 그 경계를 표시함

④ 휴 내의 25개 묘도 각각 1구로서 경위선으로 구획

⑤ 묘 내부에 포함된 전답의 매 필지는 세필점선으로 구획함

(3) 어린도의 작성방법

① 자오선을 바르게 하고 이선에 의하여 도면을 작성함

② 반드시 경위의 선을 그어야 함

③ 도의 표시방법은 분명하여야 함

(4) 전적(田籍)의 작성

도면 해설 및 소유증서의 발급을 위해 전적을 작성해야 함

04 구한말의 토지제도

1. 발전과정

1) 조직의 발전과정

① 광무 2년(1898.7) 양지아문 설치

② 1901.10 지계아문 설치 양전사무이관

③ 1901.12 양지아문 폐지

④ 1904. 지계아문폐지, 탁지부에 양지국 설치

⑤ 1905. 탁지부 사세국에 양지과로 기구 축소

⑥ 1910.3.15 토지조사국관제 공포

⑦ 1910.8.23 토지조사법 공포

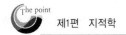

2) 토지(소유권)증명제도의 발전과정

① 입안제도 : 1892년까지 시행

② 지계제도 : 1893~1905년의 13년간 시행

③ 토지가옥증명제도 : 1906~1910년 시행

④ 등기제도 : 토지조사사업 이후에 실시

2. 관리관청

1) 구한말의 토지제도 관리관청의 변천

(1) 내부 판적국

① 1895년 내부 관제가 공포되어 주현국, 토목국, 판적국 등 5국을 둠

② 판적국은 "호구적에 관한사항"과 "지적에 관한사항"을 관장토록 하였는데 여기에서 "지적"이라는 용어가 처음 쓰이기 시작

(2) 양지아문

① 1898. 6 내부 대신 박정양과 농공부 대신 이도재가 토지측량에 관한 청의서를 제출

② 1898. 11 양지아문을 설치, 전국의 양전업무를 관장토록하여 양전 독립기구 탄생

③ 1901년 지계아문을 설치되어 양전업무를 이관한 후 1902년 양지아문이 폐지됨

④ 미국인 기사 거렴(레이몬드 크럼)을 초빙하여 서울 시내를 측량하고 견습생을 교육하였으며 전국의 양전을 실시

⑤ 민영환의 홍화학교 등 국내의 100여 개 학교에서도 측량교육을 실시

⑥ 각 도에 양무감을 두고, 각 군에 양무위원을 파견하여 견습생을 대동하고 양전

⑦ 전국 토지의 약 1/3 가량 양전하였으나 국내의 사정으로 중지

(3) 지계아문

① 지계아문의 설치

• 1901년 지계아문을 설치하여 각 도에 지계감리를 두어 "대한제국전답관계"라는 지계를 발급

• 충남·강원도 일부에서 시행하다 토지조사의 미비, 인식부족 등으로 중지

• 1904년 탁지부 양지국으로 흡수 축소되고 지계아문은 폐지

• 1905년 을사조약 체결 이후 "토지가옥증명규칙"에 의거하여 토지가옥의 매매·교환·증여 시에 토지가옥증명대장에 기재·공시하는 실질심사주의를 채택

② 지계아문의 업무
- 지권(地券)의 발행과 양지 사무를 담당하는 지적중앙관서
- 관찰사가 지계감독사 겸임
- 각 도에 지계감리를 1명씩 파견하여 지계발행의 모든 사무 관장
- 1905년 을사조약 체결 이후 "토지가옥 증명규칙"에 의거 실질심사주의를 채택하여 토지가옥의 매매, 교환, 증여 시 "토지가옥 증명대장"에 기재하여 공시
- 양안을 기본대장으로 사정을 거쳐 관계를 발급

③ 지계아문의 토지측량
- 지계아문의 사업은 강원도, 충청도, 경기도 지역에서 시행
- 양전과 관계사업은 대개 지계위원 혹은 사무원을 동원하여 실시
- 토지형상은 실제농지형태와 부합되게 다양한 형태로 양안에 등록
- 종전 양안의 자호순서, 필지수, 양전방향 등을 그대로 준수

④ 지계아문의 관계발급
- 각도에 지계감리를 두고 "대한제국전답관계"라는 지계 발급
- 지계발급대상은 전, 답, 산림, 천택, 가사의 소유권자는 의무적으로 관계 발급
- 전답의 소유주가 매매, 양여한 경우 관계(官契) 발급
- 구권인 매매문기를 강제적으로 회수하고 국가가 공인하는 계권 발급
- 관계의 발행은 매매 혹은 양여 시에 해당되며 전질(典質)의 경우에도 관의 허가를 받도록 함

(4) 탁지부 양지국과 양지과
① 1904년 탁지부 양지국에 양전업무를 이관
② 1905년 양지국이 사세국 양지과로 축소되었으며, 일본인 기사를 채용하여 한국인 약간 명에게 측량기술을 강습

(5) 관리관청의 변화

구분	조직	기간	담당업무	비 고
내부	토목국	1895.3.26	토지측량, 토지수량에 관한 사항	1893~1905년에 지계제도와 가계제도가 시행된 시기임
	판적국		지적 및 관유지처분에 관한 업무	

구분	조직	기간	담당업무	비 고
양지 아문	본부	1898.7.6 ~ 1901.9.9	제반사무 총괄 및 정리	• 양지아문은 독립기구이 나 관련 부처인 내부, 탁 지부, 농공상부 등과 협 조체계 유지 • 미국인 기사 거렴을 초 빙하여 측량 실시 및 지 적측량교육 실시
	실무진		• 각 지방의 양전사무 주관 • 업무수행 및 양전에 대한 조사	
	기술진		양전 실무 수행	
지계 아문		1901.10 ~1904.4	"대한제국전답관계"라고 하 는 지계를 발급함	• 일본인기사 채용 • 토지가옥증명규칙 시행
탁지부	양지국	1904.4	양전업부수행	지계아문 폐지
탁지부	양지과	1905.2	• 전세 · 유세지 조사 • 지세의 부과징수	• 양지과로 기구축소 • 대구, 평양, 전주에 양지 과의 출장소 설치

2) 토지조사국과 임시토지조사국

(1) 토지조사국

① 구한말의 대한제국에서 근대적인 토지조사사업의 실시를 위하여 설치한 토
지조사기관

② 1910년 3월 14일 내각총리 대신 이완용과 탁지부 대신 고영희는 칙령 제23호
로 토지조사국 관제 발표

③ 토지조사국은 탁지부 대신이 관리하며, 토지의 조사와 측량을 관장하고, 총
재는 탁지부 대신이 겸함

④ 총재는 탁지부 대신이 겸하며 총재 관방, 조사부, 측량부를 둠

⑤ 1910년 8월 23일 토지조사법을 제정 공포하여 전국의 토지조사업무를 전담

⑥ 1910년 8월 22일 한일병합조약이 체결되고 8월 25일 양국에서 승인된 이후
10월 1일 조선총독부의 임시토지조사국 설치로 폐지

(2) 임시토지조사국

① 1910년 9월 30일 조선총독부 임시토지국 관제가 일본의 칙령 제361호로 공포
되고 10월 1일 시행

② 구한국의 토지조사국의 사무를 전부 계승하였으며, 총독부 정무총감이 총재
로 부임

③ 총재와 부총재 밑에 서무과 · 조사과 · 측량과를 두었으며, 기구는 7회에 걸쳐
개정

3. 지계 및 가계

1) 토지조사사업 이전의 토지거래증서

① 문기(文記) : 토지 및 가옥을 매수 또는 매도시에 작성한 매매계약서
② 입안(立案) : 등기권리증의 일환으로 토지매매를 증명하는 제도
③ 양안(量案) : 토지대장이로 위치·등급·형상·면적·사표·소유자 기록
④ 가계(家契) : 가옥의 소유권을 증명하는 관문서로 가권(家券)이라고도 함
⑤ 지계(地契) : 전답의 소유권을 증명하는 관문서로 지권(地券)이라고도 함

2) 지계

(1) 개요

① 대한제국은 국가 세원확보와 토지소유자 파악을 위하여 갑오개혁 이후로 양전 사업을 위한 기관을 설치·폐쇄를 거듭하였는데, 1901년 지계아문을 설치하여 지권(地券)의 발행 및 양지 사무를 담당하도록 함
② 지권(地券)인 대한제국전답관계(大韓帝國田畓官契)는 강원도, 충청도, 경기 도지역에서 양전사업을 실행하면서 근대적 토지 소유권 제도를 확립시키고 토지의 측량과 관리, 조세 부과를 일원화하기 위하여 발행한 토지문서
③ 각 도에 지계감리를 두어 "대한제국전답관계(大韓帝國田畓官契)"라는 지계 발급을 시행하다 토지조사의 미비, 인식부족 등으로 중지
④ 전답의 매매, 양여 시 소유주는 반드시 "관계"를 받도록 함
⑤ 1904년 탁지부 양지국으로 흡수 축소되고 지계아문은 폐지
⑥ 1905년 을사조약 체결 이후 "토지가옥증명규칙"에 의거하여 토지가옥의 매매, 교환, 증여 시에 토지가옥증명대장에 기재 공시하는 실질심사주의를 채택

(2) 지계제도의 배경

① 1898년 설치된 양지아문에서 실시된 양전으로 토지소유권의 확인 및 보장이 가능하였으나 양전 후의 변동관계는 아무 규제가 없어 매매 등에 따른 소유 권의 변동관계를 파악할 수 없었음
② 구한말에는 권세가나 토호의 양민 토지 침탈이 많았고, 부동산 거래질서가 문란해져 입안 없이도 매매문기의 취득만으로 부동산 소유권이 이전됨
③ 1876년 일본과의 개항조약체결, 1883년 영국과 통상조약체결 등으로 외국인 의 거유지 및 일정지역 내에서 토지가옥의 외국인 소유가 가능하게 됨
④ 따라서 부동산 소유권의 국가 통제수단으로 입안을 대신하기 위하여 1901년 지계아문을 설치하여 지계제도를 시행

⑤ 토지 소유권 이전에 따라 정부가 지계를 발행함으로써 토지의 소유자 실태파악과 이에 따른 여러 가지 폐단을 예방하려 함

⑥ 지계는 원래 외국인 거류지에서 외국인에게 발행·시행하고 있었던 것인데 이를 전국적으로 확대하여 전 한국인에게 실시

⑦ 지계발행으로 소유권의 침해를 없애 농민경제를 안정시키고 외국자본의 국내 침투를 방지하여 국가경제를 안정시킬 목적으로 지권을 발행

(3) 관계의 관장기관 및 조직

① 지계아문에서 업무 총괄

② 관찰사가 지계감독사를 겸임

③ 각 도에 지계감리를 두어 "전답관계" 발급

(4) 관계의 구성

① 전면에 '대한제국 전답관계'가 오른쪽부터 왼쪽으로 인쇄되어 있으며, 그 사이에 태극문양이 인쇄되어 있음

② 뒷면에는 8개의 조항이 기재됨

③ 전체 17칸으로서 내용은 한글과 한자를 혼용하여 종(縱)으로 적음

④ 토지의 자호(字號), 면적(두락, 결부속), 사표, 시주, 가격(價格), 매주(賣主), 보증인 등 기록

(5) 관계의 특징

① 지권(地券)으로 한국 최초로 인쇄된 토지문서

② 전답관계는 조선시대의 토지대장인 양안(量案)과 토지매매문서의 주요 내용을 결합한 것

③ 1883년 「인천항 일본거류지 차입약서」에 지권을 교부토록 하였으니 이것이 지계의 효시

④ 지계아문에서 토지의 측량과 지계를 발급

⑤ 지계는 과거 입안과 같은 공증제도로 전답의 소유에 대한 관의 인증을 실시

⑥ 일본인의 토지 잠매 방지 목적이 있음

(6) 관계발급의 3단계

① 1단계 : 토지소유자가 누구인가를 조사하는 양전사업의 과정

② 2단계 : 양전 당시 양안의 소유자와 현실의 실소유자가 일치하는지 확인하는 사정의 과정

③ 3단계 : 사정의 내용을 기초로 하여 관계를 발급하는 과정

(7) 지계의 작성

① 지계아문에서 지역의 토지측량조사를 실시하고, 토지소유권증명인 지계를 작성
② 동일한 내용의 지계를 3편을 발급하여 지계아문, 지방관청, 소유자가 각각 보관

(8) 지계발행의 효과

① 근대적 토지 소유권 증명서를 발급
② 사회적 분쟁 조정 비용과 경제적 거래 비용을 감소

(9) 지계아문(地契衙門)

① 지계아문의 설립 : 1901년 10월 20일 지계아문 직원 및 처무규정을 공포하여 설치된 지적중앙관서로 관장업무는 지권(地券)의 발행 및 양지 사무임
② 지계아문의 목적 : 국가의 부동산에 대한 관리체계 확립, 지가제도 도입, 지주납세제 실현

3) 가계

① 1893년 서울에서 최초로 발급하여 점차 다른 도시로 파급
② 가옥 매매 시 구권을 반납하고 신권을 발급하도록 함
③ 개항 시 개시지에서도 발급
④ 가계는 지계보다 10년 앞서 시행하였는데 지계와 같이 앞면에 가계문언이 인쇄되고 끝부분에 담당관·매매당사자·증인들의 서명, 당상관의 화압 등이 기재되었으며 뒷면에는 가계제도의 규칙이 인쇄
⑤ 가계는 가옥의 소유에 대한 관의 인증, 지계는 전답의 소유에 대한 관의 인증으로 입안의 근대화로 볼 수 있음
⑥ 1906년 가계발급규칙을 정하고 서울, 개성, 인천, 수원, 평양, 대구, 전주 등에서 시행
⑦ 1906년 12월 1일 토지가옥증명규칙의 시행으로 폐지

4. 토지등록제도의 확립

① 1901년 지계아문을 설치하고 지계를 발행하여 근대적 부동산등록제도가 실시됨
② 국내외 정세의 영향으로 중지되었으나 자체적인 근대적 지적제도를 확립하려는 시도였고 구한말의 토지조사사업의 모체가 됨

97

③ 1910년 3월 15일 토지조사국법제 공고, 8월 23일 토지조사법 공포, 토지조사 및 측량에 착수

④ 1910년 10월 한일합방으로 임시토지조사국에 승계되어 토지조사사업이 강행됨

05 토지조사사업

1. 개요

1) 토지조사사업의 실시

① 토지조사사업은 일제의 식민지 정책의 일환으로 조선의 양전사업, 대한제국의 지계사업 및 토지조사사업과 연결된 것으로서 토지제도의 확립을 목적으로 시행

② 대한제국 정부는 1898~1903년 사이에 123개 지역의 토지조사사업을 실시하였고, 1910년 토지조사국 관제와 토지조사법을 제정·공포하여 토지조사 및 측량에 착수하였으나 한일합방으로 조선총독부 임시토지조사국에 승계되어 전국적인 토지조사사업을 실시

③ 1909년 6월 역둔토 실지조사를 실시하고 11월 경기도 부천에서 시험측량을 실시하여 1918년 11월 사업 완료

2) 임시토지조사국

① 1910. 8. 29 한일합방 조약 이후 1910. 9. 30 일본 총리 대신 가쓰라가 칙령 제361호로 제정·공포한 조선총독부 임시토지조사국 관제에 의해 개설되어 1910. 10. 1 시행됨

② 총재 1명, 부총재 1명, 서기관 3명, 사무관 2명, 감사관 1명, 서기 및 기수 50명 등 총 62명과 서무과, 조사과, 측량과 등을 둔 조직으로 개설

③ 총재는 정무총감으로 충원

④ 임시토지조사국 기구는 7회에 걸쳐 개정되었으며 1915년에는 정원이 5,050명에 이르는 방대한 조직이 됨

⑤ 임시토지조사국은 조선 총독의 관리하에 토지의 조사 및 측량에 관한 사무를 관장토록 함

⑥ 1910. 10. 1 대한제국의 토지조사국 사업 일체를 인수하여 대한제국에서 계획한 기간 내에 토지조사사업을 완료하기로 결정

⑦ 1912. 8. 13 제령 제2호로 토지조사령을 공포하여 토지조사사업을 본격 시행

⑧ 임시토지조사국장은 지방토지조사위원회의 자문을 받아 토지소유자와 토지강계
를 사정함

⑨ 1918. 11. 4 조선총독부 임시토지조사국 관제 및 조선총독부 도지방토지조사위원
회 관제 폐지의 건(칙령 제375호)의 공포로 임시토지조사국은 폐지됨

2. 토지조사사업의 특성

1) 내용

① 지적제도와 부동산등기제도의 확립을 위한 토지의 소유권 조사

② 지세제도의 확립 위한 토지의 가격조사

③ 국토의 지리를 밝히는 토지의 외모조사

2) 목적

① 토지소유의 증명제도 및 조세수입체제의 확립

② 미 개간지 점유 및 역둔토 등의 국유화로 조선총독부의 소유지 확보

③ 소작농의 제권리를 배제시키고 노동인력으로 흡수하여 토지소유형태의 합리화
를 꾀함

④ 면적단위의 통일성 확립

⑤ 일본 상업자본(고리대금업 등)의 토지점유를 보장하는 법률적 제도 확립

⑥ 식량 및 원료 반출을 위한 토지이용제도의 정비

3) 특징

① 일본 및 대만의 토지조사사업에서 축척된 경험으로 사업의 연속성과 통일성 확보

② 친일지주의 토지소유 옹호 및 육성

③ 수확량 사정에서 개량농법, 개량품종의 우대조치로 쌀수출 정책

④ 국유지의 강제적 확보에 따른 토지분쟁을 사법부가 아닌 토지조사국 및 고등토
지 조사위원회의 행정처분에 의해 처리하여 토지소유자가 명확하게 되지 않았음

⑤ 일필지 측량을 당국에서 실시하여 높은 정확도의 도면을 작성

3. 토지조사사업의 계획수립

1) 예비모범조사

① 1909. 11~1910. 2 사이에 부평군 일부의 구소삼각 시행지역에 예비모범조사 실시

② 지주는 소유권신고서 제출하고 소유지에 자호, 사표, 지목, 지주명 등을 개재한
표항을 세우며 실지조사에 입회토록 함

③ 제2차~제3차 계획을 거쳐 제4차 계획을 수립하여 1915년에 사업을 완료

2) 조사내용

① 행정구역 및 토지의 명칭과 사용특징

② 경지, 산림원야의 경계와 토지표시부호

③ 지주, 등급, 면적 및 결수, 사정관계

④ 결수, 등급별 구분

⑤ 토지소유권, 질권, 저당권

⑥ 소작인과 지주의 관계

⑦ 토지에 대한 장부서류

⑧ 지주총대가 될 수 있는 인물조사

4. 토지의 소유권조사

1) 소유권조사

리동별로 토지신고서를 받아 그 내용을 조사·정리하였으며, 이를 준비조사와 일필
지조사로 구분 실시하였다.

(1) 조사방법

① 면 또는 리·동의 명칭 및 강계조사

② 사업취지의 홍보 및 참고문헌 차용

③ 토지조사국에 토지조사령에 의한 민유지의 소재, 지목, 사표 등을 서면 보고

(2) 특별조사

① 시가지특별조사

② 도서특별조사

③ 서북지방특별조사

2) 준비조사의 내용

① 토지조사의 홍보 및 지방관청이 보관한 토지조사참고자료의 조사

② 면, 동·리의 명칭 및 강계조사

③ 토지소유자신고서 용지의 배부와 작성방법 설명 및 이의 취합

④ 지방의 경제상황 및 관습조사

3) 일필지조사

(1) 일필지조사의 내용

① 지주, 강계, 지역, 지목, 지번, 등기 및 등기필지 등으로 구분하여 조사

② 조사지와 불조사지 : 조사대상지는 전, 답, 대, 잡종지, 임야, 공원지, 분묘지, 수도용지, 철도용지, 도로, 구거 하천, 사사지, 지소, 제방, 선로, 성첩 등이며, 제외된 지역은 조사하지 않은 임야 속에 잠재 또는 접속되어 조사의 필요를 느끼지 않는 지역 또는 도서로서 조사하지 않은 지역 등

③ 지주의 조사 : 지주의 조사는 원칙적으로 신고주의를 채택하고 동일 토지에 대해서 2인 이상의 권리주장자가 있을 경우 또는 단순히 1인의 권리주장자만이 있을 경우라도 그 권원에 의문이 있을 때를 제외하고는 구태여 권원조사를 하지 않고 신고명의인을 지주로 인정

④ 강계 및 지역의 조사 : 강계의 조사는 신고자로 하여금 그 토지의 사위(四圍)에 표항을 건설하도록 한 다음 지주, 관리인, 이해관계인 또는 대리인 및 지주총대를 입회시켜 지주의 조사와 함께 인접지와의 관계를 조사

⑤ 지목의 조사 : 토지의 종류를 18종으로 구별하고 조사 당시의 현상에 따라 적당한 것을 선정해서 지목을 정함

⑥ 증명 및 등기필지의 조사

⑦ 각종의 특별조사 : 시가지의 조사, 도서의 조사, 서북선지방의 조사 등의 특별조사를 실시

(2) 일필지 구역결정

① 원칙 : 1필지의 구역을 정하는 목적은 주로 지목을 구별하고 또 소유권의 분계를 확정하는 데 있으므로 지주 및 지목이 동일하고 또 연속되어 있는 토지는 1필지로 하는 것을 원칙으로 함

② 예외적인 별필 기준
- 도로, 하천, 구거, 제방, 성첩 등에 의하여 자연적으로 구획된 것
- 특별히 면적이 광대한 것
- 형상이 만곡(彎曲, 활 모양으로 굽음)하거나 혹은 협장(좁고 긺)한 것
- 지력 기타 사항이 현저히 다른 것
- 지반의 고저가 심하게 차이가 있는 것
- 분쟁에 관계되는 것
- 시가지로서 기와담장, 돌담장 등 기타 영구적 구축물로 구획된 지구

5. 토지의 사정

1) 토지조사사업의 사정

(1) 개념

① 사정이란 토지조사부와 지적도에 의하여 토지의 소유자 및 그 강계를 확정하는 행정처분

② 사정은 이전의 권리와 무관한 창설적, 확정적 효력이 있음

(2) 사정기관

① 사정권자 : 지방토지조사위원회의 자문을 받아 당시 임시토지조사국장이 실시

② 조사 및 측량기관 : 임시토지조사국

(3) 사정의 대상

① 사정의 대상은 토지소유자와 토지강계

② 토지소유자는 자연인, 법인, 서원, 종중 등을 인정

③ 토지의 강계는 강계선만이 사정의 대상이 되었고 지역선은 제외

(4) 사정의 절차

① 사정은 30일간 공시

② 불복하는 자는 공시기간 만료 후 60일 이내에 고등토지조사위원회(高等土地調査委員會)에 이의를 제기하여 재결을 요청할 수 있도록 함

(5) 사정의 효력

① 토지조사령은 "토지소유자의 권리는 사정의 확정 또는 재결에 의하여 확정한다."고 규정

② 사정은 원시취득의 효력을 가짐

③ 재결 시 효력발생일을 사정일로 소급

(6) 사정의 방법

① 토지소유자 사정

• 토지의 소유자는 국가, 지방자치단체, 각종 법인, 법인에 유사한 단체, 개인 등

• 지주가 사망하고 상속자가 정해지지 않는 경우에는 사망자의 명으로 사정

• 신사, 사원, 교회 등의 종교단체는 법인에 준하여 사정

• 종중, 기타 단체 명의로 신고되었으나 법인 자격이 없는 것은 공유명의 또는 단체명의로 등록

② 강계 사정
  - 강계라 함은 지적도상에 제도된 소유자가 다른 경계선을 말함
  - 지적도에 제도되어 있어도 지역선은 사정하지 않음
  - 사정선인 강계선은 불복신립이 인정
③ 사정 불복
  - 토지사정에 불복이 있는 경우 사정 공시 만료 후 60일 이내에 불복신청
  - 사정, 재결이 있는 날로부터 3년 이내에 재결을 받을 만한 행위에 근거한 재판소의 판결확정

2) 임야조사사업의 사정

(1) 개념

임야조사사업의 사정은 토지조사사업에서 제외된 임야와 임야 내에 개재된 임야 이외의 토지에 대한 행정처분

(2) 사정기관

① 사정권자 : 도지사
② 조사 및 측량기관 : 부 또는 면

(3) 사정의 대상

① 사정의 대상은 소유자 및 경계
② 임야조사서와 임야도에 의함

(4) 사정의 절차

① 사정은 30일간 공시
② 불복하는 자는 공시기간 만료 후 60일 이내에 임야조사위원회에 재결을 요청

3) 분쟁지 조사

(1) 분쟁지 발생의 원인

① 토지소속의 불분명
② 역둔토 등의 정리 미비
③ 세제의 결함
④ 미간지
⑤ 제언의 모경
⑥ 토지소유권 증명의 미비
⑦ 권리서식의 미비

(2) **조사방법**

　　① 외업조사

　　② 내업조사

　　③ 위원회의 심사

(3) **조사내용**

　　① 관계서류의 대조

　　② 소유권원 및 점유

　　③ 실지의 상황

　　④ 양안

　　⑤ 결수연명부 및 과세지견취도

　　⑥ 관청보관문서 및 기타 서적

　　⑦ 납세의 사실

　　⑧ 참고인의 진술

　　⑨ 법규 또는 관습

4) 일필지의 강계

(1) **개념**

　　① 강계란 지목 구별 및 소유권 분계의 확정을 위한 것으로서 토지의 소유자
　　　및 지목이 동일하고 연속된 토지를 1필로 하는 것을 원칙으로 함

　　② 지목은 전, 답, 대, 지소, 임야, 잡종지 등 18종으로 구별

(2) **강계선**

　　토지조사사업 당시 강계선과 지역선을 구별함

　　① 강계선 : 사정선으로서, 토지조사사업 당시 확정된 소유자가 다른 토지 간의
　　　경계선이며, 강계선의 상대는 소유자와 지목이 다르다는 원칙이 성립

　　② 지역선 : 소유자가 같은 토지와의 구획선 또는 소유자를 알 수 없는 토지와의
　　　구획선 및 토지조사사업의 시행지와 미시행지와의 지계선

　　③ 경계선 : 임야조사사업 시의 사정선

6. 토지조사사업의 작업순서

1) 토지조사 내용

사무는 9개 종목으로 구분하여 실시하고, 측량은 7개 종목으로 구분하여 실시

(1) 사무
① 준비조사
② 일필지조사
③ 분쟁지조사
④ 지위등급조사
⑤ 장부조사
⑥ 지방토지조사위원회
⑦ 사정
⑧ 고등토지조사위원회
⑨ 이동지 정리

(2) 측량
① 삼각측량
② 도근측량
③ 면적계산
④ 세부측량
⑤ 지적도 등의 조제
⑥ 이동지측량
⑦ 지형측량

2) 삼각측량
① 대삼각본점(30km), 대삼각보점(10km), 소삼각 1등점(5km), 소삼각 2등점(2.5km) 등 전국에 34,447점 설치
② 기선측량은 대전, 노량진, 평양 등 전국 13개소에 기선장을 설치하여 시행
③ 수준측량은 인천, 목포, 진남포 등 5곳에 험조장을 설치하여 표고를 측정

3) 도근측량
① 도근점 측정은 교회법에 의하고 지형상 부득이한 곳은 도선법 사용
② 측량원도 1장당 6점 이상의 도근점을 배치

4) 일필지 측량

① 일필지 조사를 마친 토지의 경계를 정하고, 측량원도를 작성하여 면적을 측정
② 지목별로 구별한 토지의 수확고등급 및 지위등급을 정함
③ 측량방법은 지형에 따라 교회법, 도선법, 종횡법 등을 사용하여 실시

5) 지방토지조사위원회

① 토지조사국장의 사정에 있어서 소유자 및 강계에 대한 자문역활을 함
② 총 104회 개최

6) 사정

① 토지의 소유자 및 그 강계를 확정하는 행정처분
② 사정권자는 토지조사국장

7) 고등토지조사위원회

① 토지사정, 재결의 이의에 대한 재심기관
② 토지소유권확정에 관한 최고심의 기관

8) 이동지정리

소유권 및 강계가 확정된 토지에 대하여 토지신고 이후부터 사정공시일까지에 생긴 이동사항을 정리함

9) 토지조사사업의 성과

① 장부조제 : 토지조사부 28,357책, 토지대장 109,998책, 지세명기장 21,050책, 지적도 812,093매
② 지방토지위원회 개최 : 107회
③ 사정 : 50회에 걸쳐 전국 1,910,7520필의 소유권과 강계 인정
④ 삼각측량 : 기선측량 13개소, 대삼각본점 400점, 대삼각보점 2,401점, 소삼각점 31,646점
⑤ 수준점 : 2823점
⑥ 도근점 : 1,2등 도근점 3,551,606점

7. 임야조사사업

1) 사업기간

1916년 시험조사사업을 실시하여 1924년 사업완료

2) 사업시행기관

① 조사방법 및 절차 : 토지조사와 유사
② 조사 및 측량기관 : 부 또는 면
③ 사정기관 : 도지사
④ 분쟁지 재결 : 도지사 산하 임야조사위원회에서 처리함

3) 조사대상

① 토지조사사업에서 제외된 임야
② 임야 내에 개재된 임야 이외의 토지

4) 소유권 사정

1908년 시행된 산림법의 소유신고 불이행으로 국유로 귀속된 민유임야는 양여 형식
으로 원소유자에게 사정

〈토지조사사업과 임야조사사업의 비교표〉

구분	토지조사사업	임야조사사업
기간	1910~1918(8년 8월)	1916~1924(8년)
총경비	2,040여 만 원	380여 만 원
투입인력	7,000여 명	4,600여 명
대장작성	토지대장 109,998책	임야대장 22,202책
도면작성	지적도 812,093매	임야도 116,984매
도면축척	1/600, 1/1,200, 1/2,400	1/3,000, 1/6,000
조사측량기관	임시토지조사국장	부(府) 또는 면(面)
사정기관	임시토지조사국장	도지사
자문기관	지방토지조사위원회	도지사(조정기관)
재결기관	고등토지조사위원회	임야심사위원회
사정	19,107,520필	3,479,915필

8. 토지등기제도

① 1910년 조선민사령 발표로 일본민법 및 기타법률을 한반도에 의용하고, 부동산등기는 조선부동산등기령을 발표하여 동령에 특별한 규정이 없는 한 일본부동산등기법에 의한다고 규정

② 지적공부가 작성된 9개 도시에서만 실시하고 나머지 지역은 실시를 연기

③ 등기령의 보충적 역할로 1912년 조선부동산증명령을 제정하여 종래의 토지가옥증명규칙과 토지가옥소유권증명규칙을 대신함

④ 토지대장을 기초로 등기부가 작성되어 1918년 전국에 등기령이 실시됨

⑤ 초기에는 지방법원 및 그 지원 또는 출장소가 등기소로서 등기업무를 관장

⑥ 토지등기부와 건물등기부가 있었으며, 물적 편성주의에 의해 편성

⑦ 등기는 공동신청주의, 등기공무원의 형식적 심사주의 채택

⑧ 등기의 효력은 대항요건주의에 공신력은 인정되지 않음

9. 토지조사사업 당시 불조사지

1) 불조사의 규정

① 토지조사법 및 토지조사령에 도로, 하천, 구거, 제방, 성첩, 철도선로, 수도선로 등의 토지는 지번을 부여하지 않을 수 있다고 규정

② 임시토지조사국 조사규정에는 도로, 구거, 제방, 성첩, 철도선로 및 수도선로로서 민유의 신고가 없는 토지 및 하천 호해(湖海)에 대하여는 소유권조사를 할 필요가 없다고 규정

③ 이들 별도의 측량을 실시하지 않고 전, 답, 대 등의 토지를 측량하고 남아 있는 부분이 도로, 하천, 구거 등이 된 것이었으며 세부측량원도나 지적도에 지목만 표시

2) 불조사의 원인

① 토지가 과세 등 아무런 경제적 이권이 없고 면적측정 등 노력이 요구되기 때문

② 예산, 인원 등에 비추어 경제가치가 없는 토지는 조사대상에서 제외

③ 기타 특수한 사정에 의하여 조사대상에서 제외

3) 불조사 토지의 종류

(1) 조사하지 않은 임야 속에 존재하거나 혹은 이에 접속되어 조사의 필요성이 없는 경우

① 도로, 하천, 구거, 제방, 성첩, 철도선로, 수도선로

② 일시적인 시험경작으로 인정되는 전, 답

③ 경사 30° 이상의 화전(火田)

(2) 조사하지 않은 임야 속에 점재(點在)하여 특수사정으로 조사하지 않는 경우

① 지소, 분묘지, 포대용지, 등대용지

② 사사지

③ 봉산·금산의 구역 내, 보안림 및 국유임야로 결정된 구역 내에서 다른 용도로 쓰이는 토지

④ 산림령에 의하여 식림구역으로 정하였거나 개간의 금지 또는 제한한 구역 내에서 다른 용도로 쓰이는 토지

⑤ 산림령 또는 국유미간지 이용법에 의하여 대부한 토지로서 아직 개간 등을 완료하지 못한 토지

⑥ 산간부의 경사지에 있는 3,000평 미만의 화전

⑦ 1집단지의 면적이 10,000평 이내의 화전

⑧ 가장 가까운 조사지역에서 2,000간 이상이며, 그 집단지의 면적이 10,000평 이내인 토지

⑨ 조사를 하지 않은 화전과 임야 사이에 점재(點在)한 대

(3) 도서로서 조사하지 않은 경우

① 압록강 및 두만강의 유역내에 있어 1개 도서가 행정구역상 1개 면을 구성하지 못하는 경우 또는 경작면적이 100결 이하인 경우

② 1개 섬이 1면을 이루지 못한 도서로서 대 및 경지의 총계 10정보 또는 2결 미만이거나, 편의(便宜)한 지역에서 매월 3회 이상의 선편이 없고 또는 임시 용선이 불가능하며 1항해에 2일을 넘는 경우

4) 불조사지(37조 : 도로, 하천, 구거 및 소도서) 등록

① 1950년 12월 1일 지적법이 공포될 때 "새로이 지적공부에 등록되어야 할 토지의 이동정리는 본 법 시행일로부터 3년 이내에 하여야 한다."는 부칙 37조가 법안 심의과정에서 추가

② 그러나 도로, 구거, 하천 등 이 새로운 등록업무는 지적법이 정한 3년의 기한 내에 다 정리되지 못하고 소관청의 형편에 따라 시행되다가 1970년대에 이르러서야 완성됨

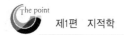

06 토지조사사업당시 지적의 형식

1. 초기 지적의 종류

① 초기 지적의 형태는 세지적으로 창설되었으며, 행정체계는 초기 재무국－도－시·군에서 세무행정이 분리됨에 따라 재무부와 산하의 세무서에 이관됨

② 토지조사부, 토지대장 및 집계부, 임야대장 및 집계부, 지적도, 임야도, 간주지적도와 산토지대장, 지세명기장 등이 있음

2. 초기 지적의 형식

1) 토지조사부

(1) 개념

토지조사부는 토지소유권의 사정원부로 사용되었다가 토지조사가 완료되고 토지대장이 작성됨으로써 그 기능을 상실

(2) 토지조사부의 등록사항

① 동·리별 지번순에 따라 지번, 지목, 가지번, 지적(地積), 신고연월일, 소유자의 주소·성명

② 분쟁 또는 사고 토지는 적요란에 요점을 기재

③ 책 끝에 지목별 지적(地積)을 기재하고 필수를 집계 후 국유지와 민유지로 구분하여 합계

④ 공유지는 이름을 연기하여 적요란에 표시하고 2인 이상의 공유지는 따로 연명부를 작성하여 책 끝에 붙임

2) 토지대장 및 그 집계부

(1) 토지대장

① 일필지를 1매의 대장에 작성하여 1동·리마다 약 200필지를 1책으로 하여 작성

② 토지대장의 등록사항

- 동·리별 지번, 지목, 지적(地積), 사정연월일, 소유자 주소, 성명 등
- 공유지는 공유지연명부에 성명과 지분 기재
- 일필지마다 등급 및 임대가격, 경지의 경우는 기준수확량을 표시함
- 질권 설정자의 주소, 성명을 적색으로 표시함

(2) 토지대장 집계부

면마다 국유지, 민유과세지, 민유비과세지로 구분하여 지목별 면적, 지가, 필수를 기재하고 다시 부군도를 합계함

3) 임야대장 및 그 집계부

(1) 임야대장

① 토지대장을 준용하여 일필지를 1매의 대장에 작성하고, 1동 · 리마다 약 200 필지를 1책으로 하여 작성

② 임야대장의 등록사항 : 동리별 지번순에 따라 지번, 지목, 지적(地積), 소유자주소 · 성명

(2) 임야대장 집계부

토지대장 집계부를 준용하여 작성함

4) 지적도

① 작성방법 : 세부측량원도를 점사법 또는 직접자사법으로 등사한 후 작성

② 정비작업 : 제반주기는 활판인쇄하고, 지번 및 지목도 압인기를 사용하여 작성

③ 지적도의 한지이첩 : 빈번한 파손으로 1917년 이후 지적도와 일람도에 한지를 이첩하여 작성하였고, 그 이전에 작성된 도면도 한지를 이첩 후에 사용

④ 등록사항 : 경계, 지번, 지목 등을 등록하였고, 조사지역외 토지는 이용현황에 따라 (山), (海), (湖), 道, 川, 溝 등으로 표기

⑤ 도곽 : 남북 1척(尺) 1촌(寸)×동서 1척(尺) 3촌(寸) 7분(分) 5리(厘) =(33cm×41.67cm)

⑥ 등고선을 표시하여 표고에 의한 지형 파악이 용이하도록 함

⑦ 토지 분할 후 정리 시에는 신 강계선은 양홍선(후에는 흑색선)으로 제도

5) 임야도

① 등록사항 : 경계, 토지소재, 지번, 지목 등

② 도곽 : 남북1척3촌2리×동서1척6촌5리 =(40×50cm)

③ 지적도시행구역은 담홍색, 하천은 청색, 임야도 내 미등록지는 양홍색으로 묘화

④ 면적이 매우 큰 국유임야는 1/50,000 등의 지형도에 등록하여 임야도로 간주함

6) 간주지적도와 산토지대장

(1) 간주지적도의 개념

① 간주지적도란 지적도로 간주하는 임야도를 말함

② 토지조사지역 밖인 산림지대에 조사대상 지목인 전, 답, 대 등 과세지가 있더라도 구태여 지적도에 등록하지 않고 그 지목만을 수정하여 임야도에 등록

(2) 간주지적도의 필요성

① 토지조사령에 의한 조사대상 지목으로서 산림지대에 있는 전, 답, 대 등 지적도에 등록할 토지가 토지조사시행지역에서 약 200간(間) 이상 떨어져서 기존의 지적도에 등록할 수 없음

② 증보도의 작성에 많은 노력과 비용이 소요

③ 도면의 매수가 증가되어 그 관리가 불편

(3) 간주지적도 지역

① 토지조사령에 의한 조사대상 지목으로서 산림지대에 있는 전, 답, 대 등 지적도에 등록할 토지가 토지조사시행지역에서 약 200간(間) 이상 떨어진 지역

② 조선 총독부가 1924. 4. 1 임야도로서 지적도에 간주한 지역을 고시한 후 15차에 걸쳐 추가 고시

③ 대부분의 산간벽지와 도서지방이 간주지적도 지역에 속함

(4) 산토지대장

① 간주지적도에 등록된 토지는 그 대장을 별도로 작성하고, 산토지대장이라고 함

② 별책토지대장 또는 을호토지대장이라고도 함

③ 별책토지대장은 면적단위 30평 단위로 등록하였으며, 토지대장카드화 작업으로 제곱미터(㎡) 단위로 환산하여 등록

(5) 간주임야도

① 임야의 가치가 낮고 측량이 곤란하며 면적이 매우 커서 임야도를 조제하기 어려운 경우에는 1/25,000 또는 1/50,000 지형도에 등록하고 임야대장을 작성

② 이처럼 임야도로 간주하는 지형도를 간주임야도라고 함

③ 덕유산, 지리산, 일월산 등의 국유임야가 이에 해당

7) 지세 명기장

(1) 지세명기장의 개념

① 지세명기장은 과세지에 대한 인적편성주의에 따라 성명별로 목록을 작성한 것
② 이동정리를 끝낸 토지대장 중에서 민유과세지만을 뽑아 각 면마다 각 지번을 통하여 소유자별로 연기한 후 이것을 합계한 장부

(2) 작성방법

① 지세명기장의 조제는 인별, 등사, 집계, 색인조제의 네 가지로 구분 시행
② 약 200매를 1책으로 작성하여 책머리에는 소유자 색인을 붙이고, 책 끝에는 면계를 붙임
③ 동명이인의 경우 동리별, 통호명을 부기하여 식별토록 함

3. 초기 등기의 형식

① 일본의 등기제도를 의용하여 토지조사당시부터 1959년까지 지속함
② 1958년 민법 공포와 1960년 부동산등기법의 제정으로 조선부동산등기령은 폐지
③ 등기업무는 지방법원, 그 지원 또는 출장소에 등기소를 설치하여 담당함
④ 토지등기부와 건물등기부로 구분
⑤ 각 등기부는 1필의 토지와 1동의 건물에 각각 1등기용지를 둠
⑥ 표제부에 부동산의 표시사항, 갑구에 소유권, 을구에 소유권 이외의 기타 권리사항을 기재함
⑦ 등기신청은 등기의 허락이나 원인행위의 인증이 요구되지 않고, 등기완료 시에 등기소에서 등기권리자에게 주어지는 등기필증의 제출이 요구됨

제6장　지적사 일반

01　구장산술

1. 구장산술의 개념

① 저자 및 편찬 연대 미상인 동양최고 수학서적
② 구장산술의 시초는 중국이며 원, 명, 청, 조선을 거쳐 일본에까지 영향을 주었다.
③ 9장 246문제로 구성된다.
④ 삼국시대부터 산학관리의 시험 문제집으로 사용되었다.

2. 구장산술의 특징

① 수학의 내용이 제1장 방전부터 제9장 구고장까지 구성되어 있다.
② 고대 농경사회에서 수확량 측정 및 토지를 측량하여 세금부과에 이용하였다.
③ 특히 제9장 구고장은 토지의 면적계산과 측량술에 밀접한 관련이 있다.
④ 고대 중국의 일상적인 문제와 계산법이 망라된 중국수학의 결과물이다.
⑤ 진, 한, 삼국시대를 걸친 중국 수학의 결과물로 선진(先秦) 이래의 유문(遺文)을 모은 것이라고 한다.

3. 구장산술의 형태

1) 구장산술의 구성

① 방전(方田) : 직사각형의 밭, 논밭의 측량, 여러 모양 논밭의 넓이를 계산
② 속미 : 곡물의 환산
③ 쇠분 : 안분비례계산법
④ 소광 : 넓이계산법
⑤ 상공 : 토목과 관련된 부피계산법
⑥ 균수 : 조세의 운반 등의 부담을 안배하는 문제
⑦ 영부족 : 과부족셈(2원1차방정식의 산술적 방법)
⑧ 방정 : 다원1차방정식

⑨ 구고 : 구고현(句股弦)을 이용하여 삼각형 면적을 계산하고, 피타고라스의 정리
와 개념이 유사하는 등 측량과 밀접한 관계가 있음

2) 전의 형태

① 방전(方田) : 사방의 길이가 같은 정사각형 모양의 전답
② 직전(直田) : 긴 네모꼴의 전답
③ 구고전(句股田) : 직삼각형으로된 전답. 신라시대 천문수학의 교재인 주비산경
제1편에 주(밑변)를 3, 고(높이)를 4라고 할 때 현(빗변)은 5가 된다고 하였다.
이 원리는 중국에서 기원전 1,000년경에 나왔으며 피타고라스의 발견보다 무려
500여 년이 앞선다.
④ 규전(圭田) : 삼각형의 전답. 밑변×높이×1/2
⑤ 제전(梯田) : 사다리꼴 모양의 전답
⑥ 사전(邪田) : 한 변이 밑변에 수직인 사다리꼴의 전답
⑦ 원전(圓田) : 원과 같은 모양의 전답. 현(弦)에 시(矢)를 곱한 후 이것에 시(矢)
를 제곱한 값을 더하여 2로 나눈다.[1/2(시×현＋현²)]
⑧ 호전(弧田) : 활꼴모양의 전답
⑨ 환전(環田) : 두 동심원에 둘러싸인 모양, 즉 도넛 모양의 전답

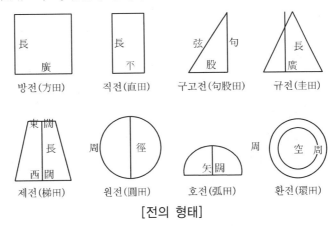

[전의 형태]

4. 우리나라의 구장산술

① 삼국시대부터 구장산술을 이용하여 토지를 측량
② 화사(畵使)가 회화적으로 지도나 도면을 만듦
③ 방전 · 직전 · 구고전 · 규전 · 제전 · 원전 · 호전 · 환전 등의 형태를 설정

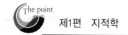

5. 구장산술의 활용

구분	고구려	백제	신라
지적담당 관리	주부, 울절	내두좌평, 곡내부, 조부, 지리박사, 산학박사	상대등, 조부, 산학박사, 산사
길이의 단위	척	척 동위척(학설)	척 동위척, 당척
면적의 단위	경무법(頃畝法)	두락제(斗落制) 결부제(結負制)	결부제(結負制)
지적도면 · 토지대장	봉역도, 요동성총도	도적	촌락장전 등
측량방식	• 구장산술(九章算術) • 방전장(方田章) • 구고장(句股章)	구장산술(九章算術)	구장산술(九章算術)

02 산학박사

1. 개념

삼국시대 이래 지적담당기관에서 국가 재정업무를 담당한 관리로 고도의 수학지식을 지니고서 토지측량과 면적 측정 사무에 종사한다.

2. 백제의 산학박사

① 산학박사 : 지적과 측량업무에 종사
② 산사 : 토지를 측량하기 쉬운 여러 형태로 구별하여 측량함
③ 화사 : 회화적으로 지도나 지적도를 만듦

3. 신라의 산학박사

① 조부 산하 국학에 산학박사를 두어 고도의 수학지식으로 토지 측량과 면적 측정에 관련된 사무에 종사하게 함
② 국학에 산학박사와 조수 1명을 두어 측량술을 교수하여 관사를 양성함
③ 관사는 실제 토지측량을 담당

4. 조선의 산학박사

① 산법교정소, 역산소 등 설치
② 세조 때 산학의 관제를 더욱 정비함(산학교수 : 종6품, 산사 : 종7품, 별제, 산학훈도 등)

03 기리고차

1. 개념

인지의와 함께 조선시대의 대표적인 측량기구로서, 세종 23년(1441)에 고안되었다. 10리를 가면 북이 울리게 하여 거리를 측정한다.

2. 기리고차의 특징

① 중국 진나라시대에 처음 사용된 기록이 있다.
② 세종 23년 거리를 측량하기 위해 고안되었다.
③ 문종 1년 송파와 삼전도 사이의 제방공사에 기리고차를 사용하여 거리를 측량한다.
④ 평지에 사용하기 유리하며, 산지 등의 험지에서는 보수척을 사용하여 보완한다.
⑤ 홍대용의 "주해수용"에 기리고차의 구조가 자세히 기록되어 있다.

3. 기리고차의 원리(주해수용의 내용)

① 수레가 1/2리를 가면 종이 한 번 울리고, 1리를 가면 종이 여러 번 울림
② 수레가 5리를 가면 북이 한 번 울리고, 10리를 가면 북을 여러 번 울림
③ 수레 위에서 종과 북의 소리만을 듣고 거리를 기록함

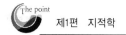

04 인지의

1. 개념

세조 13년에 제작된 토지의 원근을 측량하는 평판측량기구로서, 고도와 방위각까지 측정할 수 있으며 규형, 규형인지의라고도 한다.

2. 인지의의 특징

① 세조 때 영릉에서 인지의로 시험 측량하였다.
② 자북침이 부착되어 기계의 정향이 가능하다.
③ 평판측량은 물론 각도까지 측정 가능하다.

3. 인지의의 구조

① 수직축 : 물체를 보는 규형이 부착되어 있고, 수직면 상하로 움직일 수 있음
② 수평눈금판 : 24방위가 새겨져 있으며, 약 7° 정도의 정확도로 방위 측정이 가능함

05 수등이척제

1. 수등이척제의 개요

① 수등이척제는 현재의 지적측량인 양전을 실시하는 기준인 측량척(量田尺)을 전품(田品)에 따라 각각 다른 측량척을 사용한 것을 의미한다.
② 고려시대에는 전품을 3등급으로 구분한 수등이척제를 실시하여 조선에 승계된 후 세종 때에 전품을 6등급으로 구분한 수등이척제를 실시하였다.

2. 수등이척제의 연혁

1) 고려 말

① 전품을 상·중·하 3등급으로 구분하고 계지척(計指尺)을 사용하여 각각 다르게 계산
② 상전지 : 2지의 10배, 중전지 : 2지의 5배+3지의 5배, 하전지 : 3지의 10배

2) 조선 초

상등전 20지, 중등전 25지, 하등전 30지로 3등급으로 구분 타량

3) 세종 25년(1443)

① 전제를 정비하기 위해 전제상정소를 설치하고 이듬해 전품을 6등급으로 구분 타량

② 1등전 : 4,755주척(99.36cm)   2등전 : 5,179주척(107.77cm)

　3등전 : 5,703주척(118.68cm)   4등전 : 6,434주척(138.89cm)

　5등전 : 7,550주척(157.12cm)   6등전 : 9,550주척(198.74cm)

4) 인조 12년(1643)

임진왜란으로 혼란해진 양전제를 바로잡기 위해 호조에서 새로운 양전척인 갑술척을 제작하여 양전

5) 효종 4년(1653)

① 전품 6등을 6종의 양전척으로 측량하던 것을 1등척 하나로 양전하고 비율에 따라 각각 타량

② 1등전 : 1

③ 2등전 : 0.85

④ 3등전 : 0.7

⑤ 4등전 : 0.55

⑥ 5등전 : 0.4

⑦ 6등전 : 0.25 비율로 타량

06 양안척

1. 개념

양안척이란 양안의 작성, 즉 양전에 사용된 자(尺)로서 양전척, 측량척이라 한다.

2. 고려시대의 양안척

① 상전척 : 장년 농부손 기준 二指의 10배

② 중전척 : 二指의 5배＋三指의 5배

③ 하전척 : 三指의 10배

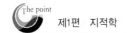

3. 조선시대의 양안척

① 초기 : 전품을 상·중·하 전척(농부수(手) 기준으로 각각 20·25·30지(指)) 사용

② 세종 26년 이후 : 1~6등의 양안척 사용

③ 인조 12년 이후 : 갑술척 사용

④ 효종 4년 이후 : 1등척 하나로 양전하여 비율을 정해 1~6등까지의 면적 산출

07 결부법(結負法)

1. 개념

당초 토지수확량을 나타냈으나 이후 일정량의 수확량을 올리는 토지면적으로 변화하였으며, 결부에 따라 세액을 정하기 때문에 세율을 표시하는 말로도 쓰인다.

2. 결부법의 특징

① 토지의 면적과 수확량을 이중으로 표시한다.

② 농지 비옥도로 과세하는 주관적 방법이다.

③ 매년 매결의 세가 동일하게 부과되는 결점이 있고, 과세원리상 불합리한 방법이다.

④ 세액의 총액이 일정하므로 관리들의 횡포와 착취가 심하여 농민에게 불리하다.

⑤ 전국의 토지가 정확히 측량되지 않아 토지 파악이 정확하지 못하다.

3. 전의 형태와 면적

① 전의 형태 : 방전(方田), 직전(直田), 구고전(句股田), 규전(圭田), 재전(梯田)

② 면적 : 결부법은 곡화(穀禾) 1악(握)을 1파(把), 10파를 속(束), 10속을 부(負), 100부를 1결(結)로하여 계산

4. 결부제에 근거한 지세제도의 특징

① 전의 지세 부담이 답보다 높다.

② 단위 토지당 평균지세부담도 지역 간(道, 郡)의 큰 차이로 나타난다.

③ 결부제와 토지생산성과의 원칙적인 비례관계가 현실에서는 무시된다.

08 경무법(頃畝法)

1. 개념

원래 중국의 토지면적 단위법으로서 실적표준의 단위법이며, 농지의 광협에 따라 면적을 파악하는 객관적인 방법이다.

2. 특징

① 농지의 광협에 따라 세액을 파악한다.
② 매경의 세는 경중에 따라 부과되는 객관적이고 공평한 방법이다.
③ 세금의 총액은 해마다 불일정하나 국가는 전국의 농지를 정확히 파악할 수 있다.
④ 정약용, 서유구 등 조선 후기 실학자들이 양전개정론으로 주장하기도 한다.
⑤ 사방 6척(尺)을 보(步), 100보를 무(畝), 100무를 1경(頃)으로 한다.

09 두락제와 일경제

1. 두락제(斗落制)

① 백제 때 토지면적 산정을 위한 기준을 정한 제도이며, 그 결과는 도적에 기록함
② 전답에 뿌리는 씨앗의 수량으로 면적을 표시하는 제도
③ 1석(石=20두)의 씨앗을 뿌리는 면적을 1석락(石落)이라 함
④ 하두락, 하승락, 하합락으로 구분
⑤ 1두락의 면적은 대체로 120~180평
⑥ 구한말 두락은 각 도 · 군 · 면마다 불일정

2. 일경제(日耕制)

① 하루갈이의 뜻으로 소 한 마리가 하루 낮 동안 갈 수 있는 논밭의 넓이를 말함
② 지방에 따라 일정하지 않음

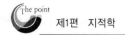

10 정전제(丁田制)와 균전제

1. 통일신라시대의 토지

① 통일신라시대에는 관료전, 丁田, 관모전답, 구분전 등 새로운 토지유형과 명칭이 등 장함

② 관료전 : 문무관인에게 지급된 토지

③ 丁田 : 일반백성에게 지급된 토지를 말함

2. 정전제(丁田制)의 특징

① 국가가 丁年에 달한 자에게 일정량의 토지를 지급한 제도

② 丁에 해당하는 연령, 급전의 량과 丁男 또는 丁女의 해당 여부는 알 수 없음

③ 정전을 지급받은 정년자는 수확의 일부를 국가에 납부하게 하였으며, 60세가 되면 정전을 국가에 반환

④ 일본에서 발견된 신라 서원경 부근 4개 촌락의 향촌장적에 의하면 정남, 정녀는 18세 이상에서 59세 이하로 추정

3. 균전제(均田制)의 특징

① 통일신라의 정전제와 당 균전제의 동일설에 따르면 정남은 21세 이상 59세까지의 남자를 말함

② 정남과 중남(16~20세)에게 전일경(田一頃)을 지급하였고, 그중 20무(畝)는 상속이 가능(영업전)하였으며, 80무는 본인 사망 후 국가에 반납(구분전)함

11 과전법(科田法)

1. 개념

조선 초 토지국유제 확립과 국가재정안정을 위해 실시한 전제개혁으로 토지겸병, 사유 화를 방지하고 토지공유제 유지를 목적으로 실시하였다.

2. 과전법의 특징

① 과전은 관료들의 계급적 신분과 관위의 고하에 따라 차등지급한다.

② 과전의 세습은 1대에 한하였으나 경우에 따라서 세습적인 것도 있다.

③ 과전을 경기에 한정한 것은 지방호족의 토지겸병, 기타 토지문란의 폐를 방지하는 것이 목적이다.

④ 토지국유제를 유지하기 위한 제도이다.

⑤ 문무관료, 한량품관, 유역인 등에 수조권을 양여한 제도로 토지의 사유화를 방지하는 것이 목적이다.

⑥ 고려 말에 성립되어 조선시대에 승계되었다.

3. 과전법의 문제점

① 토지의 편재와 과전의 부족을 초래하였다.

② 공신전 증가로 과전을 확장하여 지급하였다.

③ 양광도와 충청도의 일부를 경기도에 편입하여 그 지역의 군자전을 과전으로 편입하였다.

④ 하3도에 귀족층의 토지집중이 확대되었다.

⑤ 과전이 부족하여 보충을 위해 사전(寺田)을 삭감하였다.

⑥ 공전의 차경을 금하였으나 공전의 병작이 행해져 사전의 폐보다 심해졌다.

4. 과전법의 붕괴

① 성종시대에 이르러 토지사유가 공인되어 공·사전의 구별이 무의미해졌다.

② 토지의 사유가 확대되고 50% 수조율의 병작반수의 관행이 성행하였다.

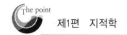

12 신라장적문서

1. 개념

1933년 일본의 나라지방에서 발견된 현존 최고(最古)의 우리나라 지적기록으로, 신라 말 서원경 부근 4개 촌락의 장부문서이다.

2. 장적문서의 기록 내용

① 현·촌명 및 촌락의 영역
② 호구수, 우마수 및 토지의 종목과 면적
③ 뽕나무, 백자목, 추자목의 수량

3. 장적문서의 특징

① 촌락의 행정사무는 촌주가 담당한다.
② 농민은 대부분 1결 내의 적은 면적을 보유한다.
③ 우마 등의 가축의 수, 뽕나무·잣나무(백자목)·호두나무(추자목) 등의 수량까지 기록한다.
④ 수취에 대한 변동사항은 3년마다 작성한다.
⑤ 촌주는 여러 촌락을 관할하여 과세의 수취와 수취 대상의 변동사항을 정확하게 파악한다.
⑥ 촌주에게는 촌주위전의 전답을 지급한다.

13 어린도와 휴도

1. 개념

어린도(魚鱗圖)는 현대적 의미의 지적도라 할 수 있고, 휴도는 어린도의 가장 최소 단위로 작성되는 도면으로서 일휴지도, 즉 휴도라 한다.

2. 어린도의 특징

① 정약용이 목민심서에서 일자오결제도와 사표의 부정확성 해결을 위해 주장하였다.
② 일정 구역의 토지를 세분한 지적도의 모양이 물고기 비늘과 흡사하여 붙은 명칭이다.
③ 본래 어린도책 앞에 있는 지도를 의미하나 어린도책과 같은 의미로 사용한다.

3. 어린도와 휴도(休圖)의 작성방법

① 방량으로 확정된 휴도를 지도로 작성한다.

② 휴는 묵필로 자오선을 기준으로 그어지는 경위선으로 그 경계를 구획한다.

③ 휴 내의 25개 묘(描)도 각각 1구(區)로서 경위선으로 구획한다.

④ 묘 내의 각 필지는 주필점선으로 구획한다.

4. 어린도와 휴도의 작성기준

① 자오선을 바르게 하여 도면을 작성한다.

② 반드시 경위의 선을 그린다.

③ 도(圖)의 표시방법을 바르게 해야 한다.

5. 전적(田籍)의 작성

도면해설 및 소유증서의 발급을 위하여 작성할 것을 주장하였다.

14 조방도와 정전법(井田法)

1. 개념

① 조방도는 고대와 삼국시대의 도시계획방법으로 격자형 토지구획제도인 조방제에 의해 토지모양이 정방형, 장방형으로 그려진 지도이다.

② 정전법은 정(井)자형의 토지구획 방법을 말한다.

2. 조방제의 특징

① 경지정리와 유사한 개념으로서 조리제라고도 한다.

② 토지를 종횡으로 나누어 북쪽에서 남쪽으로 1조, 2조 등의 수를 부여한다.

③ 서에서 동으로 1리, 2리 등의 수를 붙인다.

④ 평양, 경주, 부여, 전주, 남원, 상주 등에 그 기원을 찾을 수 있다.

3. 정전법(井田法)

1) 정전제(井田制)의 개념
① 정전제란 고조선시대의 토지구획 방법으로 균형 있는 촌락의 설치와 토지의 분급 및 수확량을 파악하기 위하여 시행되었던 지적제도로서 당시 납세의 의무를 지게 하여 소득의 1/9를 조공으로 바치게 하였다.
② 단기고사에 따르면 고조선에서 임금이 영고탑을 시찰하고 정전법을 가르쳤다고 한다.
③ 고려사 지리지에 평양성 내를 정전제로 구획했다는 기록이 있다.

2) 정전제 방법
① 1방리의 토지를 정(井)자형으로 구획하여 정(井)이라 한다.
② 1정은 900묘로써 구획한다.
③ 중앙의 100묘를 공전으로 주고 주위의 800묘는 사전으로 한다.
④ 중앙의 100묘는 공동으로 경작하여 조공으로 바치게 한다.
⑤ 개인의 8가구에 100묘씩 나누어 주어 농사를 짓게 한다.

3) 정전제의 특징
① 측량을 수반한 것으로 추정
② 왕도사상의 기반을 둔 제도
③ 공동체 형성이 기본 사상
④ 국가세수 확보
⑤ 토지 계량제도 확립

4) 정전제의 명칭
① 중국 : 방리제
② 북한 : 리방제
③ 우리나라 : 조리제, 정전제
④ 일본 : 조방제

5) 정약용의 정전제
① 목민심서에서 정전제의 시행을 전제로 방량법과 어린도법을 시행 주장
② 정전제나 어린도(魚鱗圖)같은 국토의 조직적 관리가 필요함
③ 전국의 전(田)을 사방 100척으로 된 정방형의 1결의 형태로 구분

15 전통도와 유길준

1. 개념

유길준은 한말의 실학자(개혁파)로 토지의 균전제와 양전 및 지권의 발행과 리 단위의
지적도인 전통도 제작을 주장하였다.

2. 전통도

① 리 단위로 측량하여 작성하는 지적도
② 비옥도와 상관없이 주척 1척을 기준으로 양전을 실시하여 전통도를 제작

3. 유길준의 지적활동

① 1908년 흥사단 산하에 측량과를 설치하고 1909년 측량총관회 평의장에 추대됨
② 지조개정을 위해 양전과 지권발행을 주장하였는데 양전은 종래의 결부법을 경무법
으로 개정할 것을 주장하였고, 지권은 토지소유를 명확히 하고 지가를 기입토록 함

16 청구도

① 고산자 김정호가 1834년에 제작한 우리나라 전도(全圖)로서 대동여지도의 기초가 되
었다.
② 본조팔도주현도총목, 도성전도, 신라구주군현총도, 고려오도양계주현총도, 본조팔도성
경합도로 구성되어 건·곤 양권에 수록하였다.
③ 본조팔도주현도총목은 일종의 색인도이며 나머지 도면은 모두 역사지도이다.
④ 따라서 청구도는 지도이면서 지리적 부분이 가미되었다.

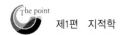

17 자한도(字限圖)

① 자한도(字限圖)는 자도(字圖) 또는 공도(公圖)라고도 부르는 일본 명치시대(1868~1912)의 지세개정사업 시에 토지대장과 함께 만들어진 도면이다.

② 검사측량이 실시되기는 하였지만 토지 소유권자가 경위도 위치와 상관없이 작성한 견취도와 같은 개념의 토지대장 부속지도이다.

③ 자한도(字限圖)는 아직도 일본의 부동산등기법의 규정에 의한 지도 또는 건물도가 없는 지역의 등기소나 출장소에 지도에 준하는 도면으로 비치되어 활용되고 있다.

18 결수연명부

1. 결수연명부의 개념

① 결수연명부는 조선총독부가 결수연명부규칙(1911)을 제정하여 지세를 부과하는 토지를 전, 답, 대, 잡종지로 구분하여 작성한다.

② 부, 군, 면마다 비치하여 지세징수 업무에 활용한 공적 장부이다.

③ 각 재무감독국별로 상이한 형태와 내용으로 작성된 징세대장의 통일된 양식이 필요하다.

④ 결수연명부는 과세지견취도와 상호 보완적인 관계이며, 이를 기초로 토지신고서가 작성되고 토지대장이 만들어졌다.

2. 작성방법

① 과세지를 대상으로 한다.(비과세지 제외)

② 면적 : 결부, 누락에 의해 부정확하게 파악

3. 작성연혁

① 1909~1911년 사이에 세 차례 작성

② 1911년 10월 '결수연명부 규칙' 제정·발포(각 府·郡·面에 결수연명부를 비치·활용)

4. 결수연명부의 특징

① 과세를 목적으로 한 징세대장이며, 토지대장의 원시적인 형태이다.

② 토지에 대한 실제 조사·측량하여 작성되지 않았다.

③ 지구, 소작인의 신고와 구양안, 문기 등을 참고하여 작성하였다.

④ 지적도와 같은 부속도서를 구비하지 못해 은결, 누락토지 등 참고문서 자체의 문제
   점이 해결되지 못했다.

⑤ 등재된 토지면적은 결(結)·속(束)·부(負)를 사용한다.

⑥ 결수연명부에 의거하여 토지신고서를 작성한다.

5. 과세견취도 작성

실지조사가 결여되어 정확한 파악이 어려우므로 1912년 과세견취도를 작성하게 되
었다.

6. 활용

① 과세의 기초자료 및 토지행정의 기초자료로 이용

② 토지조사사업 당시 결수연명부는 소유권 사정의 기초자료로 이용

③ 일부의 분쟁지를 제외하고 결수연명부에 담긴 소유권을 그대로 인정

제7장 토지제도의 유형

01 궁장토

1. 개념

각 궁방(후궁, 대군, 공주, 옹주 등의 존칭) 소속의 토지 및 일사칠궁의 토지를 궁장토라 한다.

2. 직전과 사전

① 조선 초 각 궁방에는 직전 제도에 의해 전토의 수조권만 주는 직전과 왕의 특명에 의해 따로 지급된 전토인 사전만 있었다.

② 직전과 사전에 대한 세납은 경창에서 실시하고 각 궁방이 직접 수조하지 않는다.

③ 직전과 사전은 본인 사망 후 반환하는 것이 원칙이나 상속하는 경우가 많아 선조 25년에 폐지되었다.

3. 궁장토의 시초

① 직전과 사전 폐지 후 왕자, 왕손에게 황무지 및 예빈사의 토지를 지급하였다.

② 이 토지를 토대로 궁실의 수입을 꾀하여 궁둔이 생김으로써 장토가 생겨났다.

4. 면세전

① 궁방소속토지는 면세 혜택을 준다.

② 원결면세 : 민유지에 대한 조세 징수권을 받은 궁방이 전세와 대동의 양세를 징수하여 수입하는 것을 말하며, "무토면세"라고도 한다.

③ 영작궁둔 : 궁방에서 황무지를 받아 개간한 토지와 국고금으로 매수한 토지

5. 토지의 투탁

① 국세면제, 부역면제, 적은 소작료 등의 혜택이 있어 궁장토의 소작인이 되길 원하였다.

② 자기 전토를 궁장토로 가장하여 조세·부역을 면제받으려 했는데, 이를 토지의 투탁이라 한다.

6. 도장의 폐단과 궁장토의 국유화

① 궁장토의 수조는 도장이라는 관리자가 하였는데 투탁도장과 일반도장이 있었다.

② 도장은 궁방에 일정세미를 납부하고 궁장토에 대한 수익권을 가졌다.

③ 도장의 직무가 안전하고 영속성이 있어 후에 종신도장, 도장의 세습, 도장직의 매매 등 각종 폐단이 생겨났다.

④ 1907년 도장을 폐지하고 1908년 궁장토를 국유귀속하였다.

02 능 · 원 · 묘

1. 개념

능·원·묘는 국왕, 왕비, 왕족, 후궁 등의 분묘를 말한다.

2. 능 · 원 · 묘

① 능 : 왕과 왕비의 분묘 또는 왕과 왕비의 위를 추존한 자의 분묘와 태조대왕의 선대를 추존한 분묘. 1918년까지 50개가 존재하였다.

② 원 : 왕과 왕비의 위를 추존받지 못한 왕세자와 왕세자비의 분묘, 왕자와 왕자비의 분묘, 왕의 생모인 빈·궁의 분묘를 말하며 1918년까지 12개소가 있었다.

③ 묘 : 폐왕의 분묘와 그들 사친의 분묘, 출가하지 않은 공주와 옹주의 분묘, 왕자나 왕녀를 낳고 왕의 사망 전에 죽은 후궁의 분묘를 말하며 1918년까지 42개소가 있었다.

3. 위토

① 능·원·묘에 부속된 전토로서 묘위토 또는 묘위전이라 한다.

② 제사에 사용되는 향로와 시탄을 조달하기 위한 향탄토도 있었다.

③ 대전회통에 위전은 80결로 규정되어 있으나 일정하게 지켜지지는 않았다.

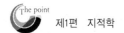

4. 능 · 원 · 묘의 관리

① 예조에서 주관하여 능관을 두고 각 지방관에게 관리시켰다.

② 능에는 직장, 영, 참봉 등의 관리를, 원과 묘에는 영, 수봉관, 직장 등의 관리를 두어 제사 및 평상시의 관리업무를 맡겼다.

③ 후에 궁 내부 소속의 장례원에 전사장을 두어 단, 묘, 사, 전, 능, 원, 묘의 사무를 관장하였다.

5. 능원묘의 경계

① 대전회통에 각능의 화소는 해자의 외변을 한계로하고 화소 내에는 범장을 금하였다.

② 1911년 이왕가분형부속지정리표준을 제정하여 내해자와 외해자의 구분을 정하고 능 · 원 · 묘의 경계를 명확히 하였다.

03 역토

1. 역토의 개념

① 역토는 신라, 고려시대 및 조선시대까지 이어져 1896년 폐지된 역참에 부속된 토지를 말한다.

② 신라시대부터 각 도의 주요지와 소재지에서 군 소재지로 통하는 도로에 역참을 설치하고 말과 인부를 항시 대기시켰다.

2. 역참제의 특징

① 역참은 공용문서 및 물품의 운송, 공무원의 공무상 여행에 필요한 말과 인부 기타 일체의 용품 및 숙박, 음식 등의 제공을 위하여 설치한 기관이다.

② 각 도(道)의 중요 지점과 도(道)소재지에서 군소재지로 통하는 도로에 약 40리(里)마다 1개의 역참(驛站)을 설치하여 이용하였다.

③ 각 역참에는 역장과 부역장을 둔다.

3. 역토의 종류

① 공수전(公須田) : 관리 접대비에 충당하기 위한 것으로, 역의 대로·중로·소로에
따라 달리 지급됨
② 장전(長田) : 역장에게 지급(2결)
③ 부장전(副長田) : 부역장에게 지급(1.5결)
④ 급주전(急走田) : 급히 연락하는 이른바 급주졸(急走卒)에게 지급(50부)
⑤ 마위전(馬位田) : 말의 사육을 위해 지급(말의 등급에 따라 차등지급)

4. 역토의 관리

① 역토를 관리는 찰방, 역장, 부역장, 급주, 대마, 중마, 소마 등을 두었다.
② 역참 감독은 병조 소속의 찰방이 담당하였으며, 인사권을 가진다.
③ 숙박 및 음식비에 충당할 공수전을 둔다.
④ 직원의 봉급과 말 사육비용 등을 조달하기 위한 일정한 부속지를 둔다.
⑤ 역토는 타인에게 양도·매매·전대할 수 없으며, 역토의 매매는 엄중한 형벌을 과
한다.
⑥ 역토가 황폐된 경우엔 즉시 다른 국유지로 보충한다.
⑦ 1884년(고종 21년) 우편제도가 도입되고 존폐가 논의되다가 폐지되어 역토는 군부
에서 관할하였다.
⑧ 1896년 역참제도를 폐지하고 역토의 관리는 농공상부에서 탁지부에 이속되었다.
⑨ 일제는 1909년 6월부터 1910년 9월까지 역둔토실지조사측량을 실시하여 동양척식주
식회사로 인계하여 토지수탈을 시작하였다.

5. 역토의 경작

① 역토의 소작인은 그 소작을 타인에게 양도, 매매, 전당 또는 전대할 수 없다.
② 소작 계약은 5년마다 갱신한다.
③ 소작인이 토지의 형상변경 또는 토지를 황폐화시키거나, 소작료를 체납하고 납입 가
망성이 없는 경우에는 소작 계약을 해지한다.

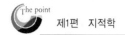

04 둔전

1. 개념

둔전 또는 둔토는 국경지대의 군수품 충당을 위해 인근의 미간지를 주둔군에 부속시켜 개간·경작시키면서 시작된 토지제도이다.

2. 둔전의 종류

① 국둔전 : 군대의 경비충당 위한 토지

② 관둔전 : 지방의 주, 현, 역, 영진 등의 관청 경비에 충당하기 위해서도 둔전을 둠

③ 영아문둔전 : 선조 26년 훈련도감 설치 후 병사들에게 소속둔전을 경작시키고 민유토지를 경작시켜 세납을 받았으며, 이후 국둔전이 영아문둔전에 병합되었음

3. 둔전의 설정

① 타 관청 소관의 국유지를 이관시킨 것

② 황무지를 개간한 것

③ 민유지의 결세를 수세하게 한 것

④ 국사범으로부터 몰수하여 국유화한 것

⑤ 둔전으로 하기 위해 매수한 것

4. 둔전의 감독

둔관을 보내 관리 감독함

5. 둔전의 폐단

① 둔전은 과세면제로 국고에 영향을 미침

② 개인 사유지를 둔전으로 사칭하여 면세 받으려는 폐단이 발생

③ 후일 각 둔전에 대한 국유지와 민유지의 소유권 분쟁이 발생함

6. 둔전의 소유권 분쟁

① 영아문 둔전 중 민전·국둔전을 구별하지 않고 수세지로만 파악하여 소유권귀속이 곤란해짐

② 토지의 국유·민유에 관계없이 둔전의 통칭만을 문서에 기록함

③ 사인 간의 소유권 매매증서는 토지소작권의 매매증서와 구별이 안 됨

05 역둔토

1. 역둔토의 개념

1) 역둔토의 의미

역둔토는 역토와 둔전의 총칭으로서 구한국 정부에서 실지조사를 거쳐 실측도와 역둔토대장을 작성하여 이동정리를 실시하였다.

2) 역둔토의 연혁

① 군부에서 관리하던 역토와 둔전에 대하여 조선 말에 이르러 관리들이 그 수익을 착복하는 병폐가 극심해지자 탁지부·궁내부로 그 사무를 이속하여 관리하게 되었는데 이를 역둔토라고 한다.

② 1909년 6월~1910년 9월까지 탁지부 소관 다른 국유지와 함께 전국의 역둔토 측량을 실시하였다. 역둔토는 총독부 재무부에서 관장하다가 역둔토협회가 전담하였고, 이후 1938년 해산하고 남은 자본금으로 조선지적협회를 설립하였다.

3) 역둔토 관리

① 조선 후기 이전 : 역토, 둔전으로 나누어 군부에서 관리

② 조선 후기 : 역토와 둔점을 합쳐 탁지부·궁내부로 이속

③ 1906년 : 제실재산과 국유재산 정리

④ 1909년 : 동양척식주식회사에서 인수

⑤ 1910년 : 총독부 재무부 관장

⑥ 1931년 : 역둔토협회 창설로 역둔토 협회에서 관리

⑦ 1938년 : 역둔토협회는 해산하고 남은 자본금으로 재단법인 조선지적협회 창설

2. 역둔토의 실지조사

1) 조사의 목적

역둔토조사는 토지대장에 등록된 1지번의 역둔토를 소작인별로 분할하며, 혹은 미등록 토지에 대해서는 새로 조사하여 소작인을 밝히고 지적(地積)을 산정한 다음 역둔토대장을 작성하는 데 목적을 둠

2) 소작인의 조사

종래의 인허 여부에 관계없이 소작인을 조사함

3) 역둔토 강계 및 지목조사의 실시

① 일필지의 토지가 전, 답, 대, 잡종지 중에 소작인이 2인 이상일 경우
② 소작인이 있는 부분과 소작인이 없는 부분으로 구분된 경우
③ 둘 이상 지목의 토지가 일필지인 경우
④ 토지대장에 임야로 등록된 토지의 경우
⑤ 역둔토로 취급된 토지가 토지대장에 등록되지 않는 경우
⑥ 전, 답, 대 일부가 천(川), 해(海)로 멸실된 경우

4) 역둔토 지번의 결정

① 역둔토의 지번이란 역둔토의 관리상 적당히 붙이는 정리번호임
② 일필지의 토지를 분할한 것은 토지대장의 지번에 "의1", "의2" 등을 붙임
③ 일필지의 전부가 역둔토일 때는 토지대장의 지번을 그대로 역둔토의 지번으로 함

3. 역둔토 측량

1) 역둔토의 측량방법

① 분할, 신규등록의 경우에 시행하였으며 강계조사와 지목조사를 동시에 실시함
② 분할은 기지경계점, 도근점 등으로 시행
③ 새로 역둔토로 등록할 토지는 소도의 구역 내일 때는 기지점, 도근점에 의해 경계선을 측정하고, 소도의 구역 외일 때는 나침방위에 의해 측판을 표정하여 측량함
④ 토지대장 기등록지와의 관계위치를 약측
⑤ 역둔토측량은 정밀도가 떨어지므로 지적측량을 다시 하도록 함

2) 역둔토도의 작성

① 역둔토의 분필조사 위해 따로 작성
② 측량원도상의 해당토지를 일필지마다 등사도 용지에 그린 도면
③ 분할선은 양홍으로, 새로 등록하는 역둔토 경계선은 흑색으로 정리
④ 신규등록된 역둔토로서 토지대장 기등록지와의 관계위치를 약측한 것은 방위 및 거리를 도면의 여백에 기재함

4. 역둔토 대장

① 역둔토 대장에 등록하는 토지는 전, 답, 대, 잡종지의 4지목을 등록한다.

② 일필지마다 역둔토 신고서에 의해 작성한다.

③ 토지소재, 지번, 지목, 등급, 지적(地積), 소작인의 주소·성명 또는 명칭, 소작연월일 등을 등록한다.

④ 면별로 약 200매를 1책으로 하며, 1필지에 1매를 원칙으로 지번순서로 편철한다.

⑤ 책 중에서 동·리가 다를 경우 간지를 삽입한다.

06 목장

1. 개념

목장이란 주로 군용마를 사육하는 시설로서, 각 목장에는 위전(位田)을 두었으며 목자 에게는 1인당 위전 2결을 지급한다.

2. 목장의 개간

① 당초 목장은 123개소에 달한다.

② 중세 이후 말의 수요 감소로 목장이 폐쇄되거나, 개간하여 숙전으로 된 경우가 많다.

③ 관청에서 직접 개간하거나, 허가 없이 임의개간하는 등 개간 형태는 일정하지 않다.

3. 목장의 폐지

① 1894년 목장제도를 폐지하고, 각 목장의 목자위전은 궁내부에 이관하였다.

② 1908년 탁지부에 이관되었다.

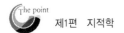

07 향교전(교전 또는 교위)

1. 개념

향교란 성인·현자에 대한 제사 및 지방의 인재를 교육 양성할 목적으로 설치된 것을 말한다.

2. 향교전의 내용

① 향교전 : 향교의 유지관리 및 제사비용에 충당하기 위하여 향교에 소속시킨 전답
② 향교전의 설정방법 : 속대전에 규정되어 있으나 일정하지는 않음

3. 향교전의 관리

① 고종 때 향교의 쇠퇴로 향교전은 소작인, 향교관계자 등이 분할하여 점유하게 되었다.
② 1906년 보통학교령, 사립학교령, 학회령 등이 공포·시행되어 많은 향교의 전토가 공·사립학교의 재산으로 편입되었다.
③ 1910년 향교재단관리규정을 공포하여 향교전의 매매·양도·교환·저당·원본소비를 금지하고 그 관리를 부윤, 군수에게 위임하였다.
④ 특별한 경우에는 특정관리인을 두어 관리하게 한 것이 오늘날의 향교재단이 되었다.

08 삼림산야(森林山野)

1. 개념

삼림산야란 금산, 봉산, 태봉산, 국유림 등을 말하는 것으로서 금산, 봉산, 태봉산은 왕실과 관계된 것이다.

2. 금산(禁山)

① 금산이란 왕궁의 존엄성 유지 및 풍치를 위해서 한성부 주위에 설치한 것이다.
② 경복궁 및 창덕궁의 주산과 외산의 경작을 금지하였다.

③ 금산의 수목, 사석의 벌채자와 채취자는 태장 90대에 처하고 목재와 사석은 몰수하
   였으며 원상회복을 위한 식목을 하도록 하였다.

④ 매년 춘추 2회 걸쳐 소나무 등을 식목하였다.

3. 봉산(封山)

① 봉산이란 국가에 소요되는 용재공급을 위해 수목 식재에 적당한 지역을 선정한 후
   이를 정부가 직접 보호 · 관리해 온 것이다.

② 봉산은 산직감간을 두어 관리하거나 군수, 만호 등에게 단속을 위임하였다.

4. 태봉산(胎封山)

① 태봉산은 이씨 조선 역대의 왕 및 왕자의 포의를 안치한 개소, 즉 태봉이 있는 산을
   말한다.

② 태봉산의 구역은 대왕태실은 300보, 대군은 200보, 왕자는 100보이다.

③ 태봉산의 금표(禁標) 화소 내에서는 도벌 · 투장을 금지하고, 이를 어긴 자는 처벌받
   는다.

5. 국유림(國有林)

1) 임야경계의 불확실 원인

① 임야 중에 무주공산 혹은 공산이라는 개인소유가 아닌 산야가 있었음

② 봉산이나 태봉산의 구역이 불명확함

③ 공산에 식수, 개간하여 권리를 주장하는자 등이 있음

2) 국유림의 정비

① 1908년 산림법을 공포하여 삼림산야의 소유자는 신고케 함

② 정해진 기간 내에 신고하지 않는 것은 모두 국유로 간구함

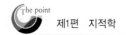

09 보(洑)

1. 개념

보는 관개를 목적으로 토석·목재 등으로 하천을 가로막는 수리시설을 의미한다.

2. 보의 구조

1) 보동(洑垌)

① 하천의 하류를 차단하기 위해 구축한 둑이며, 보통 동(垌)이라 함
② 보동은 무너지기 쉽고, 수리에 많은 노력과 경비가 소요됨

2) 보내(洑內)

둑(보동)으로 차단되어 하천수가 고여 있는 부분

3. 보의 종류

① 하수면이 관개답보다 높은 경우 : 관개에 사용하고 남은 물은 보위로 넘쳐 흐르게 하여 해마다 파손할 염려가 없는 시설
② 하수면이 관개답보다 낮은 경우 : 수차 등을 이용하여 높은 곳의 토지에 관개하여 모내기를 하고 모내기가 끝나면 보를 터서 물을 빼는 시설

4. 보의 관리

① 국유지 관개를 위한 보는 국가가 관리하였다.
② 백성의 공유 또는 개인소유 경우도 있다.

5. 보와 제언의 관계

① 보 : 하천 이용한 관개 목적의 수리시설
② 제언 : 제방을 쌓아 계곡의 물과 빗물을 모아 관개에 쓰이는 수리시설
③ 보와 제언은 관개목적의 수리시설이라는 공통점을 가짐
④ 보는 하천에 설치한 소규모시설, 제언은 저수지로서 대규모시설이라는 차이점이 있음

10 제언(堤堰)

1. 개념

제언은 관개를 목적으로 토제를 쌓아 계곡수 및 우수를 저장하는 수리시설로, 제(堤) 또는 동(垌) 및 방축이라고도 한다.

2. 제언의 연혁

① 1,600여 년 전 신라 흘해왕 때 김제군에 벽골지라는 대규모의 제언을 축조하였다.
② 벽골지의 수륙분계선의 길이는 1,800보에 이르며 수여거, 장생거, 중심거, 경장거, 유통거 등 5거가 있는 대규모의 제언이다.

3. 제언의 축조 및 관리

① 김제벽골지는 신라 때 축조된 수륙분계선 길이가 1,800보인 큰 저수지이다.
② 제언은 공공시설로 신라 이후 백성들이 수리하거나 국가가 직접 수리하기도 하였다.
③ 제언을 폐지하면 빈민에게 경작시켜 그 수확의 일부를 군량미에 충당하거나 둔토에 편입시켜 국유로 하였다.
④ 제언은 국유이나 개인소유도 있었다.
⑤ 개인소유 제언은 자신의 토지에 관개하기 위한 경우와 타인의 토지를 관개하고 수세를 징수하기 위해 축조한 것도 있었다.

4. 제언의 모경

① 제언의 모경이란 제언 내의 토지에서 임의로 경작하는 것을 말한다.
② 원칙적으로 금지하였으나 토지가 매우 비옥하여 모경한 경우가 많다.
③ 후에 사적 매매의 성행, 모경자와 지방관리 또는 궁사 및 권호 간의 분쟁이 심해졌다.
④ 결국 민유를 인정하게 되었으나 이는 후일 토지조사 당시 분쟁지의 한 원인이 된다.

11 양입지(量入地)

1. 양입지의 개념

① 양입지란 주된 지목의 토지에 둘러싸여 있거나 접속되어 있는 지목이 다른 토지를 말한다.

② 토지조사 당시 그 면적이 적은 것은 주된 지목의 토지에 병합되었다.

③ 작은 면적의 죽림지, 초생지 등은 대부분 접속하여 있는 토지에 병합되었다.

④ 토지조사 당시 일필지 경계에 대한 필지구분의 표준인 "지주 및 지목이 동일하고 토지가 연접한 경우"에 대한 예외 구분이다.

2. 토지조사당시의 양입지에 대한 처리표준

① 전 또는 답에 병합하는 경우 : 주된 토지 총 면적의 약 1/6 이내는 병합하나, 1개 토지의 면적이 300평을 넘는 것은 별필로 함

② 전, 답, 대 이외의 지목에 병합하는 경우 : 각 지목에 따라 일정한 면적을 규정

③ 대에 병합하는 경우

  • 편익지 : 대의 편익을 위한 물치장, 도급장, 공작장 등의 토지는 대와 같은 용도로 봄

  • 부속지 : 공원, 채소전, 가축사, 지소 등 대의 부속토지는 본토지의 면적을 넘지 않는 정도로 본지에 병합함

3. 현행법에서 규정한 양입지

① 소유자와 지목이 동일하고, 지반이 연속된 토지는 1필지로 할 수 있다.

② 주된 지목토지의 편익을 위해 설치된 도로, 구거 등의 부지와 주된 지목토지에 접속되거나 둘러싸인 다른 지목의 협소한 토지는 주된 토지에 편입하여 1필지로 할 수 있다.

③ 다음의 경우에는 예외로서 별개의 필지로 한다.

  • 종된 토지의 지목이 "대"인 경우

  • 종된 토지 면적이 주된 토지 면적의 10% 또는 330m를 초과하는 경우

4. 양입지의 특징

① 양입지는 토지조사사업 당시 필지구분의 표중에 대한 예외 구분이다.

② 현행 지적법에서도 승계하여 1필지로 정하는 기준의 예외로서 인정되고 있다.

③ 현행 지목의 구분이 토지의 이용현황을 파악하기 어렵다는 문제 제기가 있다.

④ 지목의 명칭 변경, 유사지목의 통합, 지목의 세분, 입체지목의 도입 등 연구가 필요하다.

12 서원위토(書院位土)

1. 개념

① 서원의 소요경비를 조달하기 위해 소유한 토지를 말하며 서원토라고도 한다.

② 서원위토의 설정 : 선현의 자손 및 유림의 기부에 의하여 조성된 경우가 대부분

2. 서원위토의 관리

① 대전회통에 의하면 서원전은 서원 자체에서 설치하고 개인소유로 충당할 수 없다.

② 사액서원의 경우에는 3결의 면세규정이 있으나, 다른 사원위토는 면세되지 않는다.

③ 학전 3결은 면세전의 제한일 뿐이고, 그 이외에도 많은 토지를 소유한다.

④ 고종 때 서원철폐 후 서원위토를 각 도의 감류영에 귀속시켰으나 선현의 자손이나 유림들이 사사롭게 점유한 경우도 많았다.

13 종중재산(宗中財産)

1. 개념

종중에서 조상의 분묘관리 및 제사 등의 비용에 충당하기 위해 묘위토를 두었는데 이를 종중재산이라 한다.

2. 종중재산의 특징

① 종중재산은 조종의 유산이나 종중의 각출 및 기부 등에 의해 설정되었다.

② 양안이나 기타 관아의 공부상에 하종중, 하문위 등의 명의로 등재되는 것이 보통이었다.

③ 종중재산은 종중의 허가 없이 처분 또는 매각할 수 없었다.

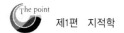

14 면 · 동리유재산

1. 개념

① 토지조사 당시 동·리는 단독적으로 재산을 소유할 수 있는 것이 통례였으나, 면은 특수한 경우에만 토지 및 기타 재산의 소유가 가능하였다.

② 면·동리유재산은 대부분이 전, 답, 대, 산야, 제언 등으로 부락민이 공동으로 사용·수익하며 부락의 공동비용에 충당하였다.

2. 면 · 동리유재산의 설정

① 부락민이 공동 개간한 토지

② 후손이 없는 자의 유산

③ 병역, 납세, 잡역 등을 피한 도망자의 재산

④ 특별히 면·동리에서 매수한 재산

3. 면 · 동리유재산의 관리

① 면장, 동·리장이 관리하였고 계약 등의 법률행위에는 권세가가 연서한 경우도 있다.

② 면·동리유재산의 처분은 주민의 전부 또는 유력자의 협의를 거치도록 하였다.

③ 1912년 면·동리유재산관리에 관한 준칙을 공포하여 기준을 정하였다.

15 사전(寺田)

1. 개념

① 사찰에 소속된 토지로서 사위(寺位) 또는 사위전(寺位田)이라고도 부르며, 사전은 사찰에서 수세하였다.

② 불량전, 불향전, 재전, 영위답, 헌답 등도 사전의 일부이다.

2. 사전의 설정

① 왕실에서 하사한 토지

② 불교에 귀의한 사람이나 사망자의 명복을 빌기 위해 기부한 경우

③ 사찰에서 개간하거나 매수한 토지

3. 사전의 관리

① 본산에서 말사의 토지를 관리한다.

② 사전의 처분은 관습적으로 사찰 승려의 협의를 거쳐 본산의 승인을 얻어야 가능하다.

③ 사전 중 부처의 공양이나 사망자의 명복을 빌기 위해 기부된 불량전, 불향전, 재전, 영위답 등은 사용·수익만 하고 처분하지 못한다.

④ 말사의 폐사 시 그 재산은 본산에 귀속된다.

⑤ 1911년 사찰령을 공포하여 사찰에 소속된 토지, 산림, 불상, 기타 귀중품은 총독부의 허가 없이 처분할 수 없도록 규정하였다.

16 분묘지 및 묘위토

1. 개념

분묘지란 능·원·묘를 제외한 일반인의 묘지 또는 산소를 가르키며, 묘위토는 능·원·묘 또는 분묘에 부속된 토지를 말한다.

2. 분묘지의 관리

① 국가에서는 분묘권을 인정하여 각자의 신분계급에 따라서 한계를 정하고, 묘지에 경작이나 2중 장사를 금지하였다.

② 토지 소유자도 이 한계를 침범할 수 없었고, 암장할 경우에는 이장토록 하였다.

3. 분묘의 구역 한계

① 대전회통 : 분묘구역 내에는 경작, 목축을 금하며 구역 크기는 사자(死者)의 품등에 따라 차등을 둠

② 종친 1품은 사면 100보를 한계로 함

③ 2품 이하는 각각 10보를 감함

④ 6품은 60보를 한계로 하고, 문무관은 각각 10보씩을 체감함

⑤ 7품 이하 생원, 진사, 유음자제는 6품과 동일

⑥ 여자는 남편의 작품에 따름

⑦ 사대부의 분묘도 그 품등에 따라 각각 보수가 정해짐

4. 묘위토

1) 묘위토의 특징

① 분묘에 대한 제사, 관리를 위한 수익을 얻기 위해 부속시킨 토지

② 묘위토 또는 묘위전이라고도 함

③ 능·원·묘, 종중재산 및 기타 일반분묘에 부속된 묘위토 등이 있음

2) 묘위토의 설정

① 능·원·묘의 경우에는 국가에서 설정

② 종중 등의 묘위토는 사망자의 유산 또는 자손들의 각출로 설정

3) 묘위토의 관리

① 능·원·묘의 경우에는 국가에서 관리함

② 분묘관리는 묘직이라는 관리인이 함

③ 묘직의 보수 및 제사와 기타비용은 묘위토의 수확으로 충당함

17 미간지(未墾地)

1. 개념

관민간에 이용하지 않은 원시 황무지를 한광지라 하는데, 한광지를 개간한 경우에는 개간한자가 소유권을 취득하는 것이 원칙이었다.

2. 미간지의 특징

① 한광지 개간 시 소유자는 개간자가 된다.

② 개간허가를 받은자가 타인이 개간한 이후에 권리를 주장하여 이를 빼앗거나, 개간의 입안을 은밀히 매매하는 등의 폐단이 발생한다.

③ 1906년 궁내부령에 황무지 개간의 개인허가를 금지하고 과거에 부정한 방법으로 받은 허가를 무효로 하며, 이미 개간한 토지도 궁가의 소속이 아닌 토지는 무효임을 공표하였다.

⑤ 반면에 국유 미간지의 이용은 장려·보호하고, 단속하였다.

18 개간지(開墾地)

1. 개간지의 유형

1) 무주한광지의 개간

① 국가 및 국민이 이용 · 관리하지 않는 원시적인 황무지를 개간하는 경우

② 개간자가 소유권을 취득함이 원칙

③ 개간허가의 음성적 매매, 개간허가만 취득한 후 타인이 개간하면 개간의 권리를 주장하여 착취하는 등의 폐단이 발생함

④ 1906년 토지개간에 대한 법률을 공포하여 명확한 기준을 정함

2) 폐직전의 개간

일단 개간하여 경작한 토지가 천재지변 또는 기타의 원인으로 황폐화되어 이를 개간한 경우

2. 국유미간지 이용법의 공포(1907년)

① 민유가 아닌 원야, 황무지, 초생지, 소택지, 간석지 등은 전부 국유미간지로 규정한다.

② 국유미간지의 이용을 원할 경우 농공상부로부터 그 지역을 대부받아 사업완료 후 불하 또는 무상 대부받는다.

③ 3정보 이내의 국유미간지의 이용은 당분간 종래 관습에 따른다.

3. 진전의 개간

① 진전 후 3년이 경과한 토지의 경작은 그 희망자에게 허가한다.

② 소유권의 취득이 아닌 경작권만 인정한다.

③ 직전을 개간하여 경작 도중 원소유자가 나타나면 기간을 정하여 수확을 배분한다.

④ 직전 기경 후 원소유자가 나타나지 않으면 그 토지는 기경자의 소유로 한다.

4. 간석지의 개간

① 간석지는 무주한광지와 같이 취급된다.

② 전답이 해일, 기타 천재지변으로 간석지가 된 것은 진전의 경우와 같이 취급된다.

③ 다만 진전은 황폐 후 3년 이후에 개간을 허가하나, 간석지로 된 경우에는 10년 이후에 허가한다.

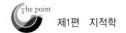

19 포락지 및 이생지

1. 개념

하천 연안의 토지가 홍수 등으로 멸실되어 하천부지가 되고, 그 하류 또는 대안에 새로운 토지가 생긴 경우에는 멸실한 토지의 소유자가 새로 생긴 토지의 소유권을 얻는 관습이 있는데 이를 포락이생이라 한다.

2. 포락지(浦落地) 및 이생지(泥生地)의 특징

① 대전회통에 따르면 포락지는 면세하고 이생지는 과세한다.
② 이생지의 미생성 또는 생겼더라도 행정구역의 변경에 따른 문제 등이 발생하게 된다.
③ 따라서 포락이생의 관계는 소관 관청의 판정에 따를 수밖에 없었다.
④ 현행 지적법에서는 지적공부의 멸실 및 신규등록의 개념이다.

3. 현행 지적법에서 해면성 토지의 등록말소

① 토지의 침몰, 해수의 침식 등으로 지적공부에 등록된 토지가 해면이 되어 원상회복을 할 수 없을 때는 지적공부 등록을 말소한다.
② 토지가 하천이 된 경우에는 말소하지 않는다.
③ 일필의 토지 중 일부가 멸실한 경우에는 분할 후 해면이 된 토지만 말소한다.

제8장 토지조사 일반

01 지위등급조사(군간권형)

1. 개념

지위등급조사는 전·답은 수확고를 기초로, 대는 지가를 기초로 하여 토지의 지위등급을 결정한 것을 말하며, 각 시·군간 전, 답, 대의 특히 조사의 통일과 각 지방의 권형을 잡도록 노력하였다.

2. 군간 권형

① 군과 군 사이의 권형은 전, 답의 100평당 수확고 및 이에 대한 지가 또는 대의 1평당 군의 지세, 교통, 지질, 수리 등을 참작한다.

② 각 시·군간 전, 답, 대의 최고와 최저, 최다 등급을 비교한다.

③ 그 적부를 심사하여 권형이 맞다고 인정하면 그 등급을 시인한다.

3. 일필지간 권형

① 전, 답, 지소, 잡종지 및 비집단 대지 : 지위 등급도를 기초로 하여 표준지와 각 필지에 대한 권형을 비교하여 인접지와 3급 이상 차이 나는 토지는 그 적부를 재심사

② 집단 대지 : "대" 등급 일람도에 의해 권형을 확인함

4. 등급과 지가의 결정

① 군 간·일필지 간 권형 후에 심사 및 검토하여 각 군마다 지위등급을 결정한다.

② 해당 군의 전, 답, 지소, 잡종지에 대한 100평당 지가표를 근거로 각 필지의 지가를 산출한다.

③ 산출 지가를 토지대장에 등록한다.

02 분쟁지조사

1. 개념

① 토지조사는 준비조사와 일필지조사 및 분쟁지조사로 구분하여 실시되었는데 당시 분쟁지는 0.05%의 비율로 매우 많게 발생되었다.

② 강계분쟁이 개인 상호 간에 관계된 것이라면 소유권분쟁은 국유지 또는 세도가의 토지와 개인소유자와 관계된 것이 대부분이다.

2. 분쟁의 원인

① 토지소속의 불분명 : 왕실의 제실유지와 국유지, 제실유지와 민유지의 구별이 불명확하였다.

② 역둔토 등의 정리 미비 : 역둔토, 궁장토의 경우 국유와 민유가 혼재되어 구별이 곤란하였다.

③ 세제의 결함 : 납세증빙서류에 의한 토지의 국유 · 민유의 구별이 곤란하였고, 토지세는 국유, 민유 구별 없이 수세로만 불렸다.

④ 미간지 : 황무지의 개간이 완료된 이후에 개간한 토지의 소유자임을 주장하는 자가 나타나 해당 토지가 무주 또는 국유임을 주장하는 개간자 사이에 분쟁이 발생하였다.

⑤ 제언의 모경 : 사적 매매가 이루어져 모경자와 지방관리 · 궁사 · 권호 등의 분쟁이 심화되었다.

⑥ 토지소유권증명의 미비 : 토지소유권의 증명 또는 사증은 권위와 공신력이 없었다.

⑦ 권리 서식의 미비 : 전근대적 지적제도로 인해 문기 등의 기재내용이 불확실하였다.

3. 분쟁지의 조사방법

① 외업조사

② 내업조사

③ 위원회의 심사 등 세 가지로 구분하였으며, 토지조사국에서 분쟁지조사규정을 제정

4. 분쟁지의 조사사항

① 관계서류의 대조

② 소유권원과 점유

③ 실지상황

④ 양안

⑤ 결수연명부및 과세견취도

⑥ 관청보관문서 및 기타서식

⑦ 납세 사실

⑧ 참고인의 진술

⑨ 법규 및 관습

5. 종사원의 편성

내업주임, 계획반 · 취조반 · 심사반으로 편성

03 선시법(지적도 작성 및 검사방법)

1. 개념

① 토지조사사업 당시 지적도의 조제는 세부측량원도를 등사하여 작성하였는데 지적도와 측량원도를 검사하는 방법으로 선시법(煽視法)을 사용하였다.

② 선시법은 지적도와 측량원도를 고정시킨 후 부채질하듯 상하로 흔들어 대조한 방법이다.

2. 지적도의 조제

① 도곽 : 측량원도상 도곽은 1척 1촌×1척 3촌 7푼 5리이며, 2리 이상 신축 시 보정함

② 자사 : 지적도 용지 위에 점사지를 놓고 자사침으로 도곽선, 필지경계점, 기준점 등을 자사

③ 착묵 : 선을 골필로 눌러 나간후 지적도상의 흔적을 따라 자공을 연결하여 착묵

④ 주기

• 행정구역명, 매수, 원도번호는 활판 인쇄

• 일필지 내의 지번, 지목은 압인기로 찍고, 지명 및 기타 부호는 수기함

• 조사지역 외의 지물은 (川), (海), (湖) 등의 활자로 표시

3. 선시법

① 지적도 조제 후 측량원도와 대조하여 검사할 때 특히 도회 및 주기에 대해 사용한 검사법이다.

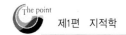

② 검사방법

- 지적도 위에 해당 원도를 놓고 양 도곽선을 일치시킨 후 문진으로 고정
- 원도 하변을 잡고 부채질하듯 흔들어 두 도면 중 동일 부분에 시선을 모아 그 이동을 직감적으로 판단
- 특히 복잡한 부분은 광선을 이용하여 도면용지를 투시하는 기구인 점검기를 사용하여 검사

4. 검사방법

① 지적도의 검사 : 측량원도와 대조하여 도곽, 필지경계점, 지번, 지목, 삼각점, 도근점 등을 검사

② 일람도의 검사 : 측량원도, 지적도와 대조하여 도곽의 정확한 축도여부, 제명, 도로, 필수, 매수, 인접행정구역의 명칭 등을 검사함

③ 지적약도의 검사 : 원도에 겹쳐놓고 광선을 이용하여 각 경계선을 투시하여 검사함

④ 역둔토도의 검사 : 원도에 겹쳐놓고 투시검사하며, 정밀한 부분은 점검기를 사용함

04 과세지와 비과세지(토지조사사업 당시)

1. 토지조사법 당시의 지목 및 과세지

1) 토지조사법 규정(융희 4년(1910년) 8월 24일 법률 제7호)

① 제2조 토지는 지목을 정하고 지반을 측량하며, 일구역마다 지번을 부함. 단, 제3조 제3호에 게기하는 토지에 대하여는 지번을 부하지 않을 수 있다.

② 제3조 토지의 지목은 좌에 게기하는 바에 의한다.

- 제1호 전답, 대, 지소, 임야, 잡종지
- 제2호 사사지, 분묘지, 공원지, 철도용지, 수도용지
- 제3호 도로, 하천, 구거, 제방, 성첩, 철도선로, 수도선로

2) 토지조사법에 의한 과세지 및 비과세지

① 직접적인 수익이 있는 토지로서 현재 과세 중에 있으며 또는 장래 과세의 목적이 될 수 있는 토지 : 전답 · 대 · 지소 · 임야 · 잡종지

② 직접적인 수익은 없으나 대부분이 공용에 속하며 지세를 면제하는 토지 : 사사지(社寺地) · 분묘지 · 공원지 · 철도용지 · 수도용지

③ 일반적으로 개인소유를 인정할 성질의 것이 못되고 전혀 과세의 목적으로 하지 않는 토지 : 도로 · 하천 · 구거 · 제방 · 성첩 · 철도선로 · 수도선로(지번을 붙이지 않을 수도 있도록 신축성 있게 규정)

2. 토지조사령(1912. 8. 13 제령 제2호) 당시의 지목

제2조 토지는 그 종류에 따라 다음 지목을 정하고 지반을 측량하여 1구역마다 지번을 붙임. 단, 제3호에 게기한 토지에 대하여는 지번을 붙이지 아니할 수 있다.

① 제1호 전, 답, 대, 지소 · 임야, 잡종지
② 제2호 사사지, 분묘지, 공원지, 철도용지, 수도용지
③ 제3호 도로, 하천, 구거, 제방, 성첩, 철도선로, 수도선로

3. 지세령(1914. 3. 16 제령 제1호)의 과세기준

① 제1조 토지의 지목은 그 종류에 따라 아래와 같이 구별한다.
  • 제1호 전, 답, 대, 지소, 잡종지
  • 제2호 임야, 사사지, 분묘지, 공원지, 철도용지, 수도용지, 도로, 하천, 구거, 제방, 성첩, 철도선로, 수도선로
② 전항 제1호에 게재되는 토지에는 지세를 부과한다. 사사지(社寺地)로서 유료차지(有料借地)인 경우 역시 동일하다.
③ 국유토지에는 지세를 부과하지 않는다.

05 과세지성과 비과세지성(토지조사사업 이후 토지 이동 종목)

1. 개요

① 과세지성이란 지세관계법령에 의한 지세를 부과하지 않는 토지가 지세를 부과하는 토지로 된 것을 말한다.
② 비과세지성이란 지세를 부과하는 토지가 지세를 부과하지 않는 토지로 된 것으로서 토지조사사업 이후에 토지이동의 종목에 해당한다.

2. 토지조사사업 이후 토지이동의 종목

① 지적국정주의를 채택하여 6개 종목으로 구분한다.
② 과세지성, 비과세지성, 분할, 합병, 지목변환, 황지면세

3. 과세지성(課稅地成)

① 지세관계법령에 의한 지세를 부과하지 않던 토지가 개간, 수면의 매립, 국유림의 불하, 교환 또는 양여 등으로 인하여 지세를 부과하는 토지로 된 것을 말한다.
② 과세지 : 전, 답, 대, 염전, 광천지, 지소, 잡종지

4. 비과세지성(非課稅地成)

① 지세를 부과하는 토지가 지세를 부과하지 않는 토지로 된 것을 말한다.
② 면세연기지, 재해면세지, 자작농면세지, 사립학교용 면세지는 제외된다.
③ 비과세지
  • 국유지
  • 국가 등 공공용지로 유로차지가 아닌 것
  • 사사지, 분묘지, 공원지, 철도용지, 수도용지로서 유로차지가 아닌 것
  • 도로, 하천, 유지, 구거, 제방, 성첩, 철도선로, 수도선로, 임야

5. 분할

1지번의 토지가 2지번 이상의 토지로 되는 것을 말한다.

6. 합병

2지번 이상의 토지가 1지번의 토지로 되는 것을 말한다.

7. 지목변환

① 토지 지목이 다르게 된 것을 말한다.
② 조선지세령에 지목변환이란 과세지 상호 간 또는 비과세지 상호 간에서 그 지목이 변경되는 것으로 규정한다.
③ 특히 비과세지 상호 간의 지목변환은 "비과세지 지목변환"이라 하여 일반 지목변환과 구별된다.

8. 황지면세

① 재해로 인하여 지형이 변하거나 작토를 손상한 토지에 대해 세무서장의 "황지면세 연기의 허가"를 받는 것을 말한다.

② 기간은 10년이며, 다시 10년 연기가 가능하다.

③ 1지번의 일부가 황지가 된 경우에는 분할측량 후 연기를 사정한다.

④ 피해지역이 전 지역의 약 50% 이상인 경우에는 분할 없이 전 지역 연기를 사정한다.

06 토지검사와 지압조사

1. 토지검사

1) 개념

① 토지검사란 토지에 대한 변경이 있는 경우 세무관리가 지세관계법령에 의하여 실시하는 검사로서 신고 또는 신청사항의 확인을 목적으로 하였다.

② 무신고 이동지 조사를 위한 토지검사는 지압조사라 하여 일반토지검사와 구별하였다.

2) 토지검사의 시행사항

① 비과세지성(국유지성은 제외)

② 분할지의 지위품등이 동일하지 않을 경우

③ 지목 및 임대가격의 설정 또는 수정

④ 각종 면세연기, 감세연기 또는 연기연장

⑤ 재해지 면세 및 사립학교용지 면세

⑥ 지적 오류 정정

3) 토지검사의 생략

① 비과세지 상호 간의 지목변환

② 조선지적협회에 대행하여 이를 소관청이 인정한 경우

③ 도면 및 기타자료에 의해 임대가격이 적당하다고 인정된 경우

4) 토지검사의 시행

① 매년 6~9월 시행이 원칙이나, 필요시 임시 시행이 가능함

② 업무처리내용은 토지검사 수첩에 등재

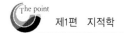

2. 지압조사

1) 개념

① 토지의 이동이 있는 경우, 토지소유자는 관계법령에 따라 소관청에 신고하여야 하나 이것이 잘 시행되지 못할 경우에는 무신고 이동지를 조사 발견할 목적으로 소관청이 현지조사를 실시하는 것

② 지압조사의 성격 : 토지등록에 대한 사실심사주의, 직권등록주의와 관련된 개념

2) 지압조사의 계획

① 지적소관청은 지압조사를 실시하기 위해 그 집행계획서를 수리조합, 지적협회 등에 통지하여 협력을 요청

② 업무의 통일 및 직원의 훈련 등에 필요한 경우에는 본 조사 이전에 모범조사 실시

3) 지압조사의 시행

① 지적약도 및 임야 약도는 실지에 휴대하고 정·리·동마다 그 수위의 지번의 토지부터 순차적으로 실지와 도면을 대조하여 이동의 유무를 조사하는 것이 원칙

② 지압조사를 할 구역 내의 지적약도 및 임야 약도에 대해서는 미리 이동정리의 적부를 조사하여 정리 누락된 것이 있으면 즉각 이를 보완

③ 조사결과 발견된 무신고 이동지는 "무신고 이동지 정리부"에 등재

07 개황도와 실지조사부

1. 개황도

1) 개념

일필지조사 완료 후 그 강계 및 지역을 보측하여 개략적 현황을, 그리고 각종 조사사항을 기재하여 장부 조제의 참고자료 또는 세부측량의 안내에 쓰인 도면

2) 개황도의 폐지

1912년 11월부터 일필지조사와 측량을 병행 실시하여 안내도는 필요없게 되고, 세부측량원도를 등사하여 지위등급도로 사용함으로써 개황도는 폐지됨

2. 실지조사부

1) 개념

① 사정공시에 필요한 토지조사부를 작성할 때 사용된 자료

② 소유권 증명을 거친 토지의 경우 그 증명번호, 조사순서의 순으로 부여한 가지번, 지목 및 그 사용 세목, 신고 또는 통지일자 등을 기재

2) 실지조사부의 기재사항

① 소유권증명을 거친 토지는 그 증명번호

② 조사순서의 순으로 부여한 가지번

③ 지목 및 그 사용 세목

④ 신고 또는 통지일자 등

08 지방토지위원회와 고등토지위원회

1. 지방토지조사위원회

1) 개념

토지조사국장의 토지 사정시 소유자 및 그 강계의 조사에 관한 자문에 응하는 기관

2) 조직의 구성과 운영

① 각 도에 설치하며 위원장 1인, 상임위원 5인, 필요시 3인 이내의 임시위원으로 구성

② 위원장은 도지사, 위원장을 포함한 정원의 반수 이상 출석으로 개최, 출석위원의 과반수로 의결하고, 가부 동수에는 위원장이 결정

3) 성과

분쟁지 총 2209건 중 토지조사국장의 사정에 반대한 것은 12건에 불과함

2. 고등토지조사위원회

1) 개념

토지의 사정에 대한 불복이 있는 경우 60일 이내에 불복신립을 하거나, 사정의 확정 후 일정한 요건의 경우에 재심을 청구할수 있는데 이러한 불복신립 및 재결을 행하는 토지소유권 확정에 관한 최고의 심의기관

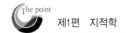

2) 조직의 구성과 운영

① 위원회는 위원장 1명, 25명의 위원으로 구성하며, 위원장은 총독부 정무총감이 됨

② 위원회는 이를 5부로 나누었으며, 회의는 총회와 부회로 개최

③ 부회는 불복 또는 재심사건을 재결하기 위한 부장이 포함된 5명 이상의 합의제로 구성

④ 총회는 법규해석의 통일 및 재결례를 변경 시 16명 이상의 출석으로 개최

3. 지방토지위원회와 고등토지위원회의 비교

구분	지방토지조사위원회	고등토지조사위원회
기능	사정권자의 자문기관	불복신립 및 재결의 심의기관
조직	• 위원장 1인과 상임위원 5인으로 구성 • 필요시 임시위원 3인 추가 가능	• 위원장 1인과 위원 25인으로 구성 • 5부로 분리운영
위원장	도지사	정무총감
위원회 운영	• 정원의 반수 이상 출석으로 개회 • 출석위원의 과반수로 의결	• 부회 : 5인 이상의 합의제 • 총회 : 16인 이상 출석으로 개회, 과반로수 의결
운영 기간	• 1913. 10 최초 개최 • 1917년 폐회	• 1912. 8. 16 조직 • 1920. 12 폐회

지적측량

제1장 총론

01 측량의 일반 및 구성요소

1. 정의

1) 측량이란

지구 및 우주공간에 존재하는 모든 제 점들 상호 간의 위치관계를 규명해주는 것

2) 측량학이란

지구 및 우주공간에 있는 여러 점 간의 상호위치관계와 그 특성을 해석하는 학문

① 대상은 지표면, 지하, 수중, 해양, 공간 및 우주 등

② 요소는 길이(Length), 각(Angle), 시(Time) 등의 요소로 정량화

③ 환경 및 자원에 관한 정보를 수집하고 이를 해석

④ 지구 및 우주공간에 존재하는 관측대상물에 대한 관측, 조사 및 정량화를 통해서 계획, 평가 및 관리를 위한 학문으로 시작

⑤ 사진측정학, 원격탐측, 지형공간정보체계의 학문으로 그 학문범위가 확장되어 현재는 사회과학적인 모든 분야에 적용되는 매우 광범위한 학문

2. 지구의 형상

지구의 형상은 원래 매우 불규칙한 형상을 가지고 있으므로 지구와 가장 유사하면서 수학적으로 사용할 수 있는 지구의 형상을 결정해 주어야 좌표계를 만들 수 있다.

1) 물리적 표면(Physical Surface)

① 지표면 원래의 모습으로 매우 불규칙한 표면을 이루고 있다.

② 어떤 점의 평면위치를 정의하기 위해서는 공통의 기준면과 좌표계가 있어야 하는데, 물리적인 표면은 기준 좌표계를 정의할 방법이 거의 없다.

2) 지오이드(Geoid)

(1) 평균해수면을 육지까지 연장해 놓은 가상적인 곡면으로 지구의 밀도가 균일하지 않기 때문에 지오이드 표면도 불규칙한 표면을 이룬다.

(2) 지오이드의 특징

① 정지된 평균해수면을 육지까지 연장하여 지구전체를 둘러쌌다고 가상한 곡면

② 정지하고 있는 수면은 어느 곳에서나 중력의 방향에 수직인 등포텐션면(Equipotential Surface)을 이루고 있다.

③ 중력 포텐셜(Gravity Potential)의 줄임말이며 중력 포텐셜은 지구와의 만유인력 포텐셜과 지구 자전에 의한 원심력 포텐셜의 합으로 표현된다.

④ 위치에너지가 0인 면이다.

⑤ 연직선 중력방향에 수직인 면이다.

⑥ 물리적으로 가장 지구의 모양에 가깝다고 할 수 있다.

⑦ 수직위치의 기준면으로 사용한다.

⑧ 지구 내부의 질량분포에 의한 중력의 크기가 장소마다 다르기 때문에 모양이 불규칙하다.

⑨ 불규칙한 면이므로 수평위치의 기준면으로 사용하기에는 부적절하다.

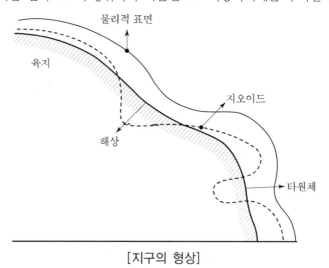

[지구의 형상]

⑩ 즉, 위의 그림에서와 같이 육지에서는 지오이드가 타원체보다 위에 있으며, 해상에서는 지오이드가 타원체보다 아래에 있다.

⑪ 지오이드와 지구타원체 간의 높이차를 지오이드고(Geoid Height)라고 하며 중력측정이나 연직선편차를 이용해서 계산한다.

3) 수학적 표면

지구를 수학적으로 규명하기 위해서 만든 지구표면으로 지구의 형상과 너무 다르기 때문에 일반적으로 사용하지 않는다.

4) 타원체(Ellipsoid)

① 지구는 극지방이 적도지방보다 약간 편평한 타원체와 유사하다.

② 타원체면은 지표면이나 지오이드와는 달리 물리적으로 존재하지 않는다.

③ 기하학적인 타원체는 굴곡이 없는 매끈한 면이다.

④ 지구 반지름, 표면적, 경위도, 편평도, 표준중력, 삼각측량, 지도제작 등의 기준으로 활용하고 있다.

⑤ 타원체를 정의하는 요소는 장반경(a), 단반경(b), 이심률(e), 편평률(f)이며 보통 장반경과 편평률로 특징지어진다.

⑥ 타원체 중 지구와 가장 유사한 타원체를 지구타원체(GRS80, WGS84)라고 한다.

⑦ 지구타원체(Earth Ellipsoid) : 지구모양을 재현한 수학적인 타원체

- GRS80(Geodetic Reference System 1980) : IUGG&IAU에서 제정
- WGS84(World Geodetic System 1984) : 미국방성에서 군사용 목적으로 만듦
- 우리나라는 Bessel이라는 사람이 제창한 만든 Bessel타원체를 준거회전타원체로 사용함
- 기준타원체(Reference Earth Ellipsoid) : 지구타원체를 해당 지역의 형상에 가장 근접하도록 위치와 방향을 정한 타원체 → 평면위치의 기준
- 적도반지름이 극반지름보다 42.6km 크며 서쪽에서 동쪽으로 회전하는 회전타원체

3. 측량의 분류

측량은 측량지역의 광협·정밀도, 측량순서, 측량목적, 측량법 등에 따라 다양하게 분류하며 그에 따른 여러 가지 분류법이 사용되고 있다. 여기서는 측량지역의 광협·정밀도에 따른 분류를 알아보기로 하며 측량지역에 따른 분류의 명확한 기준은 없지만 일반적으로 아래와 같이 구분한다.

1) 측량학적 분류

(1) 측지측량(대지(大地)측량 : Geodetic surveying)

① 지구표면의 곡률을 고려하고 구면삼각법의 이론을 이용한 정밀측량

② 허용정밀도가 1/1,000,000의 경우 반지름 11km, 지름 22km 이상, 면적 약 400km² 이상의 지역에서 이루어진다.

③ 대륙 간의 대규모 정밀측량망 형성을 위한 정밀삼각측량, 수준측량, 삼변측량, 천문측량, 공간삼각측량 그리고 대규모로 건설되는 철도, 수로, 선로 등 긴 구간에 대한 건설측량 등이 여기에 속한다.

(2) 평면측량(소지(小地)측량 : Plane surveying)

① 지구의 곡률을 고려하지 않고 지구의 표면을 평면으로 가상할 수 있는 범위 내의 구역으로서 오차가 허용 범위 내에 속하는 측량이다.

② 즉, 허용정밀도가 1/1,000,000(1/10^6)일 경우 반지름 11km, 지름 22km까지의 범위에서, 면적 약 400km^2 이내를 평면으로 간주한 측량이다.

③ 이때 거리의 정도를 1/1,000,000로 한 것은 거리의 단위 km를 mm단위까지 로 봤을 때 허용정밀도이다.

〈허용정밀도에 따른 평면의 정도〉

허용정밀도	반경	직경	면적
1/10^6	11km	22km	380km^2
1/10^5	35km	70km	3,848km^2
1/10^4	111km	222km	38,708km^2

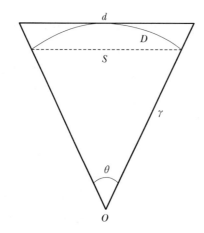

$$\frac{d-D}{D} = \frac{1}{12}\left(\frac{D}{\gamma}\right)^2$$

여기서, D : 실제거리
d : 평면거리
γ : 지구 곡률반경

[지구정밀도와 오차와의 관계]

2) 법률적 분류

(1) 기본측량

모든 측량의 기초가 되는 공간정보를 제공하기 위하여 국토교통부장관이 실시 하는 측량

(2) 공공측량

① 국가, 지방자치단체, 그 밖에 대통령령으로 정하는 기관이 관계 법령에 따른 사업 등을 시행하기 위하여 기본측량을 기초로 실시하는 측량

② 위와 같은 측량을 하는 이외의 자가 시행하는 측량 중 공공의 이해 또는 안전
과 밀접한 관련이 있는 측량으로서 대통령령으로 정하는 측량

(3) 지적측량

토지를 지적공부에 등록하거나 지적공부에 등록된 경계점을 지상에 복원하기
위하여 필지의 경계 또는 좌표와 면적을 정하는 측량

(4) 수로측량

해양의 수심·지구자기(地球磁氣)·중력·지형·지질의 측량과 해안선 및 이
에 속한 토지의 측량

(5) 일반측량

기본측량, 공공측량, 지적측량 및 수로측량 이외의 측량

4. 측량의 요소

1) 거리

길이 또는 거리는 공간상에 위치한 두 점(또는 물체) 간의 상관성을 나타내는 가장
기초적인 양으로서, 두 점 간의 1차원 좌표의 차이라 할 수 있으며, 두 점을 잇는
어떤 선형을 경로로 하여 관측

(1) 길이와 거리

평면거리, 곡면거리, 공간거리
① 길이 : 물체의 크기
② 거리 : 두 장소가 서로 멀리 떨어진 정도를 나타내는 데 사용
※ 두 용어 사이에 엄밀한 구분을 하는 것은 쉽지 않다.

(2) 거리(길이)의 분류

```
┌ 평면거리 : 평면상의 선형을 경로로 하여 측량한 거리
│          ┌ 수평면 : 수평직선, 수평곡선
│          ├ 수직면 : 수직직선, 수직곡선
│          └ 경사면 : 경사직선, 경사곡선
├ 곡면거리 : 곡면상의 선형을 경로로 하여 측량한 거리
└ 공간거리 : 공간상의 선형을 경로로 하여 측량한 거리
```

① 평면거리
  • 평면거리는 평면상의 선형을 경로로 하여 측량한 거리
  • 평면은 중력 방향과의 관계에 따라 수평면, 수직면, 경사면으로 구분

② 곡면거리 : 곡면상의 선형을 기준으로 한 거리이며 측량에서는 구면과 타원체 면을 기준으로 한다.

③ 공간거리 : 공간상의 두 점을 잇는 선형을 경로로 하여 측량한 거리

(3) 1m 정의

① 1795년 프랑스 제정 : 북극과 적도 사이에 낀 자오선 호 길이의 1/10,000,000과 같은 길이

② 1880년 이후 미터원기를 표준으로 사용

③ 1960년 제11차 국제도량형 총회 : $1m = Kr^{86}$ 원자스펙트럼의 진공 중 파장의 1,650,763.73배와 같은 길이이며 이 값은 1975년 제16회 국제 측지학 · 지구물리학총회에서 측량의 기준으로 채택

④ 1m = 무한히 확산되는 평면전자파가 1/299,792,458초 동안 진공인 공간에 진행하는 길이

2) 각

각은 두 방향선의 차로 정의하며 각을 측정하는 기준면이 수평면인지, 연직면인지에 따라 중력방향과 직교하는 평면, 즉 수평면 내에서 관측되는 것

(1) 각의 종류

① 평면각 : 호와 반경의 비율로 표현, 60진법 표시와 호도법을 주로 사용

② 곡면각

• 구면 또는 타원체면 상의 성질을 나타내는 각

• 대단위 정밀삼각측량이나 천문측량 등에서와 같이 구면타원체면상의 위치결정에는 평면삼각법을 적용할 수 없음

• 구과량이나 구면삼각법의 원리를 적용할 때 곡면각의 특성을 잘 파악해야 함

③ 공간각(입체각)

• 넓이와 길이의 제곱과의 비율로 표현되는 각

• 공간상에 전파의 확산 각도 및 광선의 방사휘도 측정에 사용

• 단위는 스테라디안(sr)을 적용

※ 각의 단위는 무차원이므로 순수한 수처럼 취급할 수 있으나 방정식의 의미를 분명하게 하거나 위치결정, 벡터해석, 광도관측 등에서 중요한 역할을 함

```
┌ 평면각 ┬ 수평각 : 방향각, 방위각, 방위
│        └ 수직각 : 천정각거리, 천저각거리, 고저각
├ 곡면각 : 구면 또는 타원체 상의 각
└ 공간각 : 스테라디안을 사용하는 각
```

(2) 수평각

진자오선을 사용하는 것이 이상적이지만 측량의 편의상 현자오선, 원자오선, 가상자오선 등도 기준으로 함

① 방향각
- 좌표축의 X 방향, 즉 도북방향을 기준으로 어느 측선까지 시계방향으로 잰 수평각
- 넓은 의미로는 방위각도 방향각에 포함
- 진북방향각은 도북방향을 기준으로 자오선방향과 이루는 각
- 원점의 좌측에 있는 측점에서는 (+)가 되고, 원점의 우측에 있는 측점에서는 (-)가 됨

② 방위각
- ㉠ 자오선을 기준으로 어느 측선까지 시계방향으로 잰 수평각
- ㉡ 일반적으로 자오선의 북쪽(N)을 기준으로 하지만 남반구에서는 자오선의 남쪽(S)을 기준으로 하기도 함
- ㉢ 진북방위각 : 평면직교좌표계의 X좌표축방향을 기준으로 하는 방위각
- ㉣ 도북방위각 : 도면상 북쪽을 기준으로 한 방위각
- ㉤ 자북방위각 : 자북방향을 기준으로 한 방위각
  - ※ 일반적으로 자북과 진북은 일치하지 않기 때문에 자북방위각으로부터 진북방위각을 구하려면 자침편차를 더해 주어야 함
- ㉥ 역방위각 : 방위각에 ±180°를 한 각
  - 자침편차 : 참자오선과 자침자오선이 이루는 각으로서 자침의 북이 참자오선의 서쪽에 있을 때 서편, 동쪽에 있을 때는 동편이라고 한다. 우리나라에서는 일반적으로 4~9°W이다.
  - 자오선수차 : 평면직교좌표계에서 진북(眞北)(N)과 도북(圖北)(X')의 차이를 나타내는 것
- ㉦ 좌표원점에서는 진북과 도북이 일치하므로 "0"이지만 동서로 멀어질수록 그 값이 커짐

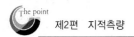
◎ 측점이 원점의 서쪽에 있을 때는 "+"값을, 동쪽에 있을 때는 "−"값을 갖게 됨

ⓩ 방향각은 다음 그림에서와 같이 진북방위각이 도북방위각과 같아지기 위해서 자오선수차를 가감(±)하여 구함

ⓩ 자오선과 진북방위각 등 이들 사이의 관계식은 다음과 같음

$$T = \alpha + (\pm\gamma) \quad \alpha = \alpha_m + \pm\Delta \quad T = \alpha_m + \pm\Delta + \pm\gamma$$

여기서, T : 방향각
α : 진북방위각
γ : 자오선수차

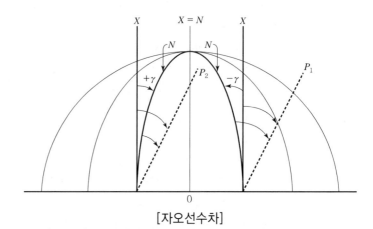

[자오선수차]

여기서, O : 원점
N : 진북
X : 도북
γ : 자오선수차
P_1, P_2 : 지상의 임의의 점까지 연장선

③ 방위각 계산

㉠ 두 점의 좌표에 의한 계산

• A(x, y), B(x_1, y_1) 일 때 $\Delta x, \Delta y$는 (B좌표−A좌표)로 계산

• 이때 첫 번째, $\Delta x, \Delta y$ 의 부호에 따라 상한이 몇 상한인지를 확인

두 번째, $\theta = \tan^{-1}(\dfrac{\Delta y}{\Delta x})$에 각각 값을 대입하여 각을 계산

세 번째, 첫 번째에서 확인한 상한에 맞춰서 상한별 방위각 θ를 계산

ⓛ 출발방위각과 관측 내각을 이용한 방위각 계산
- 방위각 계산에서 주의할 점은 역방위각의 계산인데 역방위각은 출발점에서 도착점을 관측한 방위각에 ±180°를 해서 계산
  - 180°를 더하는 경우 : 도착방위각에 180°를 더해서 360°를 넘지 않는 경우
  - 180°를 빼는 경우 : 도착방위각에 180°를 더해서 360°를 넘는 경우
- 방위각의 계산순서는 내각을 한 번만 계산했을 경우에는 (기지방위각+내각) 한 번만 계산하면 도착 방위각을 계산할 수 있고, 여러 점을 관측한 경우에는 (기지방위각+내각)에 (±180°+내각)을 반복해서 계산

④ 방위
- 어느 측선의 자오선과 이루는 0°~90°의 각으로서 측선의 방향에 따라 부호를 붙여줌으로써 몇 상한의 각인가를 표시
- 다각측량에서 어느 측선의 방위각으로부터 방위를 계산하여 좌표축에 투영된 측선의 길이
- 즉, 위거와 경거를 구하는데 사용방위의 표시는 N, S를 기준
- 그림을 통해 살펴보면 방위각 120°는 180°를 지나지 않는 각으로서 180° - 120° = 60°가 되며 이것을 방위로 표시하면 다음과 같음

$$S \ 60° \ E$$

- 이 방위표시를 설명한다면 S 방위에서 60°만큼 E 방위에 위치한 방위임

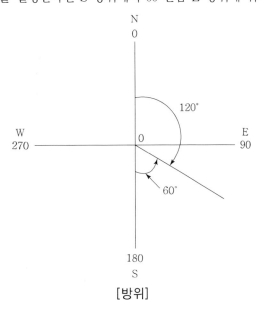

[방위]

- 측선의 방위는 각 측선의 방위각으로 정해지며 그 측선이 북(N) 또는 남(S)으로부터 동(E) 또는 서(W)에 어느 정도 기울어져 있는가를 나타내는 것
- 그 표시 방법은 Nα°E 와 같이 표시하며 이때 α각 앞에는 항상 N, S 방위가 배치되며 α각 뒤에 E 또는 W 방위를 배치

⑤ 방위각과 상한의 관계
- 1상한은 0°와 90° 사이로서 X, Y축 모두 (+)이고
- 2상한은 90°와 180° 사이로서 X축은 180° 방향으로 (−)이며 Y축은 90° 방향으로 (+)임
- 3상한은 180°에서 270°사이로서 X, Y축 모두 (−)이고
- 4상한은 270°에서 360° 사이로서 X축은 (+)이며 Y축은 0보다 좌측이므로 (−)이다.

이상의 내용을 표와 그림으로 나타내면 다음과 같다.

〈상한별 부호와 방위각〉

상한	부호		상한별 방위 θ의 산출	방위각(V)
	종선차 Δx	횡선차 Δy		
I	+	+	$V = \theta$	0°~90°
II	−	+	$V = 180° - \theta$	90°~180°
III	−	−	$V = 180° + \theta$	180°~270°
IV	+	−	$V = 360° - \theta$	270°~360°

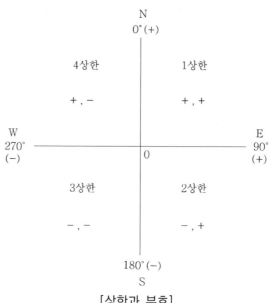

[상한과 부호]

(3) 수평각 관측법

① 단각법
- 하나의 각을 1회 관측하는 방법으로 가장 간단한 방법이나 관측결과가 좋지 않다.
- 정반관측 또는 대회관측이라 한다.

$$M = \pm \sqrt{2(\alpha^2 + \beta^2)}$$

여기서, α : 시준오차　　　　　β : 읽음오차

　　　　M : 각 관측오차

② 배각법

2회 이상 반복 관측하여 누적된 값을 평균하는 방법으로 2중축을 가진 트랜싯의 연직축 오차를 소거하는 데 적합하다.

$$\angle AOB = (\alpha n - \alpha_0)/n$$

여기서, αn : 나중읽음 값　　　α_0 : 처음읽음 값

　　　　n : 관측횟수

$$M = \pm \sqrt{\frac{2}{n}\left(\alpha^2 + \frac{\beta^2}{n}\right)}$$

여기서, M : 각에 생기는 배각 관측오차

③ 배각법의 특징
- 내·외축 연직선 일치에 대한 오차발생 가능성이 많다.
- 시준오차의 발생 가능성이 높다.
- 방향수가 많은 삼각측량 등에 부적합하다.
- 미량의 값도 반복 관측한 후 횟수로 나누어 구할 수 있다.
- 방향각법에 비해 읽음 오차의 영향이 적다.
- 눈금오차가 최소가 되기 위해서는 n회 반복의 결과가 360°에 가까워야 한다.

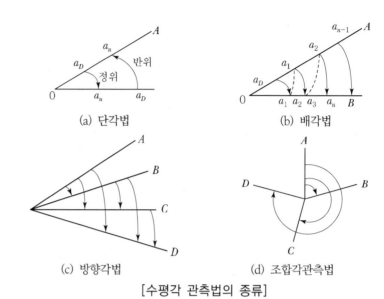

(a) 단각법   (b) 배각법

(c) 방향각법   (d) 조합각관측법

[수평각 관측법의 종류]

④ 방향각법

한 측점 위에 관측할 각이 많은 경우에는 어느 기준선으로부터 각 측선에 이르는 각을 차례로 읽는다.

- 기준방향에서 각 시준방향에 이르는 각을 차례로 관측하는 방법
- 3등 삼각측량에 사용되며, 1점에서 다수의 각을 잴 때 적합

$$M = \pm \sqrt{\frac{2(\alpha^2 + \beta^2)}{n}}$$

여기서, α : 시준오차 β : 읽음오차

M : n회 관측한 평균값에 대한 오차

⑤ 조합각관측법(각관측법)

㉠ 수평각관측법 중 가장 정확한 값을 얻을 수 있는 방법으로 1등삼각측량에 이용

㉡ 여러 개 방향선의 각을 차례로 방향각법으로 관측하여 얻어진 각들을 최소제곱법에 의하여 최확값을 산정하는 방법

㉢ 가장 정확한 방법으로 1등삼각측량에 이용

㉣ 측각총수 및 조건식총수

- 측각총수= $1/2N(N-1)$
- 조건식총수= $1/2(N-1)(N-2)$ (N=방향수)

(4) 수직각

① 수직각의 기준
- 중력 방향면, 즉 연직면 내에서 관측되는 각
- 그 기준선과 관측방법에 따라서 천정각거리, 고저각, 천저각거리 등으로 구분
- 측량의 편의상 중력방향을 관측량의 1차적인 기준으로 삼는 것이 일반적임

② 천정각거리
- 천문측량 등에 주로 이용되는 각
- 연직선 위쪽을 기준으로 목표점까지 내려서 잰 각
- 천문측량에서는 관측자의 천정(연직상방과 천구의 교점), 천극 및 항성으로 이루어지는 천문삼각형을 해석하는 데 있어서 기본 측정학의 하나

③ 고저각
- 천문측량의 지평좌표계에서 주로 이용되는 각
- 수평선을 기준으로 목표점까지 올려다 본 각을 상향각, 내려다 본 각은 하향각

④ 천저각거리
- 항공사진을 이용한 측량에서 많이 이용되는 각
- 연직선 아래쪽을 기준으로 시준점까지 올려서 잰 각
- 항공사진에서는 측량용 사진기의 광축이 연직하향을 유지하도록 하는 것이 이상적
- 그러나 실제로 광축과 연직축의 편차가 발생하는 것이 대부분
- 연직선과 광축 사이의 천정각거리를 관용적으로 경사각이라고 함

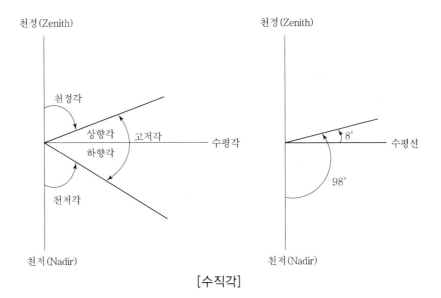

[수직각]

(5) 곡면각

측량 대상 지역이 넓을 경우에는 평면삼각법에 의한 측량계산에 오차가 생기므로 곡면각의 성질을 알아야 하며 곡면각은 대부분 타원체면이나 구면상 삼각형에 관한 것

(6) 공간각

① 천문측량, 해양측량, 사진측량 및 원격탐측 등에 사용

② 천문측량에서 지구를 중심으로 하고 반경 무한대인 천구상에 천체의 위치를 표시하는 데 있어서 두 천체 간의 거리는 두 천체의 방향의 차, 즉 평면각으로 표시

③ 천구상의 면적을 표시할 필요가 있을 때 구의 표면적이 $4\pi r^2$인 관계로 입체각의 개념을 도입하여 표시

④ 공간각의 단위로는 스테라디안(Steradian)을 사용

02 투영(Projection)

일반적으로 지도 투영이라고도 하며 어떠한 지점의 지상위치와 도상위치의 관계를 규정하는 방법이나 체계로서 3차원의 피사체를 2차원의 평면에 표시하는 것을 말한다. 예를 들면 3차원인 우리 몸이 2차원의 그림자로 나타나는 것과 같다.

1568년 네덜란드의 메르카토르(Gerardus Mercator)가 처음으로 원통투영의 일종인 메르카토르 투영 도법을 고안함으로써 근대적 의미의 지도투영 역사가 시작되었다.

1. 투영요소의 분류

투영요소란 평면지도가 실제 지구의 형태와 비교해서 갖춰야 할 특성으로서 각, 면적, 거리의 세 가지이며 일반적으로 투영은 한 가지만의 특성을 만족하며, 두 가지 이상의 특성을 만족하게 투영할 수는 없다.

1) 등각투영(Conformal Projection, 상사투영)

① 지도상의 임의 점에서 그 주위의 소규모지역에 대한 방향각과 도형을 정확하게 표시하는 투영법으로 가우스상사투영법의 기초가 됨

② 크기가 다른 사물이 투영 전과 후에 대응하는 각이 같음(상사(相似))을 유지하는 것을 말함

③ 지구상의 어느 곳에서나 각의 크기가 지도상에서 그대로 유지되도록 하는 투영법

④ 지도상의 경·위선의 교차각이 지구본과 동일

2) 등적투영(Equivalent or Equal - area Projection)

① 형태와 거리는 무시하고 축척과 면적을 비교 대상과 같게 하는 것을 우선으로 하는 투영법

② 경선과 위선을 따라 축척을 조정하여 지구상의 면적과 지도상의 면적을 같도록 하는 투영법

③ 경선과 위선이 등각으로 교차하지 않으며 왜곡이 발생

3) 등거투영(Equi-distance Projection)

① 각과 면적보다는 거리를 기준으로 투영하는 방법

② 투영중심에서 지도상의 어떤 지점이라도 그 방위가 정방위임

③ 원점으로부터 동심원의 길이를 같게 하여 하나의 중앙점으로부터 다른 한 지점 까지의 거리를 같게 하는 투영법

2. 투영면의 형태에 따른 분류

1) 원통도법(Cylindrical Projection)

① 메르카토르가 원통 도법을 개량한 것으로 선박의 항해용 지도 제작에 많이 이용

② 원통형의 평면과 지구의 적도가 맞닿게 한 다음 지면의 점들을 평면으로 옮겨놓 는 도법

③ 국토의 모양이 남북으로 긴 형태의 국가에서 선호

④ 맞닿는 부분이 가까운 지역에서 왜곡량이 적고 멀어질수록 왜곡량이 증가

2) 원추도법(Conical Projection)

① 원추형의 평면을 지구의 특정 위도선과 맞닿도록 한 도법

② 모든 위선의 투영을 동심원호로 하고 그 중심을 지나는 반직선군을 경선의 투영 으로 하는 도법

③ 축척의 변화는 동서방향은 일정하며 남북방향으로는 많은 차이가 발생하므로 남 북이 좁고 동서가 긴 지역에 적합한 투영법

3) 방위도법(Azimuthal Projection)

① 평면도법이라고도 하며 지구의 남극과 북극을 중심으로 극지방의 지도 제작에 많이 이용

② 지도의 길이나 면적의 왜곡이 크더라도 방위가 정확하게 표시되는 것을 요구할 경우에 사용하는 도법

③ 지도면을 지구의(地球儀) 위의 한 점에 놓고 이에 접하는 지구의(地球儀) 위의 경위선을 지도면에 투영하는 도법

④ 한 지점에 이르는 방위를 정확하게 나타낼 수 있음

4) 횡원통도법

① 원통도법의 한 종류

② 지구의 경선에 원통을 접하여 중심으로부터 투영하는 방법

③ 횡원통도법에는 횡메르카토르도법이 있으며 가우스-크뤼거도법과 같음

④ 지형도, 대축척도면, 측량좌표계용의 도법 등에 널리 사용

⑤ 우리나라에서 적용하고 있는 가우스상사이중투영도법도 횡원통도법

⑥ 우리나라는 평면직각종횡선좌표로서 전국을 4대 원점으로 나눔

5) 가우스상사 이중투영

① 람벨트(Lambert J. H)가 지구를 구체로 보고 횡 방향으로 원통 투영한 것을 가우스가 같은 방법으로 회전타원체에 적용

② 회전타원체 위의 상을 구체 위로 투영한 다음 이것을 구체로, 구체에서 평면으로 등각 횡원통으로 투영하는 방법

③ 우리나라에서 사용하는 투영법으로서 원점에서의 축척계수는 1로 함

④ 「공간정보의 구축 및 관리 등에 관한 법률 시행령」[별표 2]에서 투영은 가우스상사 이중투영법으로 함

⑤ 우리나라에서는 가우스-크뤼거 도법이 발표되기 이전인 1910년대에 조선총독부가 시행한 삼각점의 대지측량좌표 계산에 이 도법이 사용됨

⑥ 그 후, 6.25 동란으로 인하여 망실된 삼각점의 복구 측량에서 이 도법을 사용함으로써 현재의 국가기준삼각점에도 이 도법이 적용되고 있음

참고

① 투영이란 3차원의 피사체를 2차원의 평면에 표시하는 것을 말한다. 예를 들면 3차원인 우리 몸이 2차원의 그림자로 나타나는 것과 같다.

② 가우스상사 이중 투영은 이중도법(Double Map Projection)의 일종으로서, 회전타원체면에서 구(球)면에 등각 투영한 후(일중), 그 구면에서 평면으로 다시 등각 투영하는 방법(이중)이다.

③ 우리나라에서 가우스상사이중투영 또는 가우스이중투영(Gauss Double Projection, 또는 Gauss Conformal Double Projection)으로 알려져 있는 가우스–쉬라이버 도법 (Gauss–Schreiber Map Projection)은 가우스가 1820년에 처음 고안한 것을 1866년에 쉬라이버(O. Schreiber)가 "하노버 측량의 투영법 이론"으로 발표한 것이다.

④ 지구 전체를 구로 투영하는 방법은 소축척지도 제작에 적용하고 일부를 구에 적용하는 방법은 대축척지도에 적용한다.

6) 가우스 – 크뤼거도법

① 1912년에 발표되었으며, 회전타원체에서 직접 평면으로 횡축등각원통도법에 의해 투영하는 방법으로 횡메르카토르 도법(TM도법)이라고 함

② 원점을 적도상으로 하고 중앙경계선을 Y축, 적도를 X축으로 함

③ 투영범위는 국지적으로 설정

03 좌표계(Coordinate System)

좌표계는 공간상에서 점들 간의 기하학적 관계와 위치를 수학적으로 나타내기 위한 체계를 말한다. 지구를 포함한 공간상의 한 점의 위치는 일반적으로 좌표로 표시되며 지구상의 3차원 위치는 경위도와 표고로 표현하며 최근에는 지구질량중심을 원점으로 하는 3차원 직교좌표(x, y, z)를 사용한다.

좌표계는 지구좌표계(Earth Coordinate System)와 천구좌표계(Celestial Coordinate System)로 구분되며 지구좌표계로는 지구전체를 나타낼 수 있는 경·위도 좌표계와 UTM 좌표계가 있으며 일부 지역을 중심으로 이용되는 평면직각좌표계와 극좌표계 등이 있다. 천구좌표계로는 지평좌표계, 적도좌표계, 황도좌표계, 은하좌표계 등이 있다.

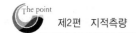
1. 경위도좌표계

지구의 위도와 경도를 이용하여 지구표면상의 위치를 지구의 중심으로부터 측정된 각도로 표시하는 좌표계이며 경도(λ), 위도(ϕ)에 의한 좌표로 수평위치를 나타낸다. 경위도좌표는 천문측량으로 구할 수 있으며 이렇게 구한 것을 천문경도, 천문위도라 한다. 경위도원점을 정하고 경위도원점에서의 좌표는 천문측량으로 구하고 그 지역에 맞는 준거타원체를 설정한 후 준거타원체상의 경위도좌표를 구한 것을 측지경도, 측지위도라고 한다.

1) 경도

① 자오선(Meridian)이라고도 하며 본초자오선으로부터 동쪽으로 만드는 각을 동경(E), 서쪽으로 측정되는 각을 서경(W)이라 함
② 측지경도 : 본초자오선과 타원체면상의 임의의 점을 지나는 자오선과 이루는 적도면 상의 각
③ 천문경도 : 본초자오선과 지오이드면상의 임의의 점을 지나는 자오선과 이루는 적도면 상의 각

2) 위도

지표면 위의 한 점에서 세운 법선이 적도면과 이루는 각을 말하며, 적도의 위도는 0°, 북극의 위도는 북위 90°, 남극의 위도는 남위 90°로 표기

① 천문위도 : 지구상 한 점에서 지오이드에 대한 연직선이 적도면과 이루는 각
② 측지위도 : 지구상 한 점에서 타원체에 대한 법선이 적도면과 이루는 각
③ 지심위도 : 지구상 한 점과 지구 중심을 맺는 직선이 적도면과 이루는 각
④ 화성위도 : 지구 중심으로부터 타원체의 장반경을 반경으로 한 원을 그리고 타원체상의 A점을 지나는 적도면의 법선이 장반경상의 A'와 지구중심 O를 연결한 직선의 적도면과 이루는 각

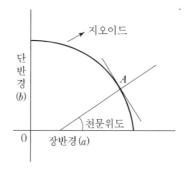
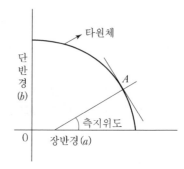

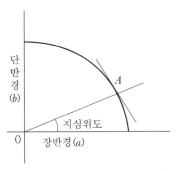 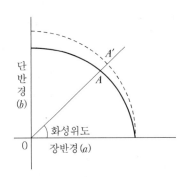

[위도의 종류]

2. 평면직각좌표계

어느 한 점을 좌표의 원점으로 하고 그 원점을 지나는 자오선을 X축, 동서방향을 Y축으로 하여 각점의 좌표값을 X, Y로 표시하는 좌표계

1) 「공간정보의 구축 및 관리 등에 관한 법률」에 의하면 다음과 같다.

① 각 좌표계에서의 직각좌표는 다음의 조건에 따라 T · M(Transverse Mercator, 횡단 머케이터) 방법으로 표시

② X축은 좌표계 원점의 자오선에 일치하여야 함

③ 진북방향을 정(+)으로 표시하며, Y축은 X축에 직교하는 축으로서 진동(眞東) 방향을 정(+)으로 함

④ 세계측지계에 따르지 아니하는 지적측량의 경우에는 가우스상사이중투영법으로 표시

⑤ 직각좌표계 투영원점의 가산(加算)수치를 각각 X(N) 500,000m(제주도지역 550,000m), Y(E) 200,000m로 하여 사용할 수 있음

2) 어떤 지점에서 다른 지점을 나타내는 방향은 방향각으로 표시

3) 지점의 위치는 거리와 방향을 이용한 X, Y로 표시

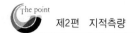
04 우리나라의 측량원점

우리나라의 측량원점으로는 경위도원점, 평면직각좌표원점, 구(舊)소삼각원점, 특별소삼각원점, 수준원점 등이 있으며 평면직각좌표원점은 통일원점이라고도 하며 지표상의 점을 도면상의 위치로 표시하는 평면직각좌표계에서 사용하는 원점이다.

1. 경위도원점

① 지구상의 여러 점들의 수평위치를 나타내는 방법 중에서 경도와 위도로 표시
② 경도와 위도의 기준이 되는 점을 경위도원점이라고 함
③ 정밀 천문측량, 위성측량 등의 방법에 의하여 결정
④ 경위도원점은 한 나라에 있어서 모든 점들의 수평위치의 기준
⑤ 원점에서는 준거타원체(準據楕圓體)와 지오이드(Geoid)가 일치하는 것으로 가정하여 모든 삼각점의 측지학적 경도, 위도, 방위각을 결정
⑥ 1960년대 이후 정밀측지망 설정사업으로 독자적인 대한민국 경위도원점의 설치가 요구됨
⑦ 국토지리정보원은 1981년부터 1985년까지 5년에 걸쳐 대한민국 경위도원점 설치를 위한 정밀천문관측을 실시
⑧ 또한 세계측지계에 따른 우리나라 모든 측량 및 위치결정의 기준을 규정하여 새로운 측지계의 효율적 구현을 도모
⑨ 국제 측지VLBI(Very Long Baseline Interferometry) 관측을 실시하여 2002년 경위도원점의 세계측지계좌표를 산출
⑩ 경위도원점에 대한 제원은 다음 〈표〉와 같음

[대한민국 경위도원점]

〈경위도원점 제원〉

구분	내용
소재지	수원시 영통구 월드컵길 587 국토지리정보원 구내
경도	동경 127° 03′ 14.8913″
위도	북위 37° 16′ 33.3659″
원방위각	서울과학기술대학교 3°17′32.195″ 원점으로부터 진북을 기준하여 우회측정, 위성측지기준점 금속표 십자선 교점
연혁	① 1981. 8~1985. 10 : Wild T－4에 의한 천문측량 실시 ② 1985. 12. 27 : 측지원자 성과(Bessel) 고시(국립지리원 고시 제57호) 　• 경도 : 동경 127° 03′ 05″.1451 　• 위도 : 북위 37° 16′ 31″.9034 　• 방위각 : 170° 58′ 8″.190(동학산) ③ 1995. 10. 16 : 세계측지계 구현을 위한 VLBI 관측(VLBI 관측점) ④ 2002. 6. 29 : 경위도원점의 세계좌표계 좌표 산출

2. 수준원점

① 지표 위 어느 한 점의 높이는 일정한 기준면으로부터 그 점까지의 연직거리로 표시하여 수준측량에서는 평균해면에 일치하는 등포텐셜면인 "지오이드면"을 표고의 기준면으로 함

② 이때 결정된 평균해면은 특정지역의 평균 해면으로 지구 전체에 대한 평균해면을 뜻하는 것은 아님

③ 따라서 우리나라 표고의 기준인 인천만의 평균해면인 인천만(仁川灣) 또한 특정지역의 평균해면을 표고의 기준면으로 한다는 의미이며 이것이 우리나라 전역의 평균해면이라는 의미는 아님

④ 인천 앞바다의 평균해수면을 지상의 고정점에 설치한 것이 대한민국 수준원점으로 국토지리정보원에서 1963년 인하공업전문대학 구내에 설치

⑤ 우리나라 수준원점의 표고는 26.6871m

3. 평면직각좌표원점

① 도면작성의 기준원점으로 도면상에 제 점들 간의 위치관계를 용이하게 결정하도록 가정한 기준점으로 모든 삼각점의 X·Y좌표의 기준이 됨

② 지적측량에서는 직각좌표계원점(일반원점), 구소삼각원점, 특별소삼각원점으로 분류
하며 경계점좌표등록부에 등록하는 토지의 경계등록방법으로 평면직각좌표를 등록

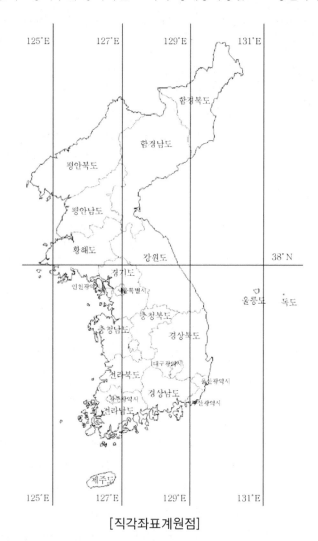

[직각좌표계원점]

1) 직각좌표계원점(일반원점)

① 1910년 토지조사사업을 위하여 정한 원점

② TM투영평면상에서 원점을 지나는 자오선을 X축, 동서방향의 위도선을 Y축으로
직교하는 원점

③ 지상에 표석은 없고 가상적인 원점

④ 각 좌표계에서의 직각좌표는 T · M(Transverse Mercator, 횡단 머케이터) 방법으로 표시

⑤ X축은 좌표계 원점의 자오선에 일치하여야 하고, 진북방향을 정(+)으로 표시하며, Y축은 X축에 직교하는 축으로서 진동(眞東)방향을 정(+)으로 함

⑥ 세계측지계에 따르지 아니하는 지적측량의 경우에는 가우스상사이중투영법으로 표시하되, 직각좌표계 투영원점의 가산(加算) 수치를 각각 X(N) 500,000m(제주도지역 550,000m), Y(E) 200,000m로 하여 사용

⑦ 국토교통부장관은 지리정보의 위치측정을 위하여 필요하다고 인정할 때에는 직각좌표의 기준을 따로 정할 수 있으며 이 경우 국토교통부장관은 그 내용을 고시하여야 함

〈직각좌표의 기준〉

명칭	원점의 경위도	투영원점의 가산(加算) 수치	원점축척계수	적용 구역
서부 좌표계	경도 : 동경 125° 00′ 위도 : 북위 38° 00′	X(N) 600,000m Y(E) 200,000m	1.0000	동경 124°~126°
중부 좌표계	경도 : 동경 127° 00′ 위도 : 북위 38° 00′	X(N) 600,000m Y(E) 200,000m	1.0000	동경 126°~128°
동부 좌표계	경도 : 동경 129° 00′ 위도 : 북위 38° 00′	X(N) 600,000m Y(E) 200,000m	1.0000	동경 128°~130°
동해 좌표계	경도 : 동경 131° 00′ 위도 : 북위 38° 00′	X(N) 600,000m Y(E) 200,000m	1.0000	동경 130°~132°

2) 기타 원점(구소삼각원점)

① 구 한국정부에서 대삼각측량을 거치지 못하고 독립적으로 일부 지역에 한하여 소삼각측량을 실시

② 경인 및 대구지역에 11개의 원점과 측량지역으로는 27개 지역

③ 원점의 종선=0(간), 횡선=0(간)

④ 1975년 지적법개정으로 전부 m단위로 수정함

⑤ 천문측량을 바탕으로 삼각점에서 북극성의 최대이각을 측정하여 진자오선과 방위각을 결정

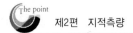

⑥ 측량 당시 사용단위별 원점의 종류

〈구소삼각원점의 종류〉

미터(m)	간(間)
조본원점	망산원점
고초원점	계양원점
율곡원점	가리원점
현창원점	등경원점
소라원점	구암원점
	금산원점

3) 특별소삼각원점

① 1912년 임시토지조사국에서 시가지세를 시급하게 징수하여 재정수요를 충당할 목적으로 특별소삼각측량을 실시
② 나중에 통일원점지역의 삼각점과 연결함
③ 천문측량을 실시하여 방위각을 결정하고 원점의 위치는 지역의 서남단에 위치
④ 실시 지역은 평양, 의주, 신의주, 진남포, 전주, 강경, 원산, 함흥, 청진, 경성, 나남, 회령, 마산, 진주, 광주, 목포, 나주, 군산, 울릉 등 19개 지역
⑤ 종선에 10,000m, 횡선에 30,000m로 가상 수치 적용
⑥ 원점의 위치는 현재 성과표에 나타나 있지 않음
⑦ 측정 단위는 m단위를 사용하고 구과량을 고려하여 실시
⑧ 1등 점의 점간거리는 2~4km, 2등 점의 점간거리는 1~2km
⑨ 기선길이는 0.4~1.0km, 사용기계는 20초독 경위의 사용
⑩ 수평각의 관측은 1, 2등 모두 정반 3측회로 관측
⑪ 수직각의 관측(1등점)은 정·반 관측하여 평균치를 채택하고 공차를 40초로 함

05 오차론

측량에서 정확한 값은 존재하지 않기 때문에 참값을 얻기 위해 오차가 포함된 관측값을 동일 조건하에 여러 번 관측하여 보정함으로써 최확값(Most Probable Value)을 비교하여 오차를 해석하는 학문이다.

일반적으로 오차(Error)란 참오차이며 참값과 관측값의 차이다. 지적측량에서는 참값과 가장 근사한 의미로 최확값 혹은 평균값을 사용한다.

1. 측정

① 일반적으로 준비(기계설비와 기계조정 등), 구심, 점의 위치결정, 접합(Matching), 측설, 비교, 독정 등과 같은 보다 기본적인 업무 등을 포함하는 물리적인 작업 (Physical Operation)을 수행하는 것으로 수치데이터를 얻을 수 있다.

② 측정이라는 것은 일부 직접적인 작업이 포함되기도 하지만 실제로 대부분 간접적인 작업이다.

③ 측정에는 반드시 관측이 포함되고 관측되기 전에는 측정이란 말이 성립되지 않는다.

2. 오차 발생의 원인과 특징

1) 발생 원인

① 모든 측량 계산은 기계의 불완전성, 측량사의 오류 가능성 그리고 자연환경의 통제 불능성에 의해 영향을 받는다.

② 단순한 인간의 부주의, 피로, 경솔, 문제의 오해, 판단 부족 등

2) 특징

① 부호와 크기, 발생 빈도를 예측할 수 없음

② 경험 많은 측량사에 의해서도 발생됨

③ 원인은 관측자의 미숙이나 부주의나 잘못으로 발생

④ 다른 오차에 비하여 수배의 큰 값으로 나타나는 것으로 사실상 오차로 보기 어려움

⑤ 모든 측량 수치는 정확하지도 않고 엄밀한 의미에서의 정확한 값은 결코 얻을 수 없음

⑥ 그러나 결과 값에 대한 정밀도는 일반적으로 인정된 통계학적 검정 기법을 사용하여 증명할 수 있고 정당화할 수 있어야 함

⑦ 측량작업의 체계적인 검정으로 제거할 수 있거나 재작업 등으로 소거

⑧ 작은 값의 착오는 발견하기가 어려움

⑨ 착오 방지법
- 독립적 반복 독정
- 검증 실시
- 측정값이 평균값에 비교하여 크게 벗어날 경우 착오가 포함된 것으로 간주

3. 확률 변수

① 1관측이나 1측정은 변수가 될 수 있으며 이를 확률 변수(Random Variable)라 부른다.

② 비슷한 조건하에서 측정 작업을 반복할 때 그 관측 값 속에는 약간의 우연성 또는 무작위성이 존재하기 때문에 발생한다.

4. 참값(True Value)과 잔차

1) 참값

① 절대적 정확성을 갖는 값으로서 사실상 우리가 얻을 수 있는 값은 참값에 대한 추정값(Estimate Value)

② 관측값과 참값의 차이를 참오차 또는 측정오차라고 함

$$참오차 = 관측값 - 참값$$

2) 잔차(Residual)

① 측정 시 오차라는 것은 같은 측정대상을 좀 더 정확하게 조사한 다른 측정값과 그 오차를 비교함으로써 결정되어야 하며 그 값을 잔차(Residual)라 함

$$잔차 = 관측값 - 추정값$$

② 잔차가 참오차에 얼마나 가까운가는 추정값이 참값에 가까운 정도에 달려 있음

③ 실무에서는 추정오차로 조정하지 않고 여기에 반대 부호를 붙여 수정량(Correction)으로 사용

$$수정량 = 추정값 - 측정값$$

$$추정값 = 측정값 + 잔차$$

④ 참값과 최확값(평균값)의 차이는 편의라 함

5. 오차의 분류

1) 정오차(계통오차)

① 측량기계의 조정불량과 자연환경 및 측량사 개인의 습관 또는 편견으로부터 비롯됨

② 계통적 오차의 표시와 중요성은 일정한 형식 또는 물리학적 자연법칙에 따라서 움직임
③ 동일한 조건에서 반복적 측정은 이러한 계통적 오차가 소거되지 않음
④ 부호가 전 측정과정을 통하여 동일하게 나타나면 이것은 정오차라고 함
⑤ 관측횟수와 1회 관측한 오차가 반복하여 계산되므로 누차(累差) 또는 누적오차(累積誤差)라고도 함
⑥ 거리측량에서 정오차를 유발하는 대표적인 원인 : 줄자의 길이가 표준줄자와 다를 경우

〈거리 측정 시 정오차의 원인과 보정〉

보정의 종류	원인	공식
정수보정	줄자의 길이가 표준길이와 다른 경우	$C_i = L \cdot (\dfrac{\Delta l}{l})$ 여기서, C_i : 정수보정량 L : 측정길이 i : 테이프 길이 Δl : 늘거나 줄어든 차이
온도보정	관측 시 쇠줄자의 온도가 검정 시의 온도와 다른 경우	$C_t = L \cdot \alpha(t - t_0)$ 여기서, C_t : 온도보정량 L : 측정길이 α : 테이프의 열팽창계수 t : 측정 시의 온도 t_0 : 표준온도(15℃)
경사보정	줄자가 완전 수평이 되지 않는 경우	$C_g = -\dfrac{h^2}{2L}$ 여기서, C_g : 경사보정량 h : 표고차 L : 경사거리
장력보정	쇠줄자에 가한 장력이 검정 시의 장력과 다른 경우	$C_p = L\dfrac{(P - P_0)}{A \cdot E}$ 여기서, C_p : 장력보정량 A : 테이프의 단면적 E : 테이프의 탄성계수 P : 측정 시의 장력 P_0 : 표준장력 L : 관측길이

보정의 종류	원인	공식
처짐보정	줄자의 처짐	$$C_s = -\frac{L}{24}\left(\frac{WL}{nP}\right)^2$$ 여기서, C_S : 처짐보정량 L : 관측길이 n : 구간 수 P : 관측장력(kg) W : 쇠줄자의 단위무게
표고보정	줄자가 기준면상(지오이드)의 길이로 되지 않은 경우	$$C_h = -\frac{L \cdot H}{r}$$ 여기서, C_h : 표고보정량 L : 수평거리 H : 평균해수면으로부터의 높이 γ : 지구의 곡률반경

2) 우연오차(부정오차)

① 착오와 계통오차를 제외한 오차를 부정오차 또는 우연오차라 함

② 발견되지 않는 착오나 보정되지 못한 계통오차가 있을 경우에도 측량계산에서 우연오차로 처리함

③ 이론상으로는 기계와 기계사용자의 한계를 바르게 반영한 것이 우연오차의 크기라고도 함

④ 우연오차를 계산하거나 소거할 수 있는 절대적인 방법은 없음

⑤ 측정횟수가 많을 때에는 +, -의 우연오차가 나타나는 기회가 거의 같아 상쇄되어 거의 0에 가깝게 되어 상차라고도 함

⑥ 최소제곱법에 의한 확률법칙에 의해 조정이 가능

⑦ 원인을 알아도 소거가 불가능함

⑧ 오차 원인의 방향이 일정하지 않음

⑨ 오차의 원인이 불명확하여 주의를 해도 제거할 수 없음

⑩ 오차발생의 방향을 예측할 수 없기 때문에 ± 부호로 표시

3) 우연오차의 특징(성질)

① 같은 크기의 양(+)의 오차와 음(-)의 오차는 같은 빈도로 나타남

② 작은 오차는 큰 오차보다 자주 발생

③ 매우 큰 오차는 나타나지 않거나 가능성이 매우 적음

④ 큰 오차는 작은 오차보다는 착오일 가능성이 높음

⑤ 오차들은 확률법칙을 따름

6. 최소제곱법과 평균제곱근 오차

1) 최소제곱법
① 어떤 동일한 정밀도의 관측 값이 있을 경우 최확값을 얻는 조건
② 최대 확률의 발생 수치는 오차 제곱의 합이 최소일 때 일치
③ 다른 측정값의 확인, 오류의 발견, 측정값의 조정, 우연오차의 배수를 측정하여 평균값의 표준오차를 결정하는 것이 목적
  • 동일한 경중률을 가지고 있을 경우 최확값은 잔차 또는 수정량의 제곱의 합이 최소일 때가 확률적으로 가장 높음
  • 경중률이 다를 때는 계산된 경중률의 합계와 수정량의 제곱의 합이 최소일 때 최확값의 확률이 가장 높음

2) 평균제곱근오차
① 측정값으로부터 최확값을 평균한 값의 제곱근으로 밀도함수 전체의 68.27%의 범위에 해당하는 측정 데이터의 신뢰도를 평가하는 방법으로 잔차의 제곱을 산술한 값
② 표준편차와 같은 의미로 사용되며 독립관측인 경우 분산(σ^2)의 제곱근

7. 각 측정 오차와 소거방법

각을 측정할 때 발생하는 오차는 6가지 종류가 있으며 각 오차별 소거방법은 다음과 같다.

1) 각 측정 오차
(1) 기계오차
① 기계 구조상 결함에 의해 발생하는 오차(조정 불가능)
② 불완전한 조정에 의해 발생하는 오차

(2) 조작 부주의 오차
① 기계를 세울 때 편심에 의한 오차(구심오차)
② 평판이 정확한 수평이 아닐 때 발생하는 오차
③ 삼각대의 불안전한 거치와 삼각대 고정 나사를 덜 조여서 발생하는 오차

(3) 읽는 오차
각 측정 시 분도원의 눈금을 읽을 때 발생하는 오차

(4) 시준오차

① 십자선의 중심이 시준표와 정확히 일치하지 않기 때문에 생기는 오차

② 시준표나 Pole을 측점의 연직선상에 세우지 못해서 생기는 오차

(5) 자연현상에 의한 오차

바람, 햇빛, 온도 변화, 햇빛의 굴절에 의한 오차

(6) 착오

측각 중 나사 취급의 착오, 오독, 오기 등

2) 기계적 오차의 소거방법

① 트랜싯 또는 데오돌라이트(이하, 각 측정 기기라 함)는 그 구조상 연직축, 수평축, 시준축의 3개축으로 구성

② 각 측정기기의 조정은 기포관축을 기준으로 이 3개축 상호 간을 조정함

③ 일반적으로 개인적인 차이나 기계 구조상 조정을 완전하게 할 수 없으며 관측각에 영향을 미치고 있음

④ 기계오차는 대부분 정오차이므로 정확한 관측방법과 신중하게 조정함으로써 제거할 수 있거나 무시할 수 있을 정도로 적게 할 수 있음

⑤ 수평각 관측 시 윤곽도를 달리하는 가장 큰 이유는 기계오차 중 정오차를 소거하기 위함

〈각 측정 시 정오차의 원인과 그 소거방법〉

오차의 종류	원인	소거 방법
연직축오차	연직축이 정확하게 연직이 되지 않아서 발생하는 오차	연직축과 기포관측의 직교를 조정하여 정·반 관측으로는 제거되지 않는다.
수평축오차	수평축과 연직축이 직교하지 않아서 발생하는 오차	정·반위 관측 값의 평균
시준축오차	시준선과 수평축이 직교하지 않아서 발생하는 오차	정·반위 관측 값의 평균
내심오차	연직축과 수평분도원의 중심이 불일치하여 발생하는 오차	180° 차이의 각을 관측하여 평균
외심오차	회전축에 대하여 망원경의 중심 위치가 불일치	정·반위 관측 값의 평균
회전축편심오차	분도원의 중심과 회전축의 불일치	2개의 버어지니어의 값을 평균

※ 정·반 관측의 가장 큰 목적은 기계적 결함과 기계조정의 불완전 등의 오차를 소거하기 위함

3) 회전축 편심 오차

① 분도원의 편심오차

② 분도원의 중심과 기계 회전축이 불일치한 오차

③ 소거방법 : 180°가 서로 떨어져 있는 2개의 버니어의 값을 평균

4) 조정의 순서와 조정방법

① 평반수준기축이 연직축에 수직일 것

② 시준선은 수평축의 중앙점에서 이와 직교

③ 시준선은 광축과 일치하여야 함

④ 수평축과 연직축은 수직일 것

⑤ 십자횡선은 대물렌즈의 광심과 수평축에 의하여 만들어진 평면 내에 있을 것

⑥ 시준선이 수평일 때 망원경부수준기의 기포는 중앙에 있을 것

⑦ 시준선이 수평이고 망원경부수준기의 기포가 중앙에 있을 때 연직분도원의 0°와 버니어의 0은 일치하여야 함

※ 시준축 ⊥ 수평축, 수평축 ⊥ 수직축, 기포관축 ⊥ 수직축

〈트랜싯의 조정〉

제1조정	평반 수준기(기포관)의 조정	평판수준기축 ⊥ 수직축
제2조정	십자종선의 조정	십자종선 ⊥ 수평축
제3조정	수평축의 조정	수평축 ⊥ 수직축
제4조정	십자횡선의 조정	십자횡선 ∥ 수평축
제5조정	망원경부 수준기(기포관)의 조정	망원경 수준기축 ∥ 시준선
제6조정	연직분도반 유표의 조정	
제7조정	측거선의 조정	

8. 거리 측량의 정도

조건 : 측정치에서 정오차를 없앤 나머지 우연오차만 계산

① 두 번 측정한 값의 교차의 1/2과 측정거리의 평균값과의 비율

$$정도 = \frac{교차}{평균치}$$

② 측정값의 평균치와 표준오차나 확률오차의 비율로 표시

③ 정오차를 미리 보정하고 우연오차만으로 정하는 것이 편리함

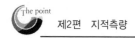

④ 거리측정 장비의 종류와 측정대상지

  ㉠ 시가지, 평지, 산지에 따라 정도의 기준을 달리 하고 있음

9. 실제거리, 도상거리, 축척, 면적

1) 축척과 실제거리와의 관계

$$축척 = \frac{1}{M} = \frac{도상거리}{실제거리}$$

$$\therefore \ 실제거리 = 도상거리 \times M$$

2) 축척과 면적과의 관계

$$축척 = \frac{1}{M} = \sqrt{\frac{도상면적}{실면적}}$$

$$\therefore \ 실면적 = 도상면적 \times M^2$$

3) 길이의 차이가 있을 때

① $실제길이 = 측정길이 \times \dfrac{부정길이}{표준길이}$

② $실면적 = 관측면적 \times \dfrac{(부정길이)^2}{(표준길이)^2}$

제2장 수평위치결정

수평위치결정은 점들 간의 x, y좌표를 구하는 것으로 수평위치를 결정하는 측량방법, 삼각, 다각, 삼변, 사진, 관성, 전파측량 등이 많이 이용되고 있으며 분류는 다음과 같다.

- 2차원 위치결정방법 – 삼각측량, 삼변측량, 다각측량, 평판측량 등
- 3차원 위치결정방법 – 위성측량, 관성측량, 사진측량 등

01 삼각측량

지도 작성, 국토조사, 도로, 철도, 하천 등에 필요한 기준점인 삼각점의 위치를 삼각법으로 정밀하게 결정하는 측량방법이다.

1. 측량의 넓이에 따른 분류

1) 측지삼각측량

대지(大地)삼각측량이라고도 하며 지구의 곡률을 고려하여 정확한 결과를 구하려는 측량

2) 평면삼각측량

소지(小地)삼각측량이라고도 하며 지구의 표면을 평면으로 간주하고 실시하는 측량

2. 삼각측량의 특징

1) 측지삼각측량

① 삼각점의 위도, 경도, 높이를 구해 지리적 위치를 결정하는 동시에 지구의 크기 및 형상까지도 결정하는 측량
② 대규모이며 계산 시 지구의 곡률 및 기차의 영향을 고려
③ 거리 정밀도를 $1/10^6$로 할 때 면적 약 400km², 반경 약 11km 이상을 대상으로 함
④ 구과량의 영향 고려

$$\varepsilon'' = \frac{F}{r^2}\rho''$$

여기서, ε : 구과량
γ : 반경
F : 삼각형 면적

⑤ 국토지리정보원에서 실시하는 1등, 2등 삼각측량이 이에 속함

2) 평면삼각측량

① 지구를 평면으로 간주, 실시하는 측량
② 거리정밀도를 $1/10^6$로 할 때 면적 약 400km² 이하, 반경 약 11km 이하의 측량
③ 국토지리정보원에서 실시하는 3등, 4등 측량이 이에 속함

3) 지적삼각점측량

① 측량지역의 지형관계상 지적삼각점의 신설 및 재설치, 도근점의 신설 및 재설치, 세부측량의 시행상 필요로 할 때 실시되는 지적기초측량
② 지적삼각측량, 지적삼각보조측량이 있음

4) 기본삼각측량

① 건설교통부장관의 명을 받아 국토지리정보원장이 실시하는 측량
② 1등 삼각측량 : 평균 변장 약 30km 정도, 측지삼각측량에 의함
③ 2등 삼각측량 : 평균 변장 약 10km 정도, 1등과 더불어 대삼각측량에 속함
④ 3등 삼각측량 : 평균 변장 5km 정도, 평면삼각측량에 속함
⑤ 4등 삼각측량 : 평균 변장 2.5km 정도, 3등과 함께 소삼각측량에 속함

5) 공공 삼각측량

① 기본삼각측량 이외의 측량 중 국가, 지방자치단체, 정부투자기관관리법에 의한 정부투자기관과 대통령령이 정하는(측량법)기관에서 실시하는 삼각측량
② 1~4등 이하의 삼각측량
③ 각종 건설 공사, 도시계획측량 등을 위한 소삼각측량이 이에 속함

3. 삼각측량의 원리

기선의 길이 AB=C는 정확하게 관측하고 삼각점 A, B, C, …… 를 잇는 그 밖의 변 길이는 삼각형의 내각을 관측하여 삼각법으로 결정한다.

$$\text{sin법칙}$$

$$\frac{a}{\sin A} = \frac{b}{\sin B} = \frac{c}{\sin C}$$

$$\therefore\ a = \frac{\sin A}{\sin C} \times c\quad b = \frac{\sin B}{\sin C} \times c$$

점점 확대하여 전체 변 길이를 모두 구할 수 있고 검기선은 다시 실측하여 계산값과 비교한다.

4. 삼각점과 삼각망

1) 삼각점

① 각관측정밀도에 의하여 1~4등 삼각점의 4등급으로 나눔

② 경위도원점을 기준으로 경위도를 정하고 수준원점을 기준으로 표고를 정함

2) 삼각망

① 지역 전체를 고른 밀도로 덮는 삼각형이며 광범위한 지역의 측량에 사용

② 각 관측의 정밀도는 각 자체의 크기에는 관계없으나 $\sin10°\sim\sin80°$를 비교하면 약 30배의 영향을 줌

5. 삼각점의 종류

① 기본삼각점 : 1등(30km), 2등(10km), 3등(5km), 4등(2.5km) 삼각점

② 지적삼각점 : 지적삼각점(2~5km), 지적삼각보조점(1~3km : 교회법, 0.5km 이상 1km 이하 : 다각망도선법)

02 삼변측량

삼변측량은 변을 관측하고 COS 법칙과 반각공식 등을 이용하여 각을 구하고, 구한 각과 변을 이용하여 수평위치를 구하는 2차원 위치결정측량이다.

관측된 변으로부터 COS 제2법칙, 반각공식, 면적조건 등을 이용하여 각을 구하고 구한 각과 변을 이용하여 수평위치를 결정한다.

1. COS 제2법칙

$$\cos A = \frac{b^2 + c^2 - a^2}{2bc}$$

$$\cos B = \frac{c^2 + a^2 - b^2}{2ca}$$

$$\cos C = \frac{a^2 + b^2 - c^2}{2ab}$$

2. 반각공식

$$\sin\frac{A}{2} = \sqrt{\frac{(s-b)(s-c)}{bc}}$$

$$\cos\frac{A}{2} = \sqrt{\frac{s(s-a)}{bc}}$$

$$\tan\frac{A}{2} = \sqrt{\frac{(s-b)(s-c)}{s(s-a)}}$$

3. 헤론의 공식

$$A = \sqrt{s(s-a)(s-b)(s-c)}$$

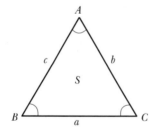

$$s = 1/2(a+b+c)$$

[삼변법]

03 지적삼각점측량

1. 지적삼각점측량 및 지적삼각보조점측량의 실시

① 지적삼각점 또는 지적삼각보조점의 신설 또는 재설치를 필요로 할 때
② 지적도근점의 신설 또는 재설치를 위하여 지적삼각점 또는 지적삼각보조점의 설치
를 필요로 할 때
③ 세부측량의 시행상 지적삼각점 또는 지적삼각보조점의 설치를 필요로 할 때

2. 삼각망의 종류

1) 유심다각망

① 대규모지역의 측량에 적합한 망
② 1개의 기선에서 확대되므로 기선이 확고함
③ 삼각점 2점을 이용하여 1개의 기지변을 사용하므로 정확도가 사변형보다 낮음

2) 사각망

① 이상적인 방법이나 계산방법이 복잡함
② 사각형의 기하학적 성질을 이용하여 각조건과 변조건에 대한 조정을 실시
③ 최근 컴퓨터의 발달로 많이 이용되고 있음
④ 높은 정밀도를 필요로 하는 측량이나 기선의 확대 등에 많이 이용됨

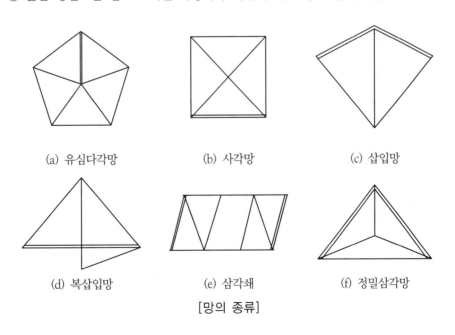

(a) 유심다각망   (b) 사각망   (c) 삽입망

(d) 복삽입망   (e) 삼각쇄   (f) 정밀삼각망

[망의 종류]

197

3) 삽입망

① 기지변을 2개로 구성
② 변장의 계산은 기지변에서 출발하여 도착기지변에 폐색함으로써 가장 합리적
③ 삼각형의 번호와 기호는 출발변에서 시작하여 도착변 쪽으로 순차적으로 부여
④ 기지점 3개에 의해 소구점 1 또는 2 이상 결정 시 사용
⑤ 지적삼각측량에서 가장 적합한 형태이며 가장 많이 사용

4) 복삽입망

① 삽입망의 유형 중 하나이며 겹삽입망이라고도 함
② 기지삼각점 중 1개가 중첩되어 있는 형태

5) 삼각쇄

① 노선, 하천, 터널 등 폭이 좁고 길이가 긴 지역에 적합
② 신속하고 경제적
③ 조건식이 적어 정도가 낮음

6) 정밀삼각망

① 소구점을 중앙에 두고 기지삼각점을 주위에 두는 망 형태
② 삼각망의 형태는 기하학적인 조건을 충분히 만족하여야 함
③ 계산방식이 복잡하나 최근에는 컴퓨터의 발달로 많이 이용
④ 정밀조정이 필요할 때 적합한 조직

3. 지적삼각점측량의 특징

① 광대한 지역의 측량에 적합
② 산지 등 기복이 많은 곳에 적합
③ 같은 정도의 기준점 배치에 편리
④ 조건식이 많아 조정이 복잡하나 정도가 높음
⑤ 각 단계에서 정확도 점검이 가능
⑥ 내각의 크기는 30° 이상 120° 이하
⑦ 기선 설치에 어려움이 있고 관측 거리에 한계가 있음

4. 지적삼각점의 순서

① 계획 · 조사 → 측량의 규모, 정확도, 기간, 인력, 장비, 기지점의 성과표, 지형도 등을
　　　　　　　이용

② 답사 · 선점 → 현지 답사를 통해 작업의 용이성 사전 검토, 계획과 비교 재정리

③ 선점 → 도근, 세부측량에 활용도를 고려하여 위치 선정

④ 조표 → 시준의 편리성을 위해 폴에 시준표 설치

⑤ 관측 → 각관측, 기선관측, 연직각관측

⑥ 계산 → 좌표는 평면직각종횡선으로 표시, 각도의 관측 및 삼각망의 조정계산은 계
　　　　　산 서식을 사용

⑦ 성과표의 작성

04 트래버스측량

1. 트래버스측량의 개요

기준이 되는 측점을 연결하는 측선의 길이와 그 방향을 관측하여 측점의 위치를 결정하
는 방법

2. 트래버스측량의 이용

높은 정확도를 요하지 않는 골조측량, 삼림지대, 시가지 등 삼각측량이 불리한 지역, 좁
고 긴 지역 등의 기준점 설치에 유리하므로 경계측량, 삼림측량, 노선측량, 지적측량 등
의 골조측량에 널리 이용

3. 관측법의 종류

망원경을 트랜싯의 수평축 주위로 회전하여 수직분도원상에서 읽어서 관측

1) 교각법

어떤 측선이 그 앞의 측선과 이루는 각을 관측하는 것으로서 측점 수는 20점 이내

2) 편각법

① 각 측선이 그 앞 측선의 연장선과 만들어진 180° 이하의 각을 편각이라고 하며
　우편각, 좌편각이 있음

② 도로, 수로 등 선로의 중심선 측량에 유리

3) 방위각법

① 각 측선이 진북방향과 이루는 각을 오른쪽으로 관측하는 방법으로 노선측량과 지형측량에 널리 사용

② 계산과 제도가 편리하고 신속한 관측 가능

③ 한번 오차가 생기면 그 영향이 끝까지 미치고 지형이 험준하고 복잡한 지역에서는 적합하지 않음

4. 트래버스측량의 종류

1) 폐합트래버스

기지점에서 출발하여 신설점을 순차적으로 연결하여 출발점으로 폐합되는 형태로, 오차 발견이 어렵고 정도도 낮음

2) 결합트래버스

기지점에서 출발하여 다른 기지점에 결합하는 방식으로 대규모 지역의 고정도 측량에 사용되며 지적도근측량에서 가장 많이 이용

3) 개방트래버스

임의의 한 점이나 기지점에서 출발하여 마지막 기지점에 폐색시키지 않고 관측점에서 도선이 끝나는 방식(지적측량에서는 사용하도록 규정되어 있지 않음)

4) 왕복도선

기지점에서 출발하여 도선의 중앙점에서 다시 같은 점을 거쳐 출발점으로 되돌아오는 도선으로 2개의 값이 산출되며 그 평균치를 성과로 결정

5. 폐합오차의 조정

1) 간략법

일정한 법칙이나 식이 없으며 관측자가 외업 시에 현장상태를 고려해서 임의로 오차를 분배하며 경거의 합과 위거의 합이 0이 되도록 보정하는 방법

2) 컴퍼스 법칙

(1) 각 관측과 거리관측의 정확도가 같을 때 조정하는 방법으로 측선 길이에 비례하여 폐합오차를 배분

(2) 다각측량에서 이용되는 방법으로 다각점 간의 거리가 같을 경우는 오차를 등분하여 배분

① 위거의 조정량 $- \Sigma l = \dfrac{-\Sigma L}{\Sigma \mid S \mid} \times S$

② 경거의 조정량 $- \Sigma d = \dfrac{-\Sigma D}{\Sigma \mid S \mid} \times S$

3) 트랜싯 법칙

각 관측의 정확도가 거리관측의 정확도보다 높을 때 조정하는 방법으로 경거와 위거의 크기에 비례하여 폐합오차를 배분

① 위거의 조정량 $- \Sigma l = \dfrac{-\Sigma L}{\Sigma \mid L \mid} \times \mid L_i \mid$

② 경거의 조정량 $- \Sigma d = \dfrac{-\Sigma D}{\Sigma \mid D \mid} \times \mid D_i \mid$

4) 크랜달법(Crandall Method)

① 폐합되기 위한 총 각 관측 오차를 모든 각 관측값에 동일하게 분배하여 각을 조정
② 조정된 각을 고정시키고 경중률을 고려하여 최소제곱법에 따라 거리 관측값에 남아 있는 오차들을 조정하는 방법
③ 트랜싯법칙이나 컴퍼스법칙보다 계산시간이 더 많이 걸리지만 거리 관측값이 각 관측값보다 더 큰 우연오차를 포함하고 있을 때 적절한 방법

5) 최소제곱법

① 확률론에 근거를 둔 방법으로 "잔차의 제곱은 최소로 한다."는 조건으로 각과 거리 관측값을 동시에 조정하는 방법
② 각과 거리 관측값의 상호정밀도는 관계없이 어떤 다각형도 해석
③ 긴 계산과정 때문에 널리 사용되지 못하였지만 최근 전산기의 발달로 널리 이용됨

05 평판측량

평판과 앨리데이드 등을 이용하여 현지에서 도해적으로 지형·지물의 위치, 토지 경계의 위치, 형상을 결정하는 방법으로서 지적측량 및 지형도 제작에 주로 이용

1. 평판측량의 특성

1) 장점

① 현지에서 직접 측량결과를 제도하므로 필요한 사항을 누락하는 경우가 없음
② 과실 발견이 쉽고 즉시 수정 가능
③ 측량방법이 간단하고, 내업이 적으며 신속한 작업이 가능

2) 단점

① 외업이 많고 기후의 영향을 많이 받음
② 신축이 발생하여 정확도에 영향
③ 도해적이므로 축척변경 곤란
④ 보관·관리가 용이하지 않음

2. 평판측량에 의한 수평위치 결정방법

1) 방사법

기지점에 평판을 설치하고 주위의 점들을 측정하여 결정하는 방법으로 넓은 지역에서 시통이 용이한 경우에 적당

2) 전진법

측점에서 측점으로 방향과 거리를 관측하며 전진하여 측량하는 방식으로 측량지역이 좁고 길며 장애물이 있는 경우 적합

3) 도선법

기초점이나 기지점이 부족할 때 실시하는 방법으로 평판도근점측량

4) 지거법

종횡법이라고도 하며 기준이 되는 선을 정해 놓고 도선이 있는 부근의 점들을 수선을 내려 수선의 길이로 측정하는 방식으로서 일반지거법과 사지거법이 있음

5) 비례법

측량지역 내에 장애물이 있어 교회법, 도선법, 방사법 등으로 측량하기가 곤란한 경우에 사용하는 방법

6) 교회법

거리 측정 없이 방향선의 교점으로 측점의 위치를 결정하는 방법

(1) 전방교회법

2~3개의 기지점에 평판을 세우고 미지점을 시준하여 방향선을 그어 그 교점을 측점의 위치로 하는 방법

(2) 측방교회법

기지점에 평판을 세울 수 없는 경우에 적합한 방식으로서 2개 이상의 기지점을 사용하여 기지점에 평판을 세워 미지점을 관측한 후 직접 미지점에 평판을 세워 관측함으로서 미지점의 위치를 구함

(3) 후방교회법

후방교회법은 미지점에 평판을 세우고 기지점의 방향선에 의해 위치를 결정하는 방식으로 2점법, 3점법, 자침에 의한 방법 등이 있으나 3점법이 가장 대표적

3. 시오삼각형

교회법으로 측점을 결정하려고 할 때에 세 방향선이 1점에 정확히 교차하지 않고 삼각형을 이룰 때가 있는데, 이를 시오삼각형이라 한다.

1) 원인

① 기지점의 위치를 오인하였을 때
② 기계 점검이 불충분하였을 때
③ 방향 조준을 잘못하였을 때
④ 평판의 표정을 잘못하였을 때 등

2) 조정

(1) 레이만법

① 후방교회법에서는 대개 시오삼각형이 만들어지는데 이때 평판을 조금씩 회전하여 방향선을 다시 그으면 시오삼각형의 크기가 줄어듦
② 이를 1점에서 만날 때까지 반복하여 미지점 위치 결정

(2) 베셀법

① 베셀이 고안한 것으로 원에 내접하는 삼각형의 기하학적 관계를 이용하여 해석하는 방법
② 매우 정확하고 숙련을 요하지 않는 장점이 있으나 작업시간이 길고 3점의 위치에 따라 해법이 불가능한 경우도 있음

(3) 투사지법

① 미지점에 평판을 세우고 도면 위에 투사지를 덮은 후 기지점을 시준하여 방향선을 그은 다음 투사지의 방향선과 도면상의 기지점을 일치시킴
② 투사지상의 미지점 위치를 평판상에 표시하여 도상위치 결정

3) 시오삼각형의 처리

시오삼각형의 내접원의 지름이 1mm 이하인 때에는 그 중심점을 점의 위치로 하며 1mm 이상인 때에는 작업을 다시 한다.

4. 평판측량의 오차

1) 평판측량에서 발생하는 오차의 종류

① 측량기계오차 : 외심, 시준, 자침오차
② 평판설치오차 : 정준, 구심, 표정오차
③ 측량오차 : 방사법, 교회법, 지거법에 의한 오차

2) 측량기계오차

① 외심오차

$$me = l\sin\theta = \frac{e}{S}$$

여기서, l : 거리 θ : 도상의 방향선과 진방향과의 각
e : 편심거리 S : 축척 분모수

② 시준오차

$$ms = l\theta = \frac{\sqrt{d^2 + t^2}}{2p}$$

여기서, l : 방향선의 길이 d : 시준공의 지름
t : 시준사의 지름 p : 양시준판의 간격

③ 자침오차

$$mn = \frac{e}{K}L$$

여기서, e : 도상오차

K : 자침의 중심에서 첨단까지의 거리

L : 방향선의 길이

3) 평판설치오차

① 정준오차

$$mg = \frac{a}{\gamma} \cdot \frac{n}{100}l$$

여기서, a : 평판경사에 의한 기포관의 이동량(mm)

γ : 앨리데이드 기포관의 곡률반경(mm)

n : 전방시준판의 눈금수

l : 도상 측선장

② 구심오차

$$me = \frac{2e}{S}$$

여기서, e : 편심거리 S : 축척분모

③ 표정오차

$$mo = l \cdot \Delta\alpha$$

여기서, l : 도상거리

$\Delta\alpha$: 도상측점과 이에 대응하는 지상점의 방향 간의 오차)

- 평판을 일정한 방향으로 고정시키는 것을 표정이라 함
- 3가지 방법 중 표정작업에 가장 중점을 두어야 함
- 표정의 방법에는 기지방향선에 의한 표정, 자침에 의한 표정, 3점 문제에 의한 표정 등이 있음

205

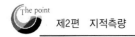

4) 측량오차

① 방사법에 의한 오차

$$M_1 = \sqrt{{m_1}^2 + {m_2}^2}$$

여기서, m_1 : 시준오차 　　　　m_2 : 거리오차 및 축척에 의한 오차

② 교회법에 의한 오차

$$M_2 = \sqrt{2} \cdot \frac{\alpha}{\sin\theta}$$

여기서, α : 방향선의 변위 　　　　θ : 방향선의 교각

③ 도선법에 의한 오차

$$M_3 = \pm \sqrt{n({m_1}^2 + {m_2}^2)}$$

여기서, n : 측선 수
　　　　m_1 : 시준오차
　　　　m_2 : 거리오차 및 축척에 의한 오차

④ 지거법에 의한 오차

$$M_4 = \sqrt{ma^2 + mb^2 + mc^2}$$

여기서, ma : 줄자로 거리를 측정할 경우 기지도근점 방향에 대한 최소제곱오차
　　　　±1cm
　　　　mb : 기지도근점 방향과 직각방향에 대한 최소제곱오차 ±0.5cm
　　　　mc : 구심오차와 폴 또는 반사경을 시준할 때 10m에 대한 최소제곱오차
　　　　±2.5cm, 따라서 누적오차는 약 ±3cm가 된다.

5. 거리측량의 정오차 보정

1) 정수보정 : 줄자의 길이가 표준길이와 다를 경우

$$\text{횟수} = \frac{L}{l} \qquad C_i = \text{횟수} \times \Delta l \qquad L_0 = L \pm \frac{\Delta l}{l} L$$

여기서, L : 관측 전 길이 　　　　l : 구간 관측 길이
　　　　C_i : 표준줄자 보정값 　　Δl : 구간 관측 오차
　　　　L_0 : 참길이

2) 온도보정 : 관측 시 오차가 표준온도(15℃)와 다를 경우

$$Ct = \alpha \cdot L(t - t_0) \qquad L_0 = L \pm \frac{\Delta l}{l} L$$

여기서, Ct : 온도보정량 　　　　α : 선 팽창계수

　　　　L : 관측 길이 　　　　　t : 당시 온도

　　　　t_0 : 표준온도(15℃)

3) 장력보정 : 관측 시 장력이 표준장력과 다를 때

$$Cp = \frac{L}{AE}(p - p_0) \qquad L_0 = L \pm \frac{L}{AE}(p - p_0)$$

여기서, Cp : 장력보정량 　　　　A : 줄자의 단면적(cm)

　　　　E : 탄성계수(kg/cm^2) 　　p : 관측 시 장력(kg)

　　　　p_0 : 표준장력(kg)

4) 처짐보정 : 줄자가 처질 때

$$Cs = -\frac{L}{24} \cdot \frac{W^2 l^2}{P^2} \qquad L_0 = L - \frac{L}{24} \cdot \frac{W^2 l^2}{P^2}$$

여기서, L : 관측 전 길이(m) 　　W : 쇠줄자의 자중(g/m)

　　　　l : 등간격의 길이 　　　　P : 장력(kg)

5) 경사보정 : 줄자가 수평이 아닐 때

① 고저차를 잰 경우

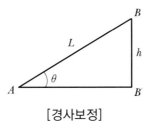

$$Cg = -\frac{h^2}{2L}$$

$$L_0 = L - \frac{h^2}{2L}$$

[경사보정]

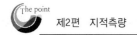

② 경사각을 잰 경우

$$L_0 = L\cos\theta = L - 2L\sin^2\frac{\theta}{2}$$

여기서, Cg : 경사 보정량 h : 고저차
         L : 경사거리 L_0 : 수평거리

6) 표고보정

기준면상의 보정, 높이보정 또는 투영보정이라 하며 평균표고 H인 곳에 관한 수평거리 L을 기준면상의 L_0로 보정

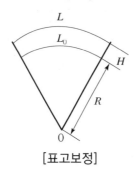

[표고보정]

$$Cn = -\frac{H}{R}L \qquad L_0 = L - \frac{H}{R}L$$

여기서, H : 넓이
       R : 지구반경
       L : 수평거리
       L_0 : 기준면상 거리

7) 일반식

어떤 거리 관측값이 L일 때, $\Sigma C = Ci + Ct + Cp + Cs + Cg$라 하면 정확한 거리 L_0를 구하는 일반식은 다음과 같다.

$$L' = L + \Sigma C \qquad L_0 = L' + \left(-\frac{H}{R}\right)L'$$

8) 수평거리 환산

$$수평거리 = 경사거리 \times \cos\theta$$

제3장　지적측량

01　개요

1. 지적측량의 정의

① 지적측량이란 토지에 대한 물권이 미치는 한계를 밝히기 위한 측량

② "토지를 지적공부에 등록하거나 지적공부에 등록된 경계점을 지상에 복원하기 위하여 소관청이 직권 또는 이해관계인의 신청에 의하여 각 필지의 경계 또는 좌표와 면적을 정하는 측량"

③ 지적측량은 국가의 행정행위인 기속측량이며 기초측량과 세부측량으로 대별

2. 지적측량의 목적

지적측량은 물권을 확정하여 지적공부에 등록공시하고, 공시된 물권을 현지에 복원함으로써 관념적인 소유권을 실체적으로 특정하여 물권의 소재를 명확히 하는 데 그 목적이 있다.

① 토지의 효율적인 관리와 소유권의 보호에 기여할 수 있는 토지경계를 결정하는 측량

② 토지에 관한 전반적인 정보를 제공할 수 있는 포괄적인 다목적 지적측량

③ 각 필지 경계의 위치와 면적을 결정하고 지적도와 실제 토지와의 동일성을 나타내 주는 측량

④ 토지를 지적공부에 등록하는 측량

⑤ 지적공부에 등록된 경계를 지표에 복원하는 측량

⑥ 법률적인 토지 단위인 일필지의 경계와 토지소유권의 한계 등을 정확하게 표시하는 측량

⑦ 일필지 내의 건축물과 지하시설물의 상호관계를 나타낼 수 있는 측량

⑧ 토지구획선을 정형화하여 토지경계의 관리와 소유권 관계를 명확히 하여야 함

⑨ 경계표지 설치의 의무화로 경계보존 및 복구기능이 신속·확실하여야 함

⑩ 토지의 모든 정보는 지적측량으로 확정된 필지별로 나타내야 함

⑪ 동일한 토지가 축척이 다른 형태로 존재하더라도 지상의 경계에 영향을 주지 않도록 수치적 방법에 의한 경계점의 보존, 관리기능을 가져야 함

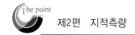

3. 지적측량의 특징

① 지적측량은 기속측량이며 측량의 정확성과 명확성을 중시함
② 지적측량의 성과는 영구적으로 보존 활용
③ 전체적인 토지의 형상이나 지형보다는 법률적인 토지단위인 일필지의 경계와 토지소유권의 한계를 정확하게 규명하는 측량

4. 지적측량의 대상

1) 기초점 설치를 위한 경우의 기초측량

지적측량을 할 경우 필요할 때 지적삼각점, 지적삼각보조점, 지적도근점 등을 설치하고 각 점의 위치를 파악하기 위해 측정하는 측량

2) 신규등록측량

① 지적도나 임야도에 등록되지 않은 토지를 새로이 지적공부에 등록하기 위한 측량
② 간척사업에 의한 공유수면 매립, 미등록도서의 등록 등
③ 토지의 경계를 설정하고 소유권을 결정
④ 법률적으로는 사정(査定)의 효력을 가짐
⑤ 최초의 소유자는 소관청의 조사에 의하여 결정
⑥ 지적공부 등록면적은 등록 축척에 따라 1/500~1/600 지역은 0.1m², 1/1000~1/2400, 1/3000~1/6000 지역은 1m² 단위로 등록

3) 등록전환측량

① 지적공부의 정밀도를 높일 목적으로 임야대장등록지를 토지대장에 옮겨 등록할 때 필요한 측량
② 인근 토지대장 등록지에 명확한 기지점이 있는 경우를 제외하고는 기준점을 설치하고 이를 근거로 측량
③ 전 필지 등록전환을 할 경우 면적이나 경계가 공차를 초과할 경우 지적소관청이 직권으로 정정
④ 등록전환이나 분할에 따른 면적 오차의 허용범위

$$A = 0.026^2 M \sqrt{F}$$

여기서, A : 오차 허용면적
M : 임야도 축척분모
F : 등록전환될 면적

4) 분할측량

① 토지나 임야가 이용 상태(매매, 지목변경 등)에 따라 합리적인 경계의 재설정을 위해 2필지 이상으로 나누어 등록하는 측량

② 등록 필지의 양적 증가와 세분화를 주도함

③ 소유자의 신청이나 소관청의 필요에 따라 이뤄짐

④ 토지용도와 관련하여 분할 최소면적 등의 규정제한을 받음

⑤ 현황, 공유지분, 면적 지정, 형질변경에 의한 경계점표지 설치에 의함

⑥ 토지소유자의 의견과 경계선 획정원칙을 준수하여야 함

⑦ 토지의 경제성 고려

⑧ 분할 전의 면적과 분할 후의 각 필지 면적의 합계가 증감이 없도록 해야 함

5) 등록사항정정측량

지적공부에 등록되어 있는 경계나 면적, 소유권, 지목, 지번, 위치 등이 잘못 등록되어 이를 바로잡아 등록하고자 할 경우 실시하는 측량으로, 경계, 면적, 위치변경의 경우 측량이 필요함

6) 지적복구측량

① 천재·지변·인위 등에 의해 멸실된 지적공부를 그 멸실 직전의 상태대로 복구함을 목적으로 하는 측량

② 우리나라는 6·25사변으로 멸실된 지적공부를 복구하기 위하여 복구측량을 한 사례가 있음

7) 축척변경측량

① 지적공부에 등록되어 있는 소축척 지역을 대축척 지역으로 축척을 변경하는 측량

② 1/1,200로 등록되어 있는 지역 중에 지적불부합지역을 토지소유자의 동의를 통해 측량하여 경계와 면적을 바로잡고, 1/500로 등록하는 경우도 있으나 축척변경측량이 지적불부합지역만을 위한 측량은 아님

8) 토지구획정리사업 등으로 토지의 이동이 있는 경우의 확정측량

① 도시계획법에 의해 도시계획시설을 하는 토지구획정리사업을 통해 공부 등록사항 등을 확정하는 측량

② 농지이용효과 증진을 위한 목적으로 농지개량 관계법에 의한 경지정리사업으로 공부 등록사항 등을 확정하는 측량

③ 새로이 지번과 지목 면적, 경계, 위치 등을 결정

④ 면적의 계산은 $1/1,000m^2$까지 산출하여 결정면적의 최소단위는 $0.1m^2$로 함

⑤ 가구의 면적과 당해 가구 내 각 필지의 면적의 합계와의 교차는 1/500 이내

⑥ 지구계 좌표에 의한 지구 총면적과 당해 지구 내의 가구 및 가구 외에 도로, 구거, 하천 등 면적 합계와의 교차는 1/200 이내

⑦ 경지정리사업 시행지역의 시행 전 지구 내 각 필지 면적의 합계와 시행 후 각 필지면적의 합계와의 교차는 1/200 이내

⑧ 경지정리지구의 지구 내 총 면적과 시행 후 각 필지 면적의 합계와의 교차는 1/200 이내로 결정

9) 토지의 경계를 좌표로 등록하기 위한 경우의 수치측량

10) 대행법인이 행한 측량을 소관청이 검사할 때

11) 지적공부에 등록된 경계를 지상에 복원할 때

12) 지상 또는 지하시설물의 위치를 지적공부에 등록된 필지의 경계와 대비하여 표시하려 할 때

02 지적측량 일반

1. 지적측량의 성격

① 기속측량 : 지적측량은 그 측량방법을 법률로서 정하고 정해진 규정에 따라 행하는 측량

② 사법측량 : 지적측량은 토지에 대한 물권이 미치는 범위, 위치, 수량을 결정하고 보장하는 측량

③ 지적측량은 기술적 측면에서 경계복원 능력을 가지며 공적장부인 지적공부에 의해서만 가능

④ 국가는 지적측량성과를 등록하여 영구적으로 계속적인 효력을 발생시킬 수 있어야 함

2. 지적측량의 법률적 효력

지적측량은 행정주체인 국가가 법 아래에서 구체적인 사실에 관하여 법의 집행으로서 행하는 공법행위 중 권력적, 단독적 행위인 행정행위이다. 따라서 행정행위 시 발생하는 구속력, 공정력, 확정력, 강제력 등의 효력이 발생한다.

1) 구속력

① 지적측량의 내용에 대해 소관청(국가) 자신이나 소유자 및 관계인을 기속하는 효력
② 지적측량은 완료와 동시에 구속력이 발생
③ 측량결과에 대해 그것이 유효하게 존재하는 한 그 내용을 존중하고 복종해야 함
④ 결코 정당한 절차 없이 그 존재나 효력을 기피할 수 없음

2) 공정력

① 지적측량이 무효인 경우를 제외하고는 소관청, 감독청, 법원 등의 기관에 쟁송 또는 직권으로 취소할 때까지 그 행위는 적법한 추정을 받고 누구도 부인하지 못하는 효력
② 지적측량이 유효의 성립요건을 갖추지 못하여 하자가 있다고 인정될 때라도 절대무효인 경우를 제외하고는 소관청, 감독청, 법원 등의 기관에 의하여 쟁송 또는 직권으로 그 내용을 취소할 때까지 그 행위는 적법한 추정을 받음
③ 공정력은 당사자, 소관청, 국가기관 및 제3자에 대해서도 그 효력을 발생함

3) 확정력

① 일단 유효하게 성립된 지적측량에 의해 표시된 사항은 일정한 기간이 경과한 뒤에 상대방이나 기타 이해관계인이 그 효력을 다툴 수 없는 불가쟁력 또는 형식적 확정력이라 함
② 소관청도 특별한 사유가 없는 한 그 성과를 변경할 수 없다는 효력

4) 강제력

① 행정행위의 실현을 사법부에 의존하지 않고 행정청 자체의 권한으로 집행할 수 있는 효력
② "집행력" 또는 "제재력"이라고도 함
③ 지적측량은 권한을 가진 국가가 시행하는 행정행위이므로 당연히 강제력을 가짐

3. 지적측량의 신뢰성

1) 지적측량의 공신력

① 지적측량은 토지의 경계 또는 좌표와 면적을 지적공부에 등록하여 공시하는 국가의 고유업무이므로 지적측량에 의하여 결정되는 내용에 대해서는 물권의 객체로서 공법적·사법적 효력이 인정되어야 함. 이는 물권공시제도의 공신을 좌우하는 가장 중요한 역할이나 우리나라는 몇 가지 제도적, 기술적 요인 등으로 인하여 지적측량의 공신력이 실추되고 있음

② 공신의 원칙은 토지에 관한 공시체계(지적과 등기제도)를 믿고 권리행위를 한 선의의 거래자를 보호하여 진실로 그러한 공시체계와 같은 권리관계가 존재한 것처럼 법률효과를 인정하려는 것임

③ 따라서 지적공부에 공시된 사항을 믿고 토지에 대한 법률행위가 이루어진 경우 국가는 공신의 원칙에 따라 이에 대한 정확성 보장은 물론 피해가 발생한 경우에는 선의의 제3자에게 보호하는 배상책임제도를 갖추어야 함

④ 독일, 스위스 등의 국가와 토렌스식 등록제도하에서는 공신력을 인정하고 있으나, 현행 우리나라의 지적제도와 등기제도는 공신의 원칙을 인정하지 않고 있음

2) 지적측량의 문제점

(1) 제도적 요인

① 물권공시제도의 이원화 : 지적제도와 등기제도의 이원화로 지적공부와 등기부의 불일치 사례가 빈번하게 발생되어 지적측량의 공신력 실추요인이 되고 있음

② 측량좌표계의 문제점 : 우리나라의 측량기준점은 일본 동경원점을 기준으로 삼각망을 계산하여 근원적으로 오차(오차누적 및 경도에 10.405″의 오차 포함)가 내포되어 있음. 또한 측량원점이 3개의 통일원점과 11개의 구소삼각원점이 공존하고 있으며, 투영법인 가우스상사이중투영법 역시 원점에서 멀어질수록 오차가 증가하게 되어 있어 측량성과의 정확성과 통일성을 유지하기 곤란함

③ 지적불부합지의 존속 : 현 도해지적제도의 한계에서 비롯되는 불부합지는 그 형태가 다양하고 전국에 산재되어 있어 국민의 토지소유권 행사와 토지거래를 제한하고 있어 지적의 공신력을 실추시키는 원인이 됨

④ 손실보상제도의 미구축 : 지적공부의 등록내용에 따라 손해가 발생되는 경우 그 손실을 보상하는 법률적 장치가 마련되어 있지 않음

(2) 기술적 요인

① 지적공부와 실체와의 불부합 : 지적공부의 등록내용이 지적공부 상호 간 또는 지적공부와 현지와의 불부합이 발생되는 경우가 있어 지적측량의 공신력 실추요인이 됨

② 도해지적의 한계성 : 1910년대에 작성된 지적공부는 현실세계에서 시대적·사회적으로 요구되는 측량정확도와 국민의 정보수요를 충족시키기 어려움

③ 측량기준점의 문제 : 6.25 전쟁 이후 복구된 측량기준점의 정확도에 문제가 있고 복구된 기준점에 근거한 후속측량의 정확도에도 영향을 미침

④ 건물등록측량의 부재 : 우리나라의 지적제도는 지적도면에 건축물 및 구조물을 등록하지 않고 있어 경계분쟁이 많으며, 건축물대장상의 면적과 실제의 면적이 불일치하여 국가의 공시기능과 국민의 재산권행사에 장애가 됨

3) 지적측량의 신뢰성 회복에 대한 대책

① 사전적 예방조치 : 전국의 수치지적화 및 지적재조사를 통하여 지적제도를 현재의 수요와 미래의 수요까지 충족시킬 수 있도록 개편이 필요함

② 사후적 구제방안 : 지적공부에 등록된 사항에 하자가 발생한 경우에는 선의의 제3자에게 국가가 배상책임을 지는 보완장치의 마련이 필요함

③ 물권공시체계의 일원화 : 지적제도와 등기제도의 일원화를 통하여 토지등록에 대한 국가의 사실심사 실시

4. 지적측량의 책임

1) 형사책임

(1) 개요

① 형사책임은 고의에 대한 책임이 원칙, 즉 범죄의 사실 및 위법성을 인식하면서도 위법행위를 함으로써 성립하므로, 지적측량에서 형사책임의 대상은 위법행위로서의 고의성이 있는 경우에 해당함

② 지적측량이 지적공부에 근거한 작업이므로 공문서 취급에 따른 위법행위가 많은 비중을 차지함

(2) 위법행위의 사례

① 지적공부, 지적측량부 등의 위조 또는 변조

② 지적측량부의 허위작성 또는 지적공부의 허위정리

③ 측량수수료의 횡령 또는 반환거부

④ 지적측량에 의한 부당이득 취득

⑤ 지적측량 업무방해 또는 거부

⑥ 경계표의 손괴, 이동 또는 제거

⑦ 지적기술무자격자의 지적측량

2) 민사책임

(1) 개요

① 민사책임은 권리 또는 이익을 위법하게 침해한 가해자가 피해자에 대해 지는 사법상의 책임임

② 지적측량에 따른 민사책임은 측량행위에 고의 또는 과실이 있었고, 그 행위로 인한 손해가 있었으며, 행위와 손해 간에 인과관계가 있는 경우에 발생함

③ 지적측량사는 그 행위에 대하여 민사상의 손해배상책임을 지며 지적측량사의 사용자(지적측량수행자) 및 감독자(국가)에게도 손해배상책임이 있음

④ 사용자 및 감독자의 구상권 행사도 인정

(2) 민사책임의 대상 행위

① 지적측량과정에서 고의 또는 과실로 토지 내의 수목제거 또는 시설물 파괴

② 지적측량의 오측으로 인한 타인의 재산피해

③ 고의 또는 중과실로 지적측량에 잘못을 범한 때

3) 관계법상의 징계책임

(1) 개요

① 징계책임은 업무에 대한 직무관련법규 위반에 따른 책임임

② 일정한 신분관계를 전제로 함

③ 징계처분은 1년 이내의 업무수행 정지로 국토교통부장관이 함

(2) 징계 대상 사유

① 근무처 및 경력 등의 신고 또는 변경신고를 거짓으로 한 경우

② 다른 사람에게 측량기술 자격증을 빌려주거나 자기 성명을 사용하여 측량업무를 수행하게 한 경우

4) 도의적 · 기능적 책임

① 도의적 책임 : 지적측량의 신뢰성에 대한 광범위한 책임으로서 주로 개인의 양심에 의해 확보

② 기능적 책임 : 전문직업인으로서 그 직업의 이상과 기준에 대한 책임으로, 윤리강령내지 소속기관의 내규 또는 운용방침에 의해 확보

5. 지적측량과 일반측량의 비교

1) 지적측량

① 토지에 물권이 미치는 사법적 측량

② 기속성이 있는 측량

③ 공개주의 채택

④ 특수성과 전문성에 의한 공신력을 인정

⑤ 기초측량과 세부측량으로 구분

2) 일반측량

① 건설공사의 시공을 위한 각종 공작물과 구조물의 형태와 위치 및 주요지형지물 등을 나타내기 위한 측량
② 측량방법 및 계획은 측량사의 자의에 의해 선택
③ 측량서류는 공사가 완료되면 폐기

〈지적측량과 일반측량 구분〉

구분	지적측량	일반측량
근거법	측량·수로조사 및 지적에 관한 법률	
측량목적	토지에 대한 물권이 미치는 범위와 면적 등을 등록 공시하기 위한 사법적 측량	건설공사의 시공을 위하여 주요지형, 지물의 형태와 위치 등을 나타내기 위한 측량
담당기관	국토교통부 공간정보제도과 – 시·도 지적과 – 시·군·구지적과	국토지리정보원
측량기관	국가(지적측량수행자가 대행)	측량업자(자유업)
측량종목	신규등록, 분할, 등록전환, 경계복원, 확정측량 등	공공측량 및 일반측량
측량방법	평판측량법, 경위의 측량법, 전파기·광파기측량법, 사진측량법, 위성측량법	모든 측량방법 적용 가능
측량검사	시·도 및 시·군·구	대한측량협회의 성과심사
성과보존	영구 보존	건설공사 준공 후 보존 불필요
자격	지적기술사, 기사, 산업기사, 기능사	측량 및 지형공간기술사, 기사, 산업기사, 측량기능사
측량책임	1차 : 대행법인, 2차 : 국가	측량자

6. 지적측량의 효과

① 각 필지의 기본정보를 지적공부에 등록·공시함으로써 국가정책의 계획 및 설계에 효율적으로 이용
② 사회복지사업 또는 공익사업 등의 계획 및 분배시 수혜자를 찾는 데 유용
③ 토지이용규제 등을 할 때 지적공부에 등록된 정보를 이용 가능
④ 토지개량, 도시계획, 택지 및 공장용지 조성사업 등의 계획이 지적도상에서 가능하므로 시간과 비용절감 및 정밀한 계획과 시공이 가능
⑤ 농업, 임업의 경영상 정확한 경계 및 면적의 파악으로 수익 또는 자재 등의 정확한 계산이 가능하고 협업의 경우 합리적인 수익배분 및 비용분담이 가능
⑥ 기타 토지행정, 조세행정, 등기행정, 통계, 국공유지관리 등에 직접적으로 이용

217

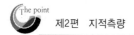

03 도해측량과 수치측량의 비교

1. 도해측량 및 수치측량의 개념

① 지적제도는 토지에 대한 물리적 현황과 법적권리관계 등을 지적공부에 등록·공시하여 국토의 효율적 관리와 국민의 재산권을 보호하는 제도

② 지적측량은 토지에 대한 물권이 미치는 한계를 정확히 밝히는 측량으로서 토지의 경계 표시방법에 따라 도해지적측량과 수치지적측량으로 구분

③ 우리나라의 지적제도는 도해지적으로 창설되었으나 최근 도시지역, 구획정리지구 및 경지정리지구 등에 수치지적측량방법을 채택

2. 도해지적측량

1) 도해지적측량의 개념

① 도해지적은 각 필지의 경계점을 측량하여 지적도나 임야도에 일정한 축척의 그림으로 묘화하는 방식

② 토지경계의 효력을 도면 상에 등록된 경계선에 의존하는 제도

2) 장점

① 육안으로 판별하기가 쉬움

② 도면작성이 간편

③ 측량기간이 짧고 장비가격이 저렴하여 경제적

④ 고도의 기술을 요구하지 않음

3) 단점

① 축척에 따라 허용오차가 다름

② 도면의 신축 방지와 보관관리가 어려움

③ 인위적, 기계적, 자연적 오차가 많이 발생

④ 지적측량의 신뢰성에 문제가 발생할 수 있음

⑤ 수치지적에 비해 정밀도가 낮음

3. 수치지적측량

1) 수치지적측량의 개념

① 수치지적이란 토지의 경계를 수학적인 좌표로 표시하는 지적제도

② 각 필지의 경계점을 평면직각종횡선좌표로 표시하며, 경계점 좌표는 경계점좌표등록부에 등록

③ 수치지적이 국지적 수치데이타로 작성된 것에 비해 광의적 국가기준계에 의해 굴곡점의 좌표로 표시된 것을 좌표지적(또는 계산지적)이라 함

2) 장점

① 좌표를 이용한 자동제도방식에 의한 지적도 작성 가능
② 측량이 신속하며 컴퓨터를 이용한 내업이 간편하여 경제적
③ 컴퓨터를 이용하여 축척제한 없이 도면작성이 가능
④ 좌표에 의해 실지와 1대1 복원이 가능하여 도해지적에 비해 정밀도가 높음

3) 단점

① 수치지적을 채택할 경우 새로이 도면을 작성해야 함
② 등록 당시의 기준점 사용 여부에 따라 정확도에 영향을 받음
③ 측량장비가 고가
④ 측량사의 전문지식이 요구

4. 도해측량과 수치측량의 비교

〈도해지적과 수치지적〉

구분	도해지적(측량)	수치지적(측량)
장점	• 육안으로 판별하기가 쉬움 • 도면작성이 간편함 • 측량기간이 짧고 장비가 저렴하여 경제적 • 고도의 기술을 요하지 않음	• 자동제도방식에 의한 지적도 작성가능 • 측량 신속, 컴퓨터를 이용한 내업이 간편 • 축척제한 없이 도면작성이 가능 • 도해지적에 비해 정밀도가 높음
단점	• 축척에 따라 허용오차가 다름 • 도면의 신축 방지와 보관관리가 어려움 • 인위적·기계적·자연적 오차가 많이 발생 • 수치지적에 비해 정밀도가 낮음	• 도면을 새로 작성 • 등록 당시 기준점에 따라 정확도에 영향 받음 • 측량장비가 고가 • 측량사의 전문지식이 요구됨

04 지적복구측량

1. 개요

① 지적복구측량은 전란, 재해 등으로 인하여 지적공부가 분소실된 때에 새로이 지적측
량을 실시하거나 소유자의 권리증서 또는 지적공증에 관한 증명자료 등 가능한 모든
증빙자료를 수집하여 지적공부를 종전의 내용대로 재작성하는 측량

② 지적공부의 복구자료는 멸실 당시의 지적공부와 가장 부합된다고 인정되는 관계자
료에 의해 토지표시에 관한 사항을 복구 등록하여야 하나 소유자에 관한 사항은 부
동산등기부나 확정판결에 의함

2. 지적공부 복구대상

① 전쟁으로 분소실된 지적공부

② 미수복지구 내의 지적공부

③ 천재지변 등으로 멸실된 지적공부

3. 지적공부의 복구자료

① 지적공부 등본

② 측량결과도

③ 지적공부 부본 및 약도

④ 지적공부정리결의서

⑤ 부동산등기부 등 등기사실을 증명하는 서류

⑥ 소관청이 작성하거나 발행한 지적공부의 등록내용을 증명하는 서류

⑦ 전산정보처리조직에 의하여 복제된 지적파일

⑧ 기타 토지표시사항에 관련된 법원의 확정판결서 정본 또는 사본

⑨ 복구측량 결과 복구자료와 불일치한 경우에는 소유자 및 이해관계인의 동의를 얻어
경계 또는 면적을 조정할 수 있음

4. 지적공부의 복구게시

① 소관청은 복구대상필지의 토지표시사항 등을 시·군·구 게시판에 15일간 게시하여
야 함

② 인접토지소유자 또는 이해관계인의 이의제기 시에는 심사 후에 복구등록함

5. 지적복구 측량방법

① 세부측량원도에 의해 사정 당시의 강계선 및 지역선을 복구

② 토지조사 이후의 토지이동사항은 읍면동 사무소, 등기소 및 소유자가 보관한 증빙서류에 의해 정리

③ 자료가 없는 토지는 새로이 조사측량 후 복구

④ 측량결과 면적오차의 허용범위 이내면 복구측량이 정확한 것으로 간주하고, 허용범위를 초과할 때는 재측량을 실시

6. 지적공부의 복구순서

① 지적복구자료조사 : 지적공부등본, 측량결과도, 지적공부부본 및 약도, 지적공부정리결의서, 등기부등본, 지적공부등록내용의 증빙서류, 확정판결서

② 공고 : 복구대상 필지의 토지표시사항 등을 시·군·구 게시판에 15일간 게시

③ 지적복구자료조사서 및 복구자료도 작성

④ 지적공부 복구 측량 : 복구자료가 없는 토지

⑤ 지적공부 작성 : 토지대장, 임야대장, 지적도, 임야도, 경계점좌표등록부

⑥ 지적공부 복구 확정공고 : 시·군·구 게시판에 15일간 게시

⑦ 이의신청 : 복구할 토지의 토지표시사항 등에 이의가 있는 자는 소관청에 이의제기

⑧ 지적공부 정리

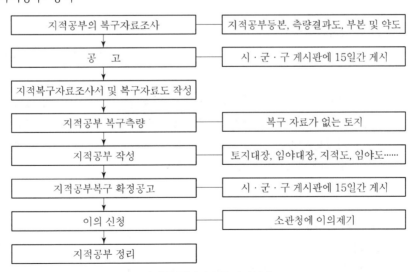

〈지적공부 복구 순서도〉

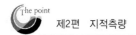
7. 지적공부의 정리

① 지적공부정리 결의서 작성 : 이동 후 난에 복구할 지목, 면적 및 지번수를, 증감 난에는 면적, 지번수를 기재한 후 지적공부정리 결의서를 작성

② 대장의 정리 : 지적공부의 복구에 의한 대장정리는 새로이 작성하는 것이 원칙

③ 도면 및 경계점좌표등록부의 정리 : 지적공부복구에 의한 도면 및 경계점좌표등록부를 새로이 작성

05 지적측량의 수행

1. 지적측량사의 구분

1) 지적측량사의 명칭

① 1930.12.31 국무원령 제176호로 제정되고 1961. 1. 1 시행된 지적측량사규정(地籍測量士規程) 제4조에서 지적측량사를 상치측량사와 대행측량사로 구분

② 상치측량사(常置測量士) : 국가 공무원으로서 그 소속 관서의 지적측량 사무에 종사하는 자

③ 대행측량사(代行測量士) : 타인으로부터 지적법에 의한 측량 업무를 위탁받아 이를 행하는 자

2) 지적측량수행자

① 2003. 12. 31 지적법 일부개정(법률 제7036호)으로 지적측량수행자를 대한지적공사와 지적측량업자로 구분

② 한국국토정보공사 : 「공간정보의 구축 및 관리 등에 관한 법률」에 의하여 지적측량과 지적제도에 관한 연구, 지적정보체계의 구축 등을 하기 위하여 설립된 법인

③ 지적측량업자 : 「공간정보의 구축 및 관리 등에 관한 법률」에 의하여 지적측량업의 등록을 하고 지적측량업을 영위하는 자

2. 지적측량 대행제도

1) 개요

지적측량제도의 세계적 추세는 국가 직영체제이나 최근에는 민영화로 전환되고 있음

2) 대행 유형

① 국가직영체제 : 대만, 미얀마, 인도네시아
② 일부대행체제 : 프랑스, 스위스, 독일, 네덜란드
③ 완전대행체제 : 한국, 일본

06 지적측량의 방법 및 절차

1. 지적측량의 방법

① 사용 장비에 따라 평판측량법, 경위의측량법, 전파기 또는 광파기측량법, 사진측량법, 위성측량법으로 구분
② 지적측량에서는 수준측량과 레이더(Radar) 측량을 채택하고 있지 않음

2. 지적측량의 구분 등

① 지적측량은 지적기준점을 정하기 위한 기초측량과 1필지의 경계와 면적을 정하는 세부측량으로 구분
② 지적측량은 평판(平板)측량, 전자평판측량, 경위의(經緯儀)측량, 전파기(電波機) 또는 광파기(光波機)측량, 사진측량 및 위성측량 등의 방법에 의함

〈지적측량의 구분〉

구분	종류	실시대상	측량장비별 방법
기초측량	지적삼각점측량	측량지역의 지형 관계상 지적삼각점 또는 지적삼각보조점의 설치 또는 재설치를 필요로 할 때	경위의측량 전파기 또는 광파기측량 사진측량
	지적삼각보조점측량		
	지적도근점측량	• 도시개발사업 등으로 지적확정측량을 할 때 • 축척변경을 위한 측량을 할 때 • 도시지역 및 준도시지역에서 세부 측량을 할 때 • 측량지역의 면적이 당해 지적도 1장에 해당하는 면적 이상인 경우 • 세부측량 시행상 특히 필요한 경우	

구분	종류	실시대상	측량장비별 방법
기초측량	지적위성기준점측량	세부 측량의 시행상 지적삼각점·지적삼각보조점 또는 지적위성기준점의 설치를 필요로 할 때	위성측량
세부측량	수치세부측량	도시개발, 축척변경 등 경위의측량 지역(수치측량지역)	경위의측량 전파기 또는 광파기측량
	도해세부측량	도해측량지역	평판측량

3. 지적측량의 종류

1) 기초측량

① 의의 : 지적기초측량은 지적삼각점, 지적삼각보조점, 도근점 등의 지적측량기준점의 설치 또는 세부측량을 위하여 필요한 경우에 실시하는 측량

② 방법 : 경위의 측량, 전파기 또는 광파기측량, 사진측량, 위성측량

③ 종류 : 지적삼각점측량, 지적삼각보조점측량, 지적도근점측량

2) 지적세부측량

(1) 의의

지적세부측량은 기초측량에서 얻은 기초점성과를 근거로 행정구역경계와 일필지의 경계를 결정하여 이를 지적도와 수치지적부에 등록하는 측량

(2) 방법

① 평판측량(도해적 방법) : 방사법, 광선법, 도선법, 교회법, 지거법, 비례법 등

② 수치측량(수치적 방법) : 경위의측량, 전파기 또는 광파기측량

③ 사진측량

(3) 도해적 방법에 의한 세부측량

① 거리측정단위는 지적도 시행지역에서는 5cm, 임야도 시행지역에서는 50cm로 함

② 측량결과도는 당해 토지의 지적도 또는 임야도와 동일한 축척으로 작성

③ 경계위치는 기지점을 기준으로 하여 지상경계선과 도상경계선의 부합 여부를 현형법, 도상원호교회법, 지상원호교회법, 거리비교확인법 등으로 확인하여 결정

④ 도해세부측량은 제도오차 0.1mm, 우연오차 0.2mm 등 축척 1/500에서 지상 15cm, 축척 1/1000에서 지상 30cm의 오차가 발생할 수 있으므로 측량결과도 등 측량성과의 지속적인 유지가 중요

⑤ 축척은 1도곽(40cm×30cm) 내에 30~120필지가 이상적

(4) 수치적 방식에 의한 세부측량

① 경위의측량에서 거리측정단위는 1cm로 함

② 지적측량기준점을 기준으로 하여 필지별 경계점을 측정

③ 토지경계점이나 경계표지를 좌표로 측정하고 이때 얻어진 좌표수치를 전산화함

④ 지거법 : 기준선으로부터 측정점까지 직각으로 거리를 재어 나타내는 방법으로 직각법이라고도 하며 교통혼잡지역, 주거밀집지역에서는 장애를 받기 쉬움

⑤ 극식법 : 정확도는 지거법에 비해 떨어지나 최근 EDM, 전자계산장비, 테코미터등의 개발로 그 이용이 확대되고 있으며 구획정리, 도시재개발사업 등의 지적확정측량에서 많이 활용

⑥ 항공사진측량방법 : 최소한의 특정정확도를 유지하려면 사진측량으로 결정된 길이는 일정한 길이 이하로 짧아서는 안 되며, 그때에는 현지에서 직접 측정하여야 하므로 건물 밀집지역에서는 그 효용성이 감소

3) 지적측량의 실시기준

(1) 지적삼각점측량 · 지적삼각보조점측량

① 측량지역의 지형상 지적삼각점이나 지적삼각보조점의 설치 또는 재설치가 필요한 경우

② 지적도근점의 설치 또는 재설치를 위하여 지적삼각점이나 지적삼각보조점의 설치가 필요한 경우

③ 세부측량을 하기 위하여 지적삼각점 또는 지적삼각보조점의 설치가 필요한 경우

(2) 지적도근점측량

① 축척변경을 위한 측량을 하는 경우

② 도시개발사업 등으로 인하여 지적확정측량을 하는 경우

③ 「국토의 계획 및 이용에 관한 법률」의 도시지역에서 세부측량을 하는 경우

④ 측량지역의 면적이 해당 지적도 1장에 해당하는 면적 이상인 경우

⑤ 세부측량을 하기 위하여 특히 필요한 경우

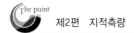

(3) 지적세부측량

① 지적측량의 종류는 다음과 같다.

〈지적측량의 종류〉

지적측량성과 검사	지적공부 복구
신규등록	등록전환
분할	바다가 된 토지의 등록 말소
축척변경	등록사항 정정
경계점을 지상에 복원	도시개발사업 등의 시행지역에서 토지의 이동

그밖에 지상건축물 등의 현황을 지적도 및 임야도에 등록된 경계와 대비하여 표시하는 데에 필요한 경우

② 지상경계 결정 기준은 다음과 같다.

〈지상경계의 구분〉

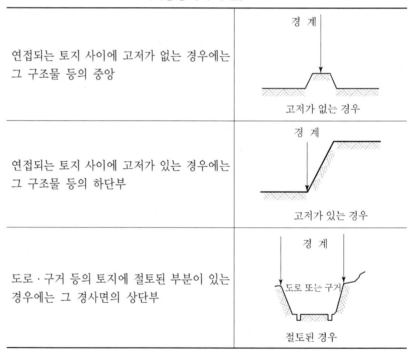

연접되는 토지 사이에 고저가 없는 경우에는 그 구조물 등의 중앙	고저가 없는 경우
연접되는 토지 사이에 고저가 있는 경우에는 그 구조물 등의 하단부	고저가 있는 경우
도로·구거 등의 토지에 절토된 부분이 있는 경우에는 그 경사면의 상단부	절토된 경우

토지가 해면 또는 수면에 접하는 경우에는 최대만조위 또는 최대만수위가 되는 선	 경 계 해면 또는 수면에 접하는 경우
공유수면매립지의 토지 중 제방 등을 토지에 편입하여 등록하는 경우에는 바깥쪽 어깨부분	경 계 공유수면 매립지

4) 지적측량의 방법

지적측량의 실시를 할 때 기초로 하는 기준점과 측량방법 · 계산법은 아래와 같다.

〈지적측량 방법〉

구분	지적삼각점측량	지적삼각보조점측량	지적도근점측량	세부측량
기초	• 위성기준점 • 통합기준점 • 삼각점 • 지적삼각점	• 위성기준점 • 통합기준점 • 삼각점 • 지적삼각점 • 지적삼각보조점	• 위성기준점 • 통합기준점 • 삼각점 • 지적기준점	• 위성기준점 • 통합기준점 • 지적기준점 • 경계점
방법	• 경위의측량방법 • 전파기 · 광파기측량방법 • 위성측량방법 • 국토교통부장관이 승인한 측량방법	• 경위의측량방법 • 전파기 · 광파기측량방법 • 위성측량방법 • 국토교통부장관이 승인한 측량방법	• 경위의측량방법 • 전파기 · 광파기측량방법 • 위성측량방법 • 국토교통부장관이 승인한 측량방법	• 경위의측량방법 • 평판측량방법 • 위성측량방법 • 전자평판측량방법
계산	• 평균계산법 • 망평균계산법	• 교회법(交會法) • 다각망도선법	• 도선법 • 교회법 • 다각망도선법	

5) 지적기준점측량의 절차

① 계획의 수립

② 준비 및 현지답사

③ 선점(選點) 및 조표(調標)

④ 관측 및 계산과 성과표의 작성

6) 지적측량기준점의 확인 및 선점

① 지적삼각점측량 및 지적삼각보조점측량을 하는 때에는 미리 사용하고자 하는 삼각점·지적삼각점 및 지적삼각보조점의 변동 유무를 확인하여야 한다. 확인결과 기지각과의 오차가 ±40초 이내인 경우에는 그 삼각점·지적삼각점 및 지적삼각보조점에 변동이 없는 것으로 본다.

② 지적측량기준점을 선점하는 때에는 다음에 의한다.

- 후속측량에 편리하고 영구적으로 보존할 수 있는 위치
- 지적도근점을 선점하는 때에는 지적도근점 간의 거리가 가급적 동일하게 하되 측량대상지역의 후속측량에 지장이 없도록 하여야 한다.
- 다각망도선법으로 지적삼각보조점측량 및 지적도근점측량을 하는 경우에 기지점 간 직선상의 외부에 두는 지적삼각보조점 및 지적도근점의 선점은 기지점 직선과의 사이각을 30° 이내로 한다.

③ 암석·석재구조물·콘크리트구조물·맨홀 및 건축물 등 견고한 고정물에 지적측량기준점을 설치할 필요가 있는 경우에는 그 고정물에 각인하거나 그 구조물에 고정하여 설치할 수 있다.

④ 지적삼각보조점의 규격과 재질은 지적삼각점표지를 준용한다.

4. 기초측량

1) 지적삼각점측량의 관측 및 계산

- 지적삼각점측량을 할 때에는 미리 지적삼각점표지를 설치
- 지적삼각점의 명칭은 측량지역이 소재하고 있는 특별시·광역시·도 또는 특별자치도(이하 "시·도"라 한다)의 명칭 중 두 글자를 선택하고 시·도 단위로 일련번호를 붙여서 정함
- 지적삼각점은 유심다각망(有心多角網)·삽입망(揷入網)·사각망(四角網)·삼각쇄(三角鎖) 또는 삼변(三邊) 이상의 망으로 구성
- 삼각형의 각 내각은 30° 이상 120° 이하(다만, 망평균계산법과 삼변측량에 따르는 경우에는 그러하지 아니함)

- 지적삼각점 성과 결정을 위한 관측 및 계산의 과정은 지적삼각점측량부에 적음

(1) 경위의측량방법

① 관측은 10초독(秒讀) 이상의 경위의 사용

② 수평각 관측은 3대회(윤곽도는 0°, 60°, 120°로 한다)의 방향관측법

③ 수평각의 측각공차(測角公差)는 다음과 같음

〈지적삼각점측량의 수평각 측각공차〉

종별	1방향각	1측회의 폐색	삼각형 내각관측의 합과 180°와의 차	기지각과의 차
공차	30초 이내	±30초 이내	±30초 이내	±40초 이내

(2) 전파기 또는 광파기측량방법

① 전파 또는 광파측거기(光波測距機)는 표준편차가 ±[5mm+5ppm] 이상인 정밀측거기를 사용

② 점간거리는 5회 측정하여 그 측정치의 최대치와 최소치의 교차가 평균치의 10만분의 1 이하일 때에는 그 평균치를 측정거리로 함

③ 원점에 투영된 평면거리에 따라 계산

④ 삼각형의 내각은 세 변의 평면거리에 따라 계산하며, 기지각과의 차(差)는 ±40초 이내

(3) 연직각(鉛直角)

① 각 측점에서 정반(正反)으로 각 2회 관측할 것

② 관측치의 최대치와 최소치의 교차가 30초 이내일 때에는 그 평균치를 연직각으로 할 것

③ 2개의 기지점(旣知點)에서 소구점(所求點)의 표고를 계산한 결과 그 교차가 $0.05m+0.05(S_1+S_2)m$ 이하일 때에는 그 평균치를 표고로 할 것(이 경우 S_1과 S_2는 기지점에서 소구점까지의 평면거리로서 km 단위로 표시한 수)

(4) 지적삼각점의 계산

① 진수(眞數)를 사용

② 각규약(角規約)과 변규약(邊規約)에 따른 평균계산법 또는 망평균계산법

229

③ 지적삼각점측량의 실시기준은 다음과 같음

〈지적삼각점측량 실시 기준〉

측량 종류		지적삼각점 측량					
기초(기지)점		위성기준점, 통합기준점, 삼각점, 지적삼각점					
점간거리		2~5km					
측량방법		경위의 측량방법			전·광파기 측량방법		
망구성		유심다각망, 삽입망, 사각망, 삼각쇄, 삼변 이상의 망					
삼각형 내각		30°~120°(망평균계산법, 삼변측량일 경우 제외)					
삼각형 내각 계산					3변 평면거리에 따라 계산		
경위의정밀도		10초독 이상 경위의			표준편차 ±(5mm+5ppm) 이상 정밀측거기 사용		
수평각 관측		3대회 방향관측법 (윤곽도 : 0°, 60°, 120°)					
수평각측각공차	1 방향각	30초 이내					
	1측회 폐색	±30초 이내					
	삼각형내각 관측치의 합과 180°와의 차	±30초 이내					
	기지각과의 차	±40초 이내					
계산 단위	종별	각	변장	진수	좌표·표고	경위도	자오선 수차
	단위	초	cm	6자리 이상	cm	초아래 자리	초아래 1자리
점간거리 측정					5회 측정, 최대치와 최소치의 교차가 평균치의 1/10만 이하(원점에 투영된 평면거리에 따라 계산)		
연직각	관측	정반각 2회 관측, 최대치와 최소치 교차 30초 이내일 때 평균치 적용					
	계산	2개 기지점에서 소구점의 표고 계산한 교차가 0.05m+0.05(S_1+S_2)m 이하인 때에 평균치(S_1, S_2 : 기지점에서 소구점까지의 평면거리, km 단위)					
측량성과 인정한계		0.20m 이내					
설치차수 한계		지적삼각점만을 기지점으로 하여 다시 설치하는 때에는 1차에 한하되 가급적 다른 삼각점에 폐색하여 그 측량성과를 확인					
지적삼각점 명칭 부여		측량지역의 시·도 명 중 2자를 채택하고 시·도 단위로 일련번호를 붙여 정함					
삼각점 계산		진수사용, 각규약 변규약에 따른 평균계산법 또는 망평균계산법					

2) 지적삼각보조점의 관측 및 계산

① 지적삼각보조점측량을 할 때, 필요한 경우 미리 지적삼각보조점표지를 설치

② 지적삼각보조점은 측량지역별로 설치순서에 따라 일련번호를 부여하되, 영구표지를 설치하는 경우에는 시·군·구별로 일련번호를 부여 이 경우 지적삼각보조점의 일련번호 앞에 "보"자를 붙임

③ 지적삼각보조점은 교회망 또는 교점다각망(交點多角網)으로 구성

④ 경위의측량방법과 전파기 또는 광파기측량방법에 따라 교회법으로 측량을 할 때
   • 3방향의 교회에 따를 것. 다만, 지형상 부득이 하여 2방향의 교회에 의하여 결정하려는 경우에는 각 내각을 관측하여 각 내각의 관측치의 합계와 180°와의 차가 ±40초 이내일 때에는 이를 각 내각에 고르게 배분하여 사용
   • 삼각형의 각 내각은 30° 이상 120° 이하

⑤ 전파기 또는 광파기측량방법에 따라 다각망도선법으로 측량을 할 때
   • 3개 이상의 기지점을 포함한 결합다각방식
   • 1도선(기지점과 교점 간 또는 교점과 교점 간을 말한다)의 점의 수는 기지점과 교점을 포함하여 5개 이하
   • 1도선의 거리(기지점과 교점 또는 교점과 교점 간의 점간거리의 총합계를 말한다)는 4km 이하

⑥ 지적삼각보조점성과 결정을 위한 관측 및 계산의 과정은 지적삼각보조점측량부에 적어야 함

(1) 경위의측량방법과 교회법

① 관측은 20초독 이상의 경위의를 사용

② 수평각 관측은 2대회(윤곽도는 0°, 90°로 한다)의 방향관측법

③ 수평각의 측각공차는 다음 표와 같음

④ 이 경우 삼각형 내각의 관측치를 합한 값과 180°와의 차는 내각 전부 관측한 경우에 적용

⑤ 2개의 삼각형으로부터 계산한 위치의
   연결교차($\sqrt{종선교차^2 + 횡선교차^2}$ 를 말한다. 이하 같다)가 0.30m 이하일 때에는 그 평균치를 지적삼각보조점의 위치로 함

⑥ 이 경우 기지점과 소구점 사이의 방위각 및 거리는 평균치에 따라 새로 계산하여 정함

〈지적삼각보조점측량 실시 기준〉

측량 종류		지적삼각보조점 측량				
기초(기지)점		위성기준점, 통합기준점, 삼각점, 지적삼각점, 지적삼각보조점				
점간거리		1~3km(단, 다각망도선법 일 때 평균 0.5~1km 이하)				
측량방법		경위의 측량법	전·광파기 측량법	경위의 측량법	전·광파기 측량법	
		교회법		다각망도선법		
망구성		교회망 또는 교점다각망				
		3방향 교회, 부득이한 경우 2방향 내각의 합이 180°와의 차가 ±40초 이내일 때 내각에 고르게 배분		3개 이상 기지점 포함 결합다각방식		
삼각형 내각		30°~120°				
경위의정밀도		20초독 이상 경위의		20초독 이상 경위의		
수평각 관측		2대회 방향관측법 (윤곽도 : 0°, 90°)		-2대회 방향관측법(윤곽도 : 0°, 90°) -배각법(1회 측정각과 3회 측정각의 평균치 교차 30초 이내)		
수평각측각공차	1방향각	40초 이내		40초 이내		
	1측회 폐색	±40초 이내		±40초 이내		
	삼각형내각 관측치의 합과 180°와의 차	±50초 이내 (2방향±40초)		±50초 이내 (2방향±40초)		
	기지각과의 차	±50초 이내				
	1회, 2회 측정각의 평균값에 대한교차	30초 이내				
계산단위	종별	각	변장	진수		좌표
	단위	초	cm	6자리 이상		cm
점간거리 측정		5회 측정, 최대치와 최소치의 교차가 평균치의 1/10만 이하 (원점에 투영된 평면거리에 따라 계산)				
연직각	관측	정·반 2회 관측, 최대치와 최소치 교차 30초 이내일 때 평균치 적용				
	계산	2개 기지점에서 소구점의 표고 계산한 교차가 $0.05m+0.05(S_1+S_2)m$ 이하인 때에 평균치(S_1, S_2 : 기지점에서 소구점까지의 평면거리, km 단위)				
1도선점수·거리		기지점과 교점포함 5개 이하, 1도선거리4km 이하				
측량성과 인정한계		0.25m 이내				
기지점 수		3점(부득이 2점)		3점 이상		
연결교차		2개의 삼각형으로부터 계산한 위치의 연결교차($\sqrt{종선교차^2+횡선교차^2}$를 말한다. 이하 같다)가 0.30m 이하인 때에는 그 평균치를 지적삼각보조점의 위치로 할 것		$0.05 \times Sm$(S : 도선거리/1,000)		
폐색오차 제한				$\pm 10\sqrt{n}$ 초 이내 (n : 폐색변을 포함한 변수)		

측량 종류		지적삼각보조점 측량
측각오차 배분	배각법	$K=-\dfrac{e}{R}\times r$ (측선장에 반비례하여 각 측선의 관측각에 배분)
	방위 각법	$Kn=-\dfrac{e}{S}\times s$ (변의 수에 비례하여 각 측선의 방위각에 배분)
연결오차 허용범위		$0.05\times Sm$ 이하 (S : 점간거리 총합계/1,000)
연결오차의 배분	배각법	$T=-\dfrac{e}{L}\times l$ －측선의 종·횡선차 길이에 비례 배분(e : 오차, 　 l : 각 측선의 종·횡선차, L : 절대치합계) －오차가 매우 작을 경우 : 종·횡선차가 긴 것부 　 터 배분
	방위 각법	$C=-\dfrac{e}{L}\times l$ －측선장에 비례 배분(L : 각 측선장 총합계, l : 　 각 측선의 측선장) －오차가 매우 작을 경우 : 측선장이 긴 것부터 순 　 차로 배분
일반사항		○명칭 부여 : 「보」로 하고 아라비아숫자 일련번호 　• 영구표지 설치 : 시·군·구별 일련번호 부여 　• 일시표지 설치 : 측량지역별 일련번호 부여 ○성과계산 : 교회법 또는 다각망도선법 ○영구표지를 설치한 경우는 지적삼각측량 규정에 준하여 관측계산

(2) 전파기 또는 광파기측량방법과 교회법

① 점간거리 및 연직각의 측정방법은 지적삼각점측량에 준용

② 기지각과의 차는 ±50초 이내

③ 계산단위 및 2개의 삼각형으로부터 계산한 위치의 연결교차에 관하여는 경위의측량방법과 교회법을 준용

(3) 경위의측량방법, 전파기 또는 광파기측량방법과 다각망도선법

① 관측과 계산방법은 경위의측량방법과 교회법을 준용

② 점간거리 및 연직각의 관측방법은 지적삼각점측량의 전파기 또는 광파기 측량방법을 준용. 다만, 다각망도선법에 따른 지적삼각보조점의 수평각 관측은 지적도근점의 관측 및 계산에 따른 배각법(倍角法)에 따를 수 있으며, 1회 측정각과 3회 측정각의 평균치에 대한 교차는 30초 이내로 함

③ 도선별 평균방위각과 관측방위각의 폐색오차(閉塞誤差)는 $\pm10\sqrt{n}$ 초 이내로 함(이 경우 n은 폐색변을 포함한 변의 수를 말함)

④ 도선별 연결오차는 $0.05 \times S$m 이하로 할 것(이 경우 S는 도선의 거리를 1천으로 나눈 수)

⑤ 측각오차(測角誤差)의 배분에 관하여는 지적도근측량의 오차배분을 준용

⑥ 종선오차 및 횡선오차의 배분은 지적도근점측량의 종·횡선오차의 배분을 준용

3) 지적도근점측량

(1) 일반

① 지적도근점측량을 할 때에는 미리 지적도근점표지를 설치

② 지적도근점의 번호는 영구표지를 설치하는 경우에는 시·군·구별로, 영구표지를 설치하지 아니하는 경우에는 시행지역별로 설치순서에 따라 일련번호를 부여하며, 이 경우 각 도선의 교점은 지적도근점의 번호 앞에 "교"자를 붙임

③ 지적도근점측량의 도선은 다음 각 호의 기준에 따라 1등도선과 2등도선으로 구분

- 1등도선 : 위성기준점, 통합기준점, 삼각점, 지적삼각점 및 지적삼각보조점의 상호 간을 연결하는 도선 또는 다각망도선

- 2등도선 : 위성기준점, 통합기준점, 삼각점, 지적삼각점 및 지적삼각보조점과 지적도근점을 연결하거나 지적도근점 상호 간을 연결하는 도선

④ 1등도선은 가·나·다 순으로 표기하고, 2등도선은 ㄱ·ㄴ·ㄷ 순으로 표기

⑤ 지적도근점은 결합도선·폐합도선(廢合道線)·왕복도선 및 다각망도선으로 구성

⑥ 경위의측량방법에 따라 도선법으로 지적도근점측량을 할 때

- 도선은 위성기준점, 통합기준점, 삼각점, 지적삼각점, 지적삼각보조점 및 지적도근점의 상호 간을 연결하는 결합도선에 의함

- 다만, 지형상 부득이 한 경우에는 폐합도선 또는 왕복도선에 따를 수 있음

- 1도선의 점의 수는 40점 이하로 할 것. 다만, 지형상 부득이 한 경우에는 50점까지로 할 수 있음

⑦ 경위의측량방법이나 전파기 또는 광파기측량방법에 따라 다각망도선법으로 지적도근점측량을 할 때

- 3점 이상의 기지점을 포함한 결합다각방식에 따를 것

- 1도선의 점의 수는 20개 이하로 할 것

⑧ 지적도근점 성과결정을 위한 관측 및 계산의 과정은 그 내용을 지적도근점측량부에 적어야 함

(2) 지적도근점의 관측 및 계산

① 경위의측량방법, 전파기 또는 광파기측량방법과 도선법 또는 다각망도선법에 따른 지적도근점의 관측과 계산은 다음 기준에 의함
② 수평각의 관측은 20초독 이상의 경위의를 사용함

〈지적도근점측량 실시 기준〉

측량 종류		지적도근점 측량					
기초(기지)점		위성기준점, 통합기준점, 삼각점, 지적기준점(지적삼각점, 지적삼각보조점, 지적도근점)					
점간거리		50~300m			50~500m		
측량방법		경위의 측량법	전·광파기 측량법		경위의 측량법	전·광파기 측량법	
		도선법			다각망도선법		
망구성		결합도선 (부득이한 경우 폐합·왕복도선)			3점 이상의 기지점을 포함한 결합다각방식		
도선 종류		결합도선, 폐합도선, 왕복도선, 다각망도선					
경위의정밀도		20초독 이상					
수평각 관측		− 시가지지역·축척변경시행지역·경계점좌표등록부시행지역은 배각법, − 기타 지역은 배각법과 방위각법 혼용 가능					
계산 단위	종별	종별	각	측정횟수	거리	진수	좌표
		배각법	초	3회	cm	5자리 이상	cm
	단위	방위각법	분	1회	cm	5자리 이상	cm
점간거리 측정		2회 측정, 측정치의 교차가 평균치의 1/3,000m 이하일 때 그 평균치(경사거리인 경우 수평거리로 계산)					
연직각		올려본 각과 내려본 각의 관측 교차가 90초 이내일 때 평균치					
1도선점수·거리		40점 이하, 부득이한 경우 50점까지			1도선은 20개 이하		
측량성과 인정한계		경계점좌표등록지역 0.15m, 기타 0.25m 이내					
기지점 수					3점 이상을 포함한 결합다각방식		

측량 종류			지적도근점 측량
패색 오차 제한	1배각과 3배각의 교차		30초 이내
	배각법	1등	$\pm 20\sqrt{n}$ (초) 이내
		2등	$\pm 30\sqrt{n}$ (초) 이내
	방위각 법	1등	$\pm\sqrt{n}$ (분)
		2등	$\pm 1.5\sqrt{n}$ (분)
측각 오차 배분	배각법		$K=-\dfrac{e}{R}\times r$ (측선장에 반비례 하여 각 측선의 관측각에 배분)
	방위각법		$Kn=-\dfrac{e}{S}\times s$ (변의 수에 비례하여 각 측선의 방위각에 배분)
연결 오차 허용 범위	1등도선		$\dfrac{1}{100}\sqrt{n}$ m 이하	n : 수평거리 합계를 100으로 나눈 수
	2등도선		$\dfrac{1.5}{100}\sqrt{n}$ cm 이하	
	축척		－ 경계점좌표등록부 지역 : 1/500, 1/6,000 지역 : 1/3,000 －축척이 2 이상인 때는 대축척의 축척분모
연결 오차 배분	배각법		$T=-\dfrac{e}{L}\times l$ 　여기서, e : 오차, l : 각 측선의 종·횡선차, L : 절대치 합계 －측선의 종·횡선차 길이에 비례 배분 －오차가 매우 작을 경우 : 종·횡선차가 긴 것부터 배분
	방위각법		$C=-\dfrac{e}{L}\times l$ 　여기서, L : 각 측선장 총합계, l : 각 측선의 측선장 －측선장에 비례 배분 －오차가 매우 작을 경우 : 측선장이 긴 것부터 순차로 배분
일반 사항			○계산방법 　도선법, 교회법, 다각망도선법
			○일련번호 　－영구표지를 설치한 경우 : 시·군·구별로 일련번호 부여 　－영구표지를 설치하지 않은 경우 : 시행지역별로 설치 순서에 따라 일련번호 부여 　－도선의 교점은 번호 앞에 "교"자를 붙인다.
			○도선의 구분 　－1등도선 : 위성기준점, 통합기준점, 삼각점, 지적삼각점, 지적삼각보조점 상호 간을 연결하는 도 　　선 또는 다각망도선 　－2등도선 : 위성기준점, 통합기준점, 삼각점, 지적삼각점, 지적삼각보조점, 지적도근점을 연결하 　　는 도선, 또는 지적도근점 상호 간을 연결하는 도선
			○표기 : 1등도선은 가, 나, 다 순, 2등 도선은 ㄱ, ㄴ, ㄷ 순으로 표기

236

③ 점간거리를 측정하는 경우에는 2회 측정하여 그 측정치의 교차가 평균치의 3천분의 1 이하일 때에는 그 평균치를 점간거리로 함

④ 이 경우 점간거리가 경사(傾斜)거리일 때에는 수평거리로 계산하여야 함

⑤ 연직각을 관측하는 경우에는 올려본 각과 내려본 각을 관측하여 그 교차가 90초 이내일 때에는 그 평균치를 연직각으로 함

(3) 지적도근점의 폐색오차 허용범위 및 측각오차의 배분

도선법과 다각망도선법에 따른 폐색오차의 허용범위(n은 폐색변을 포함한 변의 수)

① 배각법
- 1회 측정각과 3회 측정각의 평균값에 대한 교차는 30초 이내
- 1도선의 기지방위각 또는 평균방위각과 관측방위각의 폐색오차는 1등도선은 ±20 $\sqrt{n}$ 초 이내, 2등도선은 ±30 $\sqrt{n}$ 초 이내로 함
- 오차의 배분 : 측선장(測線長)에 반비례하여 각 측선의 관측각에 배분

$$K = -\frac{e}{R} \times \gamma$$

여기서, K : 각 측선에 배분할 초단위의 각도

e : 초단위의 오차

R : 폐색변을 포함한 각 측선장의 반수의 총합계

r : 각 측선장의 반수. 이 경우 반수는 측선장 1m에 대하여 1천을 기준으로 한 수

② 방위각법
- 1도선의 폐색오차는 1등도선은 ±$\sqrt{n}$분 이내, 2등도선은 ±1.5$\sqrt{n}$분 이내로 함
- 오차의 배분은 변의 수에 비례하여 각 측선의 방위각에 배분

$$K_n = -\frac{e}{S} \times s$$

여기서, K_n : 각 측선의 순서대로 배분할 분단위의 각도

e : 분단위의 오차

S : 폐색변을 포함한 변의 수

s : 각 측선의 순서

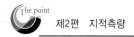

(4) 연결오차의 허용범위와 종선 및 횡선오차의 배분

① 연결오차의 허용범위

- 1등도선은 해당 지역 축척분모의 $\dfrac{1}{100}\sqrt{n}\,\mathrm{cm}$ 이하

- 2등도선은 해당 지역 축척분모의 $\dfrac{1.5}{100}\sqrt{n}\,\mathrm{cm}$ 이하

  (n은 각 측선의 수평거리의 총합계를 100으로 나눈 수)

- 경계점좌표등록부를 갖춰 두는 지역의 축척분모는 500으로 하고, 축척이 6천분의 1인 지역의 축척분모는 3천으로 함

- 이 경우 하나의 도선에 속하여 있는 지역의 축척이 2 이상일 때에는 대축척의 축척분모

② 연결오차의 배분

- 배각법 : 각 측선의 종선차 또는 횡선차 길이에 비례하여 배분

$$T = -\frac{e}{L} \times l$$

여기서, T : 각 측선의 종선차 또는 횡선차에 배분할
cm 단위의 수치

e : 종선오차 또는 횡선오차

L : 종선차 또는 횡선차의 절대치의 합계

l : 각 측선의 종선차 또는 횡선차

- 방위각법 : 각 측선장에 비례하여 배분

$$C = -\frac{e}{L} \times l$$

여기서, C : 각 측선의 종선차 또는 횡선차에 배분할
cm 단위의 수치

e : 종선오차 또는 횡선오차

L : 각 측선장의 총합계

l : 각 측선의 측선장

③ 종선 또는 횡선의 오차가 매우 작아 이를 배분하기 곤란할 때
배각법에서는 종선차 및 횡선차가 긴 것부터, 방위각법에서는 측선장이 긴 것부터 차례로 배분하여 종선 및 횡선의 수치를 결정

5. 세부측량

1) 측량준비 파일의 작성

(1) 평판측량방법의 세부측량

지적도, 임야도에 따른 측량준비파일 작성

① 측량대상 토지의 경계선 · 지번 및 지목

② 인근 토지의 경계선 · 지번 및 지목

③ 임야도를 갖춰 두는 지역에서 인근 지적도의 축척으로 측량을 할 때에는 임야도에 표시된 경계점의 좌표를 구하여 지적도에 전개(展開)한 경계선(다만, 임야도에 표시된 경계점의 좌표를 구할 수 없거나 그 좌표에 따라 확대하여 그리는 것이 부적당한 경우에는 축척비율에 따라 확대한 경계선)

④ 행정구역선과 그 명칭

⑤ 지적기준점 및 그 번호와 지적기준점 간의 거리, 지적기준점의 좌표, 그 밖에 측량의 기점이 될 수 있는 기지점

⑥ 도곽선(圖廓線)과 그 수치

⑦ 도곽선의 신축이 0.5mm 이상일 때에는 그 신축량 및 보정(補正) 계수

⑧ 그 밖에 국토교통부장관이 정하는 사항

(2) 경위의측량방법의 세부측량

경계점좌표등록부와 지적도에 따른 측량준비파일 작성

① 측량 대상 토지의 경계와 경계점의 좌표 및 부호도 · 지번 · 지목

② 인근 토지의 경계와 경계점의 좌표 및 부호도 · 지번 · 지목

③ 행정구역선과 그 명칭

④ 지적기준점 및 그 번호와 지적기준점 간의 방위각 및 그 거리

⑤ 경계점 간 계산거리

⑥ 도곽선과 그 수치

⑦ 그 밖에 국토교통부장관이 정하는 사항

※지적측량수행자는 측량준비파일로 지적측량성과를 결정할 수 없는 경우에는 지적소관청에 지적측량성과의 연혁자료를 요청

2) 세부측량의 기준 및 방법

(1) 평판측량방법에 따른 세부측량

① 거리측정단위는 지적도를 갖춰 두는 지역에서는 5cm, 임야도를 갖춰 두는 지역에서는 50cm

- 측량결과도는 그 토지가 등록된 도면과 동일한 축척으로 작성할 것(전자평판측량 동일)
- 세부측량의 기준이 되는 위성기준점, 통합기준점, 삼각점, 지적삼각점, 지적삼각보조점, 지적도근점 및 기지점이 부족한 경우에는 측량상 필요한 위치에 보조점을 설치하여 활용함(전자평판측량 동일)
- 경계점은 기지점을 기준으로 하여 지상경계선과 도상경계선의 부합 여부를 현형법(現形法) · 도상원호(圖上圓弧)교회법 · 지상원호(地上圓弧)교회법 또는 거리비교확인법 등으로 확인하여 정함(전자평판측량 동일)

② 평판측량방법에 따른 세부측량은 교회법 · 도선법 및 방사법(放射法)에 따름 (전자평판측량 동일)

③ 평판측량방법에 있어서 도상에 영향을 미치지 아니하는 지상거리의 축척별 허용범위는 $\dfrac{M}{10}$ mm로 한다. 이 경우 M은 축척분모(전자평판측량 동일)

④ 교회법으로 하는 경우(전자평판측량 동일)
- 전방교회법 또는 측방교회법
- 3방향 이상의 교회에 따름
- 방향각의 교각은 30° 이상 150° 이하
- 방향선의 도상길이는 평판의 방위표정(方位標定)에 사용한 방향선의 도상길이 이하로서 10cm 이하
- 다만, 광파조준의(光波照準儀) 또는 광파측거기를 사용하는 경우에는 30cm 이하
- 측량결과 시오(示誤)삼각형이 생긴 경우 내접원의 지름이 1mm 이하일 때에는 그 중심을 점의 위치로 함

⑤ 도선법으로 하는 경우(전자평판측량 동일)
- 위성기준점, 통합기준점, 삼각점, 지적삼각점, 지적삼각보조점 및 지적도근점, 그 밖에 명확한 기지점 사이를 서로 연결
- 도선의 측선장은 도상길이 8cm 이하(다만, 광파조준의 또는 광파측거기를 사용할 때에는 30cm 이하)
- 도선의 변은 20개 이하
- 도선의 폐색오차가 도상길이 $\dfrac{\sqrt{N}}{3}$ mm 이하인 경우 그 오차는 다음의 계산식에 따라 이를 각 점에 배분하여 그 점의 위치로 함

$$Mn = \frac{e}{N} \times n$$

여기서, Mn : 각 점에 순서대로 배분할 mm 단위의 도상길이

e : mm 단위의 오차

N : 변의 수

n : 변의 순서

⑥ 방사법으로 하는 경우(전자평판측량 동일)

1방향선의 도상길이는 10cm 이하. 다만, 광파조준의 또는 광파측거기를 사용할 때에는 30cm 이하

⑦ 평판측량방법으로 거리를 측정하는 경우

도곽선의 신축량이 0.5mm 이상일 때에는 다음의 계산식에 따른 보정량을 산출하여 도곽선이 늘어난 경우에는 실측거리에 보정량을 더하고, 줄어든 경우에는 실측거리에서 보정량을 뺌

$$보정량 = \frac{신축량(지상) \times 4}{도곽선길이합계(지상)} \times 실측거리$$

⑧ 경사거리를 측정하는 경우의 수평거리의 계산

• 조준의[앨리데이드(Alidade)]를 사용한 경우

$$D = l\frac{1}{\sqrt{1 + (\frac{n}{100})^2}}$$

여기서, D : 수평거리

l : 경사거리

n : 경사분획

• 망원경 조준의(망원경 앨리데이드)를 사용한 경우

$$D = l\cos\theta \ \ 또는 \ \ l\sin\alpha$$

여기서, D : 수평거리　　　l : 경사거리

θ : 연직각　　　α : 천정각 또는 천저각

〈평판측량 실시 기준〉

측량 종류	세부 측량					
기초(기지)점	위성기준점, 통합기준점, 지적기준점, 경계점(필요시 보조점)					
측량방법	평판측량방법			전자평판측량방법		
	교회법	도선법	방사법	교회법	도선법	방사법
망구성	전방·측방의 3방향 이상 교회	위성·통합기준점, 삼각점지적측량 기준점·기지점 상호 연결		전방·측방의 3방향 이상 교회	위성·통합기준점, 삼각점지적측량 기준점·기지점 상호 연결	
삼각형 내각	교각 : 30~150°			교각 : 30~150°		
측량성과 인정한계	$3/10 \times M$(mm)					
방향선 / 측선 / 지거길이	10cm 이하 광파조준의, 광파측거기 사용 : 30cm 이하	8cm 이하, 광파조준의, 광파측거기 사용 : 30cm 이하	10cm 이하 광파 조준의 사용 : 30cm 이하	10cm 이하 광파조준의, 광파 측거기 사용 : 30cm 이하	8cm 이하, 광파조준의, 광파측거기사용 : 30cm 이하	10cm 이하 광파조준의사용 : 30cm 이하
시오삼각형	내접원 지름이 1mm 이하일 때 그 중심을 점의 위치로 함			내접원 지름이 1mm 이하일 때 그 중심을 점의 위치로 함		
도선의 변수	20변 이하			20변 이하		
폐색 오차	$\dfrac{\sqrt{N}}{3}$mm 이하			$\dfrac{\sqrt{N}}{3}$mm 이하		
오차 배분	$Mn = \dfrac{e}{N} \times n$			$Mn = \dfrac{e}{N} \times n$		
거리 측정 (평판측량 방법의 경우)	도곽선의 길이가 0.5mm 이상 신축 시(신가축감) 보정량 $= \dfrac{\text{신축량(지상)} \times 4}{\text{도곽선길이합계(지상)}} \times$ 실측거리					
측판측량방법에서 경사거리를 수평거리로 계산	$D = l\dfrac{1}{\sqrt{1 + \left(\dfrac{n}{100}\right)^2}}$ (D는 수평거리, l은 경사거리, n은 경사분획) $D = l\cos\theta$ 또는 $l\sin\alpha$ (D는 수평거리, l은 경사거리, θ는 연직각, α는 천정각 또는 천저각)					
거리측정 단위	지적도 5cm, 임야도 50cm					
경계점의 결정	지상경계선과 도상경계선의 부합 여부를 현형법·도상원호교회법·지상원호교회법 또는 거리비교확인법					
도상에 영향을 미치지 않는 축척별 허용 한계	$M/10$mm					

242

(2) 경위의측량방법에 따른 세부측량

① 작성기준

- 거리측정단위는 1cm
- 측량결과도는 그 토지의 지적도와 동일한 축척으로 작성
- 다만, 도시개발사업 등의 시행지역(농지의 구획정리지역은 제외한다)과 축척변경 시행지역은 500분의 1로 하고, 농지의 구획정리 시행지역은 1천 분의 1로 하되, 필요한 경우에는 미리 시·도지사의 승인을 받아 6천분의 1까지 작성
- 토지의 경계가 곡선인 경우에는 가급적 현재 상태와 다르게 되지 아니하 도록 경계점을 측정하여 연결
- 이 경우 직선으로 연결하는 곡선의 중앙종거(中央縱距)의 길이는 5cm 이 상 10cm 이하

② 경위의측량방법에 따른 세부측량의 관측 및 계산

- 미리 각 경계점에 표지를 설치하여야 함. 다만, 부득이한 경우에는 그러하 지 아니함
- 도선법 또는 방사법
- 관측은 20초독 이상의 경위의를 사용
- 수평각의 관측은 1대회의 방향관측법이나 2배각의 배각법
- 다만, 방향관측법인 경우에는 1측회의 폐색을 하지 아니할 수 있음
- 연직각의 관측은 정반으로 1회 관측하여 그 교차가 5분 이내일 때에는 그 평균치를 연직각으로 하되, 분 단위로 독정(讀定)
- 경계점의 거리측정에 관하여는 지적도근점의 관측 및 계산기준과 동일하 게 점간거리를 측정하는 경우에는 2회 측정하여 그 측정치의 교차가 평균 치의 3천분의 1 이하일 때에는 그 평균치를 점간거리로 함
- 이 경우 점간거리가 경사(傾斜)거리일 때에는 수평거리로 계산

〈경위의 세부측량 실시 기준〉

측량 종류		세부 측량			
기초(기지)점		위성기준점, 통합기준점, 지적기준점, 경계점(필요시 보조점)			
측량방법		경위의 측량법			
		도선법		방사법	
경위의 정밀도		20초독 이상			
수평각 관측		1대회 방향관측이나(1측회의 폐색을 하지 않을 수 있음) 2배각의 배각법에 따름			
수평각측각공차	1 방향각	60초 이내			
	1회, 2회 측정각의 평균값에 대한 교차	40초 이내			
계산 단위	종별	각	변장	진수	좌표
	단위	초	cm	5자리 이상	cm
		분	cm	5자리 이상	cm
점간거리측정		2회 측정, 측정치의 교차가 평균치의 1/3,000m 이하일 때 그 평균치 (경사거리인 경우 수평거리로 계산)			
연직각		정·반 1회, 허용교차 5분 이내 (분 단위 독정)			
1도선점수·거리		계산거리와 실측거리 허용오차	$3+\dfrac{L}{10}$ cm(L : 실측거리, m단위)		
측량성과 인정한계		0.10m			
거리측정 단위		경위의 측량 1cm			
측량 결과도	도시개발·축척 변경 지역	1/500			
	농지의 구획정리 지역	1/1,000(시·도지사 승인 시 1/6,000)			
곡선의 중앙 종거 길이		5~10cm			

(3) 임야도를 갖춰 두는 지역의 세부측량

① 임야도를 갖춰 두는 지역의 세부측량은 위성기준점, 통합기준점, 삼각점, 지적삼각점, 지적삼각보조점 및 지적도근점에 따름

② 다만, 다음의 경우에는 지적도의 축척으로 측량한 후 그 성과에 따라 임야측량결과도를 작성

  ㉠ 측량대상토지가 지적도를 갖춰 두는 지역에 인접하여 있고 지적도의 기지점이 정확하다고 인정되는 경우

  ㉡ 임야도에 도곽선이 없는 경우

③ 위 단서에 따라 측량할 때에는 임야도상의 경계는 임야도를 갖춰 두는 지역에서, 인근 지적도의 축척으로 측량을 할 때에는 임야도에 표시된 경계점의 좌표를 구하여 지적도에 전개(展開)한 경계선

  ㉠ 다만, 임야도에 표시된 경계점의 좌표를 구할 수 없거나 그 좌표에 따라 확대하여 그리는 것이 부적당한 경우에는 축척비율에 따라 확대한 경계선(신도선)에 따라야 함

  ㉡ 지적도의 축척에 따른 측량성과를 임야도의 축척으로 측량결과도에 표시할 때에는 지적도의 축척에 따른 측량결과도에 표시된 경계점의 좌표를 구하여 임야측량결과도에 전개

  ㉢ 다만, 다음의 경우에는 축척비율에 따라 줄여서(축도) 임야측량결과도를 작성

    • 경계점의 좌표를 구할 수 없는 경우

    • 경계점의 좌표에 따라 줄여서 그리는 것이 부적당한 경우

(4) 지적확정측량

① 지적확정측량을 하는 경우 필지별 경계점은 위성기준점, 통합기준점, 삼각점, 지적삼각점, 지적삼각보조점 및 지적도근점에 따라 측정

② 지적확정측량을 할 때에는 미리 사업계획도와 도면을 대조하여 각 필지의 위치 등을 확인

③ 도시개발사업 등으로 지적확정측량을 하려는 지역에 임야도를 갖춰 두는 지역의 토지가 있는 경우에는 등록전환을 하지 않을 수 있음

(5) 경계점좌표등록부를 갖춰 두는 지역의 측량

① 경계점좌표등록부를 갖춰 두는 지역에 있는 각 필지의 경계점을 측정할 때에는 도선법·방사법 또는 교회법에 따라 좌표를 산출. 다만, 필지의 경계점이 지형·지물에 가로막혀 경위의를 사용할 수 없는 경우에는 간접적인 방법으로 경계점의 좌표를 산출할 수 있음

② 위에 따른 각 필지의 경계점 측점번호는 왼쪽 위에서부터 오른쪽으로 경계를 따라 일련번호를 부여함

③ 기존의 경계점좌표등록부를 갖춰 두는 지역의 경계점에 접속하여 경위의측량방법 등으로 지적확정측량을 하는 경우 동일한 경계점의 측량성과가 서로 다를 때에는 경계점좌표등록부에 등록된 좌표를 그 경계점의 좌표로 봄

이 경우 동일한 경계점의 측량성과의 차이는 경계점좌표등록부 시행지역 : 0.10m 이내여야 함

3) 세부측량성과의 작성

(1) 평판측량방법으로 세부측량을 한 경우 측량결과도에 기재사항

① 측정점의 위치, 측량기하적 및 지상에서 측정한 거리

② 측량대상 토지의 토지이동 전의 지번과 지목(2개의 붉은 선으로 말소)

③ 측량결과도의 제명 및 번호(연도별로 붙인다)와 도면번호

④ 신규등록 또는 등록전환하려는 경계선 및 분할경계선

⑤ 측량대상 토지의 점유현황선

⑥ 측량 및 검사의 연월일, 측량자 및 검사자의 성명 · 소속 및 자격등급

다만, 1년 이내에 작성된 경계복원측량 또는 지적현황측량결과도와 지적도, 임야도의 도곽신축 차이가 0.5mm 이하인 경우에는 종전의 측량결과도에 함께 작성할 수 있음

(2) 경위의측량방법으로 세부측량을 한 경우 측량결과도에 기재할 사항

① 측량결과도 및 측량계산부에 그 성과

② 측량대상 토지의 경계와 경계점의 좌표 및 부호도 · 지번 · 지목

③ 인근 토지의 경계와 경계점의 좌표 및 부호도 · 지번 · 지목

④ 행정구역선과 그 명칭

⑤ 지적기준점 및 그 번호와 지적기준점 간의 방위각 및 그 거리

⑥ 경계점 간 계산거리

⑦ 도곽선과 그 수치

⑧ 측정점의 위치(측량계산부의 좌표를 전개하여 적는다)

⑨ 지상에서 측정한 거리 및 방위각

⑩ 측량대상 토지의 경계점 간 실측거리

⑪ 측량대상 토지의 토지이동 전의 지번과 지목(2개의 붉은 색으로 말소한다)

⑫ 측량결과도의 제명 및 번호(연도별로 붙인다)와 지적도의 도면번호

⑬ 신규등록 또는 등록전환하려는 경계선 및 분할경계선

⑭ 측량대상 토지의 점유현황선

⑮ 측량 및 검사의 연월일, 측량자 및 검사자의 성명·소속 및 자격등급

⑯ 측량대상 토지의 경계점 간 실측거리와 경계점의 좌표에 따라 계산한 거리의

교차는 $3 + \dfrac{L}{10}$cm 이내(이 경우 L은 실측거리로서 m 단위로 표시한 수치)

4) 경계복원측량 기준 등

① 경계점을 지표상에 복원하기 위한 경계복원측량을 하려는 경우 경계를 지적공부에 등록할 당시 측량성과의 착오 또는 경계 오인 등의 사유로 경계가 잘못 등록되었다고 판단될 때에는 등록사항을 정정한 후 측량

② 경계복원측량에 따라 지표상에 복원할 토지의 경계점에는 규칙 경계점표지를 설치. 다만, 건축물이 경계에 걸쳐 있거나 부득이 하여 경계점표지를 설치할 수 없는 경우에는 그러하지 아니함

5) 지적현황측량

① 지상건축물 등에 대한 측량은 지상, 지표 및 지하에 대한 현황을 지적도, 임야도에 등록된 경계와 대비하여 표시

② 건축허가에 따라 처음으로 시공된 옹벽, 기둥 등 측량이 가능한 건축구조물에 대한 현황을 지적도, 임야도에 등록된 경계와 대비하여 표시

6. 지번

1) 지번의 부여

① 지번은 지적소관청이 지번부여지역별로 차례대로 부여

② 지적소관청은 지적공부에 등록된 지번을 변경할 필요가 있다고 인정하면 시·도지사나 대도시 시장의 승인을 받아 지번부여지역의 전부 또는 일부에 대하여 지번을 새로 부여할 수 있음

2) 지번의 구성

① 지번(地番)은 아라비아숫자로 표기하되, 임야대장 및 임야도에 등록하는 토지의 지번은 숫자 앞에 "산"자를 부여함

② 지번은 본번(本番)과 부번(副番)으로 구성하되, 본번과 부번 사이에 "-" 표시로 연결하며 이 경우 "-" 표시는 "의"라고 읽음

3) 지번의 부여방법

① 지번은 북서에서 남동으로 순차적으로 부여

② 신규등록 및 등록전환의 경우

  ㉠ 그 지번부여지역에서 인접토지의 본번에 부번을 붙여서 지번을 부여

  ㉡ 다만, 다음의 어느 하나에 해당하는 경우는 그 지번부여지역의 최종 본번의 다음 순번부터 본번으로 순차적으로 지번을 부여할 수 있음

   • 대상 토지가 그 지번부여지역의 최종 지번의 토지에 인접하여 있는 경우

   • 대상 토지가 이미 등록된 토지와 멀리 떨어져 있어서 등록된 토지의 본번에 부번을 부여하는 것이 불합리한 경우

   • 대상 토지가 여러 필지로 되어 있는 경우

③ 분할의 경우

  ㉠ 분할 후의 필지 중 1필지의 지번은 분할 전의 지번으로 하고, 나머지 필지의 지번은 본번의 최종 부번 다음 순번으로 부번을 부여

  ㉡ 이 경우 주거·사무실 등의 건축물이 있는 필지에 대해서는 분할 전의 지번을 우선하여 부여

④ 합병의 경우

  ㉠ 합병 대상 지번 중 선순위의 지번을 그 지번으로 하되, 본번으로 된 지번이 있을 때에는 본번 중 선순위의 지번을 합병 후의 지번으로 함

  ㉡ 이 경우 토지소유자가 합병 전의 필지에 주거·사무실 등의 건축물이 있어서 그 건축물이 위치한 지번을 합병 후의 지번으로 신청할 때에는 그 지번을 합병 후의 지번으로 부여하여야 함

⑤ 지적확정측량 실시 지역의 지번 부여(도시개발사업 등이 완료된 지역)

  ㉠ 다음의 지번을 제외한 본번으로 부여

   • 지적확정측량을 실시한 지역의 종전의 지번과 지적확정측량을 실시한 지역 밖에 있는 본번이 같은 지번이 있을 때에는 그 지번

   • 지적확정측량을 실시한 지역의 경계에 걸쳐 있는 지번

  ㉡ 다만, 부여할 수 있는 종전 지번의 수가 새로 부여할 지번의 수보다 적을 때에는 블록 단위로 하나의 본번을 부여한 후 필지별로 부번을 부여하거나 그 지번부여지역의 최종 본번 다음 순번부터 본번으로 하여 차례로 지번을 부여할 수 있음

⑥ 다음의 어느 하나에 해당할 때에는 위 ⑤를 준용하여 지번 부여

  ㉠ 지번부여지역의 지번을 변경할 때

  ㉡ 행정구역 개편에 따라 새로 지번을 부여할 때

ⓒ 축척변경 시행지역의 필지에 지번을 부여할 때

⑦ 도시개발사업 등이 준공되기 전에 사업시행자가 지번 부여 신청을 하면 지적소
관청은 사업계획도에 따르되, 위 ⑤에 따라 부여하여야 함

4) 지번변경 승인신청 등

① 지적소관청은 지번을 변경하려면 지번변경 사유를 적은 승인신청서에 지번변경
대상지역의 지번·지목·면적·소유자에 대한 상세한 내용(이하 "지번등 명세"
라 한다), 지적도 및 임야도의 사본을 첨부하여 시·도지사 또는 대도시 시장(법
제25조제1항의 대도시 시장을 말한다. 이하 같다)에게 제출하여야 함

② 신청을 받은 시·도지사 또는 대도시 시장은 지번변경 사유 등을 심사한 후 그
결과를 지적소관청에 통지

5) 결번대장의 비치

지적소관청은 행정구역의 변경, 도시개발사업의 시행, 지번변경, 축척변경, 지번정정
등의 사유로 지번에 결번이 생긴 때에는 지체 없이 그 사유를 결번대장에 적어 영구
히 보존

7. 지목의 설정방법 등(1필지로 정할 수 있는 기준)

① 필지마다 하나의 지목을 설정

② 1필지가 둘 이상의 용도로 활용되는 경우에는 주된 용도에 따라 지목을 설정

③ 토지가 일시적 또는 임시적인 용도로 사용될 때에는 지목을 변경하지 않음

④ 종된 용도의 토지 지목(地目)이 "대"(垈)인 경우와 종된 용도의 토지 면적이 주된 용
도의 토지 면적의 10%를 초과하거나 330m²를 초과하는 경우에는 그러하지 아니함

제4장 면적 및 제도

01 면적

면적은 지구표면에 접한 지표면상의 면적이 아니고 기준면상에 투영한 것으로 평균해면(중등해수면)에 의한 수평면적이다. 지적측량에서의 면적은 수평면적을 의미하며 일필지의 경계선에 의하여 이루어지고 있는 한 지번에 대한 넓이를 도면 또는 경계점 좌표로 측정하고 이를 일정 단위로 표시한 것이다.

1. 면적측정

1) 세부측량 시 다음의 경우 필지마다 면적을 측정

① 지적공부의 복구 · 신규등록 · 등록전환 · 분할 및 축척변경을 하는 경우
② 면적 또는 경계 정정
③ 도시개발사업 등으로 인한 토지의 이동에 따라 토지의 표시를 새로 결정하는 경우
④ 경계복원측량 및 지적현황측량에 면적측정이 수반되는 경우

2) 경계복원측량과 지적현황측량을 하는 경우

지상 시설물의 위치 표시인 경우 면적을 측정하지 않음

2. 면적측정방법

1) 좌표면적계산법에 따른 면적측정

① 경위의측량방법으로 세부측량을 한 지역의 필지별 면적측정은 경계점 좌표에 의함
② 산출면적은 1천분의 $1m^2$까지 계산하여 10분의 $1m^2$ 단위로 정함

2) 전자면적측정기에 따른 면적측정

① 도상에서 2회 측정하여 그 교차가 다음 계산식에 따른 허용면적 이하일 때에는 그 평균치를 측정면적으로 함

$$A = 0.023^2 M \sqrt{F}$$

여기서, A : 허용면적

M : 축척분모

F : 2회 측정한 면적의 합계를 2로 나눈 수

② 측정면적은 1천분의 $1m^2$까지 계산하여 10분의 $1m^2$ 단위로 정함

③ 면적을 측정하는 경우 도곽선의 길이에 0.5mm 이상의 신축이 있을 때에는 이를 보정. 이 경우 도곽선의 신축량 및 보정계수의 계산은 다음 계산식에 의함

• 도곽선의 신축량계산

$$S = \frac{\Delta X_1 + \Delta X_2 + \Delta Y_1 + \Delta Y_2}{4}$$

여기서, S : 신축량 ΔX_1 : 왼쪽 종선의 신축된 차

ΔX_2 : 오른쪽 종선의 신축된 차 ΔY_1 : 위쪽 횡선의 신축된 차

ΔY_2 : 아래쪽 횡선의 신축된 차

④ 이 경우 신축된 차(mm)

$$\frac{1,000(L - L_0)}{M}$$

여기서, L : 신축된 도곽선 지상길이 L_o : 도곽선 지상길이

M : 축척분모

• 도곽선의 보정계수계산

$$Z = \frac{X \cdot Y}{\Delta X \cdot \Delta Y}$$

여기서, Z : 보정계수 X : 도곽선 종선길이

Y : 도곽선 횡선길이 ΔX : 신축된 도곽선 종선길이의 합/2

ΔY : 신축된 도곽선 횡선길이의 합/2

⑤ 면적이 5천m^2 이상인 필지를 분할하는 경우 분할 후의 면적이 분할 전 면적의 80% 이상이 되는 필지의 면적을 측정할 때에는 분할 전 면적의 20% 미만이 되는 필지의 면적을 먼저 측정한 후, 분할 전 면적에서 그 측정된 면적을 빼는 방법으로 할 수 있음. 다만, 동일한 측량결과도에서 측정할 수 있는 경우와 좌표면적계산법에 따라 면적을 측정하는 경우에는 그러하지 아니함

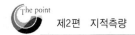
3. 등록전환이나 분할에 따른 면적오차의 허용범위 및 배분

1) 등록전환을 하는 경우

① 임야대장의 면적과 등록전환될 면적의 오차 허용범위는 다음의 계산식에 따름. 이 경우 오차의 허용범위를 계산할 때 축척이 3천분의 1인 지역의 축척분모는 6천으로 함

$$A = 0.026^2 M \sqrt{F}$$

여기서, A : 오차 허용면적
M : 임야도 축척분모
F : 등록전환될 면적

② 임야대장의 면적과 등록전환될 면적의 차이가 가목의 계산식에 따른 허용범위 이내인 경우
③ 등록전환될 면적을 등록전환 면적으로 결정하고, 허용범위를 초과하는 경우에는 임야대장의 면적 또는 임야도의 경계를 지적소관청이 직권으로 정정

2) 토지를 분할하는 경우

① 분할 후의 각 필지의 면적의 합계와 분할 전 면적과의 오차의 허용범위는 아래 식에 의함

$$A = 0.026^2 M \sqrt{F}$$

여기서, A : 오차 허용면적
M : 축척분모
　　(축척이 3천분의 1인 지역의 축척분모는 6천으로 함)
F : 원면적

② 분할 전후 면적의 차이가 가목의 계산식에 따른 허용범위 이내인 경우에는 그 오차를 분할 후의 각 필지의 면적에 따라 나누고, 허용범위를 초과하는 경우에는 지적공부(地籍公簿)상의 면적 또는 경계를 정정

③ 분할 전후 면적의 차이를 배분한 산출면적은 다음의 계산식에 따라 필요한 자리까지 계산하고, 결정면적은 원면적과 일치하도록 산출면적의 구하려는 끝자리의 다음 숫자가 큰 것부터 순차로 올려서 정하되, 구하려는 끝자리의 다음 숫자가 서로 같을 때에는 산출면적이 큰 것을 올려서 정함

$$r = \frac{F}{A} \times a$$

여기서, r : 각 필지의 산출면적
F : 원면적
A : 측정면적 합계 또는 보정면적 합계
a : 각 필지의 측정면적 또는 보정면적

3) 경계점좌표등록부가 있는 지역의 토지분할

① 분할 후 각 필지의 면적합계가 분할 전 면적보다 많은 경우에는 구하려는 끝자리의 다음 숫자가 작은 것부터 순차적으로 버려서 정하되, 분할 전 면적에 증감이 없도록 함

② 분할 후 각 필지의 면적합계가 분할 전 면적보다 작은 경우에는 구하려는 끝자리의 다음 숫자가 큰 것부터 순차적으로 올려서 정하되, 분할 전 면적에 증감이 없도록 함

4. 합병 등에 따른 면적 등의 결정 방법

① 합병에 따른 경계·좌표 또는 면적은 따로 지적측량을 하지 않음
- 합병 후 필지의 경계 또는 좌표 : 합병 전 각 필지의 경계 또는 좌표 중 합병으로 필요 없게 된 부분을 말소하여 결정
- 합병 후 필지의 면적 : 합병 전 각 필지의 면적을 합산하여 결정

② 등록전환이나 분할에 따른 면적을 정할 때 오차가 발생하는 경우 그 오차의 허용범위 및 처리방법 등에 필요한 사항은 대통령령으로 정함

〈면적측정 기준〉

면적 측정			
구분		기준	
대상		지적공부의 복구, 신규등록, 등록전환, 분할, 축척변경, 면적 또는 경계정정, 토지표시사항 새로 결정, 경계복원측량 및 지적현황측량에 면적측정 수반되는 경우	
면적측정방법	좌표면적계산법	경위의측량방법 : 경계점좌표(1천분의 $1m^2$까지 계산, 10분의 $1m^2$ 단위로 정할 것)	• A : 허용면적 • M : 축척분모 • F : 원면적 • C : 측륜1분획 단위 면적 • a : 각 필지의 측정면적 또는 보정면적
	전자면적측정기	도상 2회 측정, $A = 0.023^2 M\sqrt{F}$ (측정면적은 1천분의 $1m^2$까지 계산하여 10분의 $1m^2$ 단위로 정할 것	
신구면적	교차제한	$A = 0.026^2 M\sqrt{F}$ 이내일 때 안분 배부	
	필지면적산출	$r = \dfrac{F}{A} \times a$	
차인 면적 제한		분할 전 5,000m^2 이상 토지로 1필지 면적이 8할 이상 분할 시(동일 결과도 제외)	
면적 보정		도곽선의 길이가 0.5mm 이상 신축 시(신가축감) 보정량 $= \dfrac{\text{신축량(지상)} \times 4}{\text{도곽선길이합계(지상)}} \times \text{실측거리}$	• S : 신축량 • $\triangle X_1$: 왼쪽 종선의 신축된 차 • $\triangle X_2$: 오른쪽 종선의 신축된 차 • $\triangle Y_1$: 위쪽 횡선의 신축된 차 • $\triangle Y_2$: 아래쪽 횡선의 신축된 차
도곽선의 신축량		$S = \dfrac{\triangle X_1 + \triangle X_2 + \triangle Y_1 + \triangle Y_2}{4}$	
신축된 차		$\dfrac{1,000(L - L_o)}{M}$ (mm) 여기서, L : 신축된 도곽선 지상길이 L_o : 도곽선 지상길이 M : 축척분모)	
도곽선의 보정계수		$Z = \dfrac{X \cdot Y}{\triangle X \cdot \triangle Y}$ 여기서, Z : 보정계수 X : 도곽선 종선길이 Y : 도곽선 횡선길이 $\triangle X$: 신축된 도곽선 종선길이의 합/2 $\triangle Y$: 신축된 도곽선 횡선길이의 합/2	

02 제도

측량결과를 도해적으로 도시하기 위해 제도기구를 사용하여 일정한 법칙과 규약에 따라 제도용지에 토지 또는 구조물의 크기를 정확히 표현한 도면을 만드는 것이다.

1. 일람도 및 지번색인표

1) 일람도의 등록사항
① 지번부여 지역의 경계 및 인접지역의 행정구역 명칭
② 도면의 제명 및 축척
③ 도곽선과 그 수치
④ 도면번호
⑤ 도로 · 철도 · 하천 · 구거 · 유지 · 취락 등 주요 지형 · 지물의 표시

2) 일람도의 제도
① 일람도의 축척은 그 도면 축척의 10분의 1로 함
② 도면의 장수가 많아서 1장에 작성할 수 없는 경우에는 축척을 줄여서 작성할 수 있음
③ 도면의 장수가 4장 미만인 경우에는 일람도의 작성을 하지 않을 수 있음
④ 제명 및 축척은 일람도 윗부분에 "○○시 · 도 ○○시 · 군 · 구 ○○읍 · 면 ○○ 동 · 리 일람도 축척 ○○○○ 분의 1"이라 제도
⑤ 이 경우 경계점좌표등록부 시행지역은 제명 중 일람도 다음에 "(좌표)"라 기재
⑥ 제도방법은 글자의 크기는 9mm로 하고 글자 사이의 간격은 글자 크기의 2분의 1 정도 띄움
⑦ 축척은 제명 끝에 20mm를 띄움
⑧ 도면번호는 지번부여지역 · 축척 및 지적도 · 임야도 · 경계점좌표등록부 등록지 별로 일련번호를 부여
⑨ 신규등록 및 등록전환으로 새로이 도면을 작성하는 경우의 도면번호는 그 지역 마지막 도면번호의 다음 번호부터 새로이 부여

3) 일람도의 제도방법
① 도곽선은 0.1mm의 폭으로 도곽선의 수치는 도곽선 왼쪽 아래 부분과 오른쪽 윗 부분의 종횡선교차점 바깥쪽에 2mm 크기의 아라비아 숫자로 제도
② 도면번호는 3mm의 크기
③ 인접 동 · 리 명칭은 4mm, 그 밖의 행정구역 명칭은 5mm의 크기

④ 지방도로 이상은 검은색 0.2mm 폭의 2선으로, 그 밖의 도로는 0.1mm의 폭으로 제도

⑤ 철도용지는 붉은색 0.2mm 폭의 2선으로 제도

⑥ 수도용지 중 선로는 남색 0.1mm 폭의 2선

⑦ 하천 · 구거 · 유지는 남색 0.1mm의 폭으로 제도하고 그 내부를 남색으로 엷게 채색. 다만, 적은 양의 물이 흐르는 하천 및 구거는 남색선으로 제도

⑧ 취락지 · 건물 등은 0.1mm의 폭으로 제도하고 그 내부를 검은색으로 엷게 채색

⑨ 도시개발사업 · 축척변경 등이 완료된 때에는 지구경계를 붉은색 0.1mm의 폭으로 제도한 후 지구 안을 붉은색으로 엷게 채색하고 그 중앙에 사업명 및 사업완료년도를 기재

2. 도곽선 및 경계의 제도

1) 도곽선의 제도

① 도면의 윗 방향은 항상 북쪽

② 지적도의 도곽 크기는 가로 40cm, 세로 30cm의 직사각형

③ 도곽의 구획은 좌표의 원점을 기준으로 하여 정하되, 그 도곽의 종횡선 수치는 좌표의 원점으로부터 기산하여 각각 가산

④ 이미 사용하고 있는 도면의 도곽 크기는 종전에 구획되어 있는 도곽과 그 수치로 함

⑤ 도면에 등록하는 도곽선은 0.1mm의 폭으로, 도곽선의 수치는 도곽선 왼쪽 아래 부분과 오른쪽 윗부분의 종횡선 교차점 바깥쪽에 2mm 크기의 아라비아 숫자로 제도

2) 경계의 제도

① 경계는 0.1mm 폭으로 제도

② 1필지의 경계가 도곽선에 걸쳐 등록되어 있는 경우 도곽선 밖의 여백에 경계를 제도하거나, 도곽선을 기준으로 다른 도면에 나머지 경계를 제도

③ 이 경우 다른 도면에 경계를 제도하는 때에는 지번 및 지목은 붉은색

④ 경계점좌표등록부 시행지역의 도면(경계점 간 거리등록을 하지 아니한 도면을 제외한다)에 등록하는 경계점 간 거리는 검은색으로 1.5mm 크기의 아라비아 숫자로 제도. 다만, 경계점 간 거리가 짧거나 경계가 원을 이루는 경우에는 거리를 등록하지 않을 수 있음

⑤ 지적측량기준점 등이 매설된 토지를 분할하는 경우 그 토지가 작아서 제도하기
가 곤란한 경우에는 그 도면의 여백에 그 축척의 10배로 확대하여 제도

3. 지번 및 지목의 제도

① 지번 및 지목은 경계에 닿지 않도록 필지의 중앙에 제도. 다만, 1필지의 토지가 형상
이 좁고 길어서 필지의 중앙에 제도하기가 곤란한 때에는 가로쓰기가 되도록 도면을
왼쪽 또는 오른쪽으로 돌려서 제도

② 지번 및 지목을 제도하는 때에는 지번 다음에 지목을 제도

   • 명조체의 2mm 내지 3mm의 크기로, 지번의 글자 간격은 글자크기의 4분의 1 정도
   • 지번과 지목의 글자간격은 글자크기의 2분의 1 정도 띄워서 제도

③ 다만, 전산정보처리조직이나 레터링으로 작성하는 경우에는 고딕체로 할 수 있음

④ 1필지의 면적이 작아서 지번과 지목을 필지의 중앙에 제도할 수 없는 때에는 ㄱ, ㄴ,
ㄷ…, ㄱ¹, ㄴ¹, ㄷ¹…, ㄱ², ㄴ², ㄷ²…… 등의 부호를 붙이고, 도곽선 밖에 그 부호 ·
지번 및 지목을 제도

⑤ 부호가 많아서 그 도면의 도곽선 밖에 제도할 수 없는 경우에는 별도로 부호도를
작성

⑥ 지번색인표에는 도면의 제명, 지번 · 도면번호 및 결번 기재

〈지번과 지목의 제도〉

구분	내용
위치	• 경계에 닿지 않도록 필지의 중앙에 제도 • 필지의 중앙에 제도하기가 곤란한 때에는 가로쓰기가 되도록 도면을 왼쪽 또는 오른쪽으로 돌려서 제도할 수 있음 • 지번 다음에 지목을 제도
크기	• 2mm 내지 3mm의 크기로 제도
글자 간격	• 지번의 글자 간격은 글자크기의 4분의 1 정도 • 지번과 지목의 글자간격은 글자크기의 2분의 1 정도 띄워서 제도
글씨체	• 명조체로 제도 다만 레터링으로 작성하는 경우에는 고딕체로 할 수 있음
부호	• 필요 : 1필지의 면적이 작아서 지번과 지목을 필지의 중앙에 제도할 수 없는 때 • 형식 : ㄱ, ㄴ, ㄷ…, ㄱ¹, ㄴ¹, ㄷ¹…, ㄱ², ㄴ², ㄷ²…… 등 • 위치 : 도곽선 밖에 그 부호 · 지번 및 지목을 제도
부호도	부호가 많아서 그 도면의 도곽선 밖에 제도할 수 없는 경우

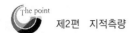

4. 지적측량기준점 등의 제도 및 명칭과 번호

① 삼각점 및 지적측량기준점은 0.2mm 폭의 선으로 제도
② 공사가 설치하고 그 지적측량기준점성과를 소관청이 인정한 지적측량기준점도 포함
③ 명칭과 번호
 • 기준점의 윗부분에 명조체의 2mm 내지 3mm의 크기로 제도
 • 다만, 레터링으로 작성하는 경우 고딕체
 • 경계에 닿는 경우에는 적당한 위치에 제도
④ 지적측량기준점의 말소
⑤ 지적측량기준점표지를 폐기한 때에는 도면에 등록된 그 지적측량기준점 표시사항을 말소

〈기준점 제도〉

기준점 명칭	표시	내용
지적위성기준점		직경 2mm, 3mm의 2중 원 안에 십자선 표시
1등삼각점		직경 1mm, 2mm 및 3mm의 3중 원으로 제도하고, 중심 원 내부를 검은색으로 엷게 채색
2등삼각점		직경 1mm, 2mm 및 3mm의 3중 원으로 제도
3등삼각점		직경 1mm, 2mm의 2중 원으로 제도 중심원 내부를 검은 색으로 엷게 채색
4등삼각점		직경 1mm, 2mm의 2중 원으로 제도
지적삼각점		직경 3mm의 원으로 제도원 안에 십자선 표시
지적삼각보조점		직경 3mm의 원으로 제도원 안에 검은색으로 엷게 채색 한다.
지적도근점		직경 2mm의 원으로 제도

5. 행정구역선의 제도

① 2종 이상 겹치는 경우에는 최상위급 행정구역선만 제도

② 경계에서 약간 띄워서 그 외부에 제도

③ 명칭은 도면 여백의 대소에 따라 4mm 내지 6mm의 크기로 경계 및 지적측량기준점 등을 피하여 같은 간격으로 띄워서 제도

④ 도로·철도·하천·유지 등의 고유 명칭은 3mm 내지 4mm의 크기로 같은 간격으로 띄워서 제도

⑤ 행정구역선은 0.4mm 폭으로 제도(다만, 동·리의 행정구역 선은 0.2mm 폭)

〈행정구역선 제도〉

행정구역선 명칭	표시	내용
국계	←4→ ←3→ ↓ ·· 1 0.3 ↑	실선 4mm와 허선 3mm로 연결하고 실선 중앙에 1mm로 교차하며, 허선에 직경 0.3mm의 점 2개를 제도
시·도계	←4→←2→ ↓ · 1 0.3 ↑	실선 4mm와 허선 2mm로 연결하고 실선 중앙에 1mm로 교차하며, 허선에 직경 0.3mm의 점 1개를 제도
시·군계	←3→←3→ ·· 0.3	실선과 허선을 각각 3mm로 연결하고, 허선에 0.3mm의 점 2개를 제도
읍·면·구계	←3→←2→ · 0.3	실선 3mm와 허선 2mm로 연결하고, 허선에 0.3mm의 점 1개를 제도
동·리계	←3→←1→←3→	실선 3mm와 허선 1mm로 연결하여 제도

6. 도면의 제도

① 색인도는 도곽선의 왼쪽 윗부분 여백의 중앙에 제도

② 가로 7mm, 세로 6mm 크기의 직사각형을 중앙에 두고 그의 4변에 접하여 같은 규격으로 4개를 제도

③ 1장의 도면을 중앙으로 하여 동일 지번부여지역 안 위쪽·아래쪽·왼쪽 및 오른쪽의 인접 도면번호를 각각 3mm의 크기로 제도

④ 제명 및 축척은 도곽선 윗부분 여백의 중앙에 "○○시·군·구 ○○읍·면 ○○동·리 지적도 또는 임야도 ○○장중 제○○호 축척○○○○분의 1"이라 제도
   • 글자의 크기는 5mm로 하고 글자 사이의 간격은 글자크기의 2분의 1 정도 띄움
   • 축척은 제명 끝에서 10mm를 띄움

7. 토지의 이동에 따른 도면의 제도

① 토지의 이동으로 지번 및 지목을 제도하는 경우에는 이동 전 지번 및 지목을 말소하고, 그 윗부분에 새로이 설정된 지번 및 지목을 제도. 이 경우 세로쓰기로 제도된 경우에는 글자배열의 방향에 따라 말소하고, 그 윗부분에 새로이 설정된 지번 및 지목을 가로쓰기로 제도

② 경계를 말소하는 경우에는 붉은색의 짧은 교차선을 약 3cm 간격으로 제도. 다만, 경계의 길이가 짧은 경우에는 말소표시의 사이를 적당히 좁힐 수 있음

③ 말소된 경계를 다시 등록하는 경우에는 말소표시의 교차선 중심점을 기준으로 직경 2mm 내지 3mm의 붉은색 원으로 제도. 다만, 1필지의 면적이 작거나 경계가 복잡하여 원의 표시가 인접경계와 접할 경우에는 말소표시사항을 칼로 긁거나 다른 방법으로 지워서 제도

④ 신규등록·등록전환 및 등록사항 정정으로 도면에 경계·지번 및 지목을 새로이 등록하는 경우에는 이미 비치된 도면에 제도. 다만, 이미 비치된 도면에 정리할 수 없는 경우에는 새로이 도면을 작성

⑤ 등록전환하는 경우에는 임야도의 그 지번 및 지목을 말소하고, 그 내부를 붉은색으로 엷게 채색

⑥ 분할하는 경우에는 분할 전 지번 및 지목을 말소하고, 분할경계를 제도한 후 필지마다 지번 및 지목을 새로이 제도. 다만, 분할 전 지번 및 지목이 분할 후 1필지 내의 중앙에 있는 경우에는 이를 말소하지 않음

⑦ 도곽선에 걸쳐 있는 필지가 분할되어 도곽선 밖에 분할경계가 제도된 경우에는 도곽선 밖에 제도된 필지의 경계를 말소하고, 그 도곽선 안에 경계·지번 및 지목을 제도

⑧ 합병하는 경우에는 합병되는 필지 사이의 경계·지번 및 지목을 말소한 후 새로이 부여하는 지번과 지목을 제도. 이 경우 합병 후에 부여하는 지번과 지목의 위치가 필지의 중앙에 있는 경우에는 그러하지 아니함

⑨ 지목을 변경하는 경우에는 지목만 말소하고 그 윗부분에 새로이 설정된 지목을 제도. 다만, 윗부분에 제도하기가 곤란한 때에는 오른쪽 또는 아래쪽에 제도

⑩ 지번이 변경된 경우에는 변경 전의 지번을 말소하고 변경 후의 지번을 제도

⑪ 지적공부에 등록된 토지가 바다로 된 경우에는 경계·지번 및 지목을 말소

⑫ 행정구역이 변경된 경우에는 변경 전 행정구역선과 그 명칭 및 지번을 말소하고 변경후의 행정구역선과 그 명칭 및 지번을 제도

⑬ 도시개발사업·축척변경 등 시행지역으로서 시행 전과 시행 후의 도면축척이 같고 시행 전 도면에 등록된 필지의 일부가 사업지구 안에 편입된 경우에는 이미 비치된 도면에 경계·지번 및 지목을 제도하거나, 남아 있는 일부 필지를 포함하여 도면을 작성. 다만, 도면과 확정측량결과도의 도곽선 차이가 0.5mm 이상인 경우에는 확정측량 결과도에 의하여 새로이 도면을 작성

⑭ 도시개발사업·축척변경 등의 완료로 새로이 도면을 작성한 지역의 종전도면은 지구안의 지번 및 지목을 말소하고, 지구경계선을 따라 지구 안을 붉은색으로 엷게 채색하고 그 중앙에 사업명 및 사업연도를 기재

03 도면의 작성 및 재작성

1. 도면의 작성 및 재작성

① 도면 용지는 2년 이상 보관한 후 사용

② 도곽선에 0.5mm 미만의 신·축이 있는 측량결과도에 의하여 간접자사법으로 도면을 작성하는 경우 등사도의 작성은 측량결과도를 폴리에스터 필름 등에 정밀 복사하여 작성. 다만, 부득이한 경우에는 수작업으로 등사도를 작성

③ 도곽선에 0.5mm 미만의 신·축이 있는 도면을 간접자사법으로 재작성

④ 자사법으로 도면의 작성 및 재작성을 하는 경우 경계는 연필로 제도한 후 검은색으로 제도. 이 경우 도면의 제명·축척·지번 및 지목은 레터링으로 제도

⑤ 도면에 등록하는 삼각점 및 지적측량기준점은 그 삼각점 등의 좌표를 전개하여 제도

⑥ 전자자동제도법에 의하여 도면의 작성 및 재작성한 도면을 다시 작성하는 때에는 당초 사용한 입력 자료에 그 이후의 토지의 이동사항을 입력하여 제도

⑦ 재작성하는 도면의 경계 등을 식별하지 못하는 경우에는 종전도면 및 측량결과도 등을 참고하여 제도

⑧ 작업 장소는 직사광선이 있는 곳을 피해야 함

⑨ 재작성 당시의 도면을 기준

⑩ 직접자사법·간접자사법 또는 전자자동제도법

⑪ 도곽선의 신축량이 0.5mm 이상인 경우에는 전자자동제도법에 의하여 신축을 보정

⑫ 도면의 경계가 불분명한 경우에는 측량결과도를, 지번 또는 지목이 불분명한 경우에는 대장을 기준

2. 측량준비도의 작성

1) 평판측량방법의 세부측량준비파일 작성

① 측량대상 토지의 경계선·지번 및 지목

② 인근 토지의 경계선·지번 및 지목

③ 임야도를 비치하는 지역에서 인근 지적도의 축척으로 측량을 하고자 하는 때에는 임야도에 표시된 경계점의 좌표를 구하여 지적도에 전개한 경계선

④ 다만, 임야도에 표시된 경계점의 좌표를 구할 수 없거나 그 좌표에 의하여 확대하여 그리는 것이 부적당한 때에는 축척비율에 따라 확대한 경계선을 말함

⑤ 행정구역선과 그 명칭

⑥ 지적측량기준점 및 그 번호와 지적측량기준점 간의 거리, 지적측량기준점의 좌표, 그 밖에 측량의 기점이 될 수 있는 기지점

⑦ 도곽선과 그 수치

⑧ 도곽선의 신축이 0.5mm 이상인 때에는 그 신축량 및 보정계수

⑨ 그 밖에 국토교통부장관이 정하는 사항

2) 경위의 측량방법의 세부측량준비파일 작성

① 기존의 경계점좌표등록부와 지적도에 의하여 다음 각 호의 사항을 기재한 측량준비도를 미리 작성. 이 경우 측량준비도는 전산정보처리조직에 의하여 작성

② 측량대상 토지의 경계와 경계점의 좌표 및 부호도·지번·지목

③ 인근 토지의 경계와 경계점의 좌표 및 부호도·지번·지목

④ 행정구역선과 그 명칭

⑤ 지적측량기준점 및 그 번호와 지적측량기준점 간의 방위각 및 그 거리

⑥ 경계점 간 계산거리

⑦ 도곽선과 그 수치

⑧ 그 밖에 국토교통부장관이 정하는 사항

〈측량준비도 기재사항〉

평판방법에 의한 측량준비도 기재사항	경위의측량방법에 의한 측량준비도 기재사항
• 측량대상 토지의 경계선·지번 및 지목 • 인근 토지의 경계선·지번 및 지목 • 임야도를 비치하는 지역에서 인근 지적도의 축척으로 측량을 하고자 하는 때에는 임야도에 표시된 경계점의 좌표를 구하여 지적도에 전개한 경계선. 다만, 임야도에 표시된 경계점의 좌표를 구할 수 없거나 그 좌표에 의하여 확대하여 그리는 것이 부적당한 때에는 축척비율에 따라 확대한 경계선을 말함 • 행정구역선과 그 명칭 • 지적측량기준점 및 그 번호와 지적측량기준점 간의 거리, 지적측량기준점의 좌표, 그 밖에측량의 기점이 될 수 있는 기지점 • 도곽선과 그 수치 • 도곽선의 신축이 0.5mm 이상인 때에는 그 신축량 및 보정계수 • 그밖에 국토교통부장관이 정하는 사항	• 측량대상 토지의 경계와 경계점의 좌표 및 부호도·지번·지목 • 인근 토지의 경계와 경계점의 좌표 및 부호도·지번·지목 • 행정구역선과 그 명칭 • 지적측량기준점 및 그 번호와 지적측량기준점 간의 방위각 및 그 거리 • 경계점 간 계산거리 • 도곽선과 그 수치 • 그밖에 국토교통부장관이 정하는 사항

3) 경계점좌표등록부의 정리

① 부호도의 각 필지의 경계점부호는 왼쪽 위에서부터 오른쪽으로 경계를 따라 아라비아 숫자로 연속하여 부여

② 합병된 경우에는 합병으로 존치되는 필지의 경계점좌표등록부에 합병되는 필지의 좌표를 정리하고 부호도 및 부호를 새로이 정리. 이 경우 부호는 마지막 부호 다음 부호부터 부여하고, 합병으로 인하여 필요 없는 경계점(일직선 상에 있는 경계점을 말한다)의 부호도·부호및 좌표를 말소

③ 합병으로 인하여 말소된 필지의 경계점좌표등록부는 부호도·부호 및 좌표를 말소. 이 경우 말소된 경계점좌표등록부도 지번 순으로 함께 보관

3. 결과도(축척)

1) 경위의측량방법에 따른 세부측량지역의 측량결과도

① 그 토지의 지적도와 동일한 축척으로 작성

② 다만, 도시개발사업 등의 시행지역(농지의 구획정리지역은 제외한다)과 축척변경 시행지역은 500분의 1로 하고, 농지의 구획정리 시행지역은 1천분의 1로 하되, 필요한 경우에는 미리 시·도지사의 승인을 받아 6천분의 1까지 작성

2) 축척에 따른 경계선

축척이 서로 다른 도면에 동일 경계선이 등록되어 있는 경우 대축척 도면의 등록상 정확도가 소축척 도면의 등록상 정확도에 비해 상대적으로 높은 관계로 축척이 큰 도면에 등록된 경계를 따름

3) 임야도를 갖춰 두는 지역의 세부측량

① 위성기준점, 통합기준점, 삼각점, 지적삼각점, 지적삼각보조점 및 지적도근점에 따름

② 다만, 다음의 경우에는 위성기준점, 통합기준점, 삼각점, 지적삼각점, 지적삼각보조점 및 지적도근점에 따라 측량하지 아니하고 지적도의 축척으로 측량한 후 그 성과에 따라 임야측량결과도를 작성할 수 있음

- 측량대상 토지가 지적도를 갖춰 두는 지역에 인접하여 있고 지적도의 기지점이 정확하다고 인정되는 경우
- 임야도에 도곽선이 없는 경우

③ 위 ②에 따라 측량할 때 임야도상의 경계는 임야도를 갖춰 두는 지역에서 인근 지적도의 축척으로 측량을 할 때에는 임야도에 표시된 경계점의 좌표를 구하여 지적도에 전개(展開)한 경계선

- ㉠ 다만, 임야도에 표시된 경계점의 좌표를 구할 수 없거나 그 좌표에 따라 확대하여 그리는 것이 부적당한 경우에는 축척비율에 따라 확대한 경계선의 경계에 따라야 함
- ㉡ 지적도의 축척에 따른 측량성과를 임야도의 축척으로 측량결과도에 표시할 때에는 지적도의 축척에 따른 측량결과도에 표시된 경계점의 좌표를 구하여 임야측량결과도에 전개
- ㉢ 다만, 다음의 어느 하나에 해당하는 경우에는 축척비율에 따라 줄여서 임야측량결과도를 작성
  - 경계점의 좌표를 구할 수 없는 경우
  - 경계점의 좌표에 따라 줄여서 그리는 것이 부적당한 경우

지적관계법규

제1장   총론

01 목적

① 근대 : 시민사회와 자본주의 발달로 조세징수 목적에서 토지 소유권 보호를 중시
② 현행 지적에 관한 법률 : 국토의 효율적인 관리와 국민의 소유권의 보호에 기여함

02 지적법령의 연혁

1. 대한제국의 지적법령

① 토지가옥증명규칙(1906.10.26. 칙령 제65호)
② 토지가옥전당집행규칙(1906.10.26. 칙령 제80호)
③ 대구 시가지 토지 측량에 관한 타항사항(1907.5.16)
④ 삼림법(1908.1.24. 법률 제1호)
⑤ 토지가옥소유권증명규칙(1908.7.16. 칙령 제47호)
⑥ 토지조사법(1910.8.23. 법률 제7호)

2. 일제강점기 시대의 지적법령

① 토지조사령(1912.8.13. 제령 제2호)
② 도근측량 실시규정(1913.10.5. 임시토지조사국 훈령 제17호)
③ 세부측도 실시규정(1913.10.5. 임시토지조사국 훈령 제18호)
④ 제도적산 실시규정(1914.6.30. 임시토지조사국 훈령 제25호)
⑤ 지세령(1914.3.16. 조선총독부 제령 제1호)
⑥ 토지대장규칙(1914.4.25, 조선총독부령 제45호)
⑦ 조선임야조사령(1918.5.1 제령 제5호)
⑧ 임야대장규칙(1920.8.23. 조선총독부령 제113호)
⑨ 토지측량규정(1921.3.18. 조선총독부 훈령 제10호)
⑩ 임야측량규정 개정 건(1935.6.12. 조선총독부 훈령 제27호)
⑪ 조선지세령(1943.3.31. 조선총독부 제령 제6호)

3. 대한민국의 지적법령

① 지적법(1950.12.1. 법률 제165호)

② 지적측량규정(1954.11.12. 대통령령 제951호)

③ 지적측량사규정(1960.12.31. 국무원령 제176호)

④ 측량·수로조사 및 지적에 관한 법률(2009.6.9. 법률 제9774호)

⑤ 공간정보의 구축 및 관리 등에 관한 법률(2014.6.3. 법률 제12738호)

⑥ 지적재조사에 관한 특별법(2011.9.16. 법률 제11062호)

4. 토지조사법과 토지조사령의 관계

① 토지조사법(1910.8.23 법률 제7호) : 대한제국 정부는 1910.3.15. 토지조사국 관제를 제정하며 토지조사국을 설치하고 근대적인 지적제도를 창설하기 위하여 전 국토에 대한 토지조사사업을 실시할 목적으로 토지조사법을 제정·공포하여 토지조사 및 측량에 착수하였으나 1910.10 한일합방으로 인해 조선총독부 임시토지조사국에 승계되어 전국적인 토지조사사업을 실시

② 토지조사령(1912.8.13 제령 제2호) : 1910.8.23. 토지조사법을 제정·공포한 후 일주일 안에 경술국치조약이 이루어져 시행이 중단된 토지조사사업은 조선총독부에 임시토지조사국을 설치해 토지조사법에 일부 내용을 추가하여 토지조사령을 제정·공포하고 토지조사사업을 본격적으로 수립하게 되었으며 이러한 토지조사령은 대한제국에서 제정한 토지조사법의 내용을 계승·발전시킴

③ 토지조사법과 토지조사령의 관계 : 대한제국의 토지조사법과 조선총독부의 토지조사령은 토지조사사업에 대한 시대적 연관관계에 있다고 할 수 있음. 또한 이 두 법령의 특징은 토지조사사업이 완료되면 법적 효력이 정지되는 한시적인 법의 형태로 운영되었으며 토지조사사업의 행정적인 부분에 한해서 규정하였으므로 측량에 관련된 분야는 칙령, 제령, 부령, 규정, 규칙 등을 별도로 제정·시행

03 공간정보의 구축 및 관리 등에 관한 법률의 위치

1. 공법적 위치

① 지적에 관한 법률은 등록의 절차적 규정을 정함
② 토지등록행정은 등기, 호적, 주민등록행정에 직접적 영향을 미치고 국토계획, 건설, 농림, 조세, 국토이용관리 등에 기초자료를 제공
③ 따라서 지적에 관한 법률의 법률관계는 공법관계인 행정법 관계임

2. 사법적 위치

① 지적에 관한 법률은 토지의 물권변동에 의한 소유권 보호 측면에서 사법적 위치에 있음
② 직권등록주의와 실질적 심사주의는 토지등록의 정확성을 도모하여 실체와 등기부의 일치를 유도하게 되고 이에 따라 개인의 소유권 보호 달성

04 지적 용어

① "공간정보"란 지상 · 지하 · 수상 · 수중 등 공간상에 존재하는 자연적 또는 인공적인 객체에 대한 위치정보 및 이와 관련된 공간적 인지 및 의사결정에 필요한 정보를 말한다.
② "지적측량"이란 토지를 지적공부에 등록하거나 지적공부에 등록된 경계점을 지상에 복원하기 위하여 필지의 경계 또는 좌표와 면적을 정하는 측량을 말하며, 지적확정측량 및 지적재조사측량을 포함한다.
③ "지적확정측량"이란 도시개발사업 등의 사업이 끝나 토지의 표시를 새로 정하기 위하여 실시하는 지적측량을 말한다.
④ "지적재조사측량"이란 「지적재조사에 관한 특별법」에 따른 지적재조사사업에 따라 토지의 표시를 새로 정하기 위하여 실시하는 지적측량을 말한다.
⑤ "측량기준점"이란 측량의 정확도를 확보하고 효율성을 높이기 위하여 특정 지점을 측량기준에 따라 측정하고 좌표 등으로 표시하여 측량 시에 기준으로 사용되는 점을 말한다.
⑥ "측량성과"란 측량을 통하여 얻은 최종 결과를 말한다.
⑦ "측량기록"이란 측량성과를 얻을 때까지의 측량에 관한 작업의 기록을 말한다.
⑧ "지적소관청"이란 지적공부를 관리하는 특별자치시장, 시장(「제주특별자치도 설치 및 국제자유도시 조성을 위한 특별법」 제10조제2항에 따른 행정시의 시장을 포함하며, 「지방자치법」 제3조제3항에 따라 자치구가 아닌 구를 두는 시의 시장은 제외한다) · 군수 또는 구청장(자치구가 아닌 구의 구청장을 포함한다)을 말한다.

⑨ "지적공부"란 토지대장, 임야대장, 공유지연명부, 대지권등록부, 지적도, 임야도 및 경계점좌표등록부 등 지적측량 등을 통하여 조사된 토지의 표시와 해당 토지의 소유자 등을 기록한 대장 및 도면(정보처리시스템을 통하여 기록·저장된 것을 포함)을 말한다.

⑩ "연속지적도"란 지적측량을 하지 아니하고 전산화된 지적도 및 임야도 파일을 이용하여, 도면상 경계점들을 연결하여 작성한 도면으로서 측량에 활용할 수 없는 도면을 말한다.

⑪ "부동산종합공부"란 토지의 표시와 소유자에 관한 사항, 건축물의 표시와 소유자에 관한 사항, 토지의 이용 및 규제에 관한 사항, 부동산의 가격에 관한 사항 등 부동산에 관한 종합정보를 정보관리체계를 통하여 기록·저장한 것을 말한다.

⑫ "토지의 표시"란 지적공부에 토지의 소재·지번·지목·면적·경계 또는 좌표를 등록한 것을 말한다.

⑬ "필지"란 대통령령으로 정하는 바에 따라 구획되는 토지의 등록단위를 말한다.

⑭ "지번"이란 필지에 부여하여 지적공부에 등록한 번호를 말한다.

⑮ "지번부여지역"이란 지번을 부여하는 단위지역으로서 동·리 또는 이에 준하는 지역을 말한다.

⑯ "지목"이란 토지의 주된 용도에 따라 토지의 종류를 구분하여 지적공부에 등록한 것을 말한다.

⑰ "경계점"이란 필지를 구획하는 선의 굴곡점으로서 지적도나 임야도에 도해형태로 등록하거나 경계점좌표등록부에 좌표 형태로 등록하는 점을 말한다.

⑱ "경계"란 필지별로 경계점들을 직선으로 연결하여 지적공부에 등록한 선을 말한다.

⑲ "면적"이란 지적공부에 등록한 필지의 수평면상 넓이를 말한다.

⑳ "토지의 이동(異動)"이란 토지의 표시를 새로 정하거나 변경 또는 말소하는 것을 말한다.

㉑ "신규등록"이란 새로 조성된 토지와 지적공부에 등록되어 있지 아니한 토지를 지적공부에 등록하는 것을 말한다.

㉒ "등록전환"이란 임야대장 및 임야도에 등록된 토지를 토지대장 및 지적도에 옮겨 등록하는 것을 말한다.

㉓ "분할"이란 지적공부에 등록된 1필지를 2필지 이상으로 나누어 등록하는 것을 말한다.

㉔ "합병"이란 지적공부에 등록된 2필지 이상을 1필지로 합하여 등록하는 것을 말한다.

㉕ "지목변경"이란 지적공부에 등록된 지목을 다른 지목으로 바꾸어 등록하는 것을 말한다.

㉖ "축척변경"이란 지적도에 등록된 경계점의 정밀도를 높이기 위하여 작은 축척을 큰 축척으로 변경하여 등록하는 것을 말한다.

㉗ "고유번호"란 각 필지를 서로 구별하기 위하여 필지마다 붙이는 고유한 번호를 말한다.

㉘ "색인도"란 인접도면의 연결순서를 표시하기 위하여 기재한 도표와 번호를 말한다.

05 1필지

1. 1필지로 정할 수 있는 기준

지번부여지역의 토지로서 소유자와 용도가 같고 지반이 연속된 토지

2. 양입지

① 주된 용도의 토지의 편의를 위하여 설치된 도로·구거 등의 부지
② 주된 용도의 토지에 접속되거나 주된 용도의 토지로 둘러싸인 토지로서 다른 용도로 사용되고 있는 토지

3. 양입지로 정할 수 없는 토지

① 종된 용도의 토지의 지목이 대인 경우
② 종된 용도의 토지 면적이 주된 용도의 토지 면적의 10%를 초과하는 경우
③ 종된 토지의 면적이 330m²를 초과하는 경우

제2장 지번

01 지번의 개념

1. 지번의 의의

지번이란 지리적 위치의 고정성과 토지의 특정화, 개별성을 확보하기 위해 리·동의 단위로 필지마다 아라비아 숫자를 순차적으로 부여하여 지적공부에 등록한 번호를 말한다.

2. 지번의 특성

① 특정성
② 동질성
③ 종속성
④ 불가분성
⑤ 연속성

3. 지번의 역할

① 장소의 기준
② 물권표시의 기준
③ 공간계획의 기준

4. 지번의 기능

① 토지의 고정화
② 토지의 특정화
③ 토지의 개별화
④ 토지위치의 확인
⑤ 행정주소 표기, 토지이용의 편리성
⑥ 토지관계자료의 연결매체 기능

02 지번부여지역

① 리·동 또는 이에 준하는 지역으로서 지번을 부여하는 단위지역
② 리·동이란 법적 리·동을 뜻함
③ 리·동에 준하는 지역이란 낙도를 의미

03 지번부여방법

1. 지번부여방법의 종류

① 진행방향에 따른 분류 : 사행식, 기우식, 단지식
② 부여단위에 따른 분류 : 지역단위법, 도엽단위, 단지단위법
③ 기번위치에 따른 분류 : 북동기번법, 북서기번법

2. 진행방향에 따른 방법

1) 사행식

① 필지의 배열이 불규칙한 지역에서 진행순서에 따라 지번 부여
② 진행방향에 따라 지번이 순차적으로 연속
③ 농촌지역에 적합
④ 상하좌우로 볼 때 어느 방향에서는 지번이 순차적으로 부여되지 않는 단점이 있음

2) 기우식(또는 교호식)

① 도로를 중심으로 한쪽은 홀수인 기수, 반대쪽은 짝수인 우수로 지번을 부여
② 시가지 지역의 지번설정에 적합

3) 단지식(또는 Block식)

① 1단지마다 하나의 지번을 부여하고 단지 내 필지들은 부번을 부여하는 방법
② 토지구획, 농지개량사업 시행지역에 적합

3. 부여단위에 따른 방법

1) 지역단위법

① 1개의 지번부여지역 전체를 대상으로 하여 순차적으로 지번 부여

② 지번부여지역이 좁거나 도면매수가 적은 지역에 적합

2) 도엽단위법

① 도엽단위로 세분하여 지번 부여

② 넓거나 도면매수가 많은 지역에 적합

3) 단지단위법

① 1개의 지번부여지역을 지적(임야)도의 단지단위로 세분하여 지번을 부여

② 다수의 소규모 단지로 구성된 토지구획, 농지개량사업지역에 적합

4. 기번위치에 따른 방법

1) 북동기번법

① 북동쪽에서 남서쪽으로 순차적으로 지번 부여

② 한자지번 지역에 적합

2) 북서기번법

① 북서에서 남동쪽으로 순차적으로 지번 부여

② 아라비아 숫자 지번지역에 적합

5. 외국의 지번부여방법

1) 분수식 지번제도

① 원지번을 분자, 부번을 분모로 한 분수형태의 지번부여방식

② 독일 : 6-3는 6/3으로 표현하며, 분할 시 최종지번이 6/3이면 6/4, 6/5로 표시

③ 오스트리아, 핀란드, 불가리아 : 56번지 분할 시 최종지번이 23이면 부번은 24/56 로 표시

2) 기번제도

① 인접지번 또는 지번의 자릿수와 함께 원지번의 번호로 구성되어 지번의 근거가 남음

② 사정지번이 모번지로 보존됨

③ 989번 분할 시 989a와 989b로 표시되고, 989b번 분할 시 $989b^1$, $989b^2$로 표시

3) 자유부번제도

최종지번 다음 번호를 부여하고 원지번은 소멸되는 방식

04 지번의 유형

1. 단식지번

① 본번만으로 구성된 지번
② 표기가 단순하고 지번으로서 토지의 필수를 추측할 수 있는 장점
③ 광대한 지역의 토지에 적합
④ 새로이 지적제도를 창설할 때 많이 사용되는 지번 형태로서 우리나라의 토지조사사업에서도 단식지번으로 지번을 부여

2. 복식지번

① 본번에 부번을 붙여서 구성되는 지번
② 특히 단지식의 부번에 채택됨
③ 일반적인 분할, 신규등록, 등록전환의 경우에 많이 사용
④ 지번으로서 토지의 필수를 추측하기 어렵고 표기가 복잡

3. 중번

① 지번부여지역 내에 존재한 2개 이상의 동일한 지번
② 행정구역의 통·폐합 시에 발생되는 경우가 많음

4. 결번(Missing Parcel Number)

① 의의 : 지번을 부여한 이후에 토지 합병 등의 사유로 인하여 지적공부에 등록되지 않은 지번이 발생하게 되는데 이를 결번이라고 함
② 결번의 발생 사유
  • 행정구역 변경으로 지번부여 지역 내 일부가 다른 지번부여지역으로 편입이 된 경우
  • 도시개발사업 등의 시행으로 종전 지번이 폐쇄된 경우
  • 지번변경으로 결번이 발생한 경우

- 토지합병의 경우
- 등록전환에 의해 임야대장 등록지의 지번이 말소된 경우
- 축척변경으로 결번이 발생한 경우
- 바다로 된 토지의 등록말소의 경우
- 지번정정의 경우

③ 결번대장 : 결번 발생 시에는 지체 없이 그 사유를 결번 대장에 등록하여 영구히 보존

05 지번부여기준

1. 지번의 부여방법

① 지번은 지적소관청이 지번부여지역별로 차례대로 부여
② 지적소관청은 지적공부에 등록된 지번을 변경할 필요가 있다고 인정되면 시 · 도지사나 대도시 시장의 승인을 받아 지번부역지역의 전부 또는 일부에 대하여 지번을 새로 부여

2. 지번의 표기

① 지번은 아라비아 숫자로 표기
② 임야대장 및 임야도에 표시하는 지번은 숫자 앞에 "산"자를 붙여 표시
③ 지번은 본번과 부번으로 구성하되, 본번과 부번 사이에 "-" 표시로 연결

3. 지번부여의 원칙

우리나라는 북서에서 남동으로 순차적으로 지번을 부여하는 "북서기번법"을 채택

4. 신규등록, 등록전환 등에 따른 지번 부여

① 신규등록, 등록전환, 지번변경, 행정구역변경 등의 경우 당해 지번부여지역 내 인접토지의 본번에 부번을 붙여서 부여
② 다음에 해당하는 경우에는 지번부여지역의 최종 본번의 다음 순번부터 본번으로 하여 순차적으로 지번 부여
- 대상토지가 그 지번부여지역의 최종 지번의 토지에 인접하여 있는 경우

- 대상토지가 이미 등록된 토지와 멀리 떨어져 있어서 등록된 토지의 본번에 부번을 부여하는 것이 불합리한 경우
- 대상토지가 여러 필지로 되어 있는 경우

5. 분할에 따른 지번부여

① 분할 후의 필지 중 1필지의 지번은 분할 전의 지번으로 하고, 나머지 필지의 지번은 본번의 최종 부번 다음 순번으로 부번을 부여
② 주거·사무실 등 건축물이 있는 필지에 대해서는 분할 전의 지번을 우선하여 부여

6. 합병에 따른 지번부여

① 합병 대상 지번 중 선순위의 지번을 그 지번으로 부여
② 합병 전 지번이 본번과 부번이 혼재할 경우 본번 중 선순위 지번으로 부여
③ 토지소유자가 합병 전의 필지에 주거·사무실 등의 건축물이 있어서 그 건축물이 위치한 지번을 합병 후의 지번으로 신청할 때에는 그 지번을 합병 후의 지번으로 부여

7. 지적확정측량, 지번변경, 행정구역변경, 축척변경을 실시한 지역의 지번부여

① 사업지역 내 편입된 토지 중 다음 각 목의 지번을 제외한 본번만으로 부여
- 지적확정측량을 실시한 지역의 종전의 지번과 지적확정측량을 실시한 지역 밖에 있는 본번이 같은 지번이 있을 때에는 그 지번
- 지적확정측량을 실시한 지역의 경계에 걸쳐 있는 지번
② 종전 지번의 수가 새로 부여할 지번의 수보다 적을 때에는 블록단위로 하나의 본번을 부여한 후 필지별로 부번을 부여하거나 최종본번 다음 순번부터 본번으로 하여 차례로 지번을 부여

06 지번변경

1. 의의

기부여된 지번의 무질서로 국민의 공부 활용이 불편하고, 효율적 지적행정 수행이 곤란하여 새로이 지번을 정하는 것

2. 지번변경의 사유

① 행정구역 통·폐합으로 동일 지번이 존재
② 행정구역의 분할 등으로 지번 불연속
③ 빈번한 토지이동으로 지번 무질서
④ 기타 지번변경이 필요한 경우

3. 지번변경 승인신청

① 지적소관청은 지번변경 사유를 적은 승인신청서를 시·도지사 또는 대도시 시장에게 제출
② 시·도지사 또는 대도시 시장은 행정정보의 공동이용을 통하여 지번변경 대상지역의 지적도 및 임야도를 확인
③ 신청을 받은 시·도지사 또는 대도시 시장은 지번변경 사유 등을 심사한 후 그 결과를 지적소관청에 통지
〈지번변경 승인신청서의 내용〉
• 지번변경 대상지역의 지번·지목·면적·소유자에 대한 상세한 내용(지번 등 명세)
• 변경 사유
• 첨부서류 : 지번 등 명세, 지적도 및 임야도 사본

제3장 지목

01 지목의 개념

① 지목(Land Category)은 토지의 주된 사용목적 또는 용도에 따라 토지의 종류를 구분하여 표시하는 명칭

② 토지의 소재·지번·경계 또는 좌표 및 면적 등과 함께 필지구성의 중요요소

③ 지목변경이란 지적공부에 등록된 지목을 도시계획법·건축법 등 관계법령에 의한 각종 인허가 및 준공 등에 의하여 토지의 주된 사용목적 및 용도가 변경됨에 따라 다른 지목으로 바꾸어 등록하는 것을 말함

02 지목의 연혁

1. 지목의 변천과정

① 대구 시가지 토지 측량에 관한 타합사항(1907. 5. 16) : 17개 지목

② 토지조사법(1910.8.23 법률 제7호) : 17개 지목

③ 토지조사령(1912.8.13 제령 제2호) : 18개 지목

④ 지세령 개정(1918.6.18 제령 제 9호) : 19개 지목

⑤ 조선지세령(1943.3.31 제령 제6호) : 21개 지목

⑥ 지적법(1950.12.1 법률 제165호)제정 : 21개 지목

⑦ 제1차 지적법 전문개정(1975.12.31 법률 제 2801호) : 24개 지목

⑧ 제5차 개정 지적법(1991.11.30 법률 제 4405호) : 24개 지목

⑨ 제2차 지적법 전문개정(2001.1.26 법률 제6389호) : 28개 지목

2. 지목의 변천내용

① 1910~1950년 : 토지조사령에 의거 전, 답, 대 등 18개 지목으로 구분

② 1950~1975년 : 구지적법에 의거 21개 지목으로 구분(지소⇒지소, 유지, 잡종⇒잡종지, 염전, 광천지)

③ 1976년~현재

- 28개 지목으로 구분
- 10개 지목 신설(과수원, 목장용지, 공장용지, 학교용지, 운동장, 유원지, 주차장, 주유소용지, 창고용지, 양어장)
- 6개 지목을 3개 지목으로 통합(철도용지+철도선로 → 철도용지, 수도용지+수도선로 → 수도용지, 유지+지소 → 유지)
- 지목명칭변경 : 공원지 → 공원, 사사지 → 종교용지, 성첩 → 사적지, 분묘지 → 묘지
- 1991년 운동장을 체육용지로 변경
- 2002년 1월 4개 지목 신설(주차장, 주유소용지, 창고용지, 양어장)

3) 지목 변천표

구분	토지조사사업~지세령개정 전	지세령개정~조선지세령개정 전	조선지세령개정~1차지적법전문개정 전	1차지적법전문개정~2차지적법전문개정 전	2차지적법전문개정~현재
시행기간	1910~1917	1918~1942	1943~1975	1976~2001	2002~현재
지목 수	18개 지목	19개 지목	21개 지목	24개 지목	28개 지목
변천과정	지목 창설 • 전 • 답 • 대 • 지소 • 임야 • 잡종지 • 사사지 • 분묘지 • 공원지 • 철도용지 • 수도용지 • 도로 • 하천 • 구거 • 제방 • 성첩 • 철도선로 • 수도선로	1개 지목 신설 • 유지	2개 지목 신설 • 염전 • 광천지	6개 지목 신설 • 과수원 • 목장용지 • 공장용지 • 학교용지 • 운동장 • 유원지 3개 지목 통폐합 • 철도용지+ 철도선로 → 철도용지 • 수도용지+ 수도선로 → 수도용지 • 유지+지소 → 유지 5개 지목 명칭변경 • 공원지 → 공원 • 사사지 → 종교용지 • 성첩 → 사적지 • 분묘지 → 묘지 • 운동장 → 체육용지	4개 지목 신설 • 주차장 • 주유소용지 • 창고용지 • 양어장

03 지목의 분류

1. 토지의 현황에 따른 분류

① 지형지목 : 지표면의 형상, 토지의 고저 등 토지의 모양에 따라 결정한 지목

② 지성지목 : 지층, 암석, 토양 등 토지의 성질에 따라 결정한 지목

③ 용도지목 : 토지의 현실적 용도에 따라 결정한 지목(우리나라 및 대부분의 국가에서 사용)

2. 지목의 구성내용에 따른 분류

① 단식지목 : 1개의 토지에 대하여 한 가지 기준에 의해 분류된 지목(전, 답 등)

② 복식지목 : 1개의 토지에 대하여 둘 이상의 기준에 따라 분류된 지목(녹지대 등)

04 지목의 기능

1. 관리적 기능

① 토지관리

② 지방행정의 기초자료

③ 도시 및 국토계획의 원천

2. 경제적 기능

① 토지평가의 기초

② 개별공시지가산정의 근거

③ 토지유통의 자료

3. 사회적 기능

① 토지이용의 공공성

② 토지투기의 방지

③ 도시성쇠의 요인

④ 인구이동의 변수

⑤ 주택건설의 정보

05 지목설정의 원칙

① 1필1지목의 원칙 : 1필의 토지에는 1개의 지목만을 설정하는 원칙이며, 1필의 일부가 용도변경된 경우에는 분할 후에 지목을 변경

② 주지목추종의 원칙 : 주된 토지의 편익을 위해 설치된 소면적의 도로, 구거 등의 지목은 이를 따로 정하지 않고 주된 토지의 사용목적 및 용도에 따라 지목을 설정하는 원칙

③ 등록선후의 원칙 : 도로, 철도용지, 하천, 제방, 구거, 수도용지 등의 지목이 중복되는 경우에는 먼저 등록된 토지의 사용목적·용도에 따라 지번을 설정하는 원칙

④ 용도경중의 원칙 : 도로, 철도용지, 하천, 제방, 구거, 수도용지 등의 지목이 중복되는 경우에는 중요 토지의 사용목적 및 용도에 따라 지목을 설정하는 원칙

⑤ 일시변경불가의 원칙 : 임시적·일시적 용도의 변경 시 등록전환 또는 지목변경불가의 원칙

⑥ 사용목적추종의 원칙 : 도시계획사업, 토지구획정리사업, 농지개량사업 등의 완료에 따라 조성된 토지는 사용목적에 따라 지목을 설정하여야 한다는 원칙

06 지목변경

1. 개념

① 지목변경이란 지적공부에 등록된 지목을 다른 지목으로 바꾸어 등록하는 것

② 공부상 등록된 지목과 현지이용현황이 다르게 된 경우에 현지와 지적공부에 등록사항이 일치되게 변경·등록하는 행정처분

2. 지목변경의 대상

① 관계법령에 의한 토지의 형질변경 등의 공사가 준공된 토지

② 건축물의 용도가 변경된 토지

③ 토지의 사용목적, 용도가 변경된 토지

④ 토지구획정리사업, 택지개발사업, 도시재개발사업 등의 추진을 위해 사업시행자 또는 토지소유자가 공사 준공 전이라도 토지의 합병을 신청하는 경우에는 토지의 사용목적 또는 용도가 변경된 토지로 보아 지목변경을 신청할 수 있음

3. 지목변경 신청기한

토지소유자가 60일 이내에 지적소관청에 지목변경을 신청

4. 지목변경 신청서류

① 관계법령에 의한 토지의 형질변경 등의 공사가 준공되었음을 증명하는 서류의 사본
② 건축물대장등본 또는 사본
③ 국·공유지의 경우에는 용도폐지 또는 사실상 공공용으로 사용되지 아니함을 증명하는 서류의 사본
④ 토지 또는 건축물의 용도가 변경되었음을 증명하는 서류의 사본
⑤ 서류의 원본을 소관청이 관리하는 경우에는 소관청의 확인으로서 당해 서류의 제출에 갈음

07 지목의 표기방법 및 종류

1. 지목의 표기방법

① 지목을 지적도면에 등록하는 때에는 두문자(頭文字) 또는 차문자(次文字)로 표기한다.
② 28개의 지목 중 하천, 유원지, 공장용지, 주차장을 제외한 24개 지목은 두문자로 표기하고 4개의 지목은 차문자로 표기한다.(하천 → 천, 유원지 → 원, 공장용지 → 장, 주차장 → 차)

지목	부호	지목	부호
• 전	• 전	• 철도용지	• 철
• 답	• 답	• 제방	• 제
• 과수원	• 과	• 하천	• 천
• 목장용지	• 목	• 구거	• 구
• 임야	• 임	• 유지	• 유
• 광천지	• 광	• 양어장	• 양
• 염전	• 염	• 수도용지	• 수
• 대	• 대	• 공원	• 공
• 공장용지	• 장	• 체육용지	• 체
• 학교용지	• 학	• 유원지	• 원
• 주차장	• 차	• 종교용지	• 종
• 주유소용지	• 주	• 사적지	• 사
• 창고용지	• 창	• 묘지	• 묘
• 도로	• 도	• 잡종지	• 잡

③ 지목의 설정방법
  • 1필지마다 하나의 지목을 설정할 것
  • 1필지가 둘 이상의 용도로 활용되는 경우에는 주된 용도에 따라 지목을 설정할 것
  • 토지가 일시적 또는 임시적인 용도로 사용될 때에는 지목을 변경하지 아니함

2. 지목의 종류

1) 전

물을 상시적으로 이용하지 않고 곡물·원예작물(과수류는 제외)·약초·뽕나무·닥나무·묘목·관상수 등의 식물을 주로 재배하는 토지와 식용으로 죽순을 재배하는 토지

2) 답

물을 상시적으로 직접 이용하여 벼·연(蓮)·미나리·왕골 등의 식물을 주로 재배하는 토지

3) 과수원

사과·배·밤·호두·귤나무 등 과수류를 집단적으로 재배하는 토지와 이에 접속된 저장고 등 부속시설물의 부지

4) 목장용지

① 축산업 및 낙농업을 하기 위하여 초지를 조성한 토지
② 「축산법」 제2조 제1호에 따른 가축을 사육하는 축사 등의 부지
③ 위의 토지와 접속된 부속시설물의 부지

5) 임야

산림 및 원야를 이루고 있는 수림지·죽림지·암석지·자갈땅·모래땅·습지·황무지 등의 토지

6) 광천지

① 지하에서 온수·약수·석유류 등이 용출되는 용출구와 그 유지에 사용되는 부지
② 온수·약수·석유류 등을 일정한 장소로 운송하는 송수관·송유관 및 저장시설의 부지는 제외

7) 염전

① 바닷물을 끌어들여 소금을 채취하기 위하여 조성된 토지와 이에 접속된 제염장 등 부속시설물의 부지

② 천일제염 방식으로 하지 아니하고 동력으로 바닷물을 끌어들여 소금을 제조하는 공장시설물의 부지는 제외

8) 대

① 영구적 건축물 중 주거·사무실·점포와 박물관·극장·미술관 등 문화시설과 이에 접속된 정원 및 부속시설물의 부지

② 「국토의 계획 및 이용에 관한 법률」 등 관계 법령에 따른 택지조성공사가 준공된 토지

9) 공장용지

① 제조업을 하고 있는 공장시설물의 부지

② 「산업집적활성화 및 공장설립에 관한 법률」 등 관계 법령에 따른 공장부지 조성공사가 준공된 토지

③ 위의 토지와 같은 구역에 있는 의료시설 등 부속시설물의 부지

10) 학교용지

학교의 교사와 이에 접속된 체육장 등 부속시설물의 부지

11) 주차장

① 자동차 등의 주차에 필요한 독립적인 시설을 갖춘 부지와 주차전용 건축물 및 이에 접속된 부속시설물의 부지

② 아래에 해당하는 시설의 부지는 제외
  • 「주차장법」에 따른 노상주차장 및 부설주차장
  • 자동차 등의 판매 목적으로 설치된 물류장 및 야외전시장

12) 주유소용지

① 아래에 해당하는 토지
  • 석유·석유제품 또는 액화석유가스 등의 판매를 위하여 일정한 설비를 갖춘 시설물의 부지
  • 저유소 및 원유저장소의 부지와 이에 접속된 부속시설물의 부지

② 자동차·선박·기차 등의 제작 또는 정비공장 안에 설치된 급유·송유시설 등의 부지는 제외

13) 창고용지

물건 등을 보관하거나 저장하기 위하여 독립적으로 설치된 보관시설물의 부지와 이에 접속된 부속시설물의 부지

14) 도로

① 일반 공중의 교통 운수를 위하여 보행이나 차량운행에 필요한 일정한 설비 또는 형태를 갖추어 이용되는 토지
② 도로법 등 관계법령에 따라 도로로 개설된 토지
③ 고속도로의 휴게소 부지
④ 2필지 이상에 진입하는 통로로 이용되는 토지

15) 철도용지

교통 운수를 위하여 일정한 궤도 등의 설비와 형태를 갖추어 이용되는 토지와 이에 접속된 역사·차고·발전시설 및 공작창 등 부속시설물의 부지

16) 제방

조수·자연유수·모래·바람 등을 막기 위하여 설치된 방조제·방수제·방사제·방파제 등의 부지

17) 하천

자연의 유수가 있거나 있을 것으로 예상되는 토지

18) 구거

용수 또는 배수를 위하여 일정한 형태를 갖춘 인공적인 수로·둑 및 그 부속시설물의 부지와 자연의 유수가 있거나 있을 것으로 예상되는 소규모 수로부지

19) 유지

물이 고이거나 상시적으로 물을 저장하고 있는 댐·저수지·소류지·호수·연못 등의 토지와 연·왕골 등이 자생하는 배수가 잘 되지 아니하는 토지

20) 양어장

육상에 인공으로 조성된 수산생물의 번식 또는 양식을 위한 시설을 갖춘 부지와 이에 접속된 부속시설물의 부지

21) 수도용지

물을 정수하여 공급하기 위한 취수 · 저수 · 도수 · 정수 · 송수 및 배수 시설의 부지 및 이에 접속된 부속시설물의 부지

22) 공원

일반 공중의 보건 · 휴양 및 정서생활에 이용하기 위한 시설을 갖춘 토지로서 「국토의 계획 및 이용에 관한 법률」에 따라 공원 또는 녹지로 결정 · 고시된 토지

23) 체육용지

① 국민의 건강증진 등을 위한 체육활동에 적합한 시설과 형태를 갖춘 종합운동장 · 실내체육관 · 야구장 · 골프장 · 스키장 · 승마장 · 경륜장 등 체육시설의 토지와 이에 접속된 부속시설물의 부지

② 체육시설로서의 영속성과 독립성이 미흡한 정구장 · 골프연습장 · 실내수영장 및 체육도장, 유수를 이용한 요트장 및 카누장 등의 토지는 제외

24) 유원지

① 일반 공중의 위락 · 휴양 등에 적합한 시설물을 종합적으로 갖춘 수영장 · 유선장 · 낚시터 · 어린이놀이터 · 동물원 · 식물원 · 민속촌 · 경마장 · 야영장 등의 토지와 이에 접속된 부속시설물의 부지

② 이들 시설과의 거리 등으로 보아 독립적인 것으로 인정되는 숙식시설 및 유기장의 부지와 하천 · 구거 또는 유지(공유인 것으로 한정) 분류되는 것은 제외

25) 종교용지

일반 공중의 종교의식을 위하여 예배 · 법요 · 설교 · 제사 등을 하기 위한 교회 · 사찰 · 향교 등 건축물의 부지와 이에 접속된 부속시설물의 부지

26) 사적지

① 문화재로 지정된 역사적인 유적 · 고적 · 기념물 등을 보존하기 위하여 구획된 토지

② 학교용지 · 공원 · 종교용지 등 다른 지목으로 된 토지에 있는 유적 · 고적 · 기념물 등을 보호하기 위하여 구획된 토지는 제외

27) 묘지

① 사람의 시체나 유골이 매장된 토지, 「도시공원 및 녹지 등에 관한 법률」에 따른 묘지공원으로 결정 · 고시된 토지

② 「장사 등에 관한 법률」에 따른 봉안시설과 이에 접속된 부속시설물의 부지

③ 묘지의 관리를 위한 건축물의 부지는 "대"

28) 잡종지

다음 각 목의 토지. 다만, 원상회복을 조건으로 돌을 캐내는 곳 또는 흙을 파내는 곳으로 허가된 토지는 제외한다.

① 갈대밭, 실외에 물건을 쌓아두는 곳, 돌을 캐내는 곳, 흙을 파내는 곳, 야외시장 및 공동우물

② 변전소, 송신소, 수신소 및 송유시설 등의 부지

③ 여객자동차터미널, 자동차운전학원 및 폐차장 등 자동차와 관련된 독립적인 시설물을 갖춘 부지

④ 공항시설 및 항만시설 부지

⑤ 도축장, 쓰레기처리장 및 오물처리장 등의 부지

⑥ 그 밖에 다른 지목에 속하지 않는 토지

제4장 경계

01 경계의 개념

1. 경계의 의미

① 경계는 지역을 구분하여 표시하는 선으로서 일반적으로 토지소유권의 범위를 표시하는 구획선을 의미한다.

② 경계는 소유권의 범위와 면적을 정하는 기준이 되며 위치와 거리만 있고 면적과 넓이는 없는 특징을 지닌다.

③ 측량·수로조사 및 지적에 관한 법률에서 경계란 필지별로 경계점들을 직선으로 연결하여 지적공부에 등록한 선이며, 경계점이란 필지를 구획하는 선의 굴곡점으로서 지적도나 임야도에 도해형태로 등록하거나 경계점좌표등록부에 좌표 형태로 등록한 점으로 규정한다.

2. 경계의 연혁

① 지적제도 발달 전 : 휴반, 애안 등 현지경계를 토지의 경계로 봄

② 집터 경계는 가기(家基=담장)라 하고, 묘지의 경계는 지류계(地類界)라 함

④ 1910년 이후 : 토지조사사업시행으로 경계를 공부상등록선으로 인식

④ 1975년 지적법 전문개정 이후 : 경계점좌표등록부상의 좌표 연결선을 토지의 경계로 규정

02 경계의 기능과 특성

1. 경계의 기능

① 소유권의 범위 결정

② 필지의 양태 결정

③ 면적의 결정

2. 경계의 특성

① 인접한 필지 간에 성립
② 각종 공사 등에서 거리를 재는 기준선
③ 필지 간 이질성을 구분하는 구분선 역할
④ 인위적으로 만든 인공선
⑤ 위치와 길이는 있으나 면적과 넓이는 없음

03 경계의 분류

1. 특성에 따른 분류

1) 일반경계(General Boundary)

① 1875 영국 토지등록제도에서 규정
② 토지경계가 도로, 하천, 해안선, 담, 울타리, 도랑 등 자연적 지형지물로 이루어진 경우
③ 지가가 저렴한 농촌지역 등에서 토지등록방법으로 이용

2) 고정경계(Fixed Boundary)

① 지적측량에 의하여 결정된 경계
② 일반경계와 법률적 효력은 유사하나 그 정확도가 높음
③ 경계선에 대한 정부 보증이 불인정

3) 보증경계(Guaranteed Boundary)

정밀지적측량이 시행되고 토지소관청의 사정이 완료되어 확정된 경계

2. 물리적 경계에 따른 분류

1) 자연적 경계

① 토지의 경계가 지상에서 산등선, 계곡, 하천, 호수, 해안, 구거 등 자연적 지형 · 지물에 의하여 경계로 인식될 수 있는 경계
② 지상경계이며 관습법상 인정되는 경계

2) 인공적 경계

① 토지의 경계가 담장, 울타리, 철조망, 운하, 철도선로, 경계석, 경계표지 등을 이용하여 인위적으로 설정된 경계

② 지상경계이며 사람에 의해 설정된 경계

3. 법률적 효력에 따른 경계

1) 민법상의 경계

① 토지소유권이 미치는 범위를 경계로 봄

② 민법 제237조는 "인접토지소유자는 공동비용으로 경계표나 담을 설치"(1항)하고, "비용은 쌍방이 절반하여 부담하고 측량비용은 면적에 비례하여 부담한다."(2항)고 규정

③ 실제 설치되어 있는 울타리, 담장, 둑, 구거 등의 현지경계로서 지상경계를 인정

2) 형법상의 경계

① 형법상 경계는 권리자를 달리하는 토지한계선으로 파악

② 사법상 토지경계와 공법상 토지경계를 포함

③ 사실상의 경계를 의미하므로 법률상 정당한 경계와 일치하지 않아도 법적으로 보호됨

3) 지적에 관한 법률상 경계

① 지적도나 임야도 위에 지적측량에 의하여 지번별로 확정하여 등록한 선 또는 경계점좌표등록부에 등록된 좌표의 연결

② 도상경계이며 합병 이외에는 지적측량에 의해 경계가 결정

4. 일반적 분류

① 지상경계 : 도상경계를 지상에 복원한 경계

② 도상경계 : 지적도나 임야도의 도면상에 표시된 경계이며 "공부상 경계"라고도 함

③ 법정경계 : 지적법상 도상경계와 법원이 인정하는 경계확정의 판결에 의한 경계

④ 사실경계 : 사실상·현실상의 경계이며, 인접한 필지의 소유자 간에 존재하는 경계

04 경계의 제원칙

1. 축척종대의 원칙

동일 경계가 다른 도면에 각각 등록된 때는 큰 축척에 따른다.

2. 경계불가분의 원칙

경계는 유일무이한 것으로 인접 토지에 공통으로 작용하므로 이를 분리할 수 없다.

05 경계의 설정과 등록

1. 지상경계결정의 처리방법

① 점유설 : 현재 점유하고 있는 구획선이 하나일 경우 그를 양 토지의 경계로 한다.
② 평분설 : 점유상태를 확정할 수 없는 경우 분쟁지를 2등분하여 양지에 소속시킨다.
③ 보완설 : 새로이 결정한 경계가 다른 확정된 자료에 비추어 형평타당하지 못할 때 그에 따른 보완을 한다.(예 지적측량 등)

2. 공간정보의 구축 및 관리 등에 관한 법률상 경계설정의 기준

① 고저 없는 경우 그 지물·구조물의 중앙
② 고저 있는 경우 그 지물·구조물의 하단
③ 최대만조위, 최대만수위가 되는 선
④ 절토된 토지는 그 경사면의 상단부
⑤ 공유수면매립지의 토지 중 제방 등을 토지에 편입 등록하는 경우 바깥쪽 어깨부분

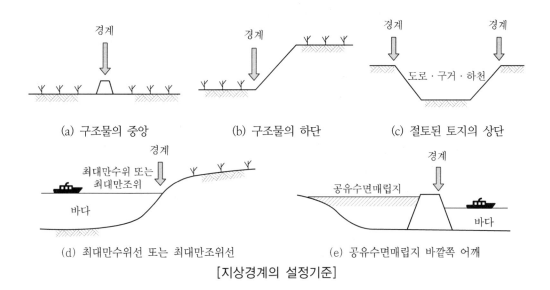

[지상경계의 설정기준]

3. 분쟁지의 경우 경계의 확정방법

① 소관청에 의한 방법
② 경계복원측량에 의한 방법
③ 법원에 의한 측량－확정판결로 결정
④ 분쟁당사자에 의한 방법 : 분쟁당사자 또는 제3자 개입으로 화해와 조정으로 사실경계, 도상경계, 지상경계 중 일정한 경계로 합의하여 법정경계화한다.

4. 경계의 등록방법

1) 도해지적 방법

① 정해진 축척에 따라 측량하여 그 성과를 도면에 선으로 등록하는 방법
② 작업이 간편하며 위치나 형태 파악이 용이
③ 인위적 · 자연적 · 기계적 오차 등이 수반되며, 정도가 낮음

2) 수치지적 방법

① 경계의 굴곡점을 평면직각좌표로 경계점좌표등록부에 등록하는 방법
② 정확도가 높고 토지정보시스템에 적합한 제도이나 작업과정이 복잡하고 측량기준점의 관리가 절대적으로 보장되어야 함

5. 선 경계점 표지 설치 후 측량 기준

① 도시개발사업 등의 사업시행자가 사업지구의 경계를 결정하기 위하여 토지를 분할하려는 경우

② 사업시행자와 행정기관의 장 또는 지방자치단체의 장이 토지를 취득하기 위하여 분할하려는 경우

③ 도시·군관리계획 결정고시와 지형도면 고시가 된 지역의 도시·군관리계획선에 따라 토지를 분할하려는 경우

④ 토지를 분할하려는 경우

⑤ 관계 법령에 따라 인가·허가 등을 받아 토지를 분할하려는 경우

6. 분할에 따른 지상경계 결정의 예외

① 법원의 확정판결이 있는 경우

② 공공사업 등에 따라 학교용지·도로·철도용지·제방·하천·구거·유지·수도용지 등의 지목으로 되는 토지를 분할하는 경우

③ 도시개발사업 등의 사업시행자가 사업지구의 경계를 결정하기 위하여 토지를 분할하려는 경우

④ 도시·군관리계획 결정고시와 지형도면 고시가 된 지역의 도시·군관리계획선에 따라 토지를 분할하려는 경우

06 경계복원측량

1. 의의

경계복원측량은 지적도 및 임야도에 등록된 경계 또는 경계점좌표등록부에 등록된 좌표에 의한 경계를 현지에 정확히 표시하여 일필지의 한계를 구분하여 주는 측량이다.

2. 경계복원측량의 대상 및 신청방법

① 측량이 필요로 할 때 신청

② 경계복원측량 등의 처리기한을 5일로 정함

3. 경계복원측량방법

1) 도해지역의 측량방법

① 지적기준점, 기지경계점에 의함

② 측정점 위치설명도에 의한 복원 실시

③ 자료가 없을 때는 필계와 관계있는 현황구획, 지물 등을 기초로 측량을 실시

④ 해당지의 구조물 및 점유현황 측정

2) 수치지역의 측량방법

① 3점 이상 기준점과 기지경계점에 의함

② 기준점에서 각 경계점 간의 거리와 방위각을 역계산하여 지상에 복원

4. 측량결과 작성 등

① 경계점표지의 설치 : 복원된 경계점에 경계점표지 설치

② 측량결과도와 측정점위치설명도의 작성

③ 측량성과도의 작성

5. 경계복원측량의 효력

① 행정처분의 구속력 : 경계복원의 행정처분은 소관청은 물론 상대방까지도 그 존재를 부정할 수 없는 구속력이 발생한다.

② 공정력 : 경계복원측량은 행정처분이므로 시행 즉시 공정력이 생긴다. 즉 경계복원 측량에 의해 지표상에 경계점의 표지를 설치하면 이로써 행정행위는 끝난다.

③ 확정력 : 적법하게 이루어진 경계복원측량은 당연히 확정력이 발생하여 누구도 그 효력을 다툴 수 없는 불가쟁력이 생긴다.

④ 강제력 : 행정처분의 내용을 행정청 자체의 힘으로 실현할 수 있는 효력으로서, 경계 복원측량에 의해 경계점에 경계점표지를 설치할 경우 소관청은 이를 강제적으로 실 현할 수 있는 권한을 갖게 된다.

⑤ 경계복원효력의 멸실 : 경계점표지가 고의 또는 과실로 멸실된 경우에는 경계복원의 처분도 멸실된다.

07 경계점표지

1. 경계점표지의 설치기준

① 도시계획선 등의 경계점표지 : 도시계획선 결정고시 및 지적고시지역, 도시계획사업, 토지구획정리사업, 농지개량사업 등의 경우 실지경계점에 도시계획선 등의 경계점 표지를 설치

② 경위의방법에 의한 지적확정측량 시 : 미리 경계점표지를 설치

③ 분할측량에 따른 경계 설정시 지상구조물이 없는 경우 : 경계점표지에 의할 수 있음

④ 축척변경측량 시 : 소유자는 미리 경계점에 규정에 의한 표지를 설치

⑤ 경계복원측량 시 : 복원된 경계점에는 경계점표지를 설치

2. 경계점표지의 등록

1) 지상경계점등록부의 작성

① 토지의 지상 경계는 둑, 담장, 구조물 및 경계점표지 등으로 구분

② 토지이동에 따른 지적측량으로 지상의 경계를 새로 정한 경우에는 지상경계점 등록부를 작성·관리하여야 함

2) 지상경계점등록부의 등록사항

① 토지의 소재

② 지번

③ 경계점 좌표(경계점좌표등록부 시행지역에 한정)

④ 경계점 위치 설명도

⑤ 공부상 지목과 실제 토지 이용 지목

⑥ 경계점의 사진 파일

⑦ 경계점표지의 종류 및 경계점 위치

08 경계에 관한 법률행위

1. 민사소송

① 경계소송 : 토지경계확정의 소가 대표적

② 경계확정의 소 : 법원의 판결에 의해 경계를 확정할 것을 구하는 소송

2. 경계에 대한 형사책임

① 재물손괴죄 : 타인의 재물, 문서 또는 전자기록 등 특수매체기록을 손괴 또는 은닉 기타 방법으로 기 효용을 해한 자는 3년 이하의 징역 또는 700만 원 이하의 벌금에 처한다.

② 경계침범죄 : 경계표를 손괴, 이전 또는 제거하거나 기타 방법으로 토지의 경계를 인식불능하게 한 자는 3년 이하의 징역 또는 500만 원 이하의 벌금에 처한다.

09 경계분쟁

1. 개요

경계란 필지와 필지를 구분하는 선으로서 일반적으로 토지소유권의 범위를 표시하는 구획선이며, 경계분쟁은 경계문제로 인한 이해관계인 간의 다툼이다.

2. 경계의 종류

① 지상경계

② 도상경계 : 공부상 경계

③ 법정경계

④ 사실경계 : 인접필지 간에 존재하는 경계

3. 경계복원측량방법

① 소관청에 의한 방법

② 경계복원측량에 의한 방법

③ 법원에 의한 측량

④ 분쟁당사자에 의한 방법

4. 경계분쟁의 원인과 특징

1) 원인

① 다수의 불부합지 존재

② 도해지적의 한계성

③ 민원해결의 경직성

④ 분쟁 당사자 간의 문제점

2) 특징

① 인접한 필지 간에 발생

② 경계분쟁이 감정다툼 및 자존심 대결화 양상

③ 소유권과 재산권에 관한 분쟁

④ 장기화하는 경향

제5장   면적

01 면적의 개념

1. 의의

① 일반적으로 면적(Area)은 수평면상의 면적, 구면상의 면적, 경사면상의 면적으로 구분

② 현행 법에서는 면적을 지적측량에 의하여 지적공부상에 등록된 토지의 수평면적이
   라고 규정

2. 면적의 연혁

① 면적은 토지조사사업 이후부터 1975년 지적법 전문개정 전까지는 척관법에 따라 평
   (坪)과 보(步)를 단위로 한 지적(地積)이라 함

② 지적(地籍)과 혼동되어 제2차 지적법 개정 시 면적(面積)으로 개정

02 면적의 종류

1. 측정위치에 따른 분류

① 지상면적

② 도상면적

2. 성질에 따른 분류

① 경사면적

② 수평면적

③ 평균해수면상의 면적

03 면적측정의 대상

① 지적공부를 복구하는 경우
② 신규등록을 하는 경우
③ 등록전환을 하는 경우
④ 분할을 하는 경우
⑤ 토지구획정리 등으로 새로 경계를 확정하는 경우
⑥ 축척변경을 하는 경우
⑦ 면적 또는 경계를 정정하는 경우
⑧ 현황측량 등에 의해 면적측정이 필요한 경우

04 면적의 측정

1. 면적측정의 절차

① 세부측량 시 필지마다 면적 측정함
② 필지별 면적측정은 좌표면적계산법, 전자면적계법에 의함
③ 도곽선에 0.5mm 이상의 신축 시 보정

2. 면적측정의 방법

① 좌표면적계산법에 따른 면적측정
② 전자면적측정기에 따른 면적측정
※ 삼사법 및 푸라니미터법은 사용되었으나 2001년에 폐지됨

05 면적의 등록

1. 우리나라 토지면적 단위체계의 변천

1) 삼국시대

① 고구려 : 경무법
② 백제 : 두락제, 결부제
③ 신라 : 결부제

2) 고려시대

① 초기 : 경무법

② 말기 : 두락제, 결부제

3) 조선시대

결부제 사용

4) 토지조사사업 이후

척관법(평(坪), 정(町), 단(段), 무(畝), 보(步)) 사용

5) 대한민국

① 1975년 이전 : 척관법

② 1975년 이후 : 미터(m)법 사용

2. 면적의 등록단위

1) 척관법

① 토지조사 때 토지조사령에 의거 地積의 단위로 坪 또는 步를 사용

② 구지적법에서 토지대장등록지의 地積은 평단위, 등록의 최소단위는 합으로 함

③ 구지적법에서 임야대장등록지의 地積은 畝단위, 등록의 최소단위는 보로 함

④ 산토지대장은 30평 단위로 등록함

⑤ 기본단위

- 1坪(평) : 6尺(자 또는 척)×6尺=1間(칸 또는 간)×1間
- 1合(합 또는 홉) ⇒ 1/10坪
- 1步(보) : 1坪=10合
- 1畝(무 또는 묘) : 30坪
- 1段(단) : 300坪=10畝
- 1町 : 3,000坪=100畝=10段

2) 미터법

① 1975년 지적법 개정으로 미터법 도입

② 1976~1980년 m² 단위로 환산 완료

3) 척관법의 미터법 환산기준

① 평×(400÷121) = m²

② m²×(121÷400) = 평

3. 면적의 결정방법

1) 면적의 단위

면적의 단위는 제곱미터로 한다.

2) 오사오입의 원칙

① 경계점좌표등록부지역 및 축척 1/600 지역 : 0.05m² 초과는 올리고, 미만은 버리며, 0.05m²인 경우에는 홀수만 올림

② 축척 1/1,000~1/6,000 지역 : 0.5m² 초과는 올리고, 미만은 버리며, 0.5m²인 경우에는 홀수만 올림

3) 면적의 최소등록단위

① 축척 1/500~1/600, 경계점등록부지역 : 0.1m²

② 축척 1/1,000~1/6,000 지역 : 1m²

4. 도곽 신축에 의한 보정

① 0.5mm 이상 신축 시 측정면적 보정

② 도곽선의 신축량 계산

$$S = \frac{\Delta X_1 + \Delta X_2 + \Delta Y_1 + \Delta Y_2}{4}$$

여기서, S : 신축량

ΔX_1 : 왼쪽 종선의 신축된 차

ΔX_2 : 오른쪽 종선의 신축된 차

ΔY_1 : 위쪽 횡선의 신축된 차

ΔY_2 : 아래쪽 횡선의 신축된 차

$$신축차(mm) = \frac{1,000(L-L_0)}{M}$$

여기서, L : 신축된 도곽선지상길이

L_0 : 도곽선 지상길이

M : 축척분모

③ 도곽선의 보정계수 계산

$$Z = \frac{X \cdot Y}{\Delta X \cdot \Delta Y}$$

여기서, Z : 보정계수

X : 도곽선종선길이

Y : 도곽선횡선길이

ΔX : 신축된 도곽선종선길이의 합/2

ΔY : 신축된 도곽선횡선길이의 합/2

5. 신구면적오차의 허용범위

① 오차허용범위 : 분할 시 $A = 0.026^2 M \sqrt{F}$

② 오차의 배부 : $r = \frac{F}{A} \times a$

③ 경계점좌표등록부지역의 분할 후 면적결정 : 끝 다음 숫자가 큰 것부터 올리거나 버림

6. 토지의 이동에 따른 면적 등의 결정방법

1) 합병에 따른 경계·좌표 또는 면적은 따로 지적측량을 하지 아니하고 다음에 따라 결정한다.

① 합병 후 필지의 경계 또는 좌표 : 합병 전 각 필지의 경계 또는 좌표 중 합병으로 필요 없게 된 부분을 말소하여 결정

② 합병 후 필지의 면적 : 합병 전 각 필지의 면적을 합산하여 결정

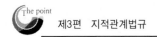

2) 등록전환이나 분할에 따른 면적을 정할 때 오차가 발생하는 경우 그 오차의 허용 범위 및 처리방법은 아래와 같다.

(1) 등록전환을 하는 경우

① 임야대장의 면적과 등록전환될 면적의 오차 허용범위는 다음의 계산식에 따른다. 이 경우 오차의 허용범위를 계산할 때 축척이 3천분의 1인 지역의 축척분모는 6천으로 한다.

$$A = 0.026^2 M \sqrt{F}$$

여기서, A : 오차 허용면적
M : 임야도 축척분모
F : 등록전환될 면적

② 임야대장의 면적과 등록전환될 면적의 차이가 ①의 계산식에 따른 허용범위 이내인 경우에는 등록전환될 면적을 등록전환 면적으로 결정하고, 허용범위를 초과하는 경우에는 임야대장의 면적 또는 임야도의 경계를 지적소관청이 직권으로 정정하여야 한다.

(2) 토지를 분할하는 경우

① 분할 후의 각 필지의 면적의 합계와 분할 전 면적과의 오차의 허용범위는 다음의 계산식에 따른다. 이 경우 A는 오차 허용면적, M은 축척분모, F는 원면적으로 하되, 축척이 3천분의 1인 지역의 축척분모는 6천으로 한다.

$$A = 0.026^2 M \sqrt{F}$$

② 분할 전후 면적의 차이가 ①의 계산식에 따른 허용범위 이내인 경우에는 그 오차를 분할 후의 각 필지의 면적에 따라 나누고, 허용범위를 초과하는 경우에는 지적공부상의 면적 또는 경계를 정정하여야 한다.

③ 분할 전후 면적의 차이를 배분한 산출면적은 다음의 계산식에 따라 필요한 자리까지 계산하고, 결정면적은 원면적과 일치하도록 산출면적의 구하려는 끝자리의 다음 숫자가 큰 것부터 순차로 올려서 정하되, 구하려는 끝자리의 다음 숫자가 서로 같을 때에는 산출면적이 큰 것을 올려서 정한다.

$$r = \frac{A}{F} \times a$$

여기서, r : 각 필지의 산출면적

F : 원면적

A : 측정면적 합계 또는 보정면적 합계

a : 각 필지의 측정면적 또는 보정면적

7. 경계점좌표등록부가 있는 지역의 토지분할 면적결정 기준

① 분할 후 각 필지의 면적합계가 분할 전 면적보다 많은 경우에는 구하려는 끝자리의 다음 숫자가 작은 것부터 순차적으로 버려서 정하되, 분할 전 면적에 증감이 없도록 할 것

② 분할 후 각 필지의 면적합계가 분할 전 면적보다 적은 경우에는 구하려는 끝자리의 다음 숫자가 큰 것부터 순차적으로 올려서 정하되, 분할 전 면적에 증감이 없도록 할 것

제6장 지적공부

01 지적공부의 의의 및 종류

1. 지적공부의 의의

지적공부란 토지에 대한 물리적 현황과 소유자 등을 조사·측량하여 결정한 성과를 최종적으로 등록하여 토지에 대한 물권이 미치는 한계와 그 내용을 공시하는 국가의 공적 장부이다.

2. 지적공부의 종류

1) 가시적인 지적공부

① 대장 – 토지대장, 임야대장, 공유지연명부, 대지권등록부
② 도면 – 지적도, 임야도
③ 경계점좌표등록부

2) 불가시적인 지적공부

지적파일(정보처리시스템을 통하여 기록·저장된 것)

02 지적공부의 등록사항

1. 토지(임야)대장의 등록사항

① 토지의 소재
② 지번
③ 지목
④ 면적
⑤ 소유자의 성명 또는 명칭, 주소 및 주민등록번호
⑥ 토지의 고유번호
⑦ 지적도 또는 임야도의 번호와 필지별 토지대장 또는 임야대장의 장번호 및 축척

⑧ 토지의 이동사유

⑨ 토지소유자가 변경된 날과 그 원인

⑩ 토지등급 또는 기준수확량등급과 그 설정·수정 연월일

⑪ 개별공시지가와 그 기준일

2. 공유지연명부의 등록사항

① 토지의 소재

② 지번

③ 소유권 지분

④ 소유자의 성명 또는 명칭, 주소 및 주민등록번호

⑤ 토지의 고유번호

⑥ 필지별 공유지연명부의 장번호

⑦ 토지소유자가 변경된 날과 그 원인

3. 대지권등록부의 등록사항

① 토지의 소재

② 지번

③ 대지권 비율

④ 소유자의 성명 또는 명칭, 주소 및 주민등록번호

⑤ 토지의 고유번호

⑥ 전유부분의 건물표시

⑦ 건물의 명칭

⑧ 집합건물별 대지권등록부의 장번호

⑨ 토지소유자가 변경된 날과 그 원인

⑩ 소유권 지분

4. 지적도면의 등록사항

① 토지의 소재

② 지번

③ 지목

④ 경계

⑤ 지적도면의 색인도

⑥ 지적도면의 제명 및 축척

⑦ 도곽선과 그 수치

⑧ 좌표에 의하여 계산된 경계점 간의 거리(경계점좌표등록부를 갖춰 두는 지역으로 한정)

⑨ 삼각점 및 지적기준점의 위치

⑩ 건축물 및 구조물 등의 위치

1) 지적도면의 축척

① 지적도 : 1/500, 1/600, 1/1000, 1/1200, 1/2400, 1/3000, 1/6000

② 임야도 : 1/3000, 1/6000

2) 지적도면의 복사

① 국가기관, 지방자치단체 또는 지적측량수행자가 지적도면을 복사하려는 경우에는 지적도면 복사의 목적, 사업계획 등을 적은 신청서를 지적소관청에 제출

② 신청을 받은 지적소관청은 신청 내용을 심사한 후 그 타당성을 인정하는 때에 지적도면을 복사할 수 있게 함

③ 복사한 지적도면은 신청 당시의 목적 외의 용도로는 사용할 수 없다.

3) 지적도면의 부속도서

(1) 일람도

하나의 지번부여지역에 어떤 시설이 있는가 하는 것을 한 번에 볼 수 있게 만든 도면으로, 지적소관청은 지적도면의 관리에 필요한 경우에는 지번부여지역마다 일람도와 지번 색인표를 작성하여 갖춰 둘 수 있으며 등재사항은 아래와 같다.

① 지번부여지역의 경계 및 인접지역의 행정구역명칭

② 도면의 제명 및 축척

③ 도곽선과 그 수치

④ 도면번호

⑤ 도로 · 철도 · 하천 · 구거 · 유지 · 취락 등 주요 지형 · 지물의 표시

(2) 지번색인표

인접도면의 연결순서를 표시하기 위하여 기재한 도표와 번호로 등재사항은 아래와 같다.

① 제명

② 지번 · 도면번호 및 결번

5. 경계점좌표등록부의 등록사항

① 토지의 소재

② 지번

③ 좌표

④ 토지의 고유번호

⑤ 지적도면의 번호

⑥ 필지별 경계점좌표등록부의 장번호

⑦ 부호 및 부호도

※ 경계점좌표등록부를 갖춰두는 토지 : 지적확정측량 또는 축척변경을 위한 측량을 실시하여 경계점을 좌표로 등록한 지역의 토지를 말함

〈지적공부 등록사항〉

구분	토지 (임야)대장	공유지 연명부	대지권 등록부	지적 (임야)도	경계점 좌표등록부
토지소재	○	○	○	○	○
지번	○	○	○	○	○
지목	○	○	×	○	×
면적	○	×	×	×	×
좌표	×	×	×	×	○
소유권지분	×	○	×	×	×
대지권비율	×	×	○	×	×
전유부분의 건물표시	×	×	○	×	×
건물의 명칭	×	×	○	×	×
부호 및 부호도	×	×	×	×	○
개별공시지가와 그 기준일	○	×	×	×	×

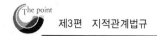

03 지적공부의 관리

1. 지적공부의 관리

구분	가시적인 지적공부	불가시적인 지적공부
보존	지적소관청이 지적서고에 영구히 보존	지적소관청이 지역전산본부에 영구히 보존
반출	• 천재지변이나 이에 준하는 재난 • 시·도지사의 승인을 얻을 때	• 천재지변이나 이에 준하는 재난 • 국토교통부장관의 승인을 얻을 때
등본교부 및 열람	지적소관청	타 지적소관청에서도 신청할 수 있음
수수료	지방자치단체의 수입증지로 지적소관청에 납부	

2. 지적공부의 보존

① 지적소관청은 지적서고를 설치하고 그 곳에 지적공부를 보존

② 지적공부를 정보처리시스템을 통하여 기록·저장한 경우 관할 시·도지사, 시장, 군수 또는 구청장은 그 지적공부를 지적 전산정보시스템에 영구히 보존

③ 국토교통부장관은 보존하여야 할 지적공부가 멸실되거나 훼손된 경우를 대비하여 지적공부를 복제하여 관리하는 시스템을 구축

3. 지적공부의 보관방법

① 부책으로 된 토지대장·임야대장 및 공유지연명부는 지적공부 보관상자에 넣어 보관

② 카드로 된 토지대장·임야대장·공유지연명부·대지권등록부 및 경계점좌표등록부는 100장 단위로 바인더에 넣어 보관

③ 일람도·지번색인표 및 지적도면은 지번부여지역별로 도면번호순으로 보관하되, 각 장별로 보호대에 넣어 보관

4. 지적서고의 설치기준

1) 지적서고는 지적사무를 처리하는 사무실과 연접하여 설치

2) 지적서고의 구조

① 골조는 철근콘크리트 이상의 강질로 할 것

② 지적서고의 면적은 기준면적에 따를 것

③ 바닥과 벽은 2중으로 하고 영구적인 방수설비를 할 것

④ 창문과 출입문은 2중으로 하되, 바깥쪽 문은 반드시 철제로 하고 안쪽 문은 곤충·쥐 등의 침입을 막을 수 있도록 철망 등을 설치할 것

⑤ 온도 및 습도 자동조절장치를 설치하고, 연중 평균온도는 20±5℃를, 연중평균습도는 65±5%를 유지할 것

⑥ 전기시설을 설치하는 때에는 단독퓨즈를 설치하고 소화장비를 갖춰 둘 것

⑦ 열과 습도의 영향을 받지 아니하도록 내부공간을 넓게 하고 천장을 높게 설치할 것

〈지적서고의 기준면적〉

지적공부 등록 필지 수	지적서고의 기준면적
10만 필지 이하	80m²
10만 필지 초과 20만 필지 이하	110m²
20만 필지 초과 30만 필지 이하	130m²
30만 필지 초과 40만 필지 이하	150m²
40만 필지 초과 50만 필지 이하	165m²
50만 필지 초과	180m²에 60만 필지를 초과하는 10만 필지마다 10m²를 가산한 면적

5. 지적서고의 관리

① 지적서고는 제한구역으로 지정하고, 출입자를 지적사무담당공무원으로 한정할 것

② 지적서고에는 인화물질의 반입을 금지하며, 지적공부, 지적 관계 서류 및 지적측량 장비만 보관할 것

③ 지적공부 보관상자는 벽으로부터 15cm 이상 띄워야 하며, 높이 10cm 이상의 깔판 위에 올려놓아야 한다.

04 지적공부의 복구

1. 의의

지적소관청은 지적공부의 일부 또는 전부가 멸실·훼손된 때에는 지체없이 복구해야 한다.

2. 지적공부의 복구

1) 복구방법

① 지적소관청은 지적공부를 복구하고자 하는 때에는 멸실·훼손 당시의 지적공부와 가장 부합된다고 인정되는 관계자료에 의하여 토지의 표시에 관한 사항을 복구

② 소유자에 관한 사항은 부동산등기부나 법원의 확정판결에 따라 복구

2) 복구자료

① 지적공부의 등본

② 측량 결과도

③ 토지이동정리 결의서

④ 부동산등기부 등본 등 등기사실을 증명하는 서류

⑤ 지적소관청이 작성하거나 발행한 지적공부의 등록내용을 증명하는 서류

⑥ 복제된 지적공부

⑦ 법원의 확정판결서 정본 또는 사본

3) 복구절차

① 지적소관청은 지적공부를 복구하려는 경우에는 복구자료를 조사

② 토지대장·임야대장 및 공유지연명부의 등록 내용을 증명하는 서류 등에 따라 지적복구자료 조사서를 작성

③ 지적도면의 등록 내용을 증명하는 서류 등에 따라 복구자료도를 작성

④ 복구자료도에 따라 측정한 면적과 지적복구자료 조사서의 조사된 면적의 증감이 허용범위를 초과하거나 복구자료도를 작성할 복구자료가 없는 경우에는 복구측량 실시($A = 0.026^2 M\sqrt{F}$ 계산식 중 A는 오차허용면적, M은 축척분모, F는 조사된 면적)

⑤ 작성된 지적복구자료 조사서의 조사된 면적이 허용범위 이내인 경우에는 그 면적을 복구면적으로 결정

⑥ 복구측량을 한 결과가 복구자료와 부합하지 아니하는 때에는 토지소유자 및 이해관계인의 동의를 받아 경계 또는 면적 등을 조정. 이 경우 경계를 조정한 때에는 경계점표지를 설치

⑦ 지적소관청은 복구자료의 조사 또는 복구측량 등이 완료되어 지적공부를 복구하려는 경우에는 복구하려는 토지의 표시 등을 시·군·구 게시판 및 인터넷 홈페이지에 15일 이상 게시

⑧ 복구하려는 토지의 표시 등에 이의가 있는 자는 게시기간 내에 지적소관청에 이의신청을 할 수 있음. 이 경우 이의신청을 받은 지적소관청은 이의사유를 검토하여 이유 있다고 인정되는 때에는 그 시정에 필요한 조치를 하여야 함

⑨ 지적소관청은 지적복구자료 조사서, 복구자료도 또는 복구측량 결과도 등에 따라 토지대장·임야대장·공유지연명부 또는 지적도면을 복구하여야 함

⑩ 대장은 복구되고 지적도면이 복구되지 아니한 토지가 축척변경 시행지역이나 도시개발사업 등의 시행지역에 편입된 때에는 지적도면을 복구하지 아니할 수 있음

05 지적공부의 열람 및 등본 발급

① 지적공부를 열람하거나 그 등본을 발급받으려는 자는 해당 지적소관청에 그 열람 또는 발급을 신청

② 정보처리시스템을 통하여 기록·저장된 지적공부를 열람하거나 그 등본을 발급받으려는 경우에는 특별자치시장, 시장·군수 또는 구청장이나 읍·면·동의 장에게 신청

③ 부동산종합공부를 열람하거나 부동산종합공부 기록사항의 전부 또는 일부에 관한 증명서(이하 "부동산종합증명서"라 한다)를 발급받으려는 자는 지적공부·부동산종합공부 열람·발급 신청서를 지적소관청 또는 읍·면·동장에게 제출

〈지적공부·부동산종합공부 열람·발급 수수료〉

구분		신청 종목	방문 신청	인터넷 신청
수수료	지적 공부	열람	토지(임야)대장, 경계점좌표등록부 (1필지)	300원	무료
			지적(임야)도(1장)	400원	무료
		발급	토지(임야)대장, 경계점좌표등록부 (1필지)	500원	무료
			지적(임야)도 (가로 21cm×30cm)	700원	무료

구분		신청 종목	방문 신청	인터넷 신청
수수료	부동산 종합 공부			
	열람	부동산종합증명서 종합형	없음	무료
		부동산종합증명서 맞춤형	없음	무료
	발급	부동산종합증명서 종합형	1,500원	1,000원
		부동산종합증명서 맞춤형	1,000원	800원
		※ 방문 발급 시 1통에 대한 발급수수료는 20장까지는 기본 수수료를 적용하고, 1통이 20장을 초과하는 때에는 초과 1장마다 50원의 수수료 추가 적용(인터넷 발급은 적용하지 않음)		

06 지적전산자료의 이용

1. 지적전산자료의 이용

1) 지적전산자료의 승인권자

① 전국 단위의 지적전산자료 : 국토교통부장관, 시·도지사 또는 지적소관청
② 시·도 단위의 지적전산자료 : 시·도지사 또는 지적소관청
③ 시·군·구 단위의 지적전산자료 : 지적소관청

2) 지적전산자료의 심사

지적전산자료 승인을 신청하려는 자는 지적전산자료의 이용 또는 활용 목적 등에 관하여 미리 관계 중앙행정기관의 심사를 받아야 한다.

3) 지적전산자료 이용 절차

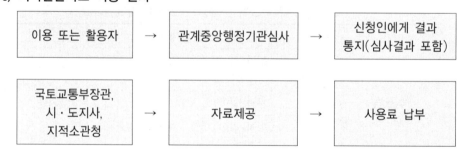

2. 지적전산자료 심사사항

1) 지적전산자료 신청 시 기재사항
① 자료의 이용 또는 활용 목적 및 근거
② 자료의 범위 및 내용
③ 자료의 제공 방식, 보관 기관 및 안전관리 대책 등

2) 관계 중앙행정기관의 장이 심사할 사항
① 신청 내용의 타당성, 적합성 및 공익성
② 개인의 사생활 침해 여부
③ 자료의 목적 외 사용 방지 및 안전관리대책

3) 국토교통부장관, 시 · 도지사 또는 지적소관청이 심사할 사항
① 관계 중앙행정기관의 장이 심사한 사항
② 신청한 사항의 처리가 전산정보처리조직으로 가능한지 여부
③ 신청한 사항의 처리가 지적업무수행에 지장을 주지 않는지 여부

3. 지적전산자료의 사용료

지적전산자료의 이용 또는 활용에 관한 승인을 받은 자는 국토교통부령이 정하는 사용료를 내야 한다.

지적전산자료 제공방법	수수료
인쇄물로 제공하는 때	1필지당 30원
자기디스크 등 전산매체로 제공하는 때	1필지당 20원

07 부동산종합공부

1. 부동산종합공부의 관리 및 운영

① 지적소관청은 부동산의 효율적 이용과 부동산과 관련된 정보의 종합적 관리 · 운영을 위하여 부동산종합공부를 관리 · 운영한다.
② 지적소관청은 부동산종합공부를 영구히 보존하여야 하며, 부동산종합공부의 멸실 또는 훼손에 대비하여 이를 별도로 복제하여 관리하는 정보관리체계를 구축하여야 한다.

③ 「공간정보의 구축 및 관리 등에 관한 법률」 제76조의3 각 호의 등록사항을 관리하는 기관의 장은 지적소관청에 상시적으로 관련 정보를 제공하여야 한다.

④ 지적소관청은 부동산종합공부의 정확한 등록 및 관리를 위하여 필요한 경우에는 「공간정보의 구축 및 관리 등에 관한 법률」 제76조의3 각 호의 등록사항을 관리하는 기관의 장에게 관련 자료의 제출을 요구할 수 있다. 이 경우 자료의 제출을 요구받은 기관의 장은 특별한 사유가 없으면 자료를 제공하여야 한다.

2. 부동산종합공부의 등록사항

지적소관청은 부동산종합공부에 다음 각 호의 사항을 등록하여야 한다.

① 토지의 표시와 소유자에 관한 사항 : 지적공부의 내용

② 건축물의 표시와 소유자에 관한 사항(토지에 건축물이 있는 경우만 해당한다) : 건축물대장의 내용

③ 토지의 이용 및 규제에 관한 사항 : 토지이용계획확인서의 내용

④ 부동산의 가격에 관한 사항 : 개별공시지가, 같은 법 제16조 및 제17조에 따른 개별주택가격 및 공동주택가격 공시내용

⑤ 그 밖에 부동산의 효율적 이용과 부동산과 관련된 정보의 종합적 관리·운영을 위하여 필요한 사항으로서 대통령령으로 정하는 사항

08 지적정보관리체계

1. 지적정보관리체계 담당자의 등록

① 국토교통부장관, 시·도지사 및 지적소관청은 지적공부정리 등을 지적정보관리체계로 처리하는 담당자를 사용자권한 등록파일에 등록하여 관리

② 지적정보관리시스템을 설치한 기관의 장은 그 소속공무원을 사용자로 등록하려는 때에는 지적정보관리시스템 사용자권한 등록신청서를 해당 사용자권한 등록관리청에 제출

③ 신청을 받은 사용자권한 등록관리청은 신청 내용을 심사하여 사용자권한 등록파일에 사용자의 이름 및 권한과 사용자번호 및 비밀번호를 등록

④ 사용자권한 등록관리청은 사용자의 근무지 또는 직급이 변경되거나 사용자가 퇴직 등을 한 경우에는 사용자권한 등록내용을 변경

2. 사용자번호 및 비밀번호 등록

① 사용자권한 등록파일에 등록하는 사용자번호는 사용자권한 등록관리청별로 일련번
호로 부여하여야 하며, 한번 부여된 사용자번호는 변경할 수 없음

② 사용자권한 등록관리청은 사용자가 다른 사용자권한 등록관리청으로 소속이 변경되
거나 퇴직 등을 한 경우에는 사용자번호를 따로 관리

③ 사용자의 비밀번호는 6자리부터 16자리까지의 범위에서 사용자가 정하여 사용

④ 사용자의 비밀번호는 다른 사람에게 누설하여서는 아니 되며, 사용자는 비밀번호가
누설되거나 누설될 우려가 있는 때에는 즉시 이를 변경

제7장 토지의 이동

01 토지의 조사 · 등록

1. 토지의 등록

국토교통부장관은 모든 토지에 대하여 필지별로 소재·지번·지목·면적·경계 또는 좌표 등을 조사·측량하여 지적공부에 등록한다.

2. 등록의 결정권자

지적공부에 등록하는 지번·지목·면적·경계 또는 좌표는 토지의 이동이 있을 때 토지소유자의 신청을 받아 지적소관청이 결정한다. 다만, 신청이 없으면 지적소관청이 직권으로 조사·측량하여 결정한다.

3. 직권에 의한 토지의 조사 · 등록절차

① 지적소관청은 토지의 이동현황을 직권으로 조사·측량하여 토지의 지번·지목·면적·경계 또는 좌표를 결정하려는 때에는 토지이동현황 조사계획을 수립
② 토지이동현황 조사계획은 시·군·구별로 수립하되, 부득이한 사유가 있는 때에는 읍·면·동별로 수립
③ 지적소관청은 토지이동현황 조사계획에 따라 토지의 이동현황을 조사한 때에는 토지이동 조사부에 토지의 이동현황을 정리
④ 지적소관청은 토지이동현황 조사결과에 따라 토지의 지번·지목·면적·경계 또는 좌표를 결정한 때에는 이에 따라 지적공부를 정리
⑤ 지적소관청은 지적공부를 정리하려는 때에는 토지이동 조사부를 근거로 토지이동 조서를 작성하여 토지이동정리 결의서에 첨부

02 토지이동의 의의 및 종류

1. 토지이동의 의의

토지의 이동이란 토지의 표시를 새로이 정하거나 변경 또는 말소하는 것을 말한다.

2. 토지이동의 종류

토지이동은 토지의 표시를 새로 정하거나 변경 또는 말소하는 것으로 지적측량을 수반하는 경우와 지적측량을 수반하지 않는 경우, 기타 등으로 분류된다.

1) 지적측량을 수반하는 경우

① 지적기준점을 정하는 경우
② 지적측량성과를 검사하는 경우
③ 지적공부를 복구하는 경우
④ 등록전환하는 경우
⑤ 토지를 분할하는 경우
⑥ 바다가 된 토지의 등록을 말소하는 경우
⑦ 축척을 변경하는 경우
⑧ 지적공부의 등록사항을 정정하는 경우
⑨ 도시개발사업 등의 시행지역에서 토지의 이동이 있는 경우
⑩ 경계점을 지상에 복원하는 경우

2) 지적측량을 수반하지 않는 경우

① 합병
② 지목변경

3) 기타

① 지번변경
② 행정구역변경

〈토지이동별 신청기간, 측량, 결번, 등기촉탁〉

구분	신청(60일)	측량	결번	등기촉탁	비고
신규등록	○	○	×	×	최초소유권결정 : 지적소관청
등록전환	○	○	○	○	축척변경, 지목변경 수반

구분	신청(60일)	측량	결번	등기촉탁	비고
분할	△	○	×	○	1필지 일부의 용도변경 시 → 신청의무
합병	△	×	○	○	공동주택부지, 공공용지 인 경우 → 신청의무
지목변경	○	×	×	○	일시적, 임시적 지목변경 불가
바다로 된 표지의 등록말소	×(90일)	△(필요시)	○	○	수수료 납부하지 않음

03 토지이동 대상

1. 신규등록

새로 조성된 토지와 지적공부에 등록되어 있지 아니한 토지를 지적공부에 등록하는 것

1) 신청기한

신규등록 사유가 발생한 날부터 60일 이내에 지적소관청에 신청

2) 신청대상

① 「공유수면 관리 및 매립에 관한 법률」에 의한 공유수면 매립 토지
② 미등록 공공용 토지
③ 미등록 섬
④ 미등록 토지

3) 신청서류

① 법원의 확정판결서 정본 또는 사본
② 「공유수면 관리 및 매립에 관한 법률」에 따른 준공검사확인증 사본
③ 도시계획구역의 토지를 그 지방자치단체의 명의로 등록하는 때에는 기획재정부 장관과 협의한 문서의 사본
④ 그 밖에 소유권을 증명할 수 있는 서류

2. 등록전환

임야대장 및 임야도에 등록된 토지를 토지대장 및 지적도에 옮겨 등록하는 것

1) 신청기한

등록전환 사유가 발생한 날부터 60일 이내에 지적소관청에 신청

2) 신청대상

① 관계법령에 따른 토지의 형질변경 또는 건축물의 사용승인 등으로 인하여 지목을 변경하여야 할 토지

② 대부분의 토지가 등록전환되어 나머지 토지를 임야도에 계속 존치하는 것이 불합리한 경우

③ 임야도에 등록된 토지가 사실상 형질변경되었으나 지목변경을 할 수 없는 경우

④ 도시·군관리계획선에 따라 토지를 분할하는 경우

3) 신청서류

관계법령에 따라 토지의 형질변경 등의 공사가 준공되었음을 증명하는 서류의 사본

3. 분할

지적공부에 등록된 1필지를 2필지 이상으로 나누어 등록하는 것

1) 신청기한

분할 사유가 발생한 날부터 60일 이내에 지적소관청에 신청

2) 신청대상

① 1필지의 일부가 형질변경 등으로 용도가 변경된 경우

② 소유권 이전, 매매 등을 위하여 필요한 경우

③ 토지이용상 불합리한 지상 경계를 시정하기 위한 경우

3) 신청서류

① 분할 허가 대상인 토지의 경우에는 그 허가서 사본

② 법원의 확정판결에 따라 토지를 분할하는 경우에는 확정판결서 정본 또는 사본

③ 1필지의 일부가 형질변경 등으로 용도가 변경되어 분할을 신청할 때에는 지목변경 신청서를 함께 제출

4. 합병

지적공부에 등록된 2필지 이상을 1필지로 합하여 등록하는 것

1) 신청대상

지번부여지역으로서 소유자와 용도가 같고 지반이 연속된 토지

2) 신청기한

① 원칙 : 신청기한 없음
② 예외 : 공동주택의 부지, 도로, 제방, 하천, 구거, 유지, 공장용지, 학교용지, 철도용
지, 수도용지, 공원, 체육용지 등 토지로서 합병하여야 할 토지가 있으면 그 사유
가 발생한 날부터 60일 이내에 지적소관청에 합병을 신청

3) 합병 신청을 할 수 없는 토지

① 합병하려는 토지의 지번부여지역, 지목 또는 소유자가 서로 다른 경우
② 합병하려는 토지에 다음의 등기 외의 등기가 있는 경우
 • 소유권 · 지상권 · 전세권 또는 임차권의 등기
 • 승역지에 대한 지역권의 등기
 • 합병하려는 토지 전부에 대한 등기원인 및 그 연월일과 접수번호가 같은 저당
 권의 등기
 • 합병하려는 토지 전부에 대한 등기사항이 동일한 신탁등기
③ 합병하려는 토지의 지적도 및 임야도의 축척이 서로 다른 경우
④ 합병하려는 각 필지가 서로 연접하지 않은 경우
⑤ 합병하려는 토지가 등기된 토지와 등기되지 아니한 토지인 경우
⑥ 합병하려는 각 필지의 지목은 같으나 일부 토지의 용도가 다르게 되어 분할대상
 토지인 경우(다만, 합병 신청과 동시에 토지의 용도에 따라 분할 신청을 하는 경
 우는 제외)
⑦ 합병하려는 토지의 소유자별 공유지분이 다른 경우
⑧ 합병하려는 토지가 구획정리, 경지정리 또는 축척변경을 시행하고 있는 지역의
 토지와 그 지역 밖의 토지인 경우
⑨ 합병하려는 토지 소유자의 주소가 서로 다른 경우. 신청을 접수받은 지적소관청
 이 「전자정부법」에 따른 행정정보의 공동이용을 통하여 다음 의 사항을 확인(신
 청인이 주민등록표 초본 확인에 동의하지 않는 경우에는 해당 자료를 첨부하도
 록 하여 확인)한 결과 토지 소유자가 동일인임을 확인할 수 있는 경우는 제외
 • 토지등기사항증명서

• 법인등기사항증명서(신청인이 법인인 경우만 해당한다)
• 주민등록표 초본(신청인이 개인인 경우만 해당한다)

5. 지목변경
지적공부에 등록된 지목을 다른 지목으로 바꾸어 등록하는 것

1) 신청기한
지목변경 사유가 발생한 날부터 60일 이내에 지적소관청에 신청

2) 신청대상
① 관계 법령에 따른 토지의 형질변경 등의 공사가 준공된 경우
② 토지나 건축물의 용도가 변경된 경우
③ 도시개발사업 등의 원활한 추진을 위하여 사업시행자가 공사 준공 전에 토지의 합병을 신청하는 경우

3) 신청서류
① 관계법령에 따라 토지의 형질변경 등의 공사가 준공되었음을 증명하는 서류의 사본
② 국유지·공유지의 경우에는 용도폐지되었거나 사실상 공공용으로 사용되고 있지 아니함을 증명하는 서류의 사본
③ 토지 또는 건축물의 용도가 변경되었음을 증명하는 서류의 사본

4) 예외
개발행위허가·농지전용허가·보전산지전용허가 등 지목변경과 관련된 규제를 받지 아니하는 토지의 지목변경이나 전·답·과수원 상호 간의 지목변경인 경우에는 서류의 첨부를 생략할 수 있다.

6. 바다로 된 토지의 등록말소
지적소관청은 지적공부에 등록된 토지가 지형의 변화 등으로 바다로 된 경우로서 원상(原狀)으로 회복될 수 없거나 다른 지목의 토지로 될 가능성이 없는 경우에는 지적공부에 등록된 토지소유자에게 지적공부의 등록말소 신청을 하도록 통지

1) 신청기한

토지소유자가 신청 통지를 받은 날부터 90일 이내에 지적소관청에 신청

2) 신청대상

원상으로 회복될 수 없거나 다른 지목의 토지로 될 가능성이 없는 경우

3) 등록말소 및 회복

① 토지소유자가 등록말소 신청을 하지 아니하면 지적소관청이 직권으로 그 지적공부의 등록사항을 말소

② 지적소관청은 말소한 토지가 지형의 변화 등으로 다시 토지가 된 경우에 회복등록을 하려면 그 지적측량성과 및 등록말소 당시의 지적공부 등 관계자료에 따라 등록

③ 지적공부의 등록사항을 말소하거나 회복등록하였을 때에는 그 정리 결과를 토지소유자 및 해당 공유수면의 관리청에 통지

〈토지이동의 신청과 신고대상〉

구분	신청 또는 신고 대상	시기
신규등록	신규등록할 토지	사유가 발생한 날부터 60일 이내 지적소관청에 신청
등록전환	등록전환할 토지	
분할	형질변경 등으로 용도가 변경된 경우	
합병	공동주택의 부지, 도로, 제방, 하천, 구거, 유지, 공장용지 · 학교용지 · 철도용지 · 수도용지 · 공원 · 체육용지	
지목변경	지목변경할 토지	
바다로 된 토지의 등록말소	지적소관청이 등록말소 신청 통지를 한 토지	토지소유자가 통지를 받은 날부터 90일 이내에 지적소관청에 신청
도시개발사업 등의 착수 완료	착수 · 변경 또는 완료 사실	사유가 발생할 날부터 15일 이내에 지적소관청에 신고

04 축척변경

1. 의의

축척변경이라 함은 지적도에 등록된 경계점의 정밀도를 높이기 위하여 작은 축척을 큰
축척으로 변경하여 등록하는 것을 말한다.

2. 대상

① 잦은 토지의 이동으로 인하여 1필지의 규모가 작아서 소축척으로는 지적측량성과의
결정이나 토지의 이동에 따른 정리가 곤란할 때
② 하나의 지번부여지역 안에 서로 다른 축척의 지적도가 있는 때
③ 그 밖에 지적공부를 관리하기 위하여 필요하다고 인정되는 경우

3. 축척변경 신청자

토지소유자, 지적소관청

4. 축척변경 절차

1) 신청

축척변경을 신청하는 토지소유자는 축척변경사유를 적은 신청서에 토지소유자 3분
의 2 이상의 동의서를 첨부하여 지적소관청에게 제출하여야 한다.

2) 승인신청

(1) 지적소관청은 축척변경을 하려는 때에는 축척변경사유를 기재한 승인신청서에
다음의 서류를 첨부해서 시·도지사 또는 대도시 시장에게 제출하여야 한다(이
경우 시·도지사 또는 대도시 시장은 「전자정부법」에 따른 행정정보의 공동이
용을 통하여 축척변경 대상지역의 지적도를 확인하여야 한다).
① 축척변경의 사유
② 지번 등 명세
③ 토지소유자의 동의서
④ 축척변경위원회의 의결서 사본
⑤ 그 밖에 축척변경 승인을 위하여 시·도지사 또는 대도시 시장이 필요하다고
인정하는 서류

(2) 신청을 받은 시·도지사 또는 대도시 시장은 축척변경 사유 등을 심사한 후 그 승인 여부를 지적소관청에 통지하여야 한다.

3) 시행공고

(1) 지적소관청은 시·도지사 또는 대도시 시장으로부터 축척변경 승인을 받았을 때에는 지체 없이 다음 각 호의 사항을 20일 이상 공고하여야 한다.
   ① 축척변경의 목적, 시행지역 및 시행기간
   ② 축척변경의 시행에 관한 세부계획
   ③ 축척변경의 시행에 따른 청산방법
   ④ 축척변경의 시행에 따른 토지소유자 등의 협조에 관한 사항
(2) 시행공고는 시·군·구 및 축척변경 시행지역 동·리의 게시판에 주민이 볼 수 있도록 게시하여야 한다.

4) 토지소유자의 경계점 표지 설치

축척변경 시행지역의 토지소유자 또는 점유자는 시행공고가 된 날부터 30일 이내에 시행공고일 현재 점유하고 있는 경계에 경계점 표지를 설치하여야 한다.

5) 측량 실시와 토지 표시의 결정

① 지적소관청은 축척변경 시행지역의 각 필지별 지번·지목·면적·경계 또는 좌표를 새로 정하여야 한다.
② 지적소관청이 축척변경을 위한 측량을 할 때에는 토지소유자 또는 점유자가 설치한 경계점 표지를 기준으로 새로운 축척에 따라 면적·경계 또는 좌표를 정하여야 한다.
③ 축척변경위원회의 의결 및 시·도지사의 승인절차를 거치지 아니하고 축척을 변경할 때에는 각 필지별 지번·지목 및 경계는 종전의 지적공부에 따르고 면적만 새로 정하여야 한다.
④ 면적을 새로 정하는 때에는 축척변경 측량결과도에 따라야 한다.
⑤ 축척변경 측량 결과도에 따라 면적을 측정한 결과 축척변경 전의 면적과 축척변경 후의 면적의 오차가 허용범위 이내인 경우에는 축척변경 전의 면적을 결정면적으로 하고, 허용면적을 초과하는 경우에는 축척변경 후의 면적을 결정면적으로 한다.($A = 0.026^2 M \sqrt{F}$ 계산식 중 A는 오차 허용면적, M은 축척이 변경될 지적도의 축척분모, F는 축척변경 전의 면적)

⑥ 경계점좌표등록부를 갖춰 두지 아니하는 지역을 경계점좌표등록부를 갖춰 두는 지역으로 축척변경을 하는 경우에는 그 필지의 경계점을 평판 측량방법이나 전자평판 측량방법으로 지상에 복원시킨 후 경위의 측량방법 등으로 경계점좌표를 구하여야 한다. 이 경우 면적은 ⑤항에도 불구하고 경계점좌표에 따라 결정하여야 한다.

6) 지번별 조서 작성

지적소관청은 축척변경에 관한 측량을 완료하였을 때에는 시행공고일 현재의 지적공부상의 면적과 측량 후의 면적을 비교하여 그 변동사항을 표시한 축척변경 지번별 조서를 작성하여야 한다.

7) 지적공부정리 등의 정지

지적소관청은 축척변경 시행기간 중에는 축척변경 시행지역의 지적공부정리와 경계복원측량(제71조제3항에 따른 경계점표지의 설치를 위한 경계복원측량은 제외한다)을 축척변경 확정공고일까지 정지하여야 한다. 다만, 축척변경위원회의 의결이 있는 경우에는 그러하지 아니하다.

8) 청산

① 지적소관청은 축척변경에 관한 측량을 한 결과 측량 전에 비하여 면적의 증감이 있는 경우에는 그 증감면적에 대하여 청산을 하여야 한다.
② 단, 다음 각 호의 어느 하나에 해당하는 경우에는 그러하지 아니하다.
 • 필지별 증감면적이 허용범위 이내인 경우(다만, 축척변경위원회의 의결이 있는 경우는 제외)
 • 토지소유자 전원이 청산하지 아니하기로 합의하여 서면으로 제출한 경우

9) 확정공고

(1) 청산금의 납부 및 지급이 완료되었을 때에는 지적소관청은 지체 없이 축척변경의 확정공고를 하여야 한다.
 ① 토지의 소재 및 지역명
 ② 축척변경 지번별 조서
 ③ 청산금 조서
 ④ 지적도의 축척
(2) 지적소관청은 확정공고를 하였을 때에는 지체 없이 축척변경에 따라 확정된 사항을 지적공부에 등록하여야 한다.
 ① 토지대장은 확정공고된 축척변경 지번별 조서에 따를 것

② 지적도는 확정측량 결과도 또는 경계점좌표에 따를 것

(3) 축척변경 시행지역의 토지는 확정공고일에 토지의 이동이 있는 것으로 본다.

5. 청산절차

1) 청산금 산정

① 청산을 할 때에는 축척변경위원회의 의결을 거쳐 지번별로 제곱미터당 금액(이하 "지번별 제곱미터당 금액"이라 한다)을 정하여야 한다. 이 경우 지적소관청은 시행공고일 현재를 기준으로 그 축척변경 시행지역의 토지에 대하여 지번별 제곱미터당 금액을 미리 조사하여 축척변경위원회에 제출하여야 한다.

② 청산금은 작성된 축척변경 지번별 조서의 필지별 증감면적에 지번별 제곱미터당 금액을 곱하여 산정한다.

③ 지적소관청은 청산금을 산정하였을 때에는 청산금 조서(축척변경 지번별 조서에 필지별 청산금 명세를 적은 것을 말한다)를 작성하고, 청산금이 결정되었다는 뜻을 15일 이상 공고하여 일반인이 열람할 수 있게 하여야 한다.

④ 청산금을 산정한 결과 증가된 면적에 대한 청산금의 합계와 감소된 면적에 대한 청산금의 합계에 차액이 생긴 경우 초과액은 그 지방자치단체의 수입으로 하고, 부족액은 그 지방자치단체가 부담한다.

2) 청산금 납부고지 및 수령통지

① 지적소관청은 청산금의 결정을 공고한 날부터 20일 이내에 토지소유자에게 청산금의 납부고지 또는 수령통지를 하여야 한다.

② 납부고지를 받은 자는 그 고지를 받은 날부터 3개월 이내에 청산금을 지적소관청에 내야 한다.

③ 지적소관청은 수령통지를 한 날부터 6개월 이내에 청산금을 지급하여야 한다.

④ 지적소관청은 청산금을 지급받을 자가 행방불명 등으로 받을 수 없거나 받기를 거부할 때에는 그 청산금을 공탁할 수 있다.

3) 이의신청

① 납부 고지되거나 수령 통지된 청산금에 관하여 이의가 있는 자는 납부고지 또는 수령통지를 받은 날부터 1개월 이내에 지적소관청에 이의신청을 할 수 있다.

② 이의신청을 받은 지적소관청은 1개월 이내에 축척변경위원회의 심의·의결을 거쳐 그 인용[8] 여부를 결정한 후 지체 없이 그 내용을 이의신청인에게 통지하여야 한다.

---

8) 인용(認容) : 인정하여 용납함

③ 지적소관청은 청산금을 내야 하는 자가 기간 내에 청산금에 관한 이의신청을 하지 아니하고 기간 내에 청산금을 내지 아니하면 지방세 체납처분의 예에 따라 징수할 수 있다.

6. 시 · 도지사 또는 대도시 시장의 승인 없이 축척변경을 할 수 있을 때

① 합병하려는 토지가 축척이 다른 지적도에 각각 등록되어 있어 축척변경을 하는 경우
② 도시개발사업 등의 시행지역에 있는 토지로서 그 사업 시행에서 제외된 토지의 축척변경을 하는 경우

7. 축척변경위원회

1) 구성

① 축척변경위원회는 5명 이상 10명 이하의 위원으로 구성하되, 위원의 2분의 1 이상을 토지소유자로 하여야 한다. 이 경우 그 축척변경 시행지역의 토지소유자가 5명 이하일 때에는 토지소유자 전원을 위원으로 위촉하여야 한다.
② 위원장은 위원 중에서 지적소관청이 지명한다.
③ 위원은 다음 각 호의 사람 중에서 지적소관청이 위촉한다.
  • 해당 축척변경 시행지역의 토지소유자로서 지역 사정에 정통한 사람
  • 지적에 관하여 전문지식을 가진 사람
④ 축척변경위원회의 위원에게는 예산의 범위에서 출석수당과 여비, 그 밖의 실비를 지급한다.

2) 기능

① 축척변경 시행계획에 관한 사항
② 지번별 제곱미터당 금액의 결정과 청산금의 산정에 관한 사항
③ 청산금의 이의신청에 관한 사항
④ 그 밖에 축척변경과 관련하여 지적소관청이 회의에 부치는 사항

3) 회의

① 축척변경위원회의 회의는 지적소관청이 축척변경위원회에 회부하거나 위원장이 필요하다고 인정할 때에 위원장이 소집한다.
② 축척변경위원회의 회의는 위원장을 포함한 재적위원 과반수의 출석으로 개의하고, 출석위원 과반수의 찬성으로 의결한다.
③ 위원장은 축척변경위원회의 회의를 소집할 때에는 회의일시 · 장소 및 심의안건을 회의 개최 5일 전까지 각 위원에게 서면으로 통지한다.

05 등록사항의 정정

1. 의의

지적공부의 등록사항에 잘못이 있음을 발견한 때 토지소유자의 신청 또는 지적소관청이 직권으로 조사·측량하여 정정하는 것을 말한다.

2. 등록사항의 정정

1) 등록사항의 직권정정

① 토지이동정리 결의서의 내용과 다르게 정리된 경우

② 지적도 및 임야도에 등록된 필지가 면적의 증감 없이 경계의 위치만 잘못된 경우

③ 1필지가 각각 다른 지적도나 임야도에 등록되어 있는 경우로서 지적공부에 등록된 면적과 측량한 실제면적은 일치하지만 지적도나 임야도에 등록된 경계가 서로 접합되지 않아 지적도나 임야도에 등록된 경계를 지상의 경계에 맞추어 정정하여야 하는 토지가 발견된 경우

④ 지적공부의 작성 또는 재작성 당시 잘못 정리된 경우

⑤ 지적측량성과와 다르게 정리된 경우

⑥ 지적공부의 등록사항을 정정하여야 하는 경우

⑦ 지적공부의 등록사항이 잘못 입력된 경우

⑧ 「부동산등기법」 제37조(합필 제한)에 따른 통지가 있는 경우(지적소관청의 착오로 잘못 합병한 경우만 해당)

⑨ 면적 환산이 잘못된 경우

2) 지적공부의 등록사항 중 경계나 면적 등 측량을 수반하는 토지의 표시가 잘못된 경우에는 지적소관청은 그 정정이 완료될 때까지 지적측량을 정지시킬 수 있다.

3. 등록사항의 정정 신청(인접 토지의 경계가 변경되는 경우)

① 인접 토지소유자의 승낙서

② 인접 토지소유자가 승낙하지 아니하는 경우에는 이에 대항할 수 있는 확정판결서 정본

4. 등록사항정정 신청 시 제출서류

① 경계 또는 면적의 변경을 가져오는 경우 : 등록사항정정 측량성과도

② 그 밖에 등록사항을 정정하는 경우 : 변경사항을 확인할 수 있는 서류

5. 토지소유자에 관한 등록사항의 정정

① 등기필증, 등기완료통지서, 등기사항증명서 또는 등기관서에서 제공한 등기전산정
   보자료에 따라 정정
② 미등기 토지에 대하여 토지소유자의 성명 또는 명칭, 주민등록번호, 주소 등에 관한
   사항의 정정을 신청한 경우로서 그 등록사항이 명백히 잘못된 경우에는 가족관계
   기록사항에 관한 증명서에 따라 정정

6. 등록사항정정 대상토지의 관리

① 지적소관청은 토지의 표시가 잘못되었음을 발견하였을 때에는 지체 없이 등록사항
   정정에 필요한 서류와 등록사항 정정 측량성과도를 작성
② 토지이동정리 결의서를 작성한 후 대장의 사유란에 "등록사항정정 대상토지"라고
   적고, 토지소유자에게 등록사항 정정 신청을 할 수 있도록 그 사유를 통지
③ 등록사항 정정 대상토지에 대한 대장을 열람하게 하거나 등본을 발급하는 때에는
   "등록사항 정정 대상토지"라고 적은 부분을 흑백의 반전으로 표시하거나 붉은색으
   로 적어야 함

06 행정구역의 명칭변경

① 행정구역의 명칭이 변경되었으면 지적공부에 등록된 토지의 소재는 새로운 행정구역의
   명칭으로 변경된 것으로 본다.
② 지번부여지역의 일부가 행정구역의 개편으로 다른 지번부여지역에 속하게 되었으면 지
   적소관청은 새로 속하게 된 지번부여지역의 지번을 부여하여야 한다.

07 토지이동의 신청

1. 도시개발사업 등 시행지역의 토지이동신청 특례

1) 신청

① 도시개발사업, 농어촌정비사업 그 밖에 대통령령으로 정하는 토지개발사업의 시행자는 그 사업의 착수·변경 및 완료 사실을 지적소관청에 신고하여야 한다.

② 도시개발사업 등과 관련하여 토지의 이동이 필요한 경우에는 해당 사업의 시행자가 지적소관청에 토지의 이동을 신청하여야 한다.

③ 도시개발사업 등에 따른 토지의 이동 신청은 그 신청대상지역이 환지를 수반하는 경우에는 사업완료 신고로써 이를 갈음할 수 있다. 이 경우 사업완료 신고서에 도시개발사업 등에 따른 토지의 이동 신청을 갈음한다는 뜻을 적어야 한다.

④ 「주택법」에 따른 주택건설사업의 시행자가 파산 등의 이유로 토지의 이동 신청을 할 수 없을 때에는 그 주택의 시공을 보증한 자 또는 입주예정자 등이 신청할 수 있다.

2) 토지의 이동시기

도시개발사업 등으로 인한 토지의 이동은 토지의 형질변경 등의 공사가 준공된 때 토지의 이동이 있는 것으로 본다.

3) 도시개발사업 등의 착수·변경 또는 완료 사실의 신고 시기

신고 사유가 발생한 날부터 15일 이내

4) 도시개발사업 등의 착수(변경) 신고 시 제출서류

① 사업인가서

② 지번별 조서

③ 사업계획도

5) 도시개발사업 등의 완료 신고 시 제출서류

① 확정될 토지의 지번별 조서 및 종전 토지의 지번별 조서

② 환지처분과 같은 효력이 있는 고시된 환지계획서(다만, 환지를 수반하지 아니하는 사업인 경우에는 사업의 완료를 증명하는 서류)

2. 토지이동 신청의 대위

토지소유자가 하여야 할 신청을 대신할 수 있는 자는 다음과 같다(다만, 등록사항 정정
대상토지는 제외한다).

① 공공사업 등에 따라 학교용지·도로·철도용지·제방·하천·구거·유지·수도용
지 등의 지목으로 되는 토지인 경우 : 해당 사업의 시행자

② 국가나 지방자치단체가 취득하는 토지인 경우 : 해당 토지를 관리하는 행정기관의
장 또는 지방자치단체의 장

③ 주택법에 따른 공동주택의 부지인 경우 : 집합건물의 소유 및 관리에 관한 법률에
따른 관리인(관리인이 없는 경우에는 공유자가 선임한 대표자) 또는 해당 사업의
시행자

④ 「민법」 제404조에 따른 채권자

08 지적공부의 정리

1. 의의

토지의 이동과 그 밖의 지적공부상 발생되는 일체의 변동이 있는 경우 지적공부를 정리
하는 것을 말한다.

2. 대상

① 지번을 변경하는 경우

② 지적공부를 복구하는 경우

③ 신규등록, 등록전환, 분할, 합병, 지목변경 등 토지의 이동이 있는 경우

3. 지적공부의 정리

1) 토지이동결의서 작성

토지의 이동이 있는 경우 토지이동정리 결의서를 작성한다.

① 토지이동정리 결의서는 토지이동 종목별로 구분하여 작성

② 토지이동정리 결의서에는 토지이동신청서와 필요시 토지이동에 필요한 서류를
첨부

2) 소유자정리 결의서 작성

토지소유자의 변동 등에 따라 지적공부를 정리할 때 소유자정리 결의서 작성

① 등기필증, 등기완료통지서, 등기사항증명서 또는 등기관서에서 제공한 등기전산자료에 따라 정리

② 미등기토지의 소유자 주소를 대장에 등록하고자 할 때에는 사정·재결 또는 국유지의 취득 당시 최초 주소를 등록

3) 지적공부정리방법, 토지이동정리 결의서 및 소유자정리 결의서 작성방법 등에 관하여 필요한 사항은 국토교통부령으로 정한다.

4. 토지소유자의 정리

1) 등록된 토지의 소유권 정리

(1) 지적공부에 등록된 토지소유자의 변경사항은 등기관서에서 등기한 것을 증명하는 등기필증, 등기완료통지서, 등기사항증명서 또는 등기관서에서 제공한 등기전산정보자료에 따라 정리

(2) 대장의 소유자변동일자

① 등기필통지서, 등기필증, 등기부 등본·초본 또는 등기관서에서 제공한 등기전산정보자료의 경우 : 등기접수일자

② 등기필통지서, 등기필증, 등기부 등본·초본 또는 등기관서에서 제공한 미등기토지 소유자에 관한 정정신청의 경우와 소유자가 없는 부동산에 대한 소유자 등록을 신청의 경우 : 소유자정리결의일자

③ 등기필통지서, 등기필증, 등기부 등본·초본 또는 등기관서에서 제공한 공유수면 매립준공에 따른 신규등록의 경우 : 매립준공일자로 정리

2) 소유자 없는 토지의 소유권등록

지적공부에 해당 토지의 소유자가 등록되지 아니한 경우에만 등록

> 국유재산법 제12조(소유자 없는 부동산의 처리)
> ① 총괄청이나 관리청은 소유자 없는 부동산을 국유재산으로 취득한다.
> ② 총괄청이나 관리청은 소유자 없는 부동산을 국유재산으로 취득할 경우에는 6개월 이상의 기간을 정하여 그 기간에 정당한 권리자나 그 밖의 이해관계인이 이의를 제기할 수 있다는 뜻을 공고하여야 한다.
> ③ 총괄청이나 관리청은 소유자 없는 부동산을 취득하려면 제2항에 따른 기간에 이의가 없는 경우에만 공고를 하였음을 입증하는 서류를 첨부하여 지적소관청에 소유자 등록을 신청할 수 있다.
> ④ 취득한 국유재산은 그 취득일부터 10년간은 처분을 하여서는 아니 된다.

3) 신규등록의 소유자 등록

소유권을 증명하는 서면을 지적소관청에 제출하며, 지적소관청이 조사하여 직권으로 등록

5. 등기촉탁

지적소관청은 신규등록을 제외한 토지의 표시 변경에 관한 등기를 할 필요가 있는 경우에는 지체 없이 관할 등기관서에 그 등기를 촉탁하여야 한다. 이 경우 등기촉탁은 국가가 국가를 위하여 하는 등기로 본다.

1) 등기촉탁의 대상

① 토지의 이동이 있는 경우(신규등록 제외)
② 지번을 변경한 때
③ 축척변경을 한 때
④ 바다로 된 토지의 등록말소
⑤ 행정구역의 명칭변경
⑥ 등록사항의 오류를 지적소관청이 직권으로 조사, 측량하여 정정한 때

2) 등기촉탁의 절차

① 지적소관청은 등기관서에 토지표시의 변경에 관한 등기를 촉탁하려는 때에는 토지표시변경등기 촉탁서에 그 취지를 적어야 한다.
② 토지표시의 변경에 관한 등기를 촉탁한 때에는 토지표시변경등기 촉탁대장에 그 내용을 적어야 한다.

6. 지적정리의 통지

1) 직권에 의한 지적정리 통지

지적소관청이 지적공부에 등록하거나 지적공부를 복구 · 말소 또는 등기촉탁을 한 때에는 당해 토지소유자에게 통지하여야 한다. 다만, 통지받는 자의 주소 또는 거소를 알 수 없는 때에는 당해 시 · 군 · 구의 게시판에 게시하거나 일간신문 또는 시 · 군 · 구의 공보에 게재함으로써 소유자에게 통지된 것으로 본다.

2) 지적정리 통지대상

① 토지소유자의 신청이 없어 지적소관청이 직권으로 조사 또는 측량하여 지번, 지목, 경계 또는 좌표와 면적을 결정할 때
② 지적소관청이 지번을 변경한 때

③ 지적소관청이 지적공부를 복구한 때
④ 바다로 된 토지의 등록말소 통지
⑤ 지적소관청이 직권으로 정정할 때
⑥ 행정구역개편으로 인하여 새로이 지번을 정할 때
⑦ 도시개발사업 등에 의해 지적공부를 정리했을 때
⑧ 대위신청에 의해 지적공부를 정리했을 때
⑨ 토지표시의 변경에 관하여 관할 등기소에 등기를 촉탁한 때

3) 통지의 시기

① 토지의 표시에 관한 변경등기가 필요한 경우 : 그 등기완료의 통지서를 접수한 날부터 15일 이내
② 토지의 표시에 관한 변경등기가 필요하지 아니한 경우 : 지적공부에 등록한 날부터 7일 이내

09 수수료

1. 납부대상

① 지적기준점성과의 열람 또는 그 등본의 발급 신청
② 측량업의 등록 신청
③ 측량업등록증 및 측량업등록수첩의 재발급 신청
④ 지적공부의 열람 및 등본 발급 신청
⑤ 지적전산자료의 이용 또는 활용 신청
⑥ 부동산종합공부의 열람 및 부동산종합증명서 발급 신청
⑦ 신규등록 신청, 등록전환 신청, 분할 신청, 합병 신청, 지목변경 신청, 바다로 된 토지의 등록말소 신청, 등록사항의 정정 신청, 도시개발사업 등 시행지역의 토지이동 신청
⑧ 측량기기의 성능검사 신청
⑨ 성능검사대행자의 등록신청
⑩ 성능검사대행자 등록증의 재발급 신청

〈업무 종류에 따른 수수료의 금액(제115조제1항 관련)〉

해당 업무	단위	수수료	해당 법조문
1. 지적기준점성과의 열람 신청			법 제106조제1항제6호
가. 지적삼각점	1점당	300원	
나. 지적삼각보조점	1점당	300원	
다. 지적도근점	1점당	200원	
2. 지적기준점성과의 등본 발급 신청			법 제106조제1항제6호
가. 지적삼각점	1점당	500원	
나. 지적삼각보조점	1점당	500원	
다. 지적도근점	1점당	400원	
3. 측량업의 등록 신청	1건당	20,000원	법 제106조제1항제9호
4. 측량업등록증 및 측량업등록수첩의 재발급 신청	1건당	2,000원	법 제106조제1항제10호
5. 지적공부의 열람 신청			법 제106조제1항제13호
가. 방문 열람			
1) 토지대장	1필지당	300원	
2) 임야대장	1필지당	300원	
3) 지적도	1장당	400원	
4) 임야도	1장당	400원	
5) 경계점좌표등록부	1필지당	300원	
나. 인터넷 열람			
1) 토지대장	1필지당	무료	
2) 임야대장	1필지당	무료	법 제106조제1항제13호
3) 지적도	1장당	무료	
4) 임야도	1장당	무료	
5) 경계점좌표등록부	1필지당	무료	
6. 지적공부의 등본 발급 신청			법 제106조제1항제13호
가. 방문 발급			
1) 토지대장	1필지당	500원	
2) 임야대장	1필지당	500원	
3) 지적도	가로21cm, 세로30cm	700원	
4) 임야도	가로21cm, 세로30cm	700원	
5) 경계점좌표등록부	1필지당	500원	
나. 인터넷 발급			
1) 토지대장	1필지당	무료	
2) 임야대장	1필지당	무료	
3) 지적도	가로21cm, 세로30cm	무료	
4) 임야도	가로21cm, 세로30cm	무료	
5) 경계점좌표등록부	1필지당	무료	

해당 업무	단위	수수료	해당 법조문
7. 지적전산자료의 이용 또는 활용 신청 　가. 자료를 인쇄물로 제공하는 경우 　나. 자료를 자기디스크 등 전산매체로 제공 　　하는 경우	 1필지당 1필지당	 30원 20원	법 제106조제1항제14호
8. 부동산종합공부의 인터넷 열람 신청	1필지당	무료	법 제106조제1항제14호의2
9. 부동산종합증명서 발급 신청 　가. 방문 발급 　　1) 종합형 　　2) 맞춤형 　나. 인터넷 발급 　　1) 종합형 　　2) 맞춤형	 1필지당 1필지당 1필지당 1필지당	 1,500원 1,000원 1,000원 800원	법 제106조제1항제14호의2
10. 지적공부정리 신청 　가. 신규등록 신청 　나. 등록전환 신청 　다. 분할 신청 　라. 합병 신청 　마. 지목변경 신청 　바. 바다로 된 토지의 등록말소 신청 　사. 축척변경 신청 　아. 등록사항의 정정 신청 　자. 법 제86조에 따른 토지이동 신청	 1필지당 1필지당 분할 후 1필지당 합병 전 1필지당 1필지당 1필지당 1필지당 1필지당 확정 후 1필지당	 1,400원 1,400원 1,400원 1,000원 1,000원 무료 1,400원 무료 1,400원	법 제106조제1항제15호
11. 성능검사대행자의 등록 신청	1건당	20,000원	법 제106조제1항제17호
12. 성능검사대행자 등록증의 재발급 신청	1건당	2,000원	법 제106조제1항제18호

2. 납부

① 토지의 이동에 따른 지적공부정리신청을 하는 때에는 신청인은 그 지방자치단체의 수입증지로 지적소관청에 납부

② 국가 또는 지방자치단체가 신청하는 때 및 바다로 된 토지의 토지소유자가 지적공부의 등록말소를 신청하는 때에는 수수료를 면제

③ 지적측량수수료는 지적측량 수행자에게 납부

④ 지적측량수수료의 고시 : 국토교통부장관이 매년 12월 말에 고시

⑤ 지적소관청이 직권으로 조사·측량하여 지적공부를 정리한 경우에 들어간 비용은 토지소유자에게 징수(수수료를 정리한 날부터 30일 내에 납부)

3. 납부방법

현금, 수입인지, 수입증지, 전자화폐, 전자결제(예외, 성능검사수수료와 측량협회 등에 위탁된 업무의 수수료는 현금 납부)

4. 수수료의 면제

① 신청자가 공공측량시행자인 경우

② 신청자가 국가, 지방자치단체 또는 지적측량수행자인 경우

③ 신청자가 국가 또는 지방자치단체인 경우

④ 국가 또는 지방자치단체의 지적공부 정리 신청 수수료는 면제

⑤ 부동산종합공부의 증명서 방문 발급 시 1통에 대한 발급수수료는 20장까지는 기본 수수료를 적용하고, 1통이 20장을 초과하는 때에는 초과 1장마다 50원의 수수료를 추가 적용

⑥ 토지(임야)대장 및 경계점좌표등록부의 열람 및 등본발급 수수료는 1필지를 기준으로 하되, 1필지당 1장을 초과하는 경우에는 초과하는 매 1장당 100원을 가산하며, 지적(임야)도면 등본의 크기가 기본단위(가로 21cm, 세로 30cm)를 초과하는 경우에는 기본단위당 700원을 가산

⑦ 지적측량업무에 종사하는 측량기술자가 그 업무와 관련하여 지적측량기준점성과 또는 그 측량부의 열람 및 등본발급을 신청하는 경우에는 수수료를 면제

5. 지적측량 수수료의 산정기준

① 지적측량수수료는 국토교통부장관이 고시하는 표준품셈 중 지적측량품에 지적기술자의 정부임금단가를 적용하여 산정한다.

② 지적측량 종목별 지적측량수수료의 세부 산정기준 등에 필요한 사항은 국토교통부장관이 정한다.

6. 수수료의 미납부

국세 또는 지방세 체납처분의 예에 따라 징수한다.

제8장 지적측량

01 지적측량 신청

1. 지적측량 의뢰

토지소유자 등 이해관계인은 지적측량을 하여야 할 필요가 있는 때에는 지적측량수행자에게 해당 지적측량을 의뢰하여야 한다.

2. 지적측량수행계획서 제출

지적측량수행자는 지적측량신청을 받은 때에는 측량기간·측량일자 및 측량수수료 등을 기재한 지적측량수행계획서를 그 다음날까지 지적소관청에 제출하여야 한다.

3. 측량기간 및 검사기간

① 지적측량의 측량기간은 5일, 측량검사기간은 4일로 하며 지적기준점을 설치하여 측량 또는 측량검사를 하는 경우 지적기준점이 15점 이하인 경우에는 4일을, 15점을 초과하는 경우에는 4일에 15점을 초과하는 4점마다 1일을 가산

② 지적측량 의뢰인과 지적측량수행자가 서로 합의하여 따로 기간을 정하는 경우에는 그 기간에 따르되, 전체 기간의 4분의 3은 측량기간으로, 전체 기간의 4분의 1은 측량검사기간으로 함

구분	측량기간	검사기간
동지역	5일	4일
읍·면지역	7일	5일

02 지적기준점 표지의 설치

1. 지적기준점표지의 설치기준

① 지적삼각점표지의 점간거리는 평균 2km 이상 5km 이하로 할 것
② 지적삼각보조점표지의 점간거리는 평균 1km 이상 3km 이하로 할 것. 다만, 다각망
도선법에 따르는 경우에는 평균 0.5km 이상 1km 이하로 함
③ 지적도근점표지의 점간거리는 평균 50m 이상 300m 이하로 할 것. 다만, 다각망도선
법에 따르는 경우에는 평균 500m 이하로 함

2. 지적기준점표지의 조사 및 관리

① 지적소관청은 연1회 이상 지적기준점표지의 이상 유무를 조사하여야 한다. 이 경우
멸실되거나 훼손된 지적기준점표지를 계속 보존할 필요가 없을 때에는 폐기할 수
있음
② 지적소관청이 관리하는 지적기준점표지가 멸실되거나 훼손되었을 때에는 지적소관
청은 다시 설치하거나 보수하여야 함

03 타인 토지의 출입

1. 타인 토지 출입

구분	내용
출입목적	• 측량 • 측량기준점을 설치하거나 토지의 이동 조사
출입에 대한 통지	• 타인의 토지 등에 출입하려는 자는 관할 특별자치시장, 특별자치도지사, 시장·군수 또는 구청장의 허가를 받아야 하며, 출입하려는 날의 3일 전까지 해당 토지 등의 소유자·점유자 또는 관리인에게 그 일시와 장소를 통지하여야 한다. • 토지 등을 일시 사용하거나 장애물을 변경 또는 제거하려는 자는 토지 등을 사용하려는 날이나 장애물을 변경 또는 제거하려는 날의 3일 전까지 그 소유자·점유자 또는 관리인에게 통지하여야 한다. 다만, 토지 등의 소유자·점유자 또는 관리인이 현장에 없거나 주소 또는 거소가 분명하지 아니할 때에는 관할 특별자치시장, 특별자치도지사, 시장·군수 또는 구청장에게 통지하여야 한다. • 해 뜨기 전이나 해가 진 후에는 그 토지 등의 점유자의 승낙 없이 택지나 담장 또는 울타리로 둘러싸인 타인의 토지에 출입할 수 없다.

구분	내용
토지 등을 일시사용하거나 장애물을 변경	• 타인의 토지·건물·공유수면 등에 출입하거나 일시 사용할 수 있으며, 특히 필요한 경우에는 나무, 흙, 돌, 그 밖의 장애물을 변경하거나 제거할 수 있다. • 타인의 토지 등을 일시 사용하거나 장애물을 변경 또는 제거하려는 자는 그 소유자·점유자 또는 관리인의 동의를 받아야 한다. 다만, 소유자·점유자 또는 관리인의 동의를 받을 수 없는 경우 행정청인 자는 관할특별자치시장, 특별자치도지사, 시장·군수 또는 구청장에게 그 사실을 통지해야 한다. • 행정청이 아닌 자는 미리 관할 특별자치시장, 특별자치도지사, 시장·군수 또는 구청장의 허가를 받아야 한다. • 특별자치시장, 특별자치도지사, 시장·군수 또는 구청장은 허가를 하려면 미리 그 소유자·점유자 또는 관리인의 의견을 들어야 한다.
토지소유자의 의무	• 토지 등의 점유자는 정당한 사유 없이 행위를 방해하거나 거부하지 못한다. • 토지 등의 소유자·점유자 또는 관리인은 그 소유하거나 점유 또는 관리하는 토지 등에 지적측량기준점표지가 있는 때에는 이를 선량한 관리자의 의무로써 보호하여야 한다.
증표와 허가증	• 행위를 하려는 자는 그 권한을 표시하는 허가증을 지니고 관계인에게 이를 내보여야 한다.(측량 및 토지이동조사 허가증) • 측량 및 토지이동조사 허가증 발급신청서를 관할 특별자치시장, 특별자치도지사, 시장·군수 또는 구청장(이하 "발급권자"라 한다)에게 제출해야 한다.

2. 토지수용 및 손실보상

1) 토지수용 및 사용

① 국토교통부장관은 기본측량을 실시하기 위하여 필요하다고 인정하는 경우에는 토지, 건물, 나무 그 밖의 공작물을 수용하거나 사용

② 수용 또는 사용 및 손실보상에 관하여는 「공익사업을 위한 토지 등의 취득 및 보상에 관한 법률」을 적용

2) 손실보상

① 손실보상 대상 : 측량을 하거나, 측량기준점을 설치하거나, 토지의 이동을 조사하는 자는 그 측량 또는 조사 등이 필요한 경우에는 타인의 토지·건물·공유수면 등에 출입하거나 일시 사용할 수 있으며, 특히 필요한 경우에는 나무, 흙, 돌, 그 밖의 장애물을 변경하거나 제거한 경우

② 손실보상자 : 행위를 한 자
③ 손실보상액 결정 및 이의신청 등
- 손실보상은 토지, 건물, 나무, 그 밖의 공작물 등의 임대료·거래가격·수익성 등을 고려한 적정가격으로 하여야 함
- 손실을 보상할 자와 손실을 받을 자가 협의하여 보상액을 결정
- 손실을 보상할 자와 손실을 받을 자가 협의가 성립되지 아니하거나 협의를 할 수 없는 때에는 관할 토지수용위원회에 재결을 신청
④ 재결에 불복이 있는 자 : 관할토지수용위원회의 재결에 불복하는 자는 재결서 정본을 송달받은 날부터 30일 이내에 중앙토지수용위원회에 이의를 신청
⑤ 토지수용위원회 재결 : 「공익사업을 위한 토지 등의 취득 및 보상에 관한 법률」 준용

3) 재결신청서의 기재사항
① 재결의 신청자와 상대방의 성명 및 주소
② 측량의 종류
③ 손실 발생 사실
④ 보상받으려는 손실액과 그 명세
⑤ 협의의 내용

04 지적측량 성과검사

1. 검사대상
지적측량

2. 지적측량의 종류
① 지적기준점을 정하는 경우
② 지적측량성과를 검사하는 경우
③ 지적공부를 복구하는 경우
④ 등록전환하는 경우
⑤ 토지를 분할하는 경우
⑥ 바다가 된 토지의 등록을 말소하는 경우

⑦ 축척을 변경하는 경우
⑧ 지적공부의 등록사항을 정정하는 경우
⑨ 도시개발사업 등의 시행지역에서 토지의 이동이 있는 경우
⑩ 경계점을 지상에 복원하는 경우

3. 지적공부의 정리를 요하지 아니한 측량

① 경계복원측량 : 경계점을 지표상에 복원하기 위한 측량
② 지적현황측량 : 지상건축물 등의 현황을 지적도 및 임야도에 등록된 경계와 대비하여 표시

4. 지적측량 검사방법

① 지적측량수행자는 측량부·측량결과도·면적측정부, 측량성과 파일 등 측량성과에 관한 자료를 지적소관청에 제출하여 그 성과의 정확성에 관한 검사를 받아야 함
② 시·도지사 또는 대도시 시장은 검사를 하였을 때에는 그 결과를 지적소관청에 통지
③ 지적삼각점측량성과 및 경위의측량방법으로 실시한 지적확정측량성과인 경우
  • 국토교통부장관이 정하여 고시하는 면적 규모 이상의 지적확정측량성과 : 시·도지사 또는 대도시 시장(인구 50만 이상)
  • 국토교통부장관이 정하여 고시하는 면적 규모 미만의 지적확정측량성과 : 지적소관청
④ 지적소관청은 「건축법」 등 관계 법령에 따른 분할제한 저촉 여부 등을 판단하여 측량성과가 정확하다고 인정하면 지적측량성과도를 지적측량수행자에게 발급하여야 하며, 지적측량수행자는 측량의뢰인에게 그 지적측량성과도를 포함한 지적측량 결과부를 지체 없이 발급(검사를 받지 아니한 지적측량성과도는 측량의뢰인에게 발급할 수 없음)

05 측량기술자와 측량업의 등록

1. 측량기술자

1) 측량기술자의 요건

① 측량기술자는 다음 각 호의 어느 하나에 해당하는 자
- 측량 및 지형공간정보, 지적, 측량, 지도 제작, 도화(圖畵) 또는 항공사진 분야의 기술자격을 취득한 자
- 측량, 지형공간정보, 지적, 지도 제작, 도화 또는 항공사진 분야의 일정한 학력 또는 경력을 가진 자

② 측량기술자는 전문분야를 측량분야와 지적분야로 구분함

2) 측량기술자의 의무

① 측량기술자는 신의와 성실로써 공정하게 측량을 하여야 하며, 정당한 사유 없이 측량을 거부하여서는 아니 된다.

② 측량기술자는 정당한 사유 없이 그 업무상 알게 된 비밀을 누설하여서는 아니 된다.

③ 측량기술자는 둘 이상의 측량업자에게 소속될 수 없다.

④ 측량기술자는 다른 사람에게 측량기술경력증을 빌려 주거나 자기의 성명을 사용하여 측량업무를 수행하게 하여서는 아니 된다.

3) 측량기술자의 업무정지

① 국토교통부장관은 측량기술자(건설기술인인 측량기술자는 제외)가 다음 각 호의 어느 하나에 해당하는 경우에는 1년(지적기술자의 경우에는 2년) 이내의 기간을 정하여 측량업무의 수행을 정지시킬 수 있다. 이 경우 지적기술자에 대하여는 중앙지적위원회의 심의·의결을 거쳐야 한다.
- 근무처 및 경력 등의 신고 또는 변경신고를 거짓으로 한 경우
- 다른 사람에게 측량기술경력증을 빌려 주거나 자기의 성명을 사용하여 측량업무를 수행하게 한 경우
- 신의와 성실로써 공정하게 지적측량을 하지 아니하거나 고의 또는 중대한 과실로 지적측량을 잘못하여 다른 사람에게 손해를 입힌 경우
- 지적기술자가 정당한 사유 없이 지적측량 신청을 거부한 경우

② 국토교통부장관은 지적기술자가 제1항 각 호의 어느 하나에 해당하는 경우 위반행위의 횟수, 정도, 동기 및 결과 등을 고려하여 지적기술자가 소속된 한국국토정보공사 또는 지적측량업자에게 해임 등 적절한 징계를 할 것을 요청할 수 있다.

4) 측량기술자에 대한 업무정지 기준

① 측량기술자(지적기술자는 제외한다)의 업무정지의 기준은 다음 각 호의 구분과 같다.

- 근무처 및 경력 등의 신고 또는 변경신고를 거짓으로 한 경우 : 1년
- 다른 사람에게 측량기술경력증을 빌려 주거나 자기의 성명을 사용하여 측량업무를 수행하게 한 경우 : 1년

② 국토지리정보원장은 위반행위의 동기 및 횟수 등을 고려하여 다음 각 호의 구분에 따라 제1항에 따른 업무정지의 기간을 줄일 수 있다.

- 위반행위가 있은 날 이전 최근 2년 이내에 업무정지처분을 받은 사실이 없는 경우 : 4분의 1 경감
- 해당 위반행위가 과실 또는 상당한 이유에 의한 것으로서 보완이 가능한 경우 : 4분의 1 경감
- 제1호와 제2호 모두에 해당할 경우 : 2분의 1 경감

5) 지적기술자에 대한 업무정지 기준

위반사항	해당 법조문	행정처분기준
가. 법 제40조제1항에 따른 근무처 및 경력 등의 신고 또는 변경신고를 거짓으로 한 경우	법 제42조 제1항제1호	1년
나. 법 제41조제4항을 위반하여 다른 사람에게 측량기술경력증을 빌려 주거나 자기의 성명을 사용하여 측량업무를 수행하게 한 경우	법 제42조 제1항제2호	1년
다. 법 제50조제1항을 위반하여 신의와 성실로써 공정하게 지적측량을 하지 아니한 경우	법 제42조 제1항제3호	
1) 지적측량수행자 소속 지적기술자가 영업정지기간 중에 이를 알고도 지적측량업무를 행한 경우		2년
2) 지적측량수행자 소속 지적기술자가 법 제45조에 따른 업무범위를 위반하여 지적측량을 한 경우		2년

위반사항	해당 법조문	행정처분기준
라. 고의 또는 중과실로 지적측량을 잘못하여 다른 사람에게 손해를 입힌 경우	법 제42조 제1항제3호	
1) 다른 사람에게 손해를 입혀 금고 이상의 형을 선고받고 그 형이 확정된 경우		2년
2) 다른 사람에게 손해를 입혀 벌금 이하의 형을 선고받고 그 형이 확정된 경우		1년 6개월
3) 그 밖에 고의 또는 중대한 과실로 지적측량을 잘못하여 다른 사람에게 손해를 입힌 경우		1년
마. 지적기술자가 법 제50조제1항을 위반하여 정당한 사유 없이 지적측량 신청을 거부한 경우	법 제42조 제1항제4호	3개월

2. 측량업의 등록

1) 측량업의 등록 구분

① 측량업은 다음 각 호의 업종으로 구분한다.
- 측지측량업
- 지적측량업
- 그 밖에 항공촬영, 지도제작 등 대통령령으로 정하는 업종

② 측량업을 하려는 자는 업종별로 기술인력·장비 등의 등록기준을 갖추어 국토교통부장관, 시·도지사 또는 대도시 시장에게 등록하여야 한다. 다만, 한국국토정보공사는 측량업의 등록을 하지 아니하고 지적측량업을 할 수 있다.

③ 국토교통부장관, 시·도지사 또는 대도시 시장은 제2항에 따른 측량업의 등록을 한 자(이하 "측량업자"라 한다)에게 측량업등록증 및 측량업등록수첩을 발급하여야 한다.

④ 측량업자는 발급받은 측량업등록증 또는 측량업등록수첩을 잃어버리거나 못쓰게 된 때에는 재발급 받을 수 있다.

⑤ 측량업자는 등록사항이 변경된 경우에는 국토교통부장관, 시·도지사 또는 대도시 시장에게 신고하여야 한다.

⑥ 국토교통부장관, 시·도지사 또는 대도시 시장은 신고를 받은 날부터 20일 이내에 신고수리 여부를 신고인에게 통지하여야 한다.

⑦ 국토교통부장관, 시 · 도지사 또는 대도시 시장이 제6항에 따른 기간 내에 신고수리 여부 또는 민원 처리 관련 법령에 따른 처리기간의 연장을 신고인에게 통지하지 아니하면 그 기간(민원 처리 관련 법령에 따라 처리기간이 연장 또는 재연장된 경우에는 해당 처리기간을 말한다)이 끝난 날의 다음 날에 신고를 수리한 것으로 본다.

2) 측량업의 등록 기준

① 측지측량업과 연안조사측량업, 항공촬영업, 공간영상도화업, 영상처리업, 수치지도제작업, 지도제작업, 지하시설물측량업측량업은 국토교통부장관에게 등록하고, 지적측량업과 공공측량업, 일반측량업의 측량업은 시 · 도지사 또는 대도시 시장에게 등록해야 한다. 다만, 제주특별자치도의 경우에는 측지측량업, 지적측량업과 공공측량업, 일반측량업, 연안조사측량업, 항공촬영업, 공간영상도화업, 영상처리업, 수치지도제작업, 지도제작업, 지하시설물측량업측량업을 제주특별자치도지사에게 등록해야 한다.

② 측량업의 등록을 하려는 자는 신청서에 다음 각 호의 서류를 첨부하여 국토교통부장관, 시 · 도지사 또는 대도시 시장에게 제출해야 한다.

　㉠ 기술인력을 갖춘 사실을 증명하기 위한 다음 각 목의 서류
　　• 보유하고 있는 측량기술자의 명단
　　• 가목의 인력에 대한 측량기술 경력증명서
　㉡ 장비를 갖춘 사실을 증명하기 위한 다음 각 목의 서류
　　• 보유하고 있는 장비의 명세서
　　• 가목의 장비의 성능검사서 사본
　　• 소유권 또는 사용권을 보유한 사실을 증명할 수 있는 서류

3) 지적측량업의 등록기준

구분	기술인력	장비
지적 측량업	1. 특급기술인 1명 또는 고급기술인 2명 이상 2. 중급기술인 2명 이상 3. 초급기술인 1명 이상 4. 지적 분야의 초급기능사 1명 이상	1. 토털 스테이션 1대 이상 2. 출력장치 1대 이상 　• 해상도 : 2,400DPI×1,200DPI 　• 출력범위 : 600mm×1,060mm 이상

4) 지적측량업자의 업무 범위

① 경계점좌표등록부가 있는 지역에서의 지적측량

② 지적재조사지구에서 실시하는 지적재조사측량

③ 도시개발사업 등이 끝남에 따라 하는 지적확정측량

④ 지적전산자료를 활용한 정보화사업

※ 지적전산자료를 활용한 정보화사업에는 다음 각 호의 사업을 포함한다.

　가. 지적도·임야도, 연속지적도, 도시개발사업 등의 계획을 위한 지적도 등의 정보처리시스템을 통한 기록·저장 업무

　나. 토지대장, 임야대장의 전산화 업무

5) 측량업자의 지위 승계

① 측량업자가 그 사업을 양도하거나 사망한 경우 또는 법인인 측량업자의 합병이 있는 경우로서 그 사업의 양수인·상속인 또는 합병 후 존속하는 법인이나 합병으로 설립된 법인이 종전의 측량업자의 지위를 승계하려는 경우에는 양수·상속 또는 합병한 날부터 30일 이내에 대통령령으로 정하는 바에 따라 국토교통부장관, 시·도지사 또는 대도시 시장에게 신고하여야 한다.

② 국토교통부장관, 시·도지사 또는 대도시 시장은 제1항에 따른 신고를 받은 경우 측량업자의 지위를 승계하려는 자가 측량업등록의 결격사유의 어느 하나에 해당하면 신고를 수리하여서는 아니 된다.

③ 국토교통부장관, 시·도지사 또는 대도시 시장은 제1항에 따른 신고를 받은 날부터 20일 이내에 신고수리 여부를 신고인에게 통지하여야 한다.

④ 국토교통부장관, 시·도지사 또는 대도시 시장이 제3항에서 정한 기간 내에 신고수리 여부 또는 민원 처리 관련 법령에 따른 처리기간의 연장을 신고인에게 통지하지 아니하면 제2항의 규정에도 불구하고 그 기간(민원 처리 관련 법령에 따라 처리기간이 연장 또는 재연장된 경우에는 해당 처리기간을 말한다)이 끝난 날의 다음 날에 신고를 수리한 것으로 본다.

⑤ 양수인·상속인 또는 합병 후 존속하는 법인이나 합병으로 설립된 법인은 제3항에 따른 신고가 수리된 경우(제4항에 따라 신고가 수리된 것으로 보는 경우를 포함한다)에는 그 양수일, 상속일 또는 합병일부터 종전의 측량업자의 지위를 승계한다.

6) 측량업등록의 결격사유

① 피성년후견인 또는 피한정후견인
② 금고 이상의 실형을 선고받고 그 집행이 끝나거나(집행이 끝난 것으로 보는 경우를 포함) 집행이 면제된 날부터 2년이 지나지 아니한 자
③ 금고 이상의 형의 집행유예를 선고받고 그 집행유예기간 중에 있는 자
④ 측량업의 등록이 취소된 후 2년이 지나지 아니한 자
⑤ 임원 중에 위 ①~④항 어느 하나에 해당하는 자가 있는 법인

7) 측량업등록증의 대여 금지 등

① 측량업자는 다른 사람에게 자기의 측량업등록증 또는 측량업등록수첩을 빌려 주거나 자기의 성명 또는 상호를 사용하여 측량업무를 하게 하여서는 아니 된다.
② 누구든지 다른 사람의 등록증 또는 등록수첩을 빌려서 사용하거나 다른 사람의 성명 또는 상호를 사용하여 측량업무를 하여서는 아니 된다.

8) 지적측량수행자의 성실의무

① 지적측량수행자는 신의와 성실로써 공정하게 지적측량을 하여야 하며, 정당한 사유 없이 측량을 거부하여서는 아니 된다.
② 지적측량수행자는 본인, 배우자 또는 직계 존속·비속이 소유한 토지에 대한 지적측량을 하여서는 아니 된다.
③ 지적측량수행자는 지적측량수수료 외에는 어떠한 명목으로도 그 업무와 관련된 대가를 받으면 아니 된다.

9) 손해배상책임의 보장

① 지적측량수행자가 타인의 의뢰에 의하여 지적측량을 하는 경우 고의 또는 과실로 지적측량을 부실하게 함으로써 지적측량의뢰인이나 제3자에게 재산상의 손해를 발생하게 한 때에는 지적측량수행자는 그 손해를 배상할 책임이 있다.
② 지적측량수행자가 손해배상책임을 보장하기 위하여 보증보험에 가입하거나 공간정보산업협회가 운영하는 보증 또는 공제에 가입하는 방법으로 보증설정을 하여야 한다.
  • 지적측량업자 : 보장기간이 10년 이상이고 보증금액이 1억 원 이상
  • 한국국토정보공사 : 보증금액이 20억 원 이상
③ 지적측량업자는 지적측량업 등록증을 발급받은 날부터 10일 이내에 보증설정을 해야 하며, 보증설정을 했을 때에는 이를 증명하는 서류를 등록한 시·도지사 또는 대도시 시장에게 제출해야 한다.

④ 보증설정을 한 지적측량수행자는 그 보증설정을 다른 보증설정으로 변경하려는 경우에는 해당 보증설정의 효력이 있는 기간 중에 다른 보증설정을 하고 그 사실을 증명하는 서류를 등록한 시·도지사 또는 대도시 시장에게 제출해야 한다.

⑤ 보증설정을 한 지적측량수행자는 보증기간의 만료로 인하여 다시 보증설정을 하려는 경우에는 그 보증기간 만료일까지 다시 보증설정을 하고 그 사실을 증명하는 서류를 등록한 시·도지사 또는 대도시 시장에게 제출해야 한다.

10) 보증설정의 변경

① 보증설정을 한 지적측량수행자는 그 보증설정을 다른 보증설정으로 변경하려는 경우에는 해당 보증설정의 효력이 있는 기간 중에 다른 보증설정을 하고 그 사실을 증명하는 서류를 시·도지사 또는 대도시 시장에게 제출해야 한다.

② 보증설정을 한 지적측량수행자는 보증기간의 만료로 인하여 다시 보증설정을 하려는 경우에는 그 보증기간 만료일까지 다시 보증설정을 하고 그 사실을 증명하는 서류를 시·도지사 또는 대도시 시장에게 제출해야 한다.

11) 보험금 지급

① 지적측량의뢰인은 손해배상으로 보험금·보증금 또는 공제금을 지급받으려면 다음 각 호의 어느 하나에 해당하는 서류를 첨부하여 보험회사 또는 공간정보산업협회에 손해배상금 지급을 청구하여야 한다.

　㉠ 지적측량의뢰인과 지적측량수행자 간의 손해배상합의서 또는 화해조서

　㉡ 확정된 법원의 판결문 사본

　㉢ ㉠ 또는 ㉡에 준하는 효력이 있는 서류

② 지적측량수행자는 보험금·보증금 또는 공제금으로 손해배상을 했을 때에는 지체 없이 다시 보증설정을 하고 그 사실을 증명하는 서류를 시·도지사 또는 대도시 시장에게 제출해야 한다.

③ 지적소관청은 지적측량수행자가 지급하는 손해배상금의 일부를 지적소관청의 지적측량성과 검사 과실로 인하여 지급하여야 하는 경우에 대비하여 공제에 가입할 수 있다.

12) 측량업의 등록취소 등

(1) 등록취소 등 결정권자

국토교통부장관 또는 시·도지사 또는 대도시 시장

(2) 등록취소 등의 방법

측량업의 등록을 취소하거나 1년 이내의 기간을 정하여 영업의 정지를 명할 수 있으며 제2호·제4호·제6호·제7호·제10호 또는 제14호에 해당하는 경우에는 측량업의 등록을 취소하여야 한다.

① 고의 또는 과실로 측량을 부정확하게 한 경우

② 거짓이나 그 밖의 부정한 방법으로 측량업의 등록을 한 경우(등록취소)

③ 정당한 사유 없이 측량업의 등록을 한 날부터 1년 이내에 영업을 시작하지 아니하거나 계속하여 1년 이상 휴업한 경우

④ 등록기준에 미달하게 된 경우(다만, 일시적으로 등록기준에 미달되는 등의 경우는 제외)(등록취소)

⑤ 지적측량업자가 업무 범위를 위반하여 지적측량을 한 경우

⑥ 측량업등록의 결격사유에 해당하게 된 경우(등록취소)와 임원 중에 결격사유에 어느 한에 해당하는 자가 있는 법인이 해당하게 된 경우로서 그 사유가 발생한 날부터 3개월 이내에 그 사유를 없앤 경우는 제외

⑦ 다른 사람에게 자기의 측량업등록증 또는 측량업등록수첩을 빌려 주거나 자기의 성명 또는 상호를 사용하여 측량업무를 하게 한 경우(등록취소)

⑧ 지적측량업자가 지적측량수행자의 성실의무 등을 위반한 경우

⑨ 보험가입 등 필요한 조치를 하지 아니한 경우

⑩ 영업정지기간 중에 계속하여 영업을 한 경우(등록취소)

⑪ 임원의 직무정지 명령을 이행하지 아니한 경우

⑫ 지적측량업자가 지적측량수수료를 고시한 금액보다 과다 또는 과소하게 받은 경우

⑬ 다른 행정기관이 관계 법령에 따라 등록취소 또는 영업정지를 요구한 경우

⑭ 국가기술자격법을 위반하여 측량업자가 측량기술자의 국가기술자격증을 대여 받은 사실이 확인된 경우(등록취소)

(3) 측량업자의 지위를 승계한 상속인이 측량업등록의 결격사유에 해당하는 경우에는 그 결격사유에 해당하게 된 날부터 6개월이 지난 날까지는 적용하지 아니한다.

(4) 국토교통부장관, 시·도지사 또는 대도시 시장은 제1항에 따라 영업정지를 명하여야 하는 경우로서 그 영업정지가 해당 영업의 이용자에게 심한 불편을 주거나 공익을 해칠 우려가 있는 경우에는 영업정지 처분을 갈음하여 4천만 원 이하의 과징금을 부과할 수 있다.

(5) 국토교통부장관, 시·도지사 또는 대도시 시장은 제1항 또는 제4항에 따라 측량업등록의 취소, 영업정지 또는 과징금 부과처분을 하였으면 그 사실을 공고하여야 한다.

(6) 국토교통부장관, 시·도지사 또는 대도시 시장은 제4항에 따라 과징금 부과처분을 받은 자가 납부기한까지 과징금을 내지 아니하면 국세강제징수의 예 또는 「지방행정제재·부과금의 징수 등에 관한 법률」에 따라 징수한다.

〈측량업의 등록취소 또는 영업정지 처분의 기준〉

위반행위	해당 법조문	행정처분기준		
		1차 위반	2차 위반	3차 위반
가. 고의로 측량을 부정확하게 한 경우	법 제52조 제1항제1호	등록취소		
나. 과실로 측량을 부정확하게 한 경우	법 제52조 제1항제1호	영업정지 4개월	등록취소	
다. 정당한 사유 없이 측량업의 등록을 한 날부터 1년 이내에 영업을 시작하지 아니하거나 계속하여 1년 이상 휴업한 경우	법 제52조 제1항제3호	경고	영업정지 6개월	등록취소
라. 법 제44조 제4항을 위반해서 측량업 등록사항의 변경신고를 하지 아니한 경우	법 제52조 제1항제5호	경고	영업정지 3개월	등록취소
마. 지적측량업자가 법 제45조의 업무범위를 위반하여 지적측량을 한 경우	법 제52조 제1항제6호	영업정지 3개월	영업정지 6개월	등록취소
바. 지적측량업자가 법 제50조에 따른 성실의무를 위반한 경우	법 제52조 제1항제9호	영업정지 1개월	영업정지 3개월	영업정지 6개월 또는 등록취소
사. 법 제51조를 위반해서 보험가입 등 필요한 조치를 하지 않은 경우	법 제52조 제1항제10호	영업정지 2개월	영업정지 6개월	등록취소
아. 지적측량업자가 법 제106조 제2항에 따른 지적측량 수수료를 같은 조 제3항에 따라 고시한 금액보다 과다 또는 과소하게 받은 경우	법 제52조 제1항제12호	영업정지 3개월	영업정지 6개월	등록취소

위반행위	해당 법조문	행정처분기준		
		1차 위반	2차 위반	3차 위반
자. 다른 행정기관이 관계 법령에 따라 영업정지를 요구한 경우	법 제52조 제1항제13호	영업정지 3개월	영업정지 6개월	등록취소
차. 다른 행정기관이 관계 법령에 따라 등록취소를 요구한 경우	법 제52조 제1항제13호	등록취소		

06 지적위원회

1. 중앙지적위원회

1) 기능

지적측량 적부심사에 관한 최고 심의의결기관

2) 심의 · 의결사항

① 지적 관련 정책 개발 및 업무 개선 등에 관한 사항
② 지적측량기술의 연구 · 개발 및 보급에 관한 사항
③ 지적측량 적부심사(適否審査)에 대한 재심사(再審査)
④ 측량기술자 중 지적분야 측량기술자(이하 "지적기술자"라 한다)의 양성에 관한 사항
⑤ 지적기술자의 업무정지 처분 및 징계요구에 관한 사항

3) 조직의 구성

① 위원장, 부위원장 각 1명을 포함하여 5명 이상 10명 이하의 위원으로 구성
② 위원장은 국토교통부 지적업무 담당국장, 부위원장은 국토교통부 지적업무 담당과장으로 구성
③ 위원은 지적에 관한 학식과 경험이 풍부한 자 중에서 국토교통부장관이 임명하거나 위촉하며, 임기는 2년
④ 중앙지적위원회의 간사는 국토교통부의 지적업무 담당 공무원 중에서 국토교통부장관이 임명하며, 회의 준비, 회의록 작성 및 회의 결과에 따른 업무 등 중앙지적위원회의 서무를 담당

4) 위원의 제척 · 기피 · 회피

(1) 제척

① 위원 또는 그 배우자나 배우자이었던 사람이 해당 안건의 당사자가 되거나 그 안건의 당사자와 공동권리자 또는 공동의무자인 경우

② 위원이 해당 안건의 당사자와 친족이거나 친족이었던 경우

③ 위원이 해당 안건에 대하여 증언, 진술 또는 감정을 한 경우

④ 위원이나 위원이 속한 법인 · 단체 등이 해당 안건의 당사자의 대리인이거나 대리인이었던 경우

⑤ 위원이 해당 안건의 원인이 된 처분 또는 부작위에 관여한 경우

(2) 기피

해당 안건의 당사자는 위원에게 공정한 심의 · 의결을 기대하기 어려운 사정이 있는 경우에는 중앙지적위원회에 기피 신청을 할 수 있고, 중앙지적위원회는 의결로 이를 결정한다. 이 경우 기피 신청의 대상인 위원은 그 의결에 참여하지 못한다.

(3) 회피

위원이 제척 사유에 해당하는 경우에는 스스로 해당 안건의 심의 · 의결에서 회피(回避)하여야 한다.

5) 위원의 해임 · 해촉

① 심신장애로 인하여 직무를 수행할 수 없게 된 경우

② 직무태만, 품위손상이나 그 밖의 사유로 인하여 위원으로 적합하지 아니하다고 인정되는 경우

③ 위원의 제척 · 기피 · 회피의 어느 하나에 해당하는 데에도 불구하고 회피하지 아니한 경우

6) 회의

① 중앙지적위원회 위원장은 회의를 소집하고 그 의장이 된다.

② 위원장이 부득이한 사유로 직무를 수행할 수 없을 때에는 부위원장이 그 직무를 대행하고, 위원장 및 부위원장이 모두 부득이한 사유로 직무를 수행할 수 없을 때에는 위원장이 미리 지명한 위원이 그 직무를 대행한다.

③ 중앙지적위원회의 회의는 재적위원 과반수의 출석으로 개의(開議)하고, 출석위원 과반수의 찬성으로 의결한다.

④ 중앙지적위원회는 관계인을 출석하게 하여 의견을 들을 수 있으며, 필요하면 현지조사를 할 수 있다.

⑤ 위원장이 중앙지적위원회의 회의를 소집할 때에는 회의 일시·장소 및 심의 안건을 회의 5일 전까지 각 위원에게 서면으로 통지하여야 한다.

⑥ 위원이 재심사 시 그 측량 사안에 관하여 관련이 있는 경우에는 그 안건의 심의 또는 의결에 참석할 수 없다.

7) 현지조사자의 지정

① 중앙지적위원회가 현지조사를 할 경우에는 관계 공무원을 지정하여 지적측량 및 자료조사 등 현지조사를 하고 그 결과를 보고하게 할 수 있음

② 필요할 때에는 지적측량수행자에게 그 소속 지적기술자를 참여시키도록 요청

3. 지방지적위원회

1) 기능

지적측량에 대한 적부심사 청구사항의 심의·의결기관

2) 조직의 구성 및 운영

① 중앙지적위원회의 구성 및 회의 등의 규정을 준용

② "중앙지적위원회"는 "지방지적위원회", "국토교통부"는 "시·도", "국토교통부장관"은 "특별시장·광역시장·특별자치시장·도지사 또는 특별자치도지사"로, "지적측량 적부재심사"는 "지적측량 적부심사"로 봄

4. 지적측량의 적부심사

1) 지적측량 적부심사의 의의

① 지적측량 적부심사제도는 지적측량성과에 다툼이 있는 경우 권리구제의 수단으로 지적위원회에 그 해결을 청구하는 제도

② 청구인 : 토지소유자, 이해관계인 또는 지적측량수행자

2) 지적측량 적부심사의 처리절차

① 청구인이 관할 시·도지사에게 심사청구서에 아래 서류를 첨부하여 지적측량적부심사를 청구

• 토지소유자 및 이해관계인 : 지적측량을 의뢰하여 발급받은 지적측량 성과

• 지적측량수행자 : 직접 실시한 지적측량성과

② 시·도지사는 30일 이내에 다음 내용을 조사하여 지방지적위원회에 회부
- 다툼이 되는 지적측량의 경위 및 그 성과
- 해당 토지에 대한 토지이동 및 소유권 변동 연혁
- 해당 토지 주변의 측량기준점, 경계, 주요 구조물 등 현황 실측도

③ 지방지적위원회는 60일 이내에 심의·의결(부득이한 경우 30일 이내에서 한 번만 연장 가능)하고, 의결서를 시·도지사에게 송부

④ 시·도지사는 7일 이내에 지적측량 적부심사 청구인 및 이해관계인에게 그 의결서를 통지

⑤ 의결서를 받은 자가 지방지적위원회의 의결에 불복하는 경우에는 90일 이내에 국토교통부장관에게 재심사 청구

⑥ 시·도지사는 의결서를 받은 자가 재심사를 청구하지 아니하면 그 의결서 사본을 지적소관청에 송부

⑦ 지방지적위원회 의결서 사본을 받은 지적소관청은 그 내용에 따라 지적공부의 등록사항을 정정하거나 측량성과를 수정

⑧ 지방지적위원회의 의결 후 90일 이내에 재심사를 청구하지 않는 경우에는 해당 지적측량성과에 대하여 다시 지적측량 적부심사청구를 할 수 없음

3) 지적측량적부재심사 처리절차

① 지적측량적부 재심사청구에 관한 처리절차는 지적측량적부심사 처리절차를 준용

② 지적측량 적부 재심사 청구자는 재심사청구서에 다음 각 호의 서류를 첨부하여 국토교통부장관에게 제출
- 지방지적위원회의 지적측량 적부심사 의결서 사본
- 재심사 청구 사유

③ 국토교통부장관은 30일 이내에 중앙지적위원회에 재심사를 청구 → 60일 이내에 국토교통부장관에게 의결서를 송부 → 7일 이내에 지적측량 적부심사 청구인 및 이해관계인에게 그 의결서를 통지(중앙지적위원회가 재심사를 의결하였을 때에는 위원장과 참석위원 전원이 서명 및 날인한 의결서를 지체 없이 국토교통부장관에게 송부)

④ 중앙지적위원회로부터 의결서를 받은 국토교통부장관은 그 의결서를 관할 시·도지사에게 송부

⑤ 시·도지사는 중앙지적위원회의 의결서 사본에 지방지적위원회의 의결서 사본을 첨부하여 지적소관청에 송부

⑥ 중앙지적위원회의 의결서 사본을 받은 지적소관청은 그 내용에 따라 지적공부의
　등록사항을 정정하거나 측량성과를 수정

⑦ 중앙지적위원회의 의결이 있는 경우에는 해당 지적측량성과에 대하여 다시 지적
　측량 적부심사청구를 할 수 없음

제9장 벌칙[9]

01 행정형벌[10]

1. 종류 및 부과대상

1) 3년 이하의 징역 또는 3천만 원 이하의 벌금

측량업자나 수로사업자로서 속임수, 위력[11], 그 밖의 방법으로 측량업 또는 수로사업과 관련된 입찰의 공정성을 해친 자

2) 2년 이하의 징역 또는 2천만 원 이하의 벌금

① 측량기준점표지를 이전 또는 파손하거나 그 효용을 해치는 행위를 한 자
② 고의로 측량성과를 사실과 다르게 한 자
③ 측량성과를 국외로 반출한 자
④ 측량업의 등록을 하지 아니하거나 거짓이나 그 밖의 부정한 방법으로 측량업의 등록을 하고 측량업을 한 자
⑤ 성능검사를 부정하게 한 성능검사대행자
⑥ 성능검사대행자의 등록을 하지 아니하거나 거짓이나 그 밖의 부정한 방법으로 성능검사대행자의 등록을 하고 성능검사업무를 한 자

3) 1년 이하의 징역 또는 1천만 원 이하의 벌금

① 무단으로 측량성과 또는 측량기록을 복제한 자
② 심사를 받지 아니하고 지도 등을 간행하여 판매하거나 배포한 자
③ 측량기술자가 아님에도 불구하고 측량을 한 자
④ 업무상 알게 된 비밀을 누설한 측량기술자
⑤ 둘 이상의 측량업자에게 소속된 측량기술자

---

9) 벌칙(罰則) : 법규를 어긴 행위에 대한 처벌을 정하여 놓은 규칙
10) 행정형벌(行政刑罰) : 행정벌 가운데 형법에 형의 이름이 정하여져 있는 형벌. 사형, 징역, 금고, 벌금, 구류, 과료, 몰수 등
   행정벌(行政罰) : 행정법에서 의무 위반에 대한 제재로서 가하는 벌
11) 위력(威力) 상대를 압도할 만큼 강력함, 또는 그런 힘

⑥ 다른 사람에게 측량업등록증 또는 측량업등록수첩을 빌려주거나 자기의 성명 또는 상호를 사용하여 측량업무를 하게 한 자

⑦ 다른 사람의 측량업등록증 또는 측량업등록수첩을 빌려서 사용하거나 다른 사람의 성명 또는 상호를 사용하여 측량업무를 한 자

⑧ 지적측량수수료 외의 대가를 받은 지적측량기술자

⑨ 거짓으로 다음의 신청을 한 자
  • 신규등록 신청
  • 등록전환 신청
  • 분할 신청
  • 합병 신청
  • 지목변경 신청
  • 바다로 된 토지의 등록말소 신청
  • 축척변경 신청
  • 등록사항의 정정 신청
  • 도시개발사업 등 시행지역의 토지이동 신청

⑩ 다른 사람에게 자기의 성능검사대행자 등록증을 빌려 주거나 자기의 성명 또는 상호를 사용하여 성능검사대행업무를 수행하게 한 자

⑪ 다른 사람의 성능검사대행자 등록증을 빌려서 사용하거나 다른 사람의 성명 또는 는 상호를 사용하여 성능검사대행업무를 수행한 자

02 양벌 규정

① 법인의 대표자나 법인 또는 개인의 대리인, 사용인, 그 밖의 종업원이 그 법인 또는 개인의 업무에 관하여 벌칙의 어느 하나에 해당하는 위반행위를 하면 그 행위자를 벌하는 외에 그 법인 또는 개인에게도 해당 조문의 벌금형을 과한다.

② 다만, 법인 또는 개인이 그 위반행위를 방지하기 위하여 해당 업무에 관하여 상당한 주의와 감독을 게을리하지 아니한 경우에는 그러하지 아니하다.

03 과태료

1. 과태료 부과 대상

1) 300만 원 이하의 과태료

고시된 측량성과에 어긋나는 측량성과를 사용한 자

2) 200만 원 이하의 과태료

① 정당한 사유 없이 측량을 방해한 자
② 측량기기에 대한 성능검사를 받지 아니하거나 부정한 방법으로 성능검사를 받은 자
③ 정당한 사유 없이 따른 보고를 하지 아니하거나 거짓으로 보고를 한 자
④ 정당한 사유 없이 조사를 거부·방해 또는 기피한 자
⑤ 정당한 사유 없이 토지등에의 출입 등을 방해하거나 거부한 자

3) 100만 원 이하의 과태료

① 거짓으로 측량기술자의 신고를 한 자
② 측량업 등록사항의 변경신고를 하지 아니한 자
③ 측량업자의 지위 승계 신고를 하지 아니한 자
④ 측량업의 휴업·폐업 등의 신고를 하지 아니하거나 거짓으로 신고한 자
⑤ 성능검사대행자의 등록사항 변경을 신고하지 아니한 자
⑥ 성능검사대행업무의 폐업신고를 하지 아니한 자
⑦ 정당한 사유 없이 교육을 받지 아니한 자

2. 과태료는 국토교통부장관, 시·도지사 또는 지적소관청이 부과·징수한다.

3. 과태료 부과 일반기준

① 위반행위의 횟수에 따른 과태료의 부과기준은 최근 5년간 같은 위반행위로 과태료를 부과받은 경우에 적용한다. 이 경우 위반횟수는 같은 위반행위에 대하여 과태료를 부과받은 날과 다시 같은 위반행위로 적발된 날을 기준으로 하여 계산한다.
② 가중된 부과처분을 하는 경우 가중처분의 적용 차수는 그 위반행위 전 처분차수의 다음 차수로 한다.
③ 하나의 위반행위가 둘 이상의 과태료 부과기준에 해당하는 경우에는 그중 금액이 큰 과태료 부과기준을 적용한다.

④ 부과권자는 다음에 해당하는 경우에는 위반행위의 정도, 위반행위의 동기와 그 결과 등을 고려하여 과태료 금액의 2분의 1의 범위에서 그 금액을 줄일 수 있다. 다만, 과태료를 체납하고 있는 위반행위자에 대해서는 그러하지 아니하다.

　㉠ 위반행위가 사소한 부주의나 오류로 인한 것으로 인정되는 경우

　㉡ 위반행위자가 법 위반상태를 시정하거나 해소하기 위하여 노력한 것이 인정되는 경우

　㉢ 그 밖에 위반행위의 정도, 위반행위의 동기와 그 결과 등을 고려하여 그 금액을 줄일 필요가 있다고 인정되는 경우

⑤ 부과권자는 다음에 해당하는 경우에는 과태료 금액의 2분의 1 범위에서 그 금액을 늘릴 수 있다. 다만, 늘리는 경우에도 과태료의 총액은 법 제111조제1항부터 제3항에 따른 과태료 금액의 상한을 넘을 수 없다.

　㉠ 위반의 내용·정도가 중대하여 이해관계인 등에게 미치는 피해가 크다고 인정되는 경우

　㉡ 법 위반상태의 기간이 6개월 이상인 경우

4. 개별기준

(단위 : 만 원)

위반행위	근거 법조문	과태료 금액		
		1차 위반	2차 위반	3차 이상 위반
가. 정당한 사유 없이 측량을 방해한 경우	법 제111조 제2항제1호	40	75	150
나. 법 제13조제4항을 위반하여 고시된 측량성과에 어긋나는 측량성과를 사용한 경우	법 제111조 제1항	60	120	230
다. 법 제40조제1항을 위반하여 거짓으로 측량기술자의 신고를 한 경우	법 제111조 제3항제1호	8	15	30
라. 법 제44조제5항을 위반하여 측량업 등록사항의 변경신고를 하지 않은 경우	법 제111조 제3항제2호	13	25	50
마. 법 제46조제1항을 위반하여 측량업자의 지위 승계 신고를 하지 않은 경우	법 제111조 제3항제3호	60		
바. 법 제48조를 위반하여 측량업의 휴업·폐업 등의 신고를 하지 않거나 거짓으로 신고한 경우	법 제111조 제3항제4호	38		

위반행위	근거 법조문	과태료 금액		
		1차 위반	2차 위반	3차 이상 위반
사. 법 제92조제1항을 위반하여 측량기기에 대한 성능검사를 받지 않거나 부정한 방법으로 성능검사를 받은 경우	법 제111조 제2항제2호	30	60	120
아. 법 제93조제1항을 위반하여 성능검사대행자의 등록사항 변경을 신고하지 않은 경우	법 제111조 제3항제5호	10	20	40
자. 법 제93조제6항을 위반하여 성능검사대행 업무의 폐업신고를 하지 않은 경우	법 제111조 제3항제6호	30		
차. 정당한 사유 없이 법 제98조제2항에 따른 교육을 받지 않은 경우	법 제111조 제3항제7호	30	60	100
카. 정당한 사유 없이 법 제99조제1항에 따른 보고를 하지 않거나 거짓으로 보고한 경우	법 제111조 제2항제3호	35	70	140
타. 정당한 사유 없이 법 제99조제1항에 따른 조사를 거부·방해 또는 기피한 경우	법 제111조 제2항제4호	30	60	120
파. 정당한 사유 없이 법 제101조제7항을 위반하여 토지·건물·공유수면 등에의 출입 등을 방해하거나 거부한 경우	법 제111조 제2항제5호	40	75	150

04 측량기기의 검사 및 성능검사 대행자

1. 측량기기의 성능검사 등

1) 측량기기의 검사

① 측량업자는 트랜싯, 레벨, 그 밖에 측량기기에 대하여 5년의 범위에서 국토교통부장관이 실시하는 성능검사를 받아야 한다. 다만, 국가교정업무 전담기관의 교정검사를 받은 측량기기로서 국토교통부장관이 성능검사 기준에 적합하다고 인정한 경우에는 성능검사를 받은 것으로 본다.

② 한국국토정보공사는 성능검사를 위한 적합한 시설과 장비를 갖추고 자체적으로 검사를 실시하여야 한다.

③ 측량기기의 성능검사업무를 대행하는 자로 등록한 자(이하 "성능검사대행자"라 한다)는 국토교통부장관의 성능검사업무를 대행할 수 있다.

④ 한국국토정보공사와 성능검사대행자는 성능검사의 기준, 방법 및 절차와 다르게 성능검사를 하여서는 아니 된다.

⑤ 국토교통부장관은 한국국토정보공사와 성능검사대행자가 성능검사의 기준, 방법 및 절차에 따라 성능검사를 정확하게 하는지 실태를 점검하고, 필요한 경우에는 시정을 명할 수 있다.

2) 성능검사의 대상 및 주기

① 성능검사를 받아야 하는 측량기기
- 트랜싯(데오드라이트) : 3년
- 레벨 : 3년
- 거리측정기 : 3년
- 토털스테이션(Total Station : 각도 · 거리 통합 측량기) : 3년
- 지엔에스에스(GNSS) 수신기 : 3년
- 금속 또는 비금속 관로 탐지기 : 3년

② 성능검사(신규 성능검사는 제외한다)는 제1항에 따른 성능검사 유효기간 만료일 전 1개월부터 성능검사 유효기간 만료일 후 1개월까지의 기간에 받아야 한다.

③ 성능검사의 유효기간은 종전 유효기간 만료일의 다음 날부터 기산(起算)한다. 다만, 제2항에 따른 기간 외의 기간에 성능검사를 받은 경우에는 그 검사를 받은 날의 다음 날부터 기산한다.

3) 측량기기의 성능검사 신청

측량기기의 성능검사를 받으려는 자는 측량기기 성능검사 신청서에 해당 측량기기의 설명서를 첨부하여 국토지리정보원장에게 제출하여야 한다. 이 경우 신청인은 성능검사를 받아야 하는 해당 측량기기를 제시하여야 한다.

4) 측량기기의 성능검사 방법

① 성능검사는 외관검사, 구조 · 기능검사 및 측정검사로 구분한다.

② 성능검사의 방법 · 절차와 그 밖에 성능검사에 필요한 세부 사항은 국토지리정보원장이 정하여 고시한다.

5) 측량기기의 성능검사서 발급

① 성능검사대행자는 성능검사를 완료한 때에는 측량기기 성능검사서에 그 적합 여부의 표시를 하여 신청인에게 발급하여야 한다.

② 성능검사대행자는 성능검사 결과 성능기준에 적합하다고 인정하는 때에는 검사필증을 해당 측량기기에 붙여야 한다.

③ 성능검사대행자는 성능검사를 완료한 때에는 측량기기 성능검사 기록부에 성능 검사의 결과를 기록하고 이를 5년간 보존하여야 한다.

2. 측량기기의 성능검사 등

1) 성능검사대행자의 등록

① 측량기기의 성능검사업무를 대행하려는 자는 측량기기별로 기술능력과 시설 등 의 등록기준을 갖추어 시·도지사에게 등록하여야 하며, 등록사항을 변경하려는 경우에는 시·도지사에게 신고하여야 한다.

② 시·도지사는 등록신청을 받은 경우 등록기준에 적합하다고 인정되면 신청인에 게 측량기기 성능검사대행자 등록증을 발급한 후 그 발급사실을 공고하고 국토 교통부장관에게 통지하여야 한다.

③ 성능검사대행자는 발급받은 등록증을 잃어버리거나 못쓰게 된 때에는 국토교통 부령으로 정하는 바에 따라 재발급 받을 수 있다.

④ 시·도지사는 제1항에 따른 신고를 받은 날부터 20일 이내에 신고수리 여부를 신고인에게 통지하여야 한다.

⑤ 시·도지사가 제4항에 따른 기간 내에 신고수리 여부 또는 민원 처리 관련 법령 에 따른 처리기간의 연장을 신고인에게 통지하지 아니하면 그 기간(민원 처리 관련 법령에 따라 처리기간이 연장 또는 재연장된 경우에는 해당 처리기간을 말 한다)이 끝난 날의 다음 날에 신고를 수리한 것으로 본다.

⑥ 성능검사대행자가 폐업을 한 경우에는 30일 이내에 국토교통부령으로 정하는 바 에 따라 시·도지사에게 폐업사실을 신고하여야 한다.

⑦ 성능검사대행자와 그 검사업무를 담당하는 임직원은 「형법」 제129조부터 제132 조[12]까지의 규정을 적용할 때에는 공무원으로 본다.

---

12) 형법 제129조(수뢰, 사전수뢰), 제130조(제삼자뇌물제공), 제131조(수뢰후부정처사, 사후수뢰), 제132조(알 선수뢰)

〈성능검사대행자의 등록기준〉

구분	시설 및 장비	기술인력
일반 성능검사 대행자	콜리미터 시설 1조 이상	1. 측량 및 지형공간정보 분야 고급기술인 또는 정밀측정 산업기사로서 실무경력(자격 취득 전의 경력을 포함한다) 10년 이상인 사람 1명 이상 2. 측량 분야의 중급기능사 또는 계량 및 측정 분야의 실무경력이 3년 이상인 사람 1명 이상
관로 탐지기 성능검사 대행자	1. 금속 관로탐지기 검사시설 1식 이상 2. 비금속 관로 탐지기 검사시설 1식 이상	1. 측량 및 지형공간정보 분야 고급기술인 또는 정밀측정 산업기사로서 실무경력(자격 취득 전의 경력을 포함한다) 10년 이상인 사람 1명 이상 2. 측량 분야의 중급기능사 또는 계량 및 측정 분야의 실무경력이 3년 이상인 사람 1명 이상

2) 성능검사대행자의 등록의 결격사유

① 피성년후견인 또는 피한정후견인

② 이 법을 위반하여 징역의 실형을 선고받고 그 집행이 종료(집행이 종료된 것으로 보는 경우를 포함한다)되거나 집행이 면제된 날부터 2년이 지나지 아니한 자

③ 이 법을 위반하여 징역형의 집행유예를 선고받고 그 유예기간 중에 있는 자

④ 등록이 취소된 후 2년이 지나지 아니한 자

⑤ 임원 중에 제1호부터 제4호까지의 어느 하나에 해당하는 자가 있는 법인

3) 성능검사대행자 등록증의 대여금지

① 성능검사대행자는 다른 사람에게 자기의 성능검사대행자 등록증을 빌려 주거나 자기의 성명 또는 상호를 사용하여 성능검사대행업무를 수행하게 하여서는 아니 된다.

② 누구든지 다른 사람의 성능검사대행자 등록증을 빌려서 사용하거나 다른 사람의 성명 또는 상호를 사용하여 성능검사대행업무를 수행하여서는 아니 된다.

4) 성능검사대행자의 등록취소 또는 업무정지 처분

(1) 등록취소권자 : 시·도지사

(2) 시·도지사는 성능검사대행자가 다음 각 호의 어느 하나에 해당하는 경우에는 성능검사대행자의 등록을 취소하거나 1년 이내의 기간을 정하여 업무정지 처분을 할 수 있다. 다만, ①·③·⑤ 또는 ⑥에 해당하는 경우에는 성능검사대행자의 등록을 취소하여야 한다.

① 거짓이나 그 밖의 부정한 방법으로 등록을 한 경우(등록취소)

①의2. 측량기기의 성능검사에 따른 시정명령을 따르지 아니한 경우

② 측량검사대행자 등록기준에 미달하게 된 경우. 다만, 일시적으로 등록기준에 미달하는 등 대통령령으로 정하는 경우는 제외한다.

③ 다른 사람에게 자기의 성능검사대행자 등록증을 빌려 주거나 자기의 성명 또는 상호를 사용하여 성능검사대행업무를 수행하게 한 경우(등록취소)

④ 정당한 사유 없이 성능검사를 거부하거나 기피한 경우

⑤ 거짓이나 부정한 방법으로 성능검사를 한 경우(등록취소)

⑥ 업무정지기간 중에 계속하여 성능검사대행업무를 한 경우(등록취소)

⑦ 다른 행정기관이 관계 법령에 따라 등록취소 또는 업무정지를 요구한 경우

(3) 시·도지사는 성능검사대행자의 등록을 취소하였으면 취소 사실을 공고한 후 국토교통부장관에게 통지하여야 한다.

(4) 시·도지사는 제1항에 따라 업무정지를 명하여야 하는 경우로서 그 업무정지가 해당 영업의 이용자에게 심한 불편을 주거나 공익을 해칠 우려가 있는 경우에는 업무정지 처분을 갈음하여 4천만 원 이하의 과징금을 부과할 수 있다.

(5) 시·도지사는 제3항에 따라 과징금 부과처분을 받은 자가 납부기한까지 과징금을 내지 아니하면 「지방행정제재·부과금의 징수 등에 관한 법률」에 따라 징수한다.

※ 일시적인 등록기준 미달 : 기술인력에 해당하는 사람의 사망·실종 또는 퇴직으로 인하여 등록기준에 미달하는 기간이 90일 이내인 경우를 말한다.

5) 성능검사대행자 실태점검

① 국토지리정보원장 및 시·도지사는 실태점검을 연 1회 이상 실시해야 한다.

② 국토지리정보원장 및 시·도지사는 실태점검을 할 때에는 실태점검을 하기 14일 전까지 다음 각 호의 사항을 성능검사대행자에게 서면(전자문서를 포함한다)으로 통보해야 한다.

- 점검날짜 및 시간
- 점검취지
- 점검내용
- 그 밖에 실태점검에 필요한 사항

③ 국토지리정보원장 및 시·도지사는 한국국토정보공사 및 성능검사대행자에게 시정명령을 할 때에는 다음 각 호의 사항을 서면으로 알려야 한다.

- 시정대상
- 시정명령의 이유
- 시정기한
- 시정명령 불이행 시 처분 등에 관한 사항

④ 제1항부터 제3항까지에서 규정한 사항 외에 실태점검 및 시정명령에 필요한 세부적인 사항은 국토지리정보원장이 정하여 고시한다.

토지정보체계론

제1장　지적전산

01 국가공간정보정책

1. 국가지리정보체계(NGIS : National Geographic Information System)

1) 개요

(1) NGIS 정의

① 국가기관이 구축, 관리하는 지리정보체계

② 국토교통부를 중심으로 각 부처가 협조하여 추진하는 지리정보체계 구축사업으로 공간 및 지리정보자료를 효과적으로 생산·관리·사용할 수 있도록 지원하기 위한 기술·조직·제도적 체계

③ 국가공간정보체계＝NGIS＋공공활용체계＋민간활용체계

(2) NGIS 필요성

① 국가가 체계적이고 종합적인 공간정보 인프라를 구축

② 데이터 중복 구축 방지 및 공동 활용

③ 행정업무의 효율성 제고 및 국토자원의 합리적 이용

④ 대국민 서비스 향상 및 국민경제의 발전에 이바지

(3) NGIS 추진전략

① 범국가적 차원의 강력 지원

② 국가공간정보기반의 확충 및 유통체계의 정비

③ 공급자 중심에서 수요자 중심으로 지리정보 구축

④ 국가와 민간시스템과의 업무 간 상호 협력체계 강화

(4) NGIS 추진경과

구분	내용
1994. 12. 7.	서울 마포구 아현동 도시가스 폭발사고
1995. 4. 28.	대구 도시철도 1호선 상인역 공사 현장 도시가스 폭발사고

구분	내용
1995. 5	• 제1차 국가지리정보체계 기본계획(1995~2000) 수립 • 국가GIS사업으로 국토정보화의 기반 준비 지형도, 공통주제도, 지하시설물도 및 지적도 등을 수치지도화하고, 데이터베이스를 구축하는 사업 등 국가공간정보의 기초가 되는 국가 기본도 전산화에 주력
2000. 7. 1.	「국가지리정보체계구축및활용등에관한법률」시행
2000. 12	• 제2차 국가지리정보체계 기본계획(2001~2005) 수립 • 국가공간정보기반을 확충하여 디지털 국토 실현 1단계에서 구축한 공간정보를 활용하여 다양한 응용시스템을 구축· 활용하는 데 주력
2005. 7	• 제3차 국가지리정보체계 기본계획(2006~2010) 수립 • 유비쿼터스 국토실현을 위한 기반조성 부분별, 기관별로 구축된 데이터와 응용시스템을 연계·통합하여 시너지 효과를 제고하는 데 주력
2009. 2. 6.	「국가지리정보체계구축및활용등에관한법률」 폐지
2009. 6. 9.	「측량·수로조사및지적에관한법률」 제정
2010. 3. 16.	• 제4차 국가공간정보정책 기본계획(2010~2012) • 녹색성장을 위한 그린(GREEN) 공간정보사회 실현 연계·통합 강화, 공간정보 법령 및 추진조직 통합, 공간정보산업진 흥원 설립 및 오픈플랫폼 구축
2013. 10. 4.	• 제5차 국가공간정보정책 기본계획(2013~2017) • 공간정보로 실현하는 국민행복과 국가발전 고품질 공간정보 구축 및 확대, 융복합 산업 활성화, 플렛폼 서비스 강화 등
2014. 6. 3.	「공간정보의구축및관리등에관한법률」개정
2018. 5. 16.	• 제6차 국가공간정보정책 기본계획(2018~2022) • 공간정보 융·복합 르네상스로 살기 좋고 풍요로운 스마트코리아 실현 가치를 창출하는 공간정보 생산, 혁신을 공유하는 공간정보 플랫폼, 일자리 중심 공간정보산업 육성, 참여하여 상생하는 정책환경 조성
2023. 6. 19.	• 제7차 국가공간정보정책 기본계획(2023~2027) • 모든 데이터가 연결된 디지털트윈 KOREA 실현

〈국가공간정보정책 기본계획〉

회차	시간적 범위	주요내용
제1차	1995~2000년	• 국토정보화의 기반준비 • 'GIS기반 조성'
제2차	2001~2005년	• 디지털 국토 실현 • 'GIS활용 확산'
제3차	2005~2010년	• 유비쿼터스 국토실현을 위한 기반조성 • 'GIS 연계통합'
제4차	2010~2015년	녹색성장을 위한 그린(GREEN) 공간정보사회 실현 - 녹색성장의 기반이 되는 거버넌스 - 어디서나 누구라도 활용 가능한 공간정보 - 개방 · 연계 · 활용 공간정보
제5차	2013~2017년	공간정보로 실현하는 국민행복과 국가발전 - 공간정보 융복합을 통한 창조경제 활성화 - 공간정보의 공유 · 개방을 통한 정부 3.0 실현
제6차	2018~2022년	공간정보 융 · 복합 르네상스로 살기 좋고 풍요로운 스마트 코리아 실현 - 국민 누구나 편리하게 사용가능한 공간정보 생산과 개방 - 개방형 공간정보 융합 생태계 조성으로 양질의 일자리 창출 - 공간정보가 융 · 복합된 정책결정으로 스마트한 국가경영 실현
제7차	2023~2027년	모든 데이터가 연결된 디지털트윈 KOREA 실현

2) 제7차 국가공간정보정책 기본계획

(1) 비전
모든 데이터가 연결된 디지털트윈 KOREA 실현

(2) 목표
① 최신성이 확보된 고정밀 데이터 생산 및 디지털트윈 고도화
② 위치기반 융복합 산업 활성화
③ 공간정보 분야 국가경쟁력 Top10 진입

(3) 추진전략 및 중점 추진과제

추진전략	중점 추진과제
1. 국가 차원의 디지털트윈 구축 및 활용 체계 마련	• 국가공간정보 디지털트윈체계 구축 • 국가공간정보 디지털트윈 구축을 위한 표준 기반 마련 • 국가공간정보 디지털트윈을 위한 지적정보 고도화
2. 누구나 쉽게 활용할 수 있는 공간정보자원유통 · 활용 활성화	• 국가공간정보 디지털트윈을 위한 새로운 유통체계 구축 • 공간정보를 쉽고 빠르게 찾을 수 있도록 유통체계 고도화 • 공간정보 기반 오픈이노베이션 창출을 위한 활용체계 확산
3. 공간정보 융복합 산업활성화를 위한 인재양성과 기술개발	• 공간정보 디지털 창의인재 10만 양성 • 고부가가치 창출을 위한 산업구조 개편 • 국토의 디지털 전환(Dx)을 위한 혁신기술 개발 • 협력적 글로벌 공간정보시장 확대 및 기술 선도
4. 국가공간정보 디지털트윈 생태계를 위한 정책기반 조성	• 국가공간정보 기반 디지털트윈 생산 – 유통 – 활용을 위한 제도기반 마련 • 국가공간정보 기반 디지털트윈 생태계 활성화를 위한 거버넌스 구축 및 운영

2. 국가공간정보 기본법

1) 「국가공간정보 기본법」 구성

(1) 제1장 총칙

목적, 정의, 국민의 공간정보복지 증진, 공간정보 취득 · 관리의 기본원칙

(2) 제2장 국가공간정보정책의 추진체계

국가공간정보위원회, 기본계획의 수립, 시행계획, 연구개발, 정부 지원, 연차보고

(3) 제3장 한국국토정보공사

설립, 정관, 사업, 임원, 감독, 유사명칭의 사용금지

(4) 제4장 국가공간정보기반의 조성

취득 및 관리, 공간객체등록번호의 부여, 표준화, 국가공간정보통합체계의 구축과 운영, 국가공간정보센터의 설치

(5) 제5장 국가공간정보체계의 구축 및 활용

데이터베이스의 구축 및 관리, 중복투자의 방지, 목록정보, 협력체계, 자료 공개, 복제 및 판매

(6) 제6장 국가공간정보의 보호

보완관리, 안전성 확보, 침해 또는 훼손, 비밀준수

(7) 제7장 벌칙

> **용어 정리**
> ① 공간정보 : 지상·지하·수상·수중 등 공간상에 존재하는 자연적 또는 인공적인 객체에 대한 위치정보 및 이와 관련된 공간적 인지 및 의사결정에 필요한 정보
> ② 공간정보데이터베이스 : 공간정보를 체계적으로 정리하여 사용자가 검색하고 활용할 수 있도록 가공한 정보의 집합체
> ③ 공간정보체계 : 공간정보를 효과적으로 수집·저장·가공·분석·표현할 수 있도록 서로 유기적으로 연계된 컴퓨터의 하드웨어, 소프트웨어, 데이터베이스 및 인적자원의 결합체
> ④ 관리기관 : 공간정보를 생산하거나 관리하는 중앙행정기관, 지방자치단체, 공공기관, 민간기관(기간통신사업자, 일반도시가스사업자, 송유관관리자)
> ⑤ 국가공간정보체계 : 관리기관이 구축 및 관리하는 공간정보체계
> ⑥ 국가공간정보통합체계 : 기본공간정보데이터베이스를 기반으로 국가공간정보체계를 통합 또는 연계하여 국토교통부장관이 구축·운용하는 공간정보체계
> • 기본공간정보 : 지형·해안선·행정경계·도로 또는 철도의 경계·하천경계·지적, 건물 등 인공구조물의 공간정보, 그 밖에 대통령령으로 정하는 주요 공간정보
> ⑦ 공간객체등록번호 : 공간정보를 효율적으로 관리 및 활용하기 위하여 자연적 또는 인공적 객체에 부여하는 공간정보의 유일식별번호

2) 국가공간정보정책 추진체계

(1) 국가공간정보위원회

① 심의사항
  • 국가공간정보정책 기본계획의 수립·변경 및 집행실적의 평가
  • 국가공간정보정책 시행계획의 수립·변경 및 집행실적의 평가
  • 공간정보의 유통과 보호에 관한 사항
  • 국가공간정보체계의 중복투자 방지 등 투자 효율화에 관한 사항
  • 국가공간정보체계의 구축·관리 및 활용에 관한 주요 정책의 조정에 관한 사항
  • 그 밖에 위원장이 회의에 부치는 사항

② 위원회 구성

　㉠ 위원장 : 국토교통부장관

　㉡ 위원 : 위원장을 포함하여 30인 이내

　　• 국가공간정보체계를 관리하는 중앙행정기관의 차관급 공무원 : 기획재
　　　정부 제1차관, 교육부차관, 과학기술정보통신부 제2차관, 국방부차관,
　　　행정안전부차관, 농림축산식품부차관, 산업통상자원부차관, 환경부차
　　　관 및 해양수산부차관, 통계청장, 소방청장, 문화재청장, 농촌진흥청장
　　　및 산림청장)

　　• 지방자치단체의 장(특별시 · 광역시 · 특별자치시 · 도 · 특별자치도의 경
　　　우에는 부시장 또는 부지사)으로서 위원장이 위촉하는 자 7인 이상

　　• 공간정보체계에 관한 전문지식과 경험이 풍부한 민간전문가로서 위원
　　　장이 위촉하는 자 7인 이상

　㉢ 위원 임기 : 2년(위원의 사임 등으로 새로 위촉된 위원의 임기는 전임 위
　　　원의 남은 임기)

(2) 전문위원회

① 임무 : 위원회 심의 사항을 전문적으로 검토하기 위함

② 구성 : 위원장 1명을 포함하여 30명 이내의 위원

　• 전문위원회 위원장 : 전문위원회 위원 중에서 국토교통부장관이 지명

　• 전문위원회 위원 : 공간정보와 관련한 4급 이상 공무원과 민간전문가

　• 위원의 임기 : 2년

　• 간사 : 1명(국토교통부 소속 공무원)

③ 운영

　• 위원장은 위원회를 대표하고, 위원회의 업무를 총괄

　• 위원장이 부득이한 사유로 직무를 수행할 수 없을 때에는 위원장이 지명
　　하는 위원의 순으로 그 직무를 대행

　• 위원장은 회의 개최 5일 전까지 회의 일시 · 장소 및 심의안건을 각 위원에
　　게 통보

　• 회의는 재적위원 과반수의 출석으로 개의(開議)하고, 출석위원 과반수의
　　찬성으로 의결

02 지적전산 관계 법령

1. 공간정보의 구축 및 관리 등에 관한 법률(약칭 : 공간정보관리법)

1) 기본측량

(1) 모든 측량의 기초가 되는 공간정보를 제공하기 위하여 국토교통부장관이 실시하는 측량

(2) 기본측량성과 등을 사용한 지도 등의 간행(제15조)

① 국토교통부장관은 기본측량성과 및 기본측량기록을 사용하여 지도나 그 밖에 필요한 간행물(지도)을 간행하여 판매하거나 배포할 수 있다.

② 국가안보를 해칠 우려가 있는 사항으로서 대통령령으로 정하는 사항은 지도 등에 표시할 수 없다.

㉠ 「군사기지 및 군사시설 보호법」의 군사기지 및 군사시설에 관한 사항

㉡ 다른 법령에 따라 비밀로 유지되거나 열람이 제한되는 등의 비공개사항

(3) 지도 등 간행물의 종류

① 축척 1/500, 1/1,000, 1/2,500, 1/5,000, 1/10,000, 1/25,000, 1/50,000, 1/100,000, 1/250,000, 1/500,000 및 1/1,000,000의 지도

② 철도, 도로, 하천, 해안선, 건물, 수치표고(數値標高) 모형, 공간정보 입체모형(3차원 공간정보), 실내공간정보, 정사영상(正射映像) 등에 관한 기본 공간정보

③ 연속수치지형도 및 축척 1/25,000 영문판 수치지형도

④ 국가인터넷지도, 점자지도, 대한민국전도, 대한민국주변도 및 세계지도

⑤ 국가격자좌표정보 및 국가관심지점정보

(4) 기본도 지정

① 기본도로 지정할 지도는 전국을 대상으로 하여 제작된 지형도 중 규격이 일정하고 정확도가 통일된 것으로서 축척이 최대인 것이어야 한다.

② 우리나라의 기본도는 축척 1 : 5,000, 1 : 25,000, 1 : 50,000 지형도이다.

2) 지적공부

(1) 토지대장, 임야대장, 공유지연명부, 대지권등록부, 지적도, 임야도 및 경계점좌표등록부 등 지적측량 등을 통하여 조사된 토지의 표시와 해당 토지의 소유자 등을 기록한 대장 및 도면(정보처리시스템을 통하여 기록·저장된 것을 포함한다)

(2) 지적도면의 축척(규칙 제69조)

① 지적도 : 1/500, 1/600, 1/1000, 1/1200, 1/2400, 1/3000, 1/6000

② 임야도 : 1/3000, 1/6000

(3) 지적공부 등록사항(법 제71조)

① 토지(임야)대장

법령 규정	국토교통부령 규정
1. 토지의 소재 2. 지번 3. 지목 4. 면적 5. 소유자의 성명 또는 명칭, 　　주소 및 주민등록번호	1. 토지의 고유번호 2. 지적도 또는 임야도의 번호와 필지별 토지대장 　　또는 임야대장의 장번호 및 축척 3. 토지의 이동사유 4. 토지소유자가 변경된 날과 그 원인 5. 토지등급 또는 기준수확량등급과 그 설정·수정 　　연월일 6. 개별공시지가와 그 기준일 7. 그 밖에 국토교통부장관이 정하는 사항

② 공유지연명부

법령 규정	국토교통부령 규정
1. 토지의 소재 2. 지번 3. 소유권 지분 4. 소유자의 성명 또는 명칭, 　　주소 및 주민등록번호	1. 토지의 고유번호 2. 필지별 공유지연명부의 장번호 3. 토지소유자가 변경된 날과 그 원인

③ 대지권등록부

법령 규정	국토교통부령 규정
1. 토지의 소재 2. 지번 3. 대지권 비율 4. 소유자의 성명 또는 명칭, 　　주소 및 주민등록번호	1. 토지의 고유번호 2. 전유부분(專有部分)의 건물표시 3. 건물의 명칭 4. 집합건물별 대지권등록부의 장번호 5. 토지소유자가 변경된 날과 그 원인 6. 소유권 지분

④ 경계점좌표등록부

법령 규정	국토교통부령 규정
1. 토지의 소재 2. 지번 3. 좌표	1. 토지의 고유번호 2. 지적도면의 번호 3. 필지별 경계점좌표등록부의 장번호 4. 부호 및 부호도 　도면의 제명 끝에 "(좌표)"라고 표시하고, 도곽 　선의 오른쪽 아래 끝에 "이 도면에 의하여 측량 　을 할 수 없음"이라고 적어야 한다.

⑤ 지적(임야)도

법령 규정	국토교통부령 규정
1. 토지의 소재 2. 지번 3. 지목 4. 경계	1. 지적도면의 색인도 2. 지적도면의 제명 및 축척 3. 도곽선(圖廓線)과 그 수치 4. 좌표에 의하여 계산된 경계점 간의 거리 5. 삼각점 및 지적기준점의 위치 6. 건축물 및 구조물 등의 위치 7. 그 밖에 국토교통부장관이 정하는 사항

3) 지적전산자료 이용

지적전산자료의 이용 또는 활용하려면 미리 관계 중앙행정기관의 심사를 받아야 한다. 다만, 중앙행정기관의 장, 그 소속 기관의 장 또는 지방자치단체의 장이 신청하는 경우에는 그러하지 아니하다(법 제76조).

(1) 관계 중앙행정기관장

① 신청
- 자료의 이용 또는 활용 목적 및 근거
- 자료의 범위 및 내용
- 자료의 제공 방식, 보관 기관 및 안전관리대책 등

② 심사
- 신청 내용의 타당성, 적합성 및 공익성
- 개인의 사생활 침해 여부
- 자료의 목적 외 사용 방지 및 안전관리대책

(2) 지적전산자료 신청기관

① 전국 단위의 지적전산자료 : 국토교통부장관, 시 · 도지사 또는 지적소관청

② 시 · 도 단위의 지적전산자료 : 시 · 도지사 또는 지적소관청

③ 시 · 군 · 구 단위의 지적전산자료 : 지적소관청

(3) 국토교통부장관, 시 · 도지사 또는 지적소관청 심사

① 신청 내용의 타당성, 적합성 및 공익성

② 개인의 사생활 침해 여부

③ 자료의 목적 외 사용 방지 및 안전관리대책

④ 신청한 사항의 처리가 전산정보처리조직으로 가능한지 여부

⑤ 신청한 사항의 처리가 지적업무수행에 지장을 주지 않는지 여부

(4) 자료제공

① 국토교통부장관, 시 · 도지사 또는 지적소관청은 심사를 거쳐 승인하였을 때에는 지적전산자료 이용 · 활용 승인대장에 그 내용을 기록 · 관리하고 승인한 자료를 제공하여야 한다.

- 지적공부의 형식으로는 복사할 수 없다.
- 필요한 최소한도 안에서 신청하여야 한다.
- 지적파일 자체를 제공하라고 신청할 수는 없다.

② 승인을 받은 자는 국토교통부령으로 정하는 사용료를 내야 한다. 다만, 국가나 지방자치단체에 대해서는 사용료를 면제한다.

(5) 사용자번호 및 비밀번호(규칙 제77조)

① 사용자권한 등록파일에 등록하는 사용자번호는 사용자권한 등록관리청별로 일련번호로 부여하여야 하며, 한번 부여된 사용자번호는 변경할 수 없다.

② 사용자권한 등록관리청은 사용자가 다른 사용자권한 등록관리청으로 소속이 변경되거나 퇴직 등을 한 경우에는 사용자번호를 따로 관리하여 사용자의 책임을 명백히 할 수 있도록 하여야 한다.

③ 사용자의 비밀번호는 6자리부터 16자리까지의 범위에서 사용자가 정하여 사용한다.

④ 사용자의 비밀번호는 다른 사람에게 누설하여서는 아니 되며, 사용자는 비밀번호가 누설되거나 누설될 우려가 있는 때에는 즉시 이를 변경하여야 한다.

(6) 사용자의 권한구분

① 사용자의 신규등록

② 사용자 등록의 변경 및 삭제

③ 법인이 아닌 사단·재단 등록번호의 업무관리

④ 법인이 아닌 사단·재단 등록번호의 직권수정

⑤ 개별공시지가 변동의 관리

⑥ 지적전산코드의 입력·수정 및 삭제

⑦ 지적전산코드의 조회

⑧ 지적전산자료의 조회

⑨ 지적통계의 관리

⑩ 토지 관련 정책정보의 관리

⑪ 토지이동 신청의 접수

⑫ 토지이동의 정리

⑬ 토지소유자 변경의 관리

⑭ 토지등급 및 기준수확량등급 변동의 관리

⑮ 지적공부의 열람 및 등본 발급의 관리

⑮의② 부동산종합공부의 열람 및 부동산종합증명서 발급의 관리

⑯ 일반 지적업무의 관리

⑰ 일일마감 관리

⑱ 지적전산자료의 정비

⑲ 개인별 토지소유현황의 조회

⑳ 비밀번호의 변경

2. 지적업무처리규정

이 규정에서 사용하는 용어의 뜻은 다음 각 호와 같다.

① "기지점(旣知點)"이란 기초측량에서는 국가기준점 또는 지적기준점을 말하고, 세부측량에서는 지적기준점 또는 지적도면상 필지를 구획하는 선의 경계점과 상호 부합되는 지상의 경계점을 말한다.

② "기지경계선(旣知境界線)"이란 세부측량성과를 결정하는 기준이 되는 기지점을 필지별로 직선으로 연결한 선을 말한다.

③ "전자평판측량"이란 토탈스테이션과 지적측량 운영프로그램 등이 설치된 컴퓨터를 연결하여 세부측량을 수행하는 측량을 말한다.

④ "토탈스테이션"이란 경위의측량방법에 따른 기초측량 및 세부측량에 사용되는 장비를 말한다.

⑤ "지적측량파일"이란 측량준비파일, 측량현형파일 및 측량성과파일을 말한다.

⑥ "측량준비파일"이란 부동산종합공부시스템에서 지적측량 업무를 수행하기 위하여 도면 및 대장속성 정보를 추출한 파일을 말한다.

⑦ "측량현형(現形)파일"이란 전자평판측량 및 위성측량방법으로 관측한 데이터 및 지적측량에 필요한 각종 정보가 들어있는 파일을 말한다.

⑧ "측량성과파일"이란 전자평판측량 및 위성측량방법으로 관측 후 지적측량정보를 처리할 수 있는 시스템에 따라 작성된 측량결과도파일과 토지이동정리를 위한 지번, 지목 및 경계점의 좌표가 포함된 파일을 말한다.

⑨ "측량부"란 기초측량 또는 세부측량성과를 결정하기 위하여 사용한 관측부·계산부 등 이에 수반되는 기록을 말한다.

3. 부동산종합공부시스템 운영 및 관리규정 근거

1) 부동산종합공부의 관리 및 운영(법 제76조의2)

① 지적소관청은 부동산의 효율적 이용과 부동산과 관련된 정보의 종합적 관리·운영을 위하여 부동산종합공부를 관리·운영한다.

② 지적소관청은 부동산종합공부를 영구히 보존하여야 하며, 부동산종합공부의 멸실 또는 훼손에 대비하여 이를 별도로 복제하여 관리하는 정보관리체계를 구축하여야 한다.

③ 제76조의3 각 호의 등록사항을 관리하는 기관의 장은 지적소관청에 상시적으로 관련 정보를 제공하여야 한다.

④ 지적소관청은 부동산종합공부의 정확한 등록 및 관리를 위하여 필요한 경우에는 제76조의3 각 호의 등록사항을 관리하는 기관의 장에게 관련 자료의 제출을 요구할 수 있다. 이 경우 자료의 제출을 요구받은 기관의 장은 특별한 사유가 없으면 자료를 제공하여야 한다.

2) 부동산종합공부의 등록사항 등(법 제76조의3)

지적소관청은 부동산종합공부에 다음 각 호의 사항을 등록하여야 한다.

① 토지의 표시와 소유자에 관한 사항 : 이 법에 따른 지적공부의 내용

② 건축물의 표시와 소유자에 관한 사항 : 「건축법」 제38조에 따른 건축물대장의 내용

> 제38조(건축물대장) 건축물의 소유·이용 및 유지·관리 상태를 확인하거나 건축정책의 기초 자료로 활용하기 위하여 건축물대장에 건축물과 그 대지의 현황 및 국토교통부령으로 정하는 건축물의 구조내력(構造耐力)에 관한 정보를 적어서 보관하고 이를 지속적으로 정비하여야 한다.

③ 토지의 이용 및 규제에 관한 사항 :「토지이용규제 기본법」제10조에 따른 토지
이용계획확인서의 내용

> 제10조(토지이용계획확인서의 발급 등)
> ① 시장·군수 또는 구청장은 토지이용계획확인서 발급 신청이 있는 경우에는
> 대통령령으로 정하는 바에 따라 토지이용계획확인서를 발급하여야 한다.
> 1. 지역·지구등의 지정 내용
> 2. 지역·지구등에서의 행위제한 내용
> 3. 그 밖에 대통령령으로 정하는 사항
> ② 제1항에 따라 토지이용계획확인서의 발급을 신청하는 자는 시장·군수 또
> 는 구청장에게 그 지방자치단체의 조례로 정하는 수수료를 내야 한다.

④ 부동산의 가격에 관한 사항 :「부동산 가격공시에 관한 법률」제10조에 따른 개
별공시지가, 같은 법 제16조, 제17조 및 제18조에 따른 개별주택가격 및 공동주택
가격 공시내용

> 제10조(개별공시지가의 결정·공시 등) 시장·군수 또는 구청장은 국세·지방
> 세 등 각종 세금의 부과, 그 밖의 다른 법령에서 정하는 목적을 위한 지가산정
> 에 사용되도록 하기 위하여 매년 공시지가의 공시기준일 현재 관할 구역 안의
> 개별토지의 단위면적당 가격(개별공시지가)을 결정·공시하고, 이를 관계 행
> 정기관 등에 제공하여야 한다.
> 제16조(표준주택가격의 조사·산정 및 공시 등) 국토교통부장관은 용도지역, 건
> 물구조 등이 일반적으로 유사하다고 인정되는 일단의 단독주택 중에서 선정한
> 표준주택에 대하여 매년 공시기준일 현재의 적정가격(표준주택가격)을 조사
> ·산정하고 공시하여야 한다.
> 제17조(개별주택가격의 결정·공시 등) 시장·군수 또는 구청장은 매년 표준주
> 택가격의 공시기준일 현재 관할 구역 안의 개별주택의 가격(개별주택가격)을
> 결정·공시하고, 이를 관계 행정기관 등에 제공하여야 한다.
> 제18조(공동주택가격의 조사·산정 및 공시 등) 국토교통부장관은 공동주택에 대
> 하여 매년 공시기준일 현재의 적정가격(공동주택가격)을 조사·산정하여 공
> 시하고, 이를 관계 행정기관 등에 제공하여야 한다.

⑤ 그 밖에 부동산의 효율적 이용과 부동산과 관련된 정보의 종합적 관리·운영을 위하여 필요한 사항으로서 대통령령으로 정하는 사항

> 시행령 제62조의2(부동산종합공부의 등록사항) 법 제76조의3제5호에서 "대통령령으로 정하는 사항"이란 「부동산등기법」 제48조에 따른 부동산의 권리에 관한 사항을 말한다.

3) 부동산종합공부의 열람 및 증명서 발급(법 제76조의4)

① 부동산종합공부를 열람하거나 부동산종합공부 기록사항의 전부 또는 일부에 관한 증명서(이하 "부동산종합증명서"라 한다)를 발급받으려는 자는 지적소관청이나 읍·면·동의 장에게 신청할 수 있다.

② 제1항에 따른 부동산종합공부의 열람 및 부동산종합증명서 발급의 절차 등에 관하여 필요한 사항은 국토교통부령으로 정한다.

> 시행령 제62조의3(부동산종합공부의 등록사항 정정 등)
> ① 지적소관청은 법 제76조의5에 따라 준용되는 법 제84조에 따른 부동산종합공부의 등록사항 정정을 위하여 법 제76조의3 각 호의 등록사항 상호 간에 일치하지 아니하는 사항(불일치 등록사항)을 확인 및 관리하여야 한다.
> ② 지적소관청은 제1항에 따른 불일치 등록사항에 대해서는 법 제76조의3 각 호의 등록사항을 관리하는 기관의 장에게 그 내용을 통지하여 등록사항 정정을 요청할 수 있다.
> ③ 제1항 및 제2항에 따른 부동산종합공부의 등록사항 정정 절차 등에 관하여 필요한 사항은 국토교통부장관이 따로 정한다.

4) 준용(법 제76조의5)

부동산종합공부의 등록사항 정정에 관하여는 제84조를 준용한다.

> 제84조(등록사항의 정정)
> ① 토지소유자는 지적공부의 등록사항에 잘못이 있음을 발견하면 지적소관청에 그 정정을 신청할 수 있다.
> ② 지적소관청은 지적공부의 등록사항에 잘못이 있음을 발견하면 대통령령으로 정하는 바에 따라 직권으로 조사·측량하여 정정할 수 있다.

03 국토정보 관리 및 이용

1. 국가공간정보센터(NS센터)

1) 관련규정

(1) 「국가공간정보 기본법」 제25조(국가공간정보센터의 설치)

① 국토교통부장관은 공간정보를 수집·가공하여 정보이용자에게 제공하기 위하여 국가공간정보센터를 설치하고 운영하여야 한다.

(2) 「공간정보의 구축 및 관리 등에 관한 법률」 제70조(지적정보전담 관리기구의 설치)

① 국토교통부장관은 지적공부의 효율적인 관리 및 활용을 위하여 지적정보 전담 관리기구를 설치·운영한다.

② 국토교통부장관은 지적공부를 과세나 부동산정책자료 등으로 활용하기 위하여 주민등록전산자료, 가족관계등록전산자료, 부동산등기전산자료 또는 공시지가전산자료 등을 관리하는 기관에 그 자료를 요청할 수 있으며 요청을 받은 관리기관의 장은 특별한 사정이 없으면 그 요청을 따라야 한다.

(3) 「국가공간정보센터 운영규정」
(4) 「국가공간정보센터 운영세부규정」

2) 정보시스템 운영 현황(Web 6종, APP 1종)

① 인터넷 서비스(Web) : 국토정보시스템, 공간정보Dream, 한국토지정보시스템, 국가공간정보통합체계, 공간빅데이터 분석 플랫폼, 국가공간정보포털
② 앱 서비스(APP) : 스마트국토정보

2. 국토정보시스템

1) 개요

(1) 배경 및 목적

① 정부조직개편('08.2)으로 지적 및 부동산정보 관리업무와 조직은 국토교통부로 통합되었으나, 부동산 관련 시스템은 개별적으로 운영되어 조직개편에 따른 시너지 효과가 미흡

② 개별적으로 운영 중이던 부동산 관련 6개 시스템(지적정보시스템, 부동산정보관리시스템, 舊토지대장시스템, 본부시스템, 지적도면통합시스템, KLIS본부시스템)을 통합

③ 중복투자를 방지하고, 분산된 데이터 및 기능의 중복을 제거하여 부동산정보의 효율적 관리 및 고품질의 정책정보 제공

(2) 주요 기능

① 행정업무 지원

② 부동산통계 지원 : 다양한 부동산 원천정보를 이용하여 토지(주택)소유현황, 산림청 산주통계 등 내·외부 기관의 정책업무에 활용하기 위한 통계 생성

③ 정책정보 제공(조상땅찾기) : 국토정보시스템 통합DB에 구축된 공간 및 속성정보를 이용 중앙부처, 지자체, 공공기관 등에 공직자재산조회, 개별법령에 의한 행정지원정보, 시스템 연계 등 정책정보 제공

④ 공간정보 구축 및 제공

⑤ 공공사업 보상업무 지원 : 전국의 토지, 건물, 지적도, 항공사진 등 부동산관련 속성 및 공간정보와 기타 행정정보를 활용한 기초조사 자료를 실시간으로 제공하여 국가, 지자체 및 공공기관의 SOC사업 관련 보상업무를 지원

⑥ 스마트국토정보 서비스 : 전국의 부동산정보를 모바일 단말기(스마트폰)를 활용하여 편리하게 검색할 수 있으며, 위치정보를 이용하여 현재 위치의 부동산정보를 지적도 및 항공사진 등의 공간정보를 기반으로 조회

2) 시스템 운영 및 이용

(1) 시스템 관리·운영

① 국가공간정보센터

- 시스템 총괄 관리자는 센터장이 되고, 운영 및 유지관리를 위하여 운영관리 담당자 지정
- 하드웨어, 상용소프트웨어 유지관리 및 시스템 보안에 관한 사항은 정부통합전산센터(대전)와 협의 처리

② 국토교통부 공간정보제도과

- 지적소관청 지적공부 관리(부동산종합공부시스템)
- 법인 아닌 사단·재단 및 외국인의 부동산등기용 등록번호 부여 관리

③ 시도
  - 시스템 활용을 위하여 시·도 권한관리 책임자를 지적업무담당 부서장으로 지정
  - 소유현황 제공, 정책정보제공, 공무원 현황 및 보고, 지적측량 적부심사, 측량업 관리 업무 수행

④ 시군구
  - 시군구 업무 담당자와 일반 사용자에 대한 권한 부여를 위하여 시군구 권한관리 책임자를 지적업무담당 부서장으로 지정
  - 지적업무담당자는 소유현황 제공, 정책정보제공, 공무원 현황 및 보고, 구 토지대장관리, 비법인관리, 자료정비지원 업무 담당

(2) 시스템 이용

① 정책정보 제공(기관 제공용)
  ㉠ 도면자료
   - 국토교통부 : 전국단위 연속지적도, 법정동경계도, 용도지역지구도, GIS 건물통합
   - 시·도 : 시·도 단위 연속지적도, 법정동경계도, 용도지역지구도
  ㉡ 속성자료(텍스트자료)
   - 국토교통부 : 토지소유현황/토지대장(취합), 토지특성, 공시지가 등 각종 DB추출자료
   - 시·도/시·군·구 : 토지소유현황/토지대장 자료

② 개인별 토지소유현황 제공(민원인 제공용)
  ㉠ 내토지 찾기
   - 상속, 재산관리 소홀 등으로 인하여 본인 소유의 토지소재지를 알지 못하는 경우 본인에게 토지소재지를 알려줌으로써 국민의 재산권 보호를 위해 지원하는 행정서비스
   - 신청자격 : 본인 또는 대리인
  ㉡ 조상땅 찾기
   - 불의의 사고 등 갑작스런 사망으로 후손들이 조상님의 토지소유현황을 알지 못하는 경우 상속인에게 토지소재지를 알려줌으로써 국민들의 재산권행사에 도움을 주고, 불법 부당한 행위자들로부터 국민의 재산권 보호를 위해 지원하는 행정서비스
   - 신청자격 : 상속인 또는 대리인

ⓒ 안심상속(사망신고 원스톱)
- 개별적으로 지적소관청에 신청하고 있는 "조상땅찾기 서비스"를 사망신고 시 일괄 접수하여 상속인에게 토지소유현황 제공하는 등 각종 재산조회를 통합·처리하는 행정서비스
- 신청자격 : 상속인 또는 대리인

③ 대량정보유통시스템 연계
- 국가 및 공공기관 등이 개별법령에 따라 행정정보공동이용센터의 대용량 정보유통시스템을 이용
- 온라인으로 연계하여 제공

④ 민원처리운영창구(G4C) 연계
- 행정안전부의 민원처리운영창구(G4C)를 경유하여 국가 및 공공기관, 지방자치단체에 토지(임야)대장, 지적·임야도 파일을 실시간으로 제공
- 정보제공 범위 : 토지(임야)대장, 지적·임야도

⑤ 지적관리
- 본부, 시도 및 시군구의 시설직(지적) 공무원의 현황을 관리
- 지적측량 적부심사관리 및 구토지대장 관리업무를 수행

⑥ 측량업 등록관리
- 제주특별자치도를 제외한 16개 광역시도에서는 공공, 일반 및 지적 측량업을 제주특별자치도는 11개 업종에 대해 측량업 정보를 관리
- 측량업 등록번호는 구 측량업 시스템 등록자료는 구업등록번호, 신 측량업 시스템에는 새로운 업등록번호 부여하여 등록

⑦ 비법인 정보관리
- 비법인 정보관리 담당자는 신규 등록·변경업무를 처리하고, 정보 조회 담당자는 조회, 발급
- 비법인 정보는 시스템을 통해 등록번호를 부여 및 발급

3. 국토정보 서비스

1) 국토정보시스템(National Spatial Data System)

(1) 배경 및 목적

① 배경 : 국가·지자체·공공기관에서 업무수행 및 정책수립에 있어 일관성과 최신성이 확보된 부동산·공간정보의 공유·개방 필요

② 목적 : 지적 · 부동산 DB를 수집 · 가공하여 수요기관의 정책수립 및 행정업무 지원과 국민에게 개선된 통합 부동산정보 제공

(2) 시스템 기능 및 보유DB
① 기능 : 전국 지적 및 부동산 등 공간정보를 수집 · 연계하여 개인정보 · 정책정보, 통계생성 등 부동산 관련 정보제공
② DB : 지자체 부동산종합정보 및 가격정보, 측량업, 비법인정보 등
   • 부동산정보 : 토지대장, 건축물정보
   • 소유자정보 : 주민등록전산정보
   • 가격정보 : 개별공시지가, 개별주택가격
   • 실거래가 : 매매거래정보, 전월세공개정보
   • 공간정보 : 지적도, 연속지적도, 용도지역지구도, GIS건물통합

[국토정보시스템 홈페이지]

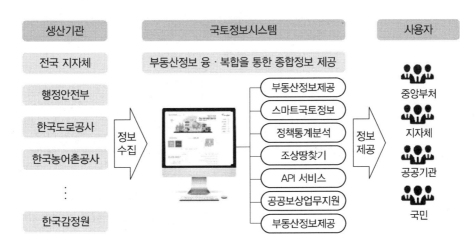

[국토정보시스템 기능]

출처 : 2021년 국가공간정보센터 업무계획 41쪽

2) 한국토지정보시스템(KLIS)

(1) 배경 및 목적

① 배경 : 행자부(지적) + 국토부(토지업무)를 GIS기반 통합 DB 구축

② 목적 : 국토교통부, 17개 시도, 228개 시군구의 토지행정 사무처리 지원과 연계를 통한 외부기관 및 대민서비스 정보제공('98~)

※ 지적공부, 공시지가 등 9종의 업무가 "부동산종합공부시스템"으로 이관되어 부동산개발업, 중개업, 토지거래허가 등 토지행정 업무운영

(2) 시스템 기능 및 보유DB

① 기능 : 토지행정 정보 생산/관리 및 외부기관 정보제공

[한국토지정보시스템 홈페이지]

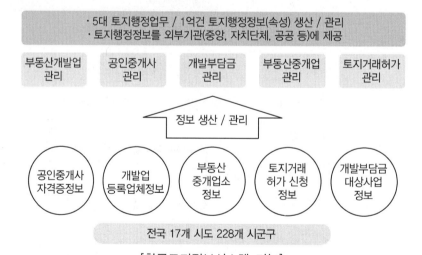

[한국토지정보시스템 기능]

출처 : 2021년 국가공간정보센터 업무계획 43쪽

② DB : 부동산개발업, 부동산중개업, 개발부담금 정보 등

구분		정보명
시도업무	부동산개발업	부동산개발업등록현황, 행정처분, 사업실적 등
시군구 업무	공인중개사	공인중개사 자격증, 지도감독, 연수교육 등
	개발부담금	개발부담금 산정/부과 체납, 인·허가, 납부현황 등
	부동산중개업	부동산중개업소, 휴/폐업, 고용현황, 지도단속 등
	토지거래허가	토지거래허가 교부현황, 이용실태조사, 상습위반자 등

3) 공간정보 Dream

(1) 배경 및 목적

① 배경 : 중앙부처, 산하기관, 지자체에서 생산된 공간정보를 공동 활용하고 의사결정 및 업무에 적극 활용하기 위한 플랫폼 필요

② 목적 : 국가공간정보센터에 수집된 모든 공간정보 및 통계정보의 공동 활용 모델을 도출하고 업무에 적용하기 위한 플랫폼 구축

(2) 시스템 기능 및 보유DB

① 기능 : 공간정보 Dream은 지도드림, 통계드림, 모두드림, 업무지원, SW지원, 맵 갤러리 서비스를 제공하고 이를 바탕으로 다양한 공간활용기능을 통해 각 기관의 정확한 정책수립을 위한 의사결정을 지원

② DB : 정책지도 및 주제도 100개, 부동산정보 등 통계정보 80종(2021.1.1.기준)

업무 구분	기능 현황
지도드림	• 부동산정보 원스톱 조회 및 공간정보의 융·복합 플랫폼 • 사용자 데이터를 업로드하여 지도상 표출하고 정책지도 생성
통계드림	• 토지, 건물 등 부동산관련 통계를 인포그래픽을 활용 • 그래프와 지도기반의 맵차트 등으로 시각적·직관적으로 표현
모두드림	• 국가공간정보센터가 관리하는 공간정보 목록 및 메타데이터 조회 • 공간정보 신청 및 다운로드 제공
업무지원	• 신축건물의 조망권, 일조권 등 경관분석, 다양한 정보를 활용 • 최적의 입지(후보지) 선정, 토지이용 중복규제 분석 등 지자체 업무 지원
SW지원	배경지도, 위치정보, 지오코딩, 통계 등 공간정보 SW가 없는 기관, 사용자에게 공간정보서비스 제공
맵갤러리	공간정보 및 지도를 활용하여 정책을 결정하거나, 정책 운영상의 여러 지표들을 모니터링 할 수 있는 정책지도의 모음

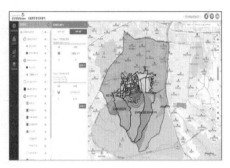

[공간정보 Dream 홈페이지]

4) 국가공간정보합동체계

(1) 배경 및 목적

① 배경 : 개별 GIS활용체계의 중복 구축·관리로 예산낭비 및 동일 자료 불일 치로 이어지며, 공간정보의 통합관리 및 공동 활용 필요

② 목적 : 기관별·업무별 공간정보의 중복구축 방지, 자료간 불일치 문제 등을 해결하기 위해 국가공간정보 연계·공유·통합하여 공동활용

(2) 시스템 기능 및 보유DB

① 기능 : 중앙부처 및 유관기관, 지자체에서 연계·취합한 공간정보를 기관별 업무시스템 등에서 공동 활용할 수 있도록 연계·제공

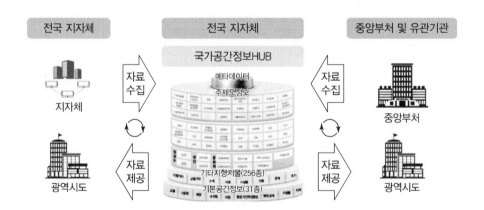

[국가공간정보합동체계 기능]

출처 : 2021년 국가공간정보센터 업무계획 42쪽

② DB : 국토관리 · 지역개발, 농림 · 해양 · 수산, 문화재 등

구분	정보명
국토관리 · 지역개발	건물 · 시설, 토지, 경계, 도시계획 등
농림 · 해양 · 수산	농업 · 농촌, 해양 · 수산 · 어촌, 임업 등
도로 · 교통 · 물류	도로, 교통, 철도, 해운 · 항만 등
문화 · 체육 · 관광	문화재, 관광, 체육 등
사회복지	고용보험, 산재보험 등
산업 · 중소기업	전기, 가스, 광산 등
일반공공행정	인구, 가구, 주택 통계자료, 일반행정 등
재난방재 · 공공안전	소방소 관할구역, AWS, 산불위험예측 등
지도	수치지형도, DEM, 기준점 등
환경 · 자연 · 기후	생태자연도, 토지특성도 등
과학기술 · 통신	대기굴절율, 대지전도율, ITU경계 등
보건 · 의료	전국민 건강보험 자격 통계, 건강검진 통계 등

5) 공간빅데이터 분석 플랫폼

(1) 배경 및 목적

① 배경 : 주요 정책 현안에 효과적으로 대응하기 위한 기반을 마련하고, 급변하는 사회 환경 변화에 신속하게 대응할 수 있는 체계적인 공유 · 예측기반 공간빅데이터 플랫폼 필요성 대두

② 목적 : 공간정보 기반으로 대용량의 행정 · 민간정보를 융 · 복합 한 후 과학적 공간분석을 통하여 의사결정을 지원하는 시스템

[공간빅데이터 분석 플랫폼]

393

(2) 연혁

① 2013 : 공간빅데이터 체계 구축 정보화전략계획(ISP) 수립

② 2014. 6~2018. 2 : 공간빅데이터 체계 구축

③ 2019 : 공간빅데이터 분석 플랫폼으로 시스템 명칭 변경

④ 2019~2022 추진 로드맵 : 공간빅데이터 분석 플랫폼 개선계획 수립

(3) 시스템 기능 및 보유DB

① 기능 : 공간분석, 소셜(비정형)분석, 지오코딩, 통계분석 등 분석 기능 및 분석결과 서비스를 제공하고 지속형/확산형 표준 분석모델을 통하여 정책수립을 위한 의사결정을 지원

② DB : 공통데이터(7종), 기초데이터(3종)

구분	데이터 종명	출처
공통데이터	행정경계, 법정경계, 연속지적, 새주소(건물, 도로), 건물정보	국가공간정보통합체계
	격자	행정안전부 국가지점번호
	전국표준노드링크	지능형교통관리시스템(ITS)
기초데이터	인구정보, 개별공시지가, 사업체수	국가공간정보통합체계

6) 국가공간정보포털

(1) 배경 및 목적

① 배경

- 민간에서 최신의 국가공간정보를 쉽게 취득 및 활용이 가능하도록 기존의 분산된 개방창구를 국가공간정보포털로 통합(2016년)
- 통합대상 11개[국가공간정보통합체계, 국가공간정보 포털, 국가공간정보 유통시스템, 한국토지정보시스템(시도별), 공간빅데이터, 국토정보시스템, 지적재조사시스템, 온나라포털, 공간정보 오픈플랫폼, 국토공간계획지원체계(kopss), 공간정보사업공유 및 관리시스템], 국가공간정보센터-1267('15.02.02)

   → 3D정보 특화(공간정보 오픈플랫폼) 및 LH 운영 온나라 포털 제외 개방창구 일원화실시

② 목적 : 국가 · 공공 등에서 생산된 공간정보를 한 곳에 모아 누구나 쉽고 편리하게 이 · 활용할 수 있는 국가공간정보포털 단일 사이트 구축

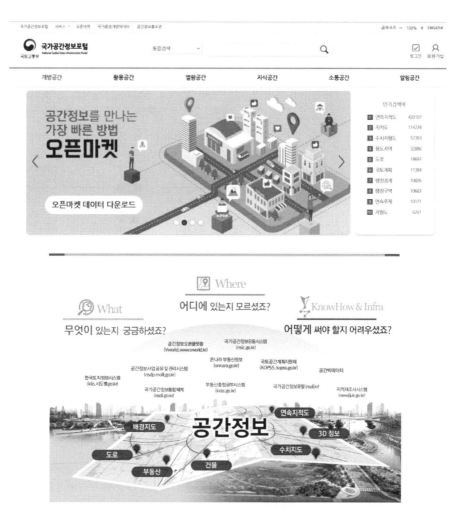

[국가공간정보포털 홈페이지]

(2) 주요 서비스

지도서비스	조회서비스	오픈마켓
지도서비스를 통한 수치지형도 검색, 비행안전지도, 분석지도 등 다양한 기능 제공	국가공간정보목록(67,277건), 부동산중개업 및 개발업 등 공간정보 조회서비스 제공	국토교통부 NS센터에서 수집되는 데이터 中 개방 공간정보(577종) 다운로드 서비스 제공
활용서비스	**홍보지원**	**헬프데스크 운영**
국토정보기본도, 국가중점개방데이터 등 오픈API 39건 제공	공간정보 민간기업(15개) 및 활용사례(27개) 홍보	공간정보 개방 및 활용에 대한 상담 및 원격지원

395

7) 스마트국토정보

(1) 개요

① 전국의 부동산정보를 언제 어디서나 모바일 단말기(스마트폰 및 태블릿컴퓨터)를 활용하여 편리하게 검색할 수 있으며,

② 위치정보(GPS)를 이용하여 현재 위치의 부동산정보를 지적도 및 항공사진 등의 공간정보를 기반으로 조회할 수 있는 시스템

[스마트국토정보 구성]　　　　　[스마트국토정보 메인화면]

(2) 주요 기능

① 부동산정보 검색 : 연속지적도, 항공사진, 부동산정보조회 및 실거래가 정보 제공

② 국토이용 현황분석 : 분석지역에 대한 토지, 건축물, 거주자(인구수, 세대수), 중개업자 지역 정보 등을 제공

③ 국토통계 : 부동산현황, 부동산거래, 부동산가격별 11종 통계 제공

[부동산정보검색]　　　[국토이용현황분석]　　　[국토통계]

(3) 스마트국토정보(안드로이드 / iOS / 모바일웹)

분야		기능내역
위치기반 정보조회	지도서비스	• 바로e맵 • 연속지적도 레이어 • 최신항공사진 레이어
	지도컨트롤	이동, 축소, 확대
	현위치	내위치찾기
	위치찾기	• 지번 검색 • 도로명 검색
부동산정보조회	토지정보	• 토지임야대장 조회 • 토지연혁정보 조회 • 대지권정보 조회
	건축물조회	• 건축물대장 조회 • 건축물 층별현황 조회 • 건축물 전유공유 조회
국토이용 현황분석	지역분석	• 지역별 현황 분석(토지, 건축물, 거주자) • 중개업자 조회
	범위분석	• 범위별 현황 분석(토지, 건축물 등) • 중개업자 조회
	반경분석	• 반경별 현황 분석(토지, 건축물 등) • 중개업자 조회
실거래가	실거래가조회	아파트, 다세대/연립, 단독/다가구
국토통계	부동산현황	• 주택보급률 조회 • 주택건설실적현황 조회 • 임대주택 조회 • 주택미분양현황 조회
	부동산거래	• 토지거래현황 조회 • 아파트거래현황 조회 • 주택거래현황 조회
	부동산가격	• 지가변동률 조회 • 아파트실거래지수 조회 • 월세가격현황 조회 • KB주택가격동향 조회

분야		기능내역
부동산 정보검색	지번 검색	• 지번 조회 • 지번 조회 결과
	도로명주소 검색	• 도로명주소 조회 • 도로명주소 조회 결과
즐겨찾기	즐겨찾기	• 즐겨찾기 조회 • 즐겨찾기 등록
문의사항		문의사항 등록
시스템안내		• 시스템 안내, 콜센터 안내 • 공지사항

8) 부동산종합공부시스템(KRAS)

(1) 배경 및 목적

① 배경 : 그간 개별정보를 각 시스템마다 복사하여 활용함으로써 불일치에 의한 업무 혼선발생을 없애고 정보유지관리 비용을 절감

② 목적 : 지적, 건축물, 토지이용 등 18종의 부동산 공부를 1종으로 일원화하여 행정혁신과 국민편의 도모

(2) 제공 자료

① 지적공부관리

② 지적측량성과관리

③ 연속지적도 관리

④ 용도지역지구관리

⑤ 개별공시지가관리

⑥ 개별주택가격관리

⑦ 통합민원발급관리

⑧ GIS건물통합정보관리

⑨ 섬관리

⑩ 통합정보열람관리

⑪ 시·도 통합정보열람관리

⑫ 일사편리포털 관리

[부동산종합공부시스템 홈페이지]

(3) 부동산종합증명서

지적 7종	(1) 토지대장 (2) 임야대장		부동산 종합 증명서
	(3) 지적도 (4) 임야도		
	(5) 대지권등록부		맞춤정보
	(6) 경계점좌표등록부	2011~ 2012년	✓토지기본정보
	(7) 공유지연명부	11종 통합	✓건물기본
건축물 4종	(8) 일반건축대장		× 건물 층별
	(9) 집합건축물대장(표제부)		× 건물인허가
	(10) 집합건축물대장(전유부)		× 건물호별
	(11) 건축물대장 총괄표제부		× 토지이력
			× 건물이력
토지 1종 가격 3종	(12) 토지이용계획 확인서	2013년 15종 통합	✓도면정보
	(13) 개별공시지가 확인서		✓토지·건물 소유
	(14) 개별주택가격 확인서		× 공유지
	(15) 공동주책가격 확인서		× 소유이력
등기 3종	(16) 토지등기기록	2014년 18종 통합	✓토지이용
	(17) 건물등기기록		✓공시지가
	(18) 구분건물등기기록		✓주택가격

9) 부동산거래관리시스템(RTMS)

(1) 배경 및 목적

① 배경 : 잘못된 부동산거래 관행을 근절하고 투명한 거래질서 확립을 위해 2006년부터 실거래가 신고제도를 도입하여 전국에서 발생하는 모든 거래신고를 처리하고 관리

② 목적 : 부동산거래와 관련한 부동산거래계약신고부터 부동산등기까지 부동산거래 제반업무를 언제 어디서나 편리하고 빠르게 처리할 수 있는 체계를 마련

(2) 시스템 기능

① 부동산거래신고
- 신고 : 거래자당사자 또는 개업공인중개사가 인터넷상에서 부동산거래계약신고서를 작성한 후 거래계약 신고필증을 교부받을 수 있는 서비스
- 처리 : 인터넷으로 접수된 부동산거래계약신고서는 시군구청 담당공무원이 토지대장, 건축물대장, 토지이용계획 등의 정보를 확인하여 신고처리

② 신고가격 적정성 진단
- 신고 처리된 부동산 거래 가격을 적정성 진단 모형을 적용하여 검증
- 가격적정성진단모형을 적용하여 평가한 후 관련 정보를 과세 및 세무조사 업무에 활용토록 국세청 및 시군구청 지방세과로 통보

③ 통계·분석 : 신고 및 검인 자료를 통해 자동으로 생성하여 주택 및 토지 등 동향 분석

④ 행정기관 정보공유 시스템
- 대법원 등기전산망 연계, 국세청 전산망 및 지방세시스템 연계
- 거래정보와 가격평가결과 등이 온라인으로 실시간 또는 주기적으로 제공

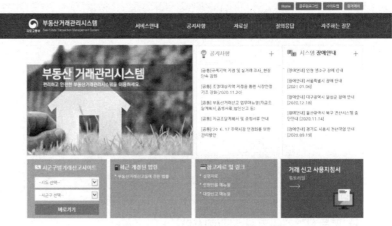

[부동산거래관리시스템 홈페이지]

10) 지적재조사행정(바른땅)시스템

(1) 배경 및 목적

① 배경 : 국토를 새롭게 측량하여 정확한 지적정보를 기반으로 최신의 IT기술과 접목하고, 디지털 지적정보 제공 등 한국형 스마트 지적을 완성

② 목적 : 국책사업으로 추진하고 있는 지적재조사 사업추진 전 과정을 인터넷으로 실시간 공개

(2) 시스템 기능

구분	대국민 공개시스템	지적재조사 사업관리시스템
실시계획	• 실시계획 공람 · 공고 조회 • 주민설명회 공고 조회 • 토지소유자 동의서 작성 • 소유자 대상 토지 조회 • 의견 등록	• 사업대상 후보지 분석 및 선정 • 실시계획 공람공고 등록 • 사업지구 지정 신청 • 토지소유자 동의서 등록 • 의견등록 조회 및 답변
사업지구 지정	• 사업지구 지정 공람 · 공고 조회 • 지적측량 대행자 고시 • 측량대행자 정보 등록(대행자) 사진, 연락처 포함	• 사업지구 지정 관리 • 측량대행자 인증 관리 • 사업관리카드 생성 및 입력
재조사측량	• 측량준비도 다운로드(대행자) • 일필지 조사서 작성(대행자) • 일필지 조사서 조회 • 측량성과파일 업로드(대행자)	• 측량준비도 생성 및 등록 • 측량준비도 파싱/필지 등록 • 일필지 조사서 기초자료 생성 • 측량성과파일 파싱/필지 등록
경계확정	• 지적확정조서 등록(대행자) • 이의신청 등록	• 지적확정조서 생성 • 경계결정(확정) 통지서 생성 • 이의신청 조회 및 답변
사업완료	• 사업완료 공고 조회 • 조정금조서 조회 • 조정금 이의신청 등록	• 조정금 산정 • 조정금조서 작성 • 조정금 이의신청 조회 및 답변 • 사업완료 공고 등록 • 지적공부 자료 연계 반영

[지적재조사행정(바른땅)시스템 홈페이지]

11) 국가주소정보시스템(KAIS)

(1) 배경 및 목적

① 배경 : 도로명주소 생성, 변경, 폐지 등 지방자치단체 주소 업무지원을 위한 국가주소정보시스템 운영

② 목적 : 도로명 및 건물번호 부여 업무의 효율성 증대와 도로명주소 정보의 효율적 관리를 지원

(2) 주소정보관리시스템 구성도

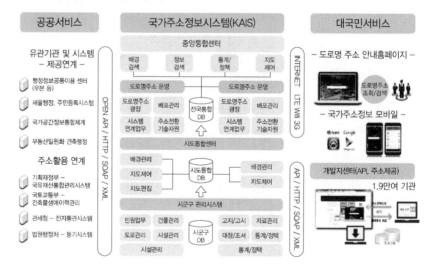

(3) 도로명주소

12) 공간정보 오픈플랫폼(브이월드)

(1) 배경 및 목적

① 배경 : 3차원 공간정보를 포함하여 국가가 보유한 공간정보와 활용 프로그램을 제공하는 공간정보 오픈플랫폼 서비스

② 목적 : 국민들이 공간정보를 쉽게 활용할 수 있을 뿐 아니라 직접 새로운 공간정보 제공서비스를 창출

(2) 서비스 활용

① 3D 기반 건물 및 시설물로 구성되는 3D모델 등 입체적인 공간정보를 활용 : 수치표고모형, 3D모델(건물, 시설물), 수치지도를 그래픽한 배경지도, 위치정보 등

② 토지, 안전, 재난, 산업, 기타 등과 관련된 행정 공간정보 활용 : 현황 및 동향 조사, 자료정리 및 분서그 보고서 작성

③ 브이월드 OpenAPI를 활용해 공간정보 서비스를 편리하게 제공 : 지도 API(웹 2D, 웹 3D, 모바일), 데이터 API, 요청 API(검색엔진, 좌표변환, 지도 등)

④ 온라인/오프라인 교육 및 컨설팅, 기술지원 등 다양한 서비스를 제공

[공간정보 오픈플랫폼 홈페이지]

[위성영상]

[3D 모델]

[지도(배경지도, 하이브리드맵)]

현황 및 동향 조사	자료 정리 및 분석	보고서 작성
· GNSS/GIS/LBS등 공간정보 핵심 분야 현황 및 동향 조사	· 전세계 및 대륙별 공간정보 산업 규모 조사 및 분석 · 국내 · 외 공간정보산업 현황 및 동향 조사 및 분석	· 매년 통계 및 연구보고서 발간 및 게시

04 지적전산화

1. 토지정보체계

1) 개요

(1) 토지정보

① 토지에 관련된 모든 정보를 의미

② 토지의 경계, 면적, 형태, 특성, 이용실태, 가격 등 토지의 물리적 특성정보와 등기, 과세정보 등 법률적 · 행정적 정보를 포함

③ 협의의 토지정보

  • 지적과 등기에 관한 정보

  • 소유권 확인, 토지평가의 기초, 토지과세 및 거래의 기준, 토지이용의 기초가 되는 자료

④ 광의의 토지정보

  • 토지중심의 환경정보, 기반시설정보, 지적정보를 포함

  • 법률, 행정, 경제, 지리, 기술 및 환경 등

(2) 토지정보체계

① Land + Information + System으로 주요개념이 합성된 용어

② 필지 단위로 지적공부를 전산화한 시스템

③ 지적 등 토지 관련 재산권 정보의 효율적 관리를 위해 전산화한 시스템

④ 협의의 개념은 지적을 중심으로 지적공부에 표시된 사항을 근거로 하는 시스템

⑤ 토지 관련 문제의 해결과 토지정책의 의사결정을 보조하는 시스템

⑥ 토지의 이용, 개발, 행정, 다목적 지적 등 토지관련 문제를 해결하기 위한 정보시스템

⑦ 법률적, 행정적, 경제적 기초 하에 토지에 관한 자료를 체계적으로 수집한 시스템

⑧ 지리정보체계(GIS)와 비교할 때, 토지정보체계(LIS)의 특징
- 필지단위의 대축척 지도를 사용함
- 도형자료의 정확도가 높음
- 개별공시지가와 같은 속성정보가 포함됨

2) 토지정보체계 구축 및 활용

(1) 토지정보체계 구축 필요성

① 지적 관련 민원의 신속·정확한 처리
- 전국적인 온라인 민원서류 발급· 열람으로 신속성 확보
- 수작업으로 인한 오류 방지

② 지적 및 토지업무 처리의 능률성 및 정확도 향상
- 토지에 관한 제반 정보를 전산화하여 효율적으로 관리
- 여러 종류의 도면과 대장을 효율적이고 통합적으로 관리
- 지적공부의 노후화 극복
- 토지기록 변동자료의 온라인 처리로 기존 배치처리방식에서 오는 업무의 이중성 배제

③ 토지와 관련된 정책자료의 다목적 활용
- 토지·부동산 정보관리체계 및 다목적 지적정보체계 필요
- 편리한 자료 검색
- 토지권리에 대한 분석과 정보제공

④ 지방행정 전산화의 획기적인 개선의 계기 마련
- 여러 공공기관 및 부서 간의 토지정보 공유
- 토지관련 과세자료로 활용(토지소유자의 현황 파악)
- 지적공부의 전산화로 지적서고의 팽창 방지
- 지적재조사의 기반 확보

(2) 토지정보체계 구축 효과

① 체계적이고 과학적인 지적업무 처리와 지적행정의 실현
② 전국적으로 통일된 시스템의 활용으로 각 시·도 분산시스템 상호 간 및 중앙시스템 사이의 인터페이스 안전 확보
③ 최신 자료 확보로 지적통계와 정책정보의 정확성 제고
④ 토지이용계획 및 토지 관련 정책자료 등 다목적으로 활용 가능
⑤ 토지 1필지의 이동정리에 따른 정확한 자료가 저장되고 검색이 편리
⑥ 지적도의 경계점 좌표를 수치로 등록함으로써 각종 계획업무에 활용
⑦ 웹 기반의 토지정보체계(WEB LIS)의 구축 효과
- 시간과 거리의 제약을 받지 않음
- 신속하고 효율적인 민원 업무 처리 가능
- 정보와 자원을 공유할 수 있음
- 업무처리에 있어 중복을 피할 수 있음
- 업무별 분산처리를 실현할 수 있음

(3) 토지정보체계 활용

① 토지거래 : 일필지 정보 제공(고유번호, 지목, 면적, 소유자 코드 등)
② 토지평가 : 정보를 이용하여 편리하고 정확하게 평가
③ 지적관리 : 일필지 정보관리 등 지적업무에 활용
④ 기타 관련 분야 : 환경, 농업생산, 일반 행정, 교통, 조세, 지적측량, 공공시설, 도로관리, 상하수도, 건축물관리분야 등에 이용

2. 지적전산화

1) 지적공부 전산화

(1) 개요

① 목적
- 과학적인 토지정책자료와 체계적 지적행정의 실현으로 다목적지적에 활용할 수 있도록 함(토지정보의 다목적 활용)
- 토지소유자의 현황파악과 지적민원을 신속하고 정확하게 처리함으로써 지방행정전산화 촉진 등에 영향을 미칠 수 있음(토지소유권의 신속한 파악)
- 전국적으로 획일적인 시스템의 활용으로 각 시·도 분산시스템의 상호 간 또는 중앙시스템 간의 인터페이스를 완전하게 확보가 가능하도록 함

- 토지기록과 관련하여 변동자료를 온라인처리로 이동정리 등의 기존에 처리하던 업무의 이중성 배제
- 지적공부의 전산화로 전산파일을 유지 관리함으로써 지적서고의 확장에 따른 비용을 절감할 수 있음
- 지적공부의 잔산화로 업무를 능률적으로 처리할 수 있으며 향상된 정확도를 제공할 수 있음(지적민원의 신속한 처리)
- 실시간자료 확보로 지적통계와 정책정보의 정확성 제고 및 온라인에 의한 신속성 확보
- 체계적이고 효율적인 지적사무와 지적행정의 실현
- 최신 자료에 의한 지적통계와 주민정보의 정확성 제고 및 온라인에 의한 신속한 확보
- 전국적인 등본의 열람을 가능하게 하여 민원인의 편의 증진

② 구)내무부 지적사무전산화 사업
- 전국 약 3천만 필지의 토지(임야)대장 전산입력
- 제1단계 : 1975년 12월 제2차 구)지적법 개정하여 전산화 기반조성
- 제2단계 : 1977년 8월 행정사무 중에서 최초로 토지(임야)대장 전산화 계획 수립
- 제3단계 : 1992년 6월 지적도와 임야도 전산화사업 추진을 위한 사전연구 추진

(2) 대장전산화(토지기록전산화)

① 1975년 구)지적법 법령 정비
- 1976년부터 1978년까지 척관법에서 미터법으로 환산등록
- 1982년부터 1984년까지 토지대장 및 임야대장 전산입력
- 토지·임야대장의 카드식 전환 : 부책식 대장 → 카드식 대장
- 코드번호 개발등록 : 필지별 고유번호, 지목, 토지이동사유, 소유권변동원인 등
- 등록번호 개발등록 : 소유자 주민등록번호 등재 정리, 유형별 구분 및 고유번호 부여
- 면적단위의 미터법 환산 : 평, 보 → m²
- 수치측량방법 도입 : 평면직각종횡선좌표 등록

② 제1차 시범사업
- 1978년 5월부터 1982년까지 5년간 대전시 중구와 동구 2개 구에서 추진
- 토지(임야대장) 약 110천 필지에 대한 속성정보를 전산 입력

③ 제2차 시범사업
- 1978년부터 7월부터 1981년 말까지 3년에 걸쳐 추진
- 총무처, 충청북도, 청주시 등 11개 시·군이 참여
- 도 단위의 지적관리, 주민등록관리, 차량관리, 양곡관리업의 전산화 착수

④ 시·도별 확대
- 1982년부터 1984년까지 3개년에 걸쳐 시·도 단위로 시장·군수·구청장 책임하에 속성 데이터베이스를 구축
- 충청북도를 제외한 전국의 14개 시·도, 226개 시·군·구에서 토지(임야)대장을 전산화

⑤ 전국 온라인 시스템 구축
- 1987년부터 1990년까지 4개년에 걸쳐 추진
- 총 457본 프로그램 개발(중앙 69, 시도 127, 시군구 159, 공통 102)
- 1990년 4월 1일 행정기관 중에서 국내 최초로 전국 온라인망에 의한 토지(임야)대장 열람·등본교부 등 대민서비스를 시작

(3) 지적도면 전산화

① 목적
- 국가지리 기본정보로 관련 기관들이 공동으로 활용할 수 있는 기반을 조성
- 지적도면의 신축 등으로 관리의 어려움을 해소하고 원형보관
- 정확한 지적측량의 자료로 활용하고 토지대장과 지적도면을 통합한 대민서비스를 질적으로 향상을 도모

② 의의
- 토지조사사업과 임야조사사업에 의하여 작성되어 있는 지적(임야)도 도면을 효율적으로 관리하기 위하여 디지타이저, 스캐너 등의 장비를 이용하여 지적(임야)도면에 표시된 경계점들의 좌표와 이와 관련된 정보를 독취 하여 수치파일로 작성하는 작업을 말함
- 지적도면의 전산화는 수치파일 작성뿐만 아니라 지적(임야)도를 기본도로 하여 토지정보시스템을 구축하는 것을 포함함

③ 시범사업 및 확대
- ㉠ 사전연구 : 1992년 6월부터 1993년 12월까지 한국전산원에서 사전 연구사업을 추진

ⓛ 제1차 시범사업
- 1994년 1월부터 1995년 말까지 한국전산화에 용역의뢰
- 경상남도 창원시 사파동 4개 동을 시범사업지구로 선정
- 필지중심토지정보체계의 프로토타입 개발

    ② 제2차 시범사업
- 1996년 3월부터 1996년 말까지 진행
- 대전광역시 유성구 어은동 외 7개 동을 선정

    ⓜ 시 · 도별 확대 추진
- 1999년부터 2003년까지 5개년에 걸쳐 16개 시 · 도, 시군구 및 출장소에 확대 시행
- 1차적으로 총 748천 장의 지적도와 임야도 기본파일 작성
- 2차적으로 2001년부터 도곽의 신축보정과 속성자료를 입력하여 보정파일을 작성

④ 지적도면전산화 작업 공정
    ㉠ 작업계획 수립
    ㉡ 수치파일화 작업준비
    ㉢ 도면의 정비
    ㉣ 수치지적부의 수치파일화 : 수치지적부 복사, 좌표 입력(Key in), 속성 입력, 좌표 및 속성검사, 폴리곤 형성, 좌표와 속성결합
    ㉤ 지적도면의 수치파일화
- 지적도면 복사 → 좌표 독취(수동 또는 자동) → 좌표 및 속성입력 → 좌표 및 속성 검사 → 도면신축보정 → 도곽접합 → 폴리곤 및 폴리선 형성
- 파일확장자 구분 : 도형데이터 추출 파일(cif), 측량계산파일(sebu), 측량관측파일(svy), 측량계산파일(ksp), 세부측량계산파일(ser), 측량성과파일(jsg), 토지이동정리파일(dat)

⑤ 기대효과
    ㉠ 국민의 토지 소유권(경계)이 등록된 유일한 공부인 지적도면을 효율적으로 관리할 수 있음
- 지적도면에서 신축에 따른 지적도의 변형이나 훼손 등의 오류를 제거할 수 있음
- 지적측량성과의 효율적인 전산관리 가능

    ㉡ 전국 온라인망 의하여 신속하고 효율적인 대민서비스 제공

ⓒ 정보화 사회에 부응하는 다양한 토지 관련 정보인프라 구축

ⓔ 공간정보 분야의 다양한 주제도의 융합하여 새로운 콘텐츠 생성

ⓜ PBLIS와 NGIS의 연계로 인한 장점 : 토지와 관련된 모든 분야에서 활용

- 토지 관련 자료의 원활한 교류와 공동 활용
- 토지의 효율적인 이용 증진과 체계적 국토 개발
- 유사한 정보시스템의 개발로 인한 중복 투자 방식

2) 지적행정시스템

(1) 개요

① 지적정보의 공동 활용 확대, 지적전산처리절차의 개선, 관련기관과의 연계기반 구축

② 시 · 도에서 관리하던 토지기록전산화 온라인 시스템을 시 · 군 · 구로 이관

③ 개발목표

- 지적전산 처리절차 개선으로 업무편리성 및 행정효율성 제고
- 부동산 종합정보 관리체계 기반을 조성

(2) 지적행정시스템 운용

① 시스템 구성 : 토지이동관리, 소유권변동관리, 창구민원관리, 일일마감작업, 통합업무관리, 민원처리, 시스템기본설정, 자료정비

② 사용 데이터 : 토지 · 임야대장의 속성정보만 시 · 군 · 구에서 관리

3) 필지중심토지정보시스템(PBLIS : Parcel based land Information),

(1) 개요

① 구축 목적

- 지적도와 토지대장의 속성을 기반으로 하는 지적행정업무 수행과 관련부처에 정책정보 및 일반 사용자에게 토지 관련 정보를 제공
- 지적정보 및 각종 시설물 등의 부가정보를 효율적으로 통합관리하며, 이를 기반으로 소유권보호와 다양한 토지 관련 서비스 제공
- 행정처리 단계를 획기적으로 축소하여 그에 따른 비용과 시간 절감

② PBLIS 필요성

- 도면의 장시간 사용으로 신축, 훼손이 심하여 복원능력 부족 및 지적도면 수록정보의 부족
- 지적도면은 축척이 다양하고 측량성과 및 관리의 문제 등으로 도면 전산화 추진이 곤란

- 급속한 도시팽창으로 지번이 무질서하게 설정되어 행정 및 국민의 불편을 초래
- 토지평가나 취득에 수반되는 편리성, 유용성, 새로운 서비스의 개발이 필요
- 토지 관련 정책이나 계획 개발 등에 중요한 정보 제공
- 지적공부와 실제 현황의 불부합으로 경계나 소유권 분쟁의 해결

③ 소프트웨어 구성
- OS : Window NT 및 UNIX
- GIS Tool : 영국 레이저스캔사 Gothic

④ 기대효과
- 지적업무 처리의 획기적인 개선 : 각종 조서작성, 도면정리 등의 수작업 업무를 전산화함으로써 업무의 생산성을 증가시킬 수 있게 됨. 특히 현재 수작업으로 운영되는 지적도면 이동정리를 지적측량 결과와 연계하여 이를 전산화함으로써 지적정보의 관리 및 처리에 일관성, 정확성, 효율성을 배가시킬 수 있음
- 지적정보 활용의 극대화 : 은밀한 지적정보의 생산과 실시간 갱신 방안을 제공함으로써 정보 활용을 극대화할 수 있음
- 정밀한 토지정보체계 구축 가능 : 지적도면을 기본도로 구성함으로써 정밀도를 요하는 건축물, 도시계획, 시설물 등 각종 국가 인프라 데이터를 정확하게 구축할 수 있는 환경 조성 가능
- 지적재조사 기반 조성 : 지적재조사사업의 기반 프레임을 제공함으로써 미래 지향적 시스템으로 발전
- 국민편의 지향적인 서비스시스템 : 국민에게 다양한 정보를 신속하게 제공할 수 있어, 향후 재택민원서비스 등 편리한 생활을 위한 완벽한 서비스 제공 가능

(2) PBLIS 운용
① 시스템 구성
㉠ 지적공부관리시스템 : 사용자권한관리/지적측량검사업무/토지이동관리/지적일반업무관리/창구민원관리/토지기록자료조회 및 출력/지적통계관리/정책정보관리 등
㉡ 지적측량시스템
- 지적측량업무를 지원하는 시스템으로서 지적측량업무의 자동화를 통하여 생산성과 정확성을 높여주는 시스템
- 지적삼각점측량/지적삼각보조점측량/도근점측량/세부측량 등

ⓒ 지적측량성과작성시스템 : 토지이동지조서/측량준비도/측량결과도/측량
성과도 등

② 사용 데이터
- 토지(임야)대장, 지적(임야)도 및 지적관련도면
- 기준점 표석대장

③ 활용범위
- 중앙부처 : 지적정보 기반의 정책수립 지원
- 행정자치부 국토정보센터 : 정책수립, 정책정보제공, 지적통계업무
- 민원인 : 다양한 지적정보 제공
- 관련단체(한국토지공사, 주택공사, 수자원공사, 농업기반공사, 한국통신공
사) : 지적정보 기반 업무 제공
- 대한지적공사 : 지적측량업무 대행
- 시 · 도 : 지적통계업무, 정책정보 제공
- 시 · 군 · 구 : 지적공부정리/정책정보제공/대민서비스

4) 토지관리정보체계(LMIS : Land Management Information System)

(1) 개요

① 구축 목적
- 지형 · 지적 · 용도지역지구 등 공간자료와 대장 · 조서 등 속성자료를 통
합DB로 구축하여 토지관리업무 수행과 중앙정부의 토지정책에 활용
- 법률적 · 행정적 · 경제적인 활용을 위해 토지를 체계적이고 종합적으로
수집, 저장, 조회, 분석할 수 있는 토지정보시스템
- 전국 공간 데이터베이스와 토지 관련 행정문서를 지리정보시스템(GIS)기
반 통합데이터베이스로 구축
- 지적도와 토지대장을 기반으로 토지행정의 효율성 향상 및 토지 관련 정
보를 일반사용자에게 제공

② 소프트웨어 구성
- DB서버 – 응용서버 – 클라이언트로 구성된 3계층 구조로 개발
- 응용서버에 탑재되는 미들웨어는 DB서버와 클라이언트 간의 매개역할을
하는 것으로서 자료를 제공하는 자료제공자와 도면을 생성하는 도면생성
자로 구분
- 자바(Java)로 구현하여 IT – 플랫폼에 관계없이 운영 가능
- 위상구조를 이용하여 가능한 분석

③ 2계층 구조와 3계층 구조
- 분산처리 시스템은 네트워크의 연결방식에 따라 2계층과 3계층으로 나뉨
- 2계층 구조는 서버와 클라이언트가 네트워크로 구성된 기본적인 계층구조로, 하나의 서버가 여러 대의 클라이언트와 연결되어 있고, 서버는 클라이언트마다 자료와 정보를 주고받음. 하나의 클라이언트에서 수정된 사항은 서버를 거쳐 다른 클라이언트로 감
- 3계층 구조는 이런 서버와 클라이언트 사이에 중간매체인 미들 소프트웨어를 사용하는 구조로 보안성과 안정성을 높이고, 서버의 과부하를 최적화 시키는 한 단계 발전된 형태의 서버 구성
- 2계층 구조는 PBLIS에서, 3계층 구조는 LMIS에서 사용

(2) LMIS 운용
① LMIS 구성
- 토지관리업무 : 토지거래관리, 외국인토지관리, 개발부담금관리, 공시지가관리, 부동산중개업관리, 용도지역/지구관리
- 공간자료관리 : 토지 관련 공간자료와 관련 속성자료를 통합관리
- 토지행정지원
② 사용데이터
- 지적도 DB : 개별 · 연속 · 편집지적도
- 수치지형도 DB : 도로, 건물, 철도 등 주요 지형지물
- 용도지역 DB : 도시계획 관련 DB

5) 한국토지정보시스템(KLIS : Korea Land Information System)
(1) 개요
① 구축 목적
- 구)건설교통부의 토지 관련 업무를 다루는 시스템(LMIS)과 구)행정자치부의 지적 관련 업무 처리 시스템(PBLIS)이 분리되어 운영됨에 따른 자료의 이중 관리 및 정확성 문제 등을 해결하기 위해 시스템을 통합
- 대장데이터와 도면데이터를 전면적으로 전산화하여 다양한 토지 관련 정보를 제공함으로써 대국민서비스 강화
- 토지에 관련된 기초적인 데이터가 전산화되므로 지적도, 건물, 시설물 등 각종 정보를 통합 관리할 수 있으며 토지소유권보호 및 공평과세 실현을 위한 정확한 정보를 신속하게 제공

② 추진 배경
- 국가지리정보체계(NGIS)에서 시행한 2000년 국책사업 감사원 감사에서 PBLIS와 LMIS가 중복된 사업으로 파악되어 두 시스템을 하나의 시스템으로 통합하도록 권고
- 도형데이터는 PBLIS에서는 지적도, 임야도, 경계점좌표등록부를 사용하였고 LMIS는 연속지적도를 사용
- 토지에 관련된 정보를 등록, 관리, 유지, 보수하여 토지정책, 토지행정 및 토지와 관련된 모든 정보를 포함하여 사용자에게 신속하고 정확하게 정보를 제공

③ 시스템 환경
- 시·군·구 서버에서는 엔테라 미들웨어를 사용

구분	시스템	비고
LMIS	코바 미들웨어	고딕 엔진
PBLIS	고딕용 프로바이더	ArcSDE 및 ZEUS 엔진
시군구	엔테라 미들웨어	정보공유를 위한 미들웨어 연계

- 3계층 클라이언트/서버 아키텍쳐를 기본구조로 함
- GIS엔진은 PBLIS나 LMIS에서 사용하던 Gothic, ArcSDE, Zeus 등의 프로그램을 수용

④ 기대효과
  ㉠ 대민서비스 측면
   - 민원처리 기간의 단축 및 민원서류의 전국 온라인 서비스 제공 가능
   - 다양하고 입체적인 토지정보를 제공하고 재택 민원서비스 기반 조성 가능
   - 정보를 공유함으로써 제출서류가 간단하여 민원인의 시군구청 방문횟수를 줄일 수 있으며 수수료를 절감할 수 있음
  ㉡ 경제적인 측면
   - 21세기 정보화 사회에 대비한 정보인프라 조성으로 정보산업의 기술 향상 및 초고속통신망의 활용도가 높아짐
   - 토지정보의 새로운 부가가치 창출로 국가 경쟁력이 확보됨
   - 최신측량 및 토지정보관리 기술을 축적하여 수출의 기회를 얻을 수 있음
   - 토지행정업무 및 도면 전산화에 대한 표준개발 모델 제시로 예산절감 및 중복투자를 방지할 수 있음

ⓒ 행정적인 측면
- 지적정보의 완전전산화로 정보를 각 부서 간에 공동으로 활용함으로써 업무효율 극대화 가능
- 행정처리 단계 및 기간의 축소로 예산절감의 효과를 얻을 수 있음
- 토지 관련 정보의 통합화로 토지정책을 효율적으로 입안 및 결정 가능
- 정보산업의 기술향상과 초고속 통신망을 활용하여 정보를 제공함으로써 행정 처리단계를 축소할 수 있어 예산절감의 효과

ⓒ 사회적 측면
- 개인별, 세대별 토지소유 현황을 정확히 파악할 수 있어, 토지정책의 실효성을 확보할 수 있음
- 토지의 철저한 관리로 투기심리 예방 및 토지공개념을 확산시킬 수 있음
- 토지 관련 탈세 방지, 위법 또는 불법 토지거래 및 거래자의 철저한 관리로 토지거래질서를 확립할 수 있음

(2) KLIS 운용
① KLIS 구성
ⓒ 지적공부관리시스템
- 속성정보와 공간정보를 유기적으로 통합하여 상호 데이터의 연계성을 유지하며 변동자료를 실시간으로 수정하여 국민과 관련기관에 필요한 정보를 제공하는 시스템
- 측량업무관리부, 지적공부관리부, 특수업무관리부, 지적기준점관리 및 목록조회, 일필지사항 및 개인필지 현황 조회, 변동내역 조회, 토지임야 기본정정 및 연혁정정, 지번별 조서, 정책정보를 제공
ⓒ 지적측량성과작성시스템
- 지적측량신청에서 지적공부정리까지 데이터베이스를 공동으로 사용하여 전산으로 처리할 수 있도록 작성된 시스템
- 소관청에서 추출된 도면데이터파일을 이용하여 해당 필지를 측량하기 위한 지적측량 준비도를 작성하며, 현장에서 측량된 자료를 지적측량시스템과 연계하여 지적측량성과를 작성하는 시스템
- 작성된 지적측량성과를 이용하여 지적공부관리시스템의 토지이동업무에 필요한 각종 자료를 생성하여 시·군·구의 지적측량업무를 전산화한 시스템

415

ⓒ Data Base변환시스템
- 초기 데이터 구축, DB자료 변환, 자료백업 등을 효율적이고 체계적인 방식으로 처리할 수 있도록 지원하는 시스템
- 도형 DB를 관리하기 위한 단위시스템

ⓔ 연속/편집도관리시스템
- 시군구 지적담당자가 수행하는 업무를 연소/편집도 시스템을 이용하여 효율적이고 체계인 방식으로 처리할 수 있도록 지원하는 시스템
- 연속지적도 : 지적측량을 하지 아니하고 전산화된 지적도 및 임야도 파일을 이용하여, 도면상 경계점들을 연결하여 작성한 도면으로서 측량에 활용할 수 없는 도면

ⓜ 토지민원발급시스템 : 시군구 토지민원발급 담당자가 수행하는 업무를 토지민원발급시스템을 이용하여 효율적이고 체계적인 방식으로 처리할 수 있도록 처리할 수 있도록 지원하는 시스템

ⓗ 도로명 및 건물번호관리시스템

ⓢ 토지행정지원(부동산거래, 외국인토지취득, 부동산중개업, 개발부담금, 공시지가)시스템

ⓞ 민원발급관리시스템

ⓩ 용도지역지구관리시스템

ⓒ 도시정보계획검색시스템

〈한국토지정보시스템(KLIS)을 구성〉

2005년 1월 전국 확산 운영 당시	2023년 1월 현재 운영
• 지적공부관리시스템 • 측량성과작성시스템 • Database 변환시스템 • 연속/편집도 관리시스템 • 토지민원발급시스템 • 도로명 및 건물번호관리시스템 • 토지행정지원시스템 • 용도지역 · 지구 관리시스템	[KLIS 토지행정시스템] • 개발부담금 • 토지거래허가 • 부동산중개업 • 공인중개사 • 부동산개발업 [일사편리 부동산종합공부시스템] • 민원업무(발급/열람) • 행정업무(토지이동) • 개별공시지가 • 개별주택가격 • 연속/편집도 관리 • 용도지역지구도 관리

② 파일 확장자

㉠ 측량성과작성시스템

파일 확장자	파일명	파일 내용
*.cif	측량준비도 추출 파일	• 도형데이터 추출 파일 • 측량하고자하는 일정 범위를 지정하여 도형과 속성정보를 저장한 파일
*.seub	일필지 속성정보 파일	측량성과작성시스템의 추출 버튼을 이용하여 작성하는 파일
*.svy	측량관측 파일	Total 측량에서 현지 지형을 관측한 측량 기하적을 좌표로 등록하여 작성된 파일
*.ksp	측량계산 파일	• 지적측량계산시스템에서 작업한 내용을 관리하는 파일 • 측량성과작성시스템에서는 주로 경계점 결선 · 경계점등록 · 교차점계산 · 분할 후 결선작업에 대한 결과를 저장하는 파일
*.ser	세부측량계산 파일	• 측량계산시스템에서 생성되는 파일 • 교차점계산 및 면적지정분할계산을 하여 저장된 파일 • 측량결과도를 출력할 때 필요한 파일
*.jsg	측량성과 파일	• 측량계산시스템에서 토지이동에 대한 모든 속성정보를 포함한 파일 • 측량결과도 및 측량성과도를 작성하기 위한 파일
*.dat	토지이동정리 파일	• 이동정리 필지에 관한 정보를 저장한 파일 • 지적공부시스템에서 토지대장 및 지적도 정리에 이용되는 파일

ⓛ 지적공부관리

파일 확장자	파일명	파일 내용
*.iuf	정보이용승인신청서	지적측량을 의뢰하면 측량접수 프로그램을 이용하여 작성하는 파일
*.sif	측량검사요청서	지적측량을 의뢰하면 측량접수 프로그램에서 접수사항을 입력하면 *.iuf 파일과 동시에 작성된 파일
*.cif	측량준비파일	측량수행자가 정보이용승인신청서 파일로 송부하면 소관청이 지적측량업무관리부에 등록하고 측량준비파일을 추출하여 생성된 파일
*.dat	측량결과파일	소관청에서 추출한 준비파일을 지적측량작성시스템에서 측량결과를 정리한 파일로 지적측량검사를 요청할 경우 첨부된 파일
*.srf	측량성과검사결과	지적측량 성과검사가 정상적으로 완료되면 측량성과검사결과를 작성하여 지적측량수행자에게 송부하는 파일

6) 부동산 행정정보 일원화

(1) 개요

① 현황
- 부동산 행정정보는 국토해양부와 대법원 2개 부처에서 관리하고 있음
- 부동산은 가계 재산 중 85.2%에 이르는 핵심 자산이지만 4개(지적행정, 한국토지정보, 건축행정, 부동산등기)시스템, 18종으로 분리 관리되고 있음

② 추진배경
- 현행 18종 부동산 공부 → 맞춤형 부동산정보(한눈에 보이는 부동산 종합공부)로 서비스
- 부동산 행정정보 일원화란 토지·지적·건축물 등기부등본 등 유사한 부동산 관련 공적장부 18종을 하나의 통합 체계로 구축하는 작업
- 신속한 민원처리와 효율적 대국민서비스, 정확한 데이터를 바탕으로 한 명확한 정책근거 산출
- 공간정보 기반의 부동산 종합정보 구축 및 공개를 통해 공공정보 민간개방 활성화 도모

③ 기대효과
- 연간 5억 9,810만 장의 종이를 아끼는 자원절약
- 인력을 획기적으로 줄일 수 있는 스마트 행정체계를 구축
- 토지 · 건물과 관련된 정확한 내용을 확인할 수 있음
- 다양한 공간정보 산업으로도 활용할 수 있는 고부가가치 정보를 얻을 수 있음
- 행정편익과 대국민서비스 강화는 물론 그린행정과 IT산업 육성
- 행정편의주의보다 개방을 근간으로 인프라 육성

(2) 행정정보 일원화 사업추진

① 2009년도 : 통합 데이터베이스 구축을 통해 지적정보를 디지털로 선진화하는 작업(18종 공부통합 가능성 기술적 검증)

② 2011년도 : 김해, 남원, 의왕, 장흥 등 4개 시범지역에서 11개 공부를 우선 1개로 통합

③ 2012년도
- 부동산 공부 정보품질 개선 : 부동산 공 부간 불일치 · 오류자료 상호정비 추진
- 부동산종합공부시스템 개발 : 분산된 11종 (지적, 건축물) 공부관리 기능을 종합정보시스템으로 개발 완료
- 부동산종합공부 서비스 실시 : 통합된 서비스의 전국 확산 및 부동산정보 민간개방 등 미래 확대서비스 전략 수립

④ 2013년도 : 개별공시지가확인서 · 개별주택가격확인서 · 토지이용계획확인서 등을 하나로 통합(15종 : 토지, 가격 4종)

⑤ 2014년 이후 중장기 계획 : 토지등기부등본 · 건물등기부등본 · 집합건물등기부등본 등의 통합을 진행해 단일플랫폼을 구축(18종 : 등기부 3종)

우리나라의 주요 토지정보체계 구축사업

① 1975년 지적법 전문개정으로 대장의 카드화

② 1976년부터 1978년까지 척관법에서 미터법으로 환산등록

③ 대장전산화(토지기록전산화) : 1978년도 1차시범사업

- 제1차 시범사업 : 1978년~1982년까지 5년간 대전시 중구와 동구 2개 구에서 추진
- 제2차 시범사업 : 1978년~1981년까지 3년에 걸쳐 추진
- 1982년부터 1984년까지 토지대장 및 임야대장 전산입력
- 전국 온라인 시스템 구축 : 시·도별 확대 : 1987년부터 1990년까지 4개년에 걸쳐 추진
- 1990년 4월 1일 : 행정기관 중에서 최초로 전국 온라인망에 의한 토지(임야) 대장 열람·등본교부 등

④ 필지중심토지정보시스템(PBLIS) : 1994년 계발계획 수립

⑤ 토지관리정보체계(LMIS) : 2000년 토지종합정보망 도입

⑥ 한국토지정보시스템(KLIS) 2003년 개발사업 착수

⑦ 국토정보시스템 : 2007년 ISP 사업 완료

⑧ 국가공간정보합동체계 : 2006년 7월 계획수립, 2009년 3월 1차 시범사업

⑨ 국토공간계획지원체계 : 2006년 시범사업

⑩ 국가공간정보유통시스템 : 2010년 ISP 수행

⑪ 공간정보오픈플랫폼(Vworld) : 2011년 시범사업

⑫ 부동산종합공부시스템 : 2010년 전략계획 수립

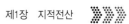

〈부동산(지적) 관련업무 시스템〉

시스템명	관련업무	운영주체
건축행정시스템 (새움터)	• 건축물대장 편제 • 소유권정리 • 건축물대장 열람 및 발급	국토교통부
KLIS 토지행정시스템	• 부동산중개업 관리 • 개발부담금 부과 및 관리	국토교통부
부동산거래관리시스템 (RTMS)	• 부동산거래계약신고 접수 및 처리 • 외국인부동산 등 취득신고 접수 및 처리 • 검인자료입력 • 신고자료 상시 모니터링 및 신고지연 과태료 관리	국토교통부
부동산종합공부시스템 (KRAS)	• 토지이동처리 • 소유권 정리 • 측량성과파일 검증 • 비법인등록번호 부여 및 발급 • 연속도 관리 • 용도지역지구도 관리(토지이용계획정리) • 지적공부 열람 및 발급 • 개별공시지가 산정 및 결정	국토교통부
국토정보시스템	• 개인별 토지소유현황 제공 • 정책정보 제공	국토교통부
바른땅	세계측지계변환	국토교통부
디지털예산회계시스템 (D-brain)	• 개발부담금 부과 및 관리 • 개발부담금 관련 월 마감	국토교통부

제2장 데이터베이스 관리 시스템

01 운영체제

1. 정보처리와 컴퓨터

1) 정보처리

(1) 데이터

① 컴퓨터 디스크와 같은 매체에 저장된 사실

② 프로그램을 운용할 수 있는 형태로 기호화하거나 숫자화한 자료

③ 현실 세계로부터 단순한 관찰이나 측정을 통해 수집된 사실이나 값

④ 어떤 판단을 내리거나 이론을 세우는 데 기초가 되는 사실

⑤ 정보 소스(Source)로부터 관측되거나 측정되어 얻어진 어떤 사실들의 집합

⑥ 구조 : 선형구조(배열, 리스트, 큐, 스택, 데크), 비선형구조(트리, 그래프), 응용(정렬, 검색, 파일처리)

(2) 정보

① 사물이나 어떤 상황에 대한 새로운 소식이나 자료

② 어떤 목적을 위해 데이터가 평가되고 가공되어 가치를 가진 데이터

③ 어떤 데이터를 처리한 결과(가공된 자료)

④ 특정 목적을 달성하도록 데이터를 일정한 형태로 처리·가능한 결과

(3) 정보처리

① 데이터를 정보로 변환하는 과정

② 자료를 가공하고 처리하여 생산하는 과정

③ 데이터를 목적에 맞게 분석하여 의미 있는 정보를 만들어내는 과정

④ 정보를 획득·기록·구성·검색·표시·보급하는 것

⑤ 데이터를 처리해서 사람이 이해하기 적절한 형태로 의미 있게 만든 것

2) 컴퓨터

(1) 컴퓨터

① 사람이 해왔던 기억과 계산 등의 일을 빠르고 정확하게 처리해주는 기계

② 사람의 지시에 따라 여러 가지 일을 자동적으로 처리해주는 전자장치

③ 외부로부터 자료를 입력받아 정의된 방법에 따라 자료를 처리하여 정보를
생성하고, 사용자에게 생성된 정보를 출력해주는 기능을 가지고 있음

(2) 컴퓨터의 기능과 특징

① 기능 : 입력기능, 기억기능, 연산기능, 제어기능, 출력기능

② 특징 : 신속성, 정확성, 자동성, 대량성

(3) 컴퓨터 시스템의 구성요소

① 하드웨어 : 입력장치, 중앙처리장치, 출력장치, 주기억장치, 보조기억장치

② 시스템 소프트웨어 : 사용자가 복잡한 컴퓨터 하드웨어를 모르고서도 유용하
게 사용할 수 있도록 도와주는 프로그램

③ 펌웨어 : 시스템의 효율을 높이기 위해 ROM에 들어있는 기본적인 프로그램

(4) 컴퓨터의 입·출력장치

① 입력장치 : 키보드, 마우스, 스캐너, 디지타이저, 조이스틱, 디지털 카메라, 광
학마크 판독기, 광학문자 판독기, 자기잉크문자 판독기, 바코드 판독기, 라이
트 펜 등

② 출력장치 : 그래픽카드, 표시장치(음극선관, 액정 디스플레이, 플라즈마 디스
플레이 판넬), 인쇄장치(프린터, 플로터), 음성출력장치(사운드 카드, 스피커)

2. 운영체제

1) 개념

(1) 운영체제

① 컴퓨터의 주기억장치 내에 상주

② 컴퓨터 시스템의 자원들인 중앙처리장치, 주기억장치, 보조기억장치, 입출력
장치, 네트워크 등을 효율적으로 관리하고 운영

③ 사용자에게 편익성을 제공해 주는, 인간과 컴퓨터 간의 인터페이스 역할을
담당하는 프로그램

(2) 운영체제의 목표

① 하드웨어와 소프트웨어 자원들을 관리하고 제어하는 일 담당

② 사용자가 컴퓨터에 쉽게 접근할 수 있도록 편리한 인터페이스 제공

③ 수행 중인 프로그램들의 효율적인 운영을 도와줌

④ 작업처리 과정 중에 데이터 공유

⑤ 입출력에 보조적인 기능 수행

⑥ 오류가 발생하면 오류를 원활하게 처리함

2) 운영체제의 유형

(1) 일괄(Batch) 처리

① 1950년대의 운영체제

② 여러 가지 형태의 업무들을 모아서 일괄적으로 차례대로 처리하는 방식

(2) 대화(Interactive) 처리

① 여러 사용자들이 컴퓨터와 직접 대화하면서 처리하는 방식(사용자 위주)

② 중앙의 대형 컴퓨터에 여러 개의 단말기를 연결하여 여러 사용자들의 요구를 대화식으로 처리하는 형태

(3) 다중(Multi) 처리

① 두 개 이상의 프로세서로 구성된 시스템의 운영체제

② 단일처리시스템에 비해 보다 많은 양의 작업을 동시에 처리

(4) 다중 프로그래밍(Multi - programming)

① 여러 개의 프로그램을 동시에 주기억장치에 적재

② 한 프로그램이 입·출력 등의 작업을 할 때 다른 프로그램을 수행하게 하여 전체적인 성능을 올리는 방식

(5) 시분할(Time - sharing) 시스템

① 여러 사용자들이 한 컴퓨터를 동시에 이용

② CPU 운영시간을 잘게 쪼개어서 여러 사용자들에게 골고루 시간을 제공

③ 특정 사용자가 오랫동안 기다리는 것을 방지

(6) 실시간(Real - time) 시스템

① 정해진 짧은 시간 내에 응답하는 시스템

② 대용량 파일의 고속접근이나 프로세서의 고속화 등의 기술이 필요

(7) 분산(Distributed) 시스템

① 네트워크를 통해 연결된 여러 컴퓨터들이 사용자에게는 마치 하나의 컴퓨터처럼 보이는 기능을 제공

② 여러 컴퓨터들의 업무를 지리적 또는 기능적으로 분산시켜 데이터를 생성하는 장소에서 처리

③ 분산 처리 시스템의 목적

• 자원 공유 : 각 시스템이 통신망을 통해 연결되어 있으므로 유용한 자원을 공유하여 사용

• 연산 속도 향상 : 하나의 일을 여러 시스템에 분산시켜 처리함으로써 연산 속도가 향상

• 신뢰도 향상 : 여러 시스템 중 하나의 시스템에 오류가 발생하더라도 다른 시스템은 계속 일을 처리할 수 있으므로 신뢰도가 향상

(8) 결함 허용(Fault – tolerant) 시스템

① 부분적으로 일어나는 장애를 시스템이 즉시 찾아내어 순간적으로 복구

② 시스템의 처리중단이나 데이터의 공실 또는 훼손을 막을 수 있는 시스템

02 자료구조

1. 기본 개념

1) 자료의 구성

(1) 비트(Bit)

① 컴퓨터가 두 가지의 값(0 또는 1)으로 표현

② 정보의 최소 단위 Binary Digit의 약자

(2) 바이트(Byte)

① 비트들이 기억 공간에 연속적으로 모여 이루어진 비트의 모임

② 일반적으로 하나의 문자는 6비트 또는 8비트, 숫자는 4비트로 표현

(3) 워드(Word)

① 기억되는 정보의 단위로서 16비트 또는 32비트와 같이 비트가 모여 이루어진 단위

② 두 개의 Full Word는 Double Word

(4) 레코드(Record)

① 서로 연관된 데이트 필드 또는 데이터 항목들의 집합

② 한 종류의 객체를 총괄적으로 나타냄

(5) 블록(Block)

① 주·보조 기억장치 사이에서 데이터를 입출력하는 물리적 단위

② 일반적으로 물리 레코드를 말함

(6) 파일(File)

① 보조 기억장치 내에 저장되어 있는 동일한 종류의 레코드 집합

② 일반적으로 하나의 파일에 있는 레코드들은 동일한 구조를 가짐

(7) 데이터베이스(DataBase)
① 서로 관련있는 데이터들을 효율적으로 관리하기 위해 수집된 데이터들의 집합체
② 사용자들이 공용할 수 있도록 논리적으로 관련된 자료들의 통합된 집합

(8) 자료(Data)
① 사실이나 개념을 형식화한 것
② 현실 세계로부터 관찰이나 측정을 통해서 얻어진 숫자 또는 문자

(9) 빅데이터(Big Data)
① 기존의 데이터베이스 관리 도구로 데이터를 수집 · 저장 · 관리 · 분석할 수 있는 역량을 넘어서는 대량의 정형 또는 비정형 데이터 집합
② 이러한 데이터로부터 가치를 추출하고 결과를 분석하는 기술
③ 초 대용량(Volume), 다양한 형태(Variety), 빠른 생성 속도(Velocity)와 무한한 가치(Value)의 개념을 의미하는 4V로 정의됨
④ 위치기반 데이터와 연결되어 신성장 동력산업을 선도할 수 있는 새로운 가치를 창출

2) 선형구조

(1) 배열(Array)
① 컴퓨터 내에서 순차적인 방법으로 저장됨
② 인덱스(Index)와 값(Data Value)들의 사상(Mapping)관계를 갖고 있는 특별한 구조(행렬)

(2) 선형리스트(Linear List)
① 연속적인 기억장소에 리스트들이 연속적으로 저장되는 형태
② 자주 변하지 않는 자료의 저장에 유용함

(3) 스택(Stack)
① 삽입(Insert)과 삭제(Delete)가 Top 한쪽 끝에서 이루어지는 선형리스트
② 맨 나중에 입력한 항목부터 먼저 제거되는 LIFO(Last In First Out) 구조
③ 차곡차곡 쌓아 올린 형태의 자료구조
④ 삽입되는 새 자료도 Top에, 삭제할 때도 Top을 통해서만 가능
⑤ 후입선출을 활용하여 활용 가능 : 실행취소, 역순 문자열 만들기

(4) 큐(Queue)

① 삽입과 삭제가 다른 한 끝에서 일어나는 자료구조

② 먼저 들어온 항목이 먼저 제거되는 FIFO(First In First Out) 구조

(5) 데크(DEQUE : Double Ended Queue)

① 삽입과 삭제가 양쪽에서 이루어짐

② 2개 포인트를 사용하여 가장 자연스러우나 컴퓨터 프로그래밍에서는 활용이 적음

③ 큐(줄을 서서 기다린다는 의미)

④ 순서대로 처리하는 곳에서 활용 가능 : 예약작업, 은행업무, 프로세스 관리

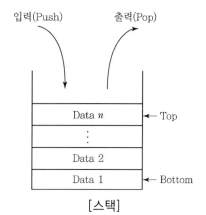

[스택]

	1열	2열	3열
1행	A	B	C
2행	D	E	F

[2차원 배열]

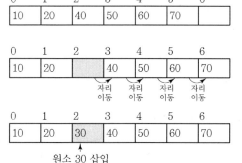

[선형리스트에서 원소 30 삽입]

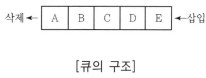

[큐의 구조]

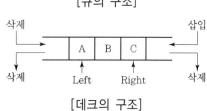

[데크의 구조]

2. 자료처리 시스템

1) 일괄처리 시스템(Batch Processing System)
① 일괄량 또는 일정 기간에 달할 때까지 발생된 데이터를 수집
② 처리의 대상이 되는 데이터를 일 단위나 월 단위마다 모아두고 그것을 하나로 종합하여 처리
③ 비 집중 처리 시스템 : 유사한 작업을 주기적으로 모아서 분류, 정렬한 후 한꺼번에 처리하는 방식(시스템 중심의 처리 방식, 급여 계산, 성적 처리)

2) 실시간 처리 시스템(Real Time Processing System)
① 데이터 발생과 동시에 컴퓨터에 투입하여 바로 처리하는 방식
② 온라인 실시간 처리 : 원거리에서 터미널을 연결하여 조회 및 응답 형식으로 처리하는 방식
③ 집중 처리 시스템 : 중앙 컴퓨터의 일괄 통제하여 처리나 응답이 이루어지는 실시간 처리 방식(사용자 중심의 처리 방식, 금융 기관의 업무, 예약 업무)

3) 텔레 프로세싱 시스템(Tele Processing System)
① 원격 접근 데이터 처리와 같은 뜻
② 통신 시설에 의해 상호 접속된 컴퓨터와 단말 장치를 조합시켜서 데이터를 처리
③ 분산 처리 시스템 : 지리적으로 분산된 처리기와 데이터를 네트워크로 연결하여 처리하는 방식(클라이언트/서버 시스템)

4) 다중 프로그래밍 시스템(Multi Programming System)
① 여러 개의 프로그램을 컴퓨터 시스템 내에 동시에 저장해 놓고 일정시간 내에 동시에 처리하는 방식
② 시분할 방식에 여러 프로그램을 처리하는 방식

5) 다중 프로세싱 시스템(Multi Processing System)
① 복수 개의 CPU를 혼자 사용하는 것처럼 일정한 시간으로 사용을 분할하여 자료를 처리
② 동시에 여러 사용자가 사용할 수 있도록 하는 시스템

03 데이터베이스관리시스템

1. 데이터베이스

1) 기본 개념

(1) 데이터와 정보

① 데이터(Data) : 현실 세계에서 단순히 관찰하거나 측정하여 수집한 사실(Fact)이나 값(Value)

② 정보(Information) : 데이터를 의사 결정에 유용하게 활용할 수 있도록 처리하여 체계적으로 조직한 결과물

③ 정보 처리 : 데이터에서 정보를 추출하는 과정 또는 방법

④ 정보 시스템 : 조직을 운영하기 위해 필요한 데이터를 수집하여 저장해두었다가 필요할 때 유용한 정보를 만들어 주는 수단

(2) 데이터베이스 개념

① 데이터베이스는 정보 시스템 안에서 데이터를 저장하고 있다가 필요할 때 제공하는 역할을 함

② 서로 관련 있는 데이터들을 효율적으로 관리하기 위해 표준형식으로 저장된 데이터 집합체

③ 전산화 관련 자료의 구조 중 하나의 조직 안에서 다수의 사용자들이 공통으로 자료를 사용할 수 있도록 통합 저장되어 있는 운영자료의 집합

④ 특정 조직의 여러 사용자들이 공유해서 사용할 수 있도록 통합해서 저장한 운영 데이터의 집합

⑤ 여러 사용자가 함께 소유하고 사용할 수 있는 공유 데이터

⑥ 중복을 최소화한 통합 데이터

⑦ 컴퓨터가 접근할 수 있는 매체에 저장된 저장 데이터

⑧ 조직의 주요 기능을 수행하기 위해 반드시 필요한 운영 데이터

⑨ 데이터베이스 디자인 순서
DB 목적 정의 → DB 테이블 정의 → DB 필드 정의 → 테이블 간의 관계 정의

⑩ 데이터베이스 구축과정
- 정의단계 : 데이터베이스의 개념과 논리적 조직과 더불어 데이터베이스를 계획하는 것
- 저장하는 방법에 대한 정의 : 물리적 구조(파일의 위치와 색인 방법)를 설계하는 것

• 데이터베이스를 관리하고 조작 하는 것 : 추가, 수정, 삭제

(3) 데이터베이스 특징

① 실시간 접근성
  • 언제 어디서나 주어진 질의를 실시간으로 처리할 수 있어야 함
  • 일반적으로 온라인 처리라고 하면 통상 실시간 처리를 의미

② 계속적 변화
  • 데이터는 시시각각으로 변화하기 때문에 동적인 상태라고 할 수 있음
  • 데이터의 삽입, 삭제, 갱신을 통해 현재의 정확한 데이터를 항상 유지하여야 함

③ 동시 공유
  • 서로 다른 목적을 가진 응용들을 위한 것이기 때문에 여러 사용자가 동시에 접근하여 이용할 수 있어야 함
  • 같은 내용의 데이터를 서로 다른 방법으로 여러 사람이 공유할 수 있어야 함

④ 내용에 의한 참조
  • 수록되어 있는 데이터 레코드들의 주소나 위치에 의해서 참조되는 것이 아니라 데이터가 가지고 있는 값(내용)에 따라 참조됨
  • 조건을 만족하는 모든 레코드들은 하나의 논리적 단위로 취급되고 접근됨

⑤ 상호작용 · 독립성 · 신뢰성 · 유연성 등
  • 모든 데이터가 중복을 최소화하면서 통합됨
  • 한 조직체의 운영 데이터뿐만 아니라 그 데이터에 관한 설명까지 포함
  • 데이터 구조가 프로그램과 분리되어 데이터베이스에 저장됨으로써 프로그램과 데이터 간의 독립성이 제공됨
  • 효율적으로 접근이 가능하고 질의를 할 수 있음
  • 다양한 계층의 사용자들이 데이터베이스로 접근하는 경우 신뢰성과 유연성을 가져야 함
  • 구체적으로 데이터를 구조화하고 최종적으로 물리적 저장소인 디스크에 데이터가 저장되는 내부적 설계에는 아무런 영향을 미치지 못하는 상호 독립성을 갖고 있음
  • 사용자들은 데이터베이스의 외부적 관점에서 상호작용하거나 또는 질의어를 통하여 직접 상호작용하는 경우도 있음

2) 데이터베이스 장단점

(1) 장점

① 현실세계에서 관찰이나 측정을 통하여 수집된 값을 데이터베이스에 구축하면 데이터의 관리가 쉽다(통제의 집중화).

② 자료의 효율적인 관리(분리)가 가능하다.

③ 새로운 응용을 용이하게 수행할 수 있다(새로운 응용프로그램의 용이성).

④ 여러 사용자가 같은 자료에 동시 접근이 가능하다.

⑤ 저장된 자료를 공동으로 이용할 수 있다(데이터의 공유화).

⑥ 데이터의 무결성과 보완성을 유지할 수 있다.

⑦ 데이터의 표준화가 가능하다(중복성 배제, 독립성 유지).

⑧ 데이터의 처리 속도가 증가한다.

⑨ 방대한 종이 자료를 간소화시킨다.

⑩ 정확한 최신 정보를 이용할 수 있다.

(2) 단점

① 비용 면에서 자료기반체계에 관한 소프트웨어와 이와 관련된 처리장비는 매우 고가이다.

② 부가적인 복잡성이 존재한다.

③ 집중된 통제에 따른 위험이 존재한다.

3) 데이터 모델링

(1) 모델링 개념

① 실세계에서 관심 대상이 되는 데이터만 추출하여 추상적인 형태로 나타낸 것을 데이터 모델링이라고 함

② 데이터베이스가 보다 정확성을 가지며, 사용자가 이해할 수 있는 논리성을 지니며, 데이터의 관리와 확장이 가능한한 쉽게 이루어지도록 데이터베이스를 설계하는 것

③ 내용은 실세계에서 필요한 정보항목을 추출하고, 각 항목별 필요한 데이터를 분석한 후 각 항목 사이의 연관성과 제약성을 파악하는 것

④ 데이터를 정의하고, 데이터들 간의 관계를 규정하며, 데이터의 의미와 데이터에 가해지는 제약조건을 나타내는 개념적 도구라고 볼 수 있음

(2) 모델링 과정(데이터베이스 설계 과정)

① 요구사항 수집과 분석 → 개념적 설계 → 개념적 스키마 → 논리적 설계 → 논리적 스키마 → 정규화 → 물리적 설계 → 물리적 스키마

1 단계	요구사항 분석	• 데이터베이스의 용도 파악 • 결과물 : 요구사항 명세서
2 단계	개념적 설계	• DBMS에 독립적인 개념적 구조 설계 • 결과물 : E-R다이어그램
3 단계	논리적 설계	• DBMS에서 적합한 논리적 구조 설계 • 결과물 : 릴레이션 스키마
4 단계	물리적 설계	• DBMS에서 구현 가능한 물리적 설계 • 결과물 : 물리적 스키마
5 단계	구현	SQL문을 작성한 후 이를 DBMS에서 실행하여 데이터베이스 생성

② 개념적 모델 : 관심대상이 되는 데이터의 구성요소를 추상적인 개념으로 나타낸 것

③ 내부(논리)적 설계

- 개념적 스키마를 기반으로 논리적 스키마를 설계(데이터베이스의 논리적 구조를 설계)
- 계층형 모델, 관계형 모델, 네트워크 모델, 객체지향형 모델 등 다양한 모델에서 사용

④ 물리적 설계 : 데이터의 정보가 컴퓨터에 저장되는 것으로 저장단위로 구체적으로 정의됨

2. DBMS

1) 기본 개념

(1) DBMS 개념

① 데이터베이스를 보다 편리하게 정의하고, 생성하며, 조작할 수 있도록 해주는 범용 소프트웨어 시스템

② 데이터의 효과적이고 효율적인 저장과 액세스를 다루기 위해 설계되는 소프트웨어 애플리케이션

③ 한 조직체의 활동에 필요한 데이터를 수집하고, 조직적으로 저장해 두었다가 필요할 때 처리하여 의사결정에 도움이 되는 정보를 생성하는 정보시스템

④ 데이터 모델 : 실세계 객체를 표현하는 데 사용하는 메커니즘

⑤ 데이터 로딩 능력 : 외부의 데이터를 불러들여 데이터베이스로 구축하는 툴을 제공

⑥ 인덱스 : 데이터베이스에서 빠르게 검색을 수행하는 데 사용되는 데이터구조

⑦ 질의어 : SQL이라 불리는 표준 데이터 질의/조작 언어를 지원

⑧ 보완 : 다양한 사용자 액세스 권한 부여

⑨ 갱신 : 갱신을 효과적으로 통제, 조정하는 트랜잭션 관리자를 통해 제어

⑩ 백업 및 복구 : 데이터베이스를 백업하고 문제 발생 시 복구하는 기능 제공

⑪ 객체(Entity)
- 데이터베이스에 데이터로 표현하려고 하는 유형, 무형의 객체를 뜻함
- 현실세계의 형상을 GIS에서 사용할 수 있는 데이터로 표현하기 위한 기본 단위(건물, 도로, 행정경계, 도로명)
- 개체는 서로 다른 개체들과의 관계성을 가지고 구성됨
- 개체는 데이터 모델을 이용하여 보다 정량적인 정보를 가짐
- 현실세계에 존재하는 정보의 단위로서 의미를 갖고 있음
- 컴퓨터가 취급하는 파일의 레코드에 대응하며, 각각의 개체는 하나 이상의 속성으로 각 속성은 그 개체의 특성이나 상태를 나타냄

⑫ 속성(Attribute)
- 개체와 연관된 정보로서 개체의 성질이나 상태를 나타냄
- 정성적인 것과 정량적인 것으로 구분

(2) DBMS 구성요소

① 데이터베이스
- 조직체의 응용 시스템들이 공유해서 사용하는 운영 데이터들이 구조적으로 통합된 모임
- 시스템 카탈로그(스키마 정보를 유지)와 저장된 데이터베이스로 구분

② DBMS
- 사용자가 새로운 데이터베이스를 생성하고, 데이터베이스의 구조를 명시할 수 있음
- 사용자가 데이터를 효율적으로 질의하고 수정할 수 있음
- 시스템의 고장이나 권한이 없는 사용자로부터 데이터를 안전하게 보호함
- 여러 사용자가 데이터베이스에 접근하는 것을 제어하는 소프트웨어 패키지

③ 하드웨어
- 컴퓨터 본체
- 부속 디스크 장치

④ 사용자
- 데이터베이스 관리자
- 응용 프로그래머
- 최종 사용자
- 데이터베이스 설계자
- 오퍼레이터

(3) DBMS 장단점

① 장점
- 데이터 공유기능 : 응용분야의 요구에 맞게 여러 가지 구조로 지원해 줄 수 있다.
- 데이터 중복의 최소화 : 관리자가 중앙에서 관리하기 때문에 각각의 응용에서 개별적인 파일을 유지할 필요가 없다.
- 데이터의 일관성 유지 : 데이터의 중복을 제거할 수 있으므로 데이터의 불일치는 발생하지 않는다.
- 데이터의 무결성 유지 : 데이터베이스에 저장된 데이터가 정확하다.
- 데이터의 보안 유지 : 중앙집중식으로 총괄하여 관장하므로 데이터베이스의 관리 및 접근을 효율적으로 통제할 수 있다.
- 표준화 기능 : 실세계 데이터를 데이터베이스에 표현하고 저장하는데 해당 조직체에 적합한 데이터의 표준 체계를 정립할 수 있다.
- 현실세계에서 관찰이나 측정을 통하여 수집된 값을 데이터베이스에 구축하면 데이터의 관리가 쉽다(통제의 집중화).
- 데이터를 안정적으로 관리한다.
- 새로운 응용을 용이하게 수행할 수 있다(새로운 응용프로그램의 용이성).
- 여러 사용자가 같은 자료에 동시 접근 및 공유가 가능하다.
- 데이터의 처리 속도가 증가한다.
- 데이터에 대한 효율적인 검색을 지원한다.
- 각종 데이터베이스의 질의 언어를 지원한다.

② 단점
- 비용 면에서 자료기반체계에 관한 소프트웨어와 이와 관련된 처리장비는 매우 고가이다.

434

- 소프트웨어의 규모가 크고 복잡하여 파일방식보다 많은 하드웨어 자원이 필요하다.
- 초기 구축비용과 유지비용이 고가이다.
- 중앙 집약적인 구조에 따른 위험이 존재한다.
- 자동적으로 데이터베이스의 일관성을 유지하기 위해서 컴퓨터의 자원을 많이 필요로 하므로 응답시간이 많이 걸릴 수 있다.
- 백업과 회복의 복잡도가 높다.

(4) DBMS 특징

① 자료의 검색 및 수정이 자체적으로 제어되므로 중앙제어장치로 운영될 수 있다(운용비용 부담이 가중된다).

② DB 내의 자료는 다른 사용자와 함께 호환이 자유롭게 되므로 효율적이다.

③ 저장된 자료의 형태와는 관계없이 자료에 독립성을 부여할 수 있다.

④ DBMS에서 제공되는 서비스 기능을 이용하여 새로운 응용프로그램의 개발이 용이하다.

⑤ 독특한 데이터의 검색기능을 편리하게 구현할 수 있다.

⑥ 데이터베이스의 신뢰도를 보호하고 일관성을 유지하기 위한 기능과 공정을 제공할 수 있다.

⑦ 중복된 자료를 최대한 감소시킴으로써 경제적이고 효율성 높은 방안을 제시할 수 있다.

⑧ 사용자 요구에 부합하도록 적절한 양식을 제공함으로써 자료의 중복을 최대한 줄일 수 있다.

⑨ 자료의 중앙제어를 통해 데이터베이스의 신뢰도를 증진시킬 수 있다(중앙집약적 구조의 위험성이 높다).

⑩ 관련 자료 간의 자동 갱신이 가능하다.

⑪ 도형 및 속성자료 간에 물리적으로 명확한 관계가 정의될 수 있다.

⑫ DMBS에서 제공되는 서비스 기능을 이용하여 새로운 응용프로그램의 개발이 용이하다.

⑬ 직접적으로 사용자와의 연계를 위한 기능을 제공하여 복잡하고 높은 수준의 분석이 가능하다.

(5) DBMS 요구사항

① 데이터 독립성 : 응용프로그램이 데이터 표현의 상세한 내역과 데이터 저장으로부터 독립적이다.

② 융통성 : 기존의 응용 프로그램에 영향을 주지 않으면서 데이터베이스 구조를 변경할 수 있어야 한다..

③ 효율적인 데이터 접근 : 방대한 데이터베이스를 효율적으로 저장하고 접근하기 위해 다수의 정교한 기법을 제공해야 한다.

④ 데이터에 대한 동시 접근 : 데이터베이스는 조직체의 중요한 공유 정보이므로 여러 사용자가 동일한 데이터를 동시에 접근한다.

⑤ 백업과 회복 : 시스템 에러 등으로부터 데이터베이스를 회복하며, 디스크 등이 손상을 입는 경우를 대비해서 백업을 수행한다.

⑥ 중복을 줄이거나 제어하여 일관성을 유지 : 데이터를 통합함으로써 동일한 데이터가 여러 개의 사본으로 존재하는 것을 피한다.

⑦ 데이터 무결성 : 의미적인 측면에서 데이터가 정확하고 완전함을 의미한다.

⑧ 데이터 보안성 : 권한이 없는 접근으로부터 데이터를 보호한다.

⑨ 쉬운 질의어 : 키워드와 간단한 구문을 사용한 질의어를 통해 질의를 표현하고, 결과를 바로 얻을 수 있다.

⑩ 다양한 사용자 인터페이스의 제공

(6) DBMS 소프트웨어

① Oracle
- 최초의 상업용 제품으로 발표된 관계형 데이터베이스
- 대용량 처리, 작업의 안정성은 물론 다양한 운영체계에서 활용됨
- 가격이 비싸서 개인사용자보다는 기업에서 주로 사용

② SQL Server
- 마이크로소프트와 사이베이스가 공동으로 만든 DBMS
- 관계형 데이터베이스 관리 시스템에서 자료의 검색과 관리, 데이터베이스 스키마 생성과 수정, 데이터베이스 객체 접근 조정 관리를 위해 고안된 컴퓨터 언어
- 데이터베이스로부터 정보를 얻거나 갱신하기 위한 표준 대화식 프로그래밍 언어

③ DB2
- IBM에서 1983년 발표한 관계형 DBMS
- 유닉스와 윈도우즈 등 다양한 운영체계를 지원함

④ Informix
- 인포믹스에서 만든 관계형 DBMS
- 유닉스 환경에서 많이 사용되며 표준 SQL을 지원하는 데 효과적

⑤ MySQL
- 공개 프로그램으로 자유롭게 사용할 수 있음
- SQL을 처음 배우는 사람에게 적합하며 소스까지 공개되어 있음

2) DBMS 발달과정

(1) 파일처리시스템

① 개념
- 초기의 정보시스템에서 데이터를 가공하고 처리하여 유용한 정보를 얻기 위한 파일(File)단위의 데이터 저장 및 처리 시스템
- 파일은 다수의 레코드들로 구성되며, 각 레코드는 여러 개의 필드를 가진다.
- 각 레코드는 연관된 필드들의 모임이다.
- 일반적으로 각각의 응용프로그램마다 별도의 파일을 유지한다.

② 장점
- 운영체계를 설치할 때 함께 설치되어 별도의 구입비용을 지출하지 않고 사용할 수 있다.
- 처리속도가 빠르다.

③ 단점
- 다수 사용자들을 위한 동시성 제어가 제공되지 않는다.
- 검색하려는 데이터를 쉽게 명시하는 질의어가 제공되지 않는다.
- 사용자 접근을 제어하는 보안체제가 미흡하다.
- 회복기능이 없다.
- 프로그램 – 데이터 독립성이 없으므로 유지보수 비용이 크다.
- 데이터 모델링 개념이 부족하고 무결성을 유지하기 어렵다.
- 데이터의 공유와 융통성이 부족하다.
- 데이터가 많은 파일에 중복해서 저장된다.
- 사용자의 권한에 따른 수준의 접근 제어를 시행하기 어렵다.
- 응용 프로그램이 파일의 형식에 종속된다.
- 사용자가 데이터를 보는 방식 그대로 데이터를 표현하기 어렵다.

④ 토지정보체계의 데이터베이스 관리에서 파일처리방식의 문제점
- 데이터의 독립성을 지원하지 못한다.
- 사용자 접근을 제어하는 보안체제가 미흡하다.
- 다수의 사용자 환경을 지원하지 못한다.
- 데이터가 분리되고 격리되어 있다.
- 상당량의 데이터가 중복되어 있다.

- 응용 프로그램이 파일의 형식에 종속된다.
- 파일 상호간에 종종 호환성이 없다.
- 사용자가 데이터를 보는 방식 그대로 데이터를 표현하기 어렵다.

(2) DBMS 발달과정

① DBMS는 데이터의 분류, 삽입, 생성과 같은 기본적인 파일처리를 수행하는 파일관리시스템에서 발달하였다.

② 1960년대에는 인덱스 순차접근방법과 가상기억공간 접근방법 등과 같은 파일시스템이 발달하였다.

③ 1960~1970년대에 사용된 네트워크 DBMS와 계층 DBMS가 1세대에 속한다.

④ 1970년대에는 계층적 데이터베이스 모델과 네트워크데이터베이스 모델을 지원하는 DBMS가 등장하였다.

⑤ 1970년대에는 SQL, SEQUEL, QUEL과 같은 사용하기 쉬운 관계형 데이터베이스 질의언어가 개발되었다. 또한 INGRESS, Informix와 같은 프로타입의 관계형 DBMS이 등장하였다.

⑥ 1980년대에 들어오면서 관계형 데이터베이스관리시스템의 사용이 주축을 이루게 되면서, Oracle, Informix, SQL 등 상용시스템이 출현하였다.

⑦ 1980년대 초반부터 계속 사용되어 온 관계 DBMS가 2세대에 속한다.

⑧ 1990년대에는 관계형과 객체지향형 DBMS을 같이 활용하였다.

⑨ 2000년대는 객체관계형 DBMS이 개발이 이루어지고 표준질이어 SQL은 국제표준으로 발전되었다.

⑩ 객체지향 DBMS와 객체관계 DBMS가 3세대에 속한다.

(3) 지리정보시스템(GIS)의 데이터 처리를 위한 데이터베이스 관리시스템(DBMS)

① 자료의 중복없이 표준화된 형태로 저장되어 있어야 한다.

② 데이터베이스의 내용을 표시할 수 있어야 한다.

③ 데이터 보호를 위한 안전관리가 되어 있어야 한다.

④ 장점 : 중앙제어기능, 효율적인 자료호환, 다양한 양식의 자료제공

⑤ 파일 처리방식의 단점을 보완한 방식이다.

⑥ DBMS 프로그램은 독립적으로 운영될 수 있다.

⑦ 데이터베이스와 사용자 간 모든 자료의 흐름을 조정하는 중앙제어 역할이 가능하다.

⑧ 지리정보시스템(GIS)에서 데이터베이스관리시스템(DBMS)을 사용하는 이유
- 각종 질의 언어를 지원한다(강력한 질의어를 지원한다).
- 매우 많은 양의 데이터를 저장하고 관리할 수 있다.
- 하나의 데이터베이스를 여러 사용자가 동시에 사용할 수 있게 한다.

3) DBMS 언어

(1) 데이터베이스 스키마(Database Schema)

데이터베이스에서 자료의 구조, 자료의 표현 방법, 자료 간의 관계, 제약조건 등을 정의한다.

① 외부 스키마(External Schema)
- 사용자나 응용 프로그래머가 각 개인의 입장에서 필요로 하는 데이터베이스의 논리적 구조를 정의한 것
- 실제로 이용자가 취급하는 데이터 구조를 정의
- 각 사용자가 갖는 뷰, 서브 스키마라고도 함
- 사용자와 응용 프로그래머가 접근하는 데이터베이스를 정의

② 개념 스키마(Conceptual Schema)
- 모든 응용 시스템과 사용자들이 필요로 하는 데이터를 통합한 조직 전체의 데이터베이스 구조를 논리적으로 정의한 개념, 데이터 전체의 구조를 정의
- 어떤 데이터가 저장되어 있으며, 데이터 간에는 어떤 관계가 존재하고, 어떤 무결성 제약조건이 명시되어 있는가를 기술
- 테이블들의 집합으로 표현
- 응용 시스템들이나 사용자들이 필요로 하는 데이터베이스 전체에 대한 것으로, 개체, 관계, 제약조건, 접근권한, 보안정책, 무결성 규칙에 대한 상세를 포함

③ 내부 스키마(Internal Schema)
- 전체 데이터베이스의 물리적 저장 형태를 기술하는 개념
- 자료가 실제로 저장되는 물리적인 데이터의 구조를 말함
- 외부 스키마 및 데이터 구조의 형식을 구체적으로 정의
- 물리적 저장장치 관점에서 데이터베이스가 어떻게 저장되는지에 대한 구조와 내용을 정의

참고

스키마(Schema)

① 계획이나 도식의 뜻으로 문서의 논리적 구조를 말한다.

② 데이터베이스 자료구조, 자료의 표현 방법, 자료 간의 관계를 형식 언어로 정의한 구조이다.

③ 데이터베이스의 구조에 관해서 이용자가 보았을 때의 논리적 구조와 컴퓨터가 보았을 때의 물리적 구조를 기술하고 있다.

④ 데이터 구조의 형식을 구체적으로 정의하는 내부스키마, 데이터 전체의 구조를 정의하는 개념스키마, 실제로 이용자가 취급하는 데이터 구조를 정의하는 외부스키마가 있다.

⑤ 데이터베이스에 저장되는 데이터 구조와 제약조건을 정의[고객 : 고객번호(정수), 이름(최대 10자의 문자열), 나이(정수), 주소(최대 20자의 문자열)]

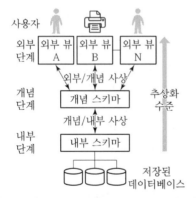

[ANSI/SP ARC 3단계 아키텍처의 예]

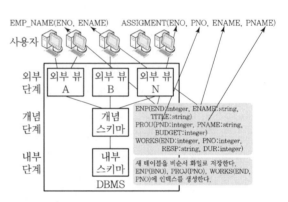

[관계 데이터 모델에서 3단계 아키텍처의 예]

(2) DBMS 언어

관계형 데이터베이스(RDB)의 조작과 관리에 사용되는 데이터베이스 프로그래밍 언어이다. 데이터베이스의 모든 속성과 성질(예 : 레코드 설계, 필드 정의, 파일 위치 등)을 정의하는 데이터 정의어(DDL : Data Definition Language), 데이터베이스 내의 데이터를 검색, 삽입, 갱신, 삭제하는 데 사용되는 데이터 조작 처리 언어(DML : Data Manipulation Language), 데이터 접근 제어 언어(DCL : Data Control Language)로 구성되어 있다.

① 정의(Definition)

    ㉠ 데이터의 물리적 구조를 명세한다.

    ㉡ 데이터의 논리적 구조와 물리적 구조사이의 변환이 가능하도록 한다.

    ㉢ 데이터베이스의 논리적 구조와 그 특성을 데이터 모델에 따라 명세한다.

    ㉣ 데이터의 형(Type)과 구조, 데이터가 DB에 저장될 때의 제약조건 등을 명시하는 기능이다.

    ㉤ 데이터와 데이터의 관계를 명확하게 명세할 수 있어야 하며, 원하는 데이터 연산은 무엇이든 명세할 수 있어야 한다.

    ㉥ 데이터 정의어(DDL : Data Definition Language)

        • 데이터베이스를 정의하거나 수정할 목적으로 사용한다.

        • 데이터베이스 형태가 여러 사용자들이 요구하는 대로 제공해 줄 수 있도록 데이터를 조직하는 기능이 있다.

        • 데이터베이스, 테이블, 필드, 인덱스 등 객체(Object)를 생성하고(CREATE), 변경하거나(ALTER) 삭제하는(DROP), 이름변경(RENAME) 등 기능이 있다.

② 조작(Manipulation)

    ㉠ 데이터 검색(요청), 갱신(변경), 삽입, 삭제 등을 체계적으로 처리하기 위해 데이터 접근 수단 등을 정하는 기능

    ㉡ 처리절차의 용이성, 정확하고 안전, 효율성

    ㉢ 데이터 조작어(DML : Data Manipulation Language)

        • 사용자가 데이터베이스에 접근하여 데이터를 처리할 수 있는 데이터 언어

        • 데이터베이스에 저장된 자료를 검색(Select), 삽입(Insert), 삭제(Delete), 갱신(Update)하기 위해 사용되는 언어

③ 제어(Control)

    ㉠ 데이터베이스를 접근하는 갱신, 삽입, 삭제 작업이 정확하게 수행되어 데이터의 무결성이 유지되도록 제어해야 한다.

    ㉡ 정당한 사용자가 허가된 데이터만 접근할 수 있도록 보안(Security)을 유지하고 권한(Authority)을 검사할 수 있어야 한다.

    ㉢ 여러 사용자가 데이터베이스를 동시에 접근하여 데이터를 처리할 때 처리 결과가 항상 정확성을 유지 하도록 병행 제어(Concurrency Control)를 할 수 있어야 한다.

ⓒ 데이터 제어어(DCL : Data Control Language)
- 데이터를 보호하고 관리하는 목적으로 사용한다.
- 운영체계가 다수의 프로그램을 동시에 수행하듯이 여러 트랜잭션들을 동시에 수정해야 한다.
- 사용자는 데이터 제어어를 사용하여 데이터베이스 트랜잭션을 명시하고 권한을 부여하거나 취소한다.

4) SQL(Structured Query Language) 언어

(1) SQL 특성
① 상호 대화식(비절차) 언어, 사용자와 관계형 데이터베이스를 연결시켜 주는 표준검색언어이다.
② 관계형 데이터베이스 관리시스템에서 자료의 검색과 관리, 데이터베이스 스키마 생성과 수정, 데이터베이스 객체 접근 조정 관리를 위해 고안되었다.
③ 데이터베이스로부터 정보를 얻거나 갱신하기 위한 표준 대화식 프로그래밍 언어이다.
④ 데이터 정의어, 데이터 조작어, 데이터 제어어를 모두 지원한다.
⑤ 상호 대화식(비절차) 언어, 사용자와 관계형 데이터베이스를 연결시켜 주는 표준검색언어이다.
⑥ 미국표준연구소(ANSI)와 국제표준기구(ISO)에서 관계 데이터베이스 표준 언어로 채택하였다.
⑦ 집합단위로 연산하는 언어, 비절차적 언어이다.
⑧ 질의를 위하여 사용자가 데이터베이스의 구조를 알아야 하는 언어를 과정 질의어라 한다.
⑨ 질의어란 사용자가 필요한 정보를 데이터베이스에서 추출하는 데 사용되는 언어를 말한다. 관계형 DBMS에서 자료를 만들고 조회할 수 있는 도구이다.

(2) SQL 기본구문
① SELECT 컬럼명1, 컬럼명2.. FROM 테이블명 WHERE 조건
② SELECT절은 질의결과에 포함하려는 열(속성)들의 리스트를 열거한다.
③ FROM절은 질의어에 의해 검색될 데이터들을 포함하는 테이블을 기술한다.
④ WHERE절은 관계대수의 실렉션 연산의 조건에 해당한다.
⑤ ORDER BY절은 질의 결과가 한 개 또는 그 이상의 열 값을 기준으로 오름차순 또는 내림차순으로 정렬될 수 있도록 기술된다.

⑥ 복잡한 탐색 조건을 구성하기 위하여 단순 탐색 조건들을 AND, OR, NOT으
로 결합할 수 있다.

기본구문

SELECT 컬럼명1, 컬럼명2.. FROM 테이블명 WHERE 조건

질의 : 2번 부서에 근무하는 사원들에 관한 모든 정보를 검색하라.

SELECT	*
FROM	EMPLOYEE
WHERE	DNO = 2 ;

EMPNO	EMPNAME	TITLE	MANAGER	SALARY	DNO
1003	조민희	과장	4377	3000000	2
2016	김창섭	대리	1003	2500000	2
4377	이성래	사장	^	5000000	2

예 : %를 사용하여 문자열 비교

질의 : 이씨 성을 가진 사원들의 이름, 직급, 소속 부서번호를 검색하라.

SELECT	EMPNAME, TITLE, DNO
FROM	EMPLOYEE
WHERE	EMPNAME LIKE '이%' ;

EMPNAME	TITLE	DNO
이수민	부장	3
이성래	사장	○

(3) SQL 구문

① 데이터 정의 언어(DDL : Data Definition Language) : CREATE, DROP,
ALTER

  ㉠ 데이터와 데이터 간의 관계를 정의하는 데 사용되는 언어로, 데이터베이스
  내에서 데이터 구조를 만드는 데 사용됨

  ㉡ 스키마(Scheme), 도메인(Domain), 테이블(Table), 뷰(View), 인덱스(Index)
  정의에 사용

ⓒ CREATE 문

- 스키마 정의 : CREATE SCHEMA 스키마_이름 AUTHORIZATION 사용자_이름 ;
- 도메인 정의 : CREATE DOMAIN 도메인_이름 데이터_타입 [묵시적_정의] [도메인_제약조건] ;
- 기본 테이블 생성 : CREATE TABLE 테이블_이름
- 인덱스 테이블 생성 : CREATE INDEX 인덱스_이름 ON 테이블 _이름(열이름_리스트) ;

ⓔ DROP 문 : 데이터베이스, 스키마, 도메인, 테이블, 뷰, 인덱스의 삭제

- DROP DATABASE 데이터베이스_이름 [CASCADE | RESTRICT] ;
- DROP SCHEMA 스키마_이름 [CASCADE | RESTRICT] ;
- DROP TABLE 테이블_이름 CASCADE : 참조하는 테이블도 자동 삭제
- DROP TABLE 테이블_이름 RESTRICT : 참조중이면 삭제되지 않음

ⓜ ALTER 문 : 기본 테이블 변경

- 열 추가 ALTER TABLE 테이블이름 ADD 열이름 데이터타입 ;
- 열 삭제 ALTER TABLE 테이블이름 DROP 열이름 ;
- 디폴트 값 변경 ALTER TABLE 테이블이름 ALTER 열이름 SET DEFAULT 디폴트_값 ;

② 데이터 조작 언어(DML : Data Manipulation Language)

- 데이터베이스 내의 데이터를 검색(SELECT), 삽입(INSERT), 삭제 (DELETE), 변경(UPDATE)를 하는데 사용되는 일련의 명령어
- SELECT 문 : SELECT 열_리스트 FROM 테이블_리스트 [WHERE 조건] ;
- INSERT 문 : INSERT INTO 테이블_이름 [열_리스트] VALUE(열값_리스트) ;
- UPDATE 문 : UPDATE 테이블_이름 SET 열이름=산술식 {열이름=산술식} WHERE 조건식 ;
- DELETE 문 : DELETE FROM 테이블_이름 [WHERE 조건식] ;

③ 데이터 제어 언어(DCL : Data Control Language)

- GRANT 문 : 기존 사용자나 그룹의 특정 권한을 허용
- REVOKE 문 : 기존 사용자나 그룹의 특정 권한을 해제

• BEGIN TRANSACTION 문 : 트랜잭션의 시작을 명시적으로 표시
• COMMIT 문 : 트랜잭션을 종료하고 데이터 변경을 확정
• ROLLBACK 문 : 트랜잭션을 취소하고 데이터의 변경을 이전 상태로 복구

〈SQL문〉

구문	명령문	설명
DDL	CREAT	테이블 등 데이터구조(객체)를 생성한다.
	ALTER	객체를 수정할 때 사용한다.
	DROP	객체를 제거할 때 사용한다.
	RENAME	객체의 이름을 변경할 때 사용한다.
	TRUNCATE	객체의 모든 행을 삭제한다.
DML	SELECT	데이터베이스에서 데이터를 검색할 때 사용한다.
	INSERT	테이블에서 새 행을 입력한다.
	UPDATE	기존 행 변경한다.
	DELETE	행을 제거한다.
	MERGE	데이터가 테이블에 존재하지 않으면 INSERT, 존재하면 UPDATE를 수행한다.
DCL	GRANT	ORACLE 데이터베이스 및 해당구조에 대한 엑세스 권한을 부여하거나 제거한다.
	REVORK	

5) DBMS 종류

(1) 계층형 DBMS

① 계층형 데이터모델은 최초로 구현된 데이터 모델로 가장 많은 제약점을 가지고 있다.

② 족보와 같은 단순한 트리구조를 가지고 있으며, 데이터 갱신은 용이하나 검색과정이 폐쇄적이다.

③ 네트워크 DBMS보다 구조가 단순하다. 하지만 복잡한 현실 세계의 모습을 부모 자식 관계가 명확한 트리 형태로 표현하기는 힘들고, 구조 변경이 어렵다는 문제가 존재한다.

④ 트리(Tree) 형태 : 가장 위의 계급을 Root(근원)라 하며, Root 역시 레코드의 형태를 갖는다. Root를 제외한 모든 레코드는 부모 레코드와 자식 레코드를 갖는다.

445

⑤ 모든 레코드는 일 대 일(1 : 1) 혹은 일 대 다수(1 : n)의 관계를 갖고 있기 때문에 한 개의 부모 레코드만 갖는다.

⑥ 하나의 기록형태에 여러 가지 자료항목이 들어 있고, 파일 내 각각의 기록들은 파일 내에 있는 상위단계의 기록과 연계되어 있다. 상·하위 기록들을 연관시키는 데는 지시자(Pointer)가 활용된다.

⑦ 계층구조의 장점은 다양한 기록들이 다른 파일의 기록들과 관련을 가지고 있으며, 기록의 추가와 삭제가 용이하고, 상위기록을 통해서 접근하면 자료의 검색속도가 빠르다.

⑧ 자료의 접근은 지시자에 의해 설정된 경로만을 통해서 가능하다.

⑨ 계층구조 내의 자료들이 논리적으로 관련이 있는 영역으로 나누어진다.

 참고

2차원 쿼드트리(quadtree)에서 B의 총 면적 계산?(최하단에서 하나의 셀의 면적을 1로 가정)

둘째단(16) + 셋째단(8) + 넷째단(8) = 32

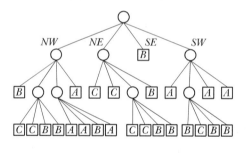

| 둘째단 | 셋째단 | 넷째단 |

(2) 네트워크형 DBMS

① 데이터베이스를 노드와 간선을 이용한 그래프 형태로 구성하는 네트워크 데이터 모델을 사용한다.

② 하나 또는 그 이상의 자식레코드가 부모레코드를 가진다.

③ 기록들은 다른 파일의 하나 이상의 기록들과 연계되어 있으며, 연관시키기 위해서는 지시자가 활용된다.

④ 계층형에 비해 데이터 표현력이 강하지만 자료구조가 복잡한 단점이 있다.

⑤ 간선을 이용해 데이터 간의 관계를 표현하기 때문에 데이터베이스의 구조가 복잡하고 변경하기 어렵다는 단점이 있다.

(3) 관계형 DBMS

① 개요

- 데이터베이스를 테이블 형태로 구성하는 관계 데이터 모델을 사용한다.
- 데이터베이스를 단순하고 이해하기 쉬운 구조로 구성한다는 장점이 있다.
- 1980년대에는 관계 DBMS가 주류가 되었고, 1990년에도 기술이 계속 확장되고 성능이 향상되었다. 관계 DBMS는 지금도 널리 사용되는 데이터베이스 관리 시스템이다.
- 대표적인 관계 DBMS로는 오라클(Oracle), MS SQL 서버(MS SQL Server), 액세스(Access), 인포믹스(Informix), MySQL 등이 있다.
- 토지정보를 비롯한 공간정보를 관리하기 위한 데이터 모델로서 현재 가장 보편적으로 쓰이며 데이터의 독립성이 높다.

② 데이터 모델

- 모든 데이터들을 테이블과 같은 형태로 나타내는 것으로 데이터베이스를 구축하는 가장 전형적인 모델이다.
- 데이터 구조는 릴레이션(Relation, 테이블의 열과 행의 집합)으로 표현된다. 2차원 테이블 형태로 테이블은 다수의 열로 구성되고, 각 열에는 정해진 범위의 값이 저장(레코드)된다.
- 열은 속성(Attribute), 행은 튜플(Tuple)이라고 부른다.
- 테이블 각 칸에는 하나의 속성값만 가지며, 이 값은 더 이상 분해될 수 없는 원자값만 가진다.
- 하나의 속성을 취할 수 있는 같은 유형의 모든 원자값의 집합을 그 속성의 도메인(Domain)이라고 정의한다.
- 각 레코드는 기본 키(Primary Key)로 구분되며 하나 이상의 열로 구성된다.
- 전문적인 자료관리를 위한 데이터 모델로서 현재 보편적으로 많이 사용하고 있다.
- 데이터의 결합, 제약, 투영 등의 관계조작에 의해 표현능력을 극대화시킬 수 있고, 자유롭게 구조를 변경할 수도 있다.
- 모형의 구조가 단순하여 사용자와 프로그래머간의 의사소통을 원활히 할 수 있고 시스템 설계가 용이하다.
- 높은 성능의 시스템 구성을 필요로 한다.

- 데이터의 갱신이 용이하고 융통성을 증대시킨다.
- 데이터의 독립성이 높고 높은 수준의 데이터 조작언어를 사용한다.
- SQL과 같은 질의 언어 사용으로 복잡한 질의도 간단하게 표현할 수 있다.
- 자료 테이블 간의 공통필드에 의해 논리적인 연계를 구축함으로써 효율적인 자료관리 기능을 제공하여 공통필드가 존재하는 한 정보검색을 위한 질의의 형태에 제한이 없는 장점을 지닌 데이터 모델이다.

참고

① 릴레이션(Relation)
- 튜플 : 릴레이션을 구성하는 각각의 행(Row)
- 속성 : 릴레이션에서 하나의 열(Attribute, Column)
- 도메인 : 하나의 속성이 취할 수 있는 같은 타입의 원자값들의 집합

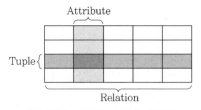

[관계형 데이터베이스 용어]

SQL 용어	관계형 데이터베이스 용어	설명
로우	튜플 또는 레코드	하나의 항목을 대표하는 데이터
칼럼	속성(Attribute) 또는 필드	튜플의 이름 요소 (예 : "주소", "태어난 날짜")
테이블	관계 또는 기초 관계변수	같은 속성을 공유하는 튜플의 모임

② 릴레이션(테이블) 정규화
- 관계형 데이터베이스의 설계에서 데이터의 중복을 제거하여 데이터모형을 단순화하는 작업
- 자료 저장공간을 최소화하고, 데이터베이스 내의 데이터 불일치 위험을 최소화
- 자료의 수정, 삭제에 따른 예기치 않은 오류를 최소화하여 데이터 구조의 안정성을 유지

(4) 객체지향형 DBMS

① 개요
- 1980년대 후반부터 등장한 객체지향 DBMS는 객체지향 프로그래밍 개념에서 도입한 객체를 이용해 데이터베이스를 구성하는 객체지향 데이터 모델을 사용한다.
- 더 복잡한 응용 분야의 데이터를 관리하려는 사용자 요구를 충족시키기 위해 제안되어, 새로운 유형의 데이터 저장과 데이터의 복잡한 분석 및 처리를 지원한다.
- 대표적인 객체지향 DBMS로는 오투(O2), 온투스(ONTOS), 젬스톤(Gem Stone), OpenODB, ObjectStore, Versant 등이 있다.
- 모든 데이터를 오브젝트(Object, 물체)로 취급하여 프로그래밍 하는 방법 : JAVA , C^{++}, C#, ASP, Objective-C, 파이썬 등

② 객체지향 주요 5가지 용어
- 클래스(추상화된 모습) + 객체(Object, 실체)
- 캡슐화 : 데이터와 코드 형태를 외부로 알리지 않고, 데이터의 구조와 역할, 기능을 캡슐 형태로 만드는 방법
- 상속성 : 상위(부모) 클래스의 속성과 기능 등 모든 것을 하위(자식) 클래스가 그대로 이어받는 것
- 추상화 : 공동의 속성이나 기능을 묶어 이름을 붙이는 것
- 다형성 : 하나의 이름으로 사용되지만 여러 개의 구현을 가지는 개념

③ 데이터 모델
- 관계형 데이터 모델에 객체지향 데이터 모델을 혼합한 것
- 관계형 데이터 모델의 단점을 보완한 데이터베이스로 CAD, GIS 사무정보시스템 분야에서 활용하는 데이터베이스
- 모든 것을 클래스(Class) 및 객체(Object)로 표현
- Parent/Child의 구조라고 하며 객체의 구성관계가 복잡하지만 명백하다.

즉, 어떤 요소가 어디에 포함되며(Subclass), 또는 어떤 요소를 포함하고 있는 관계가 명백하다.

- 복잡하기는 하지만 동질성을 가지고 구성되어 있는 현실세계의 객체들을 보다 정확히 묘사함으로써 기존의 데이터베이스 모형이 가지는 문제점들의 극복이 가능하며 클래스의 주요한 특성으로 계승 또는 상속성의 구조를 갖는다.

④ 대표적인 특성
- 데이터와 프로그램을 그룹화한다.
- 복잡한 객체들을 이해하기 쉽다.
- 유지와 변경이 용이하다.
- 강력한 자료 모델링 기능을 부여한다.
- 동질성을 가지고 구성된 실세계의 객체들을 비교적 정확히 묘사한다.

(5) 객체 – 관계형 DBMS

① 개요
- 1990년대 후반에 관계 DBMS에 객체 지향 개념을 통합한 객체 관계데이터 모델이 제안되었다.
- 객체 DBMS와 관계 DBMS의 개념을 통합한 것으로 볼 수 있다.
- 데이터를 형식화되지 않을 경우 의미가 모호할 뿐만 아니라 명확하게 나타내기 어려워서 이런 어려움을 해결하기 위하여 형식화된 방법을 고안하였다.
- 표준이라고 제시한 모델이 없고 상업적으로 성공한 시스템도 없이 정착되었다.

② 데이터 모델
- 개체 – 관계 모델은 개체, 속성, 관계의 개념을 이용한다.
- 객체 – 관계 모델은 다이어그램으로 표현한다.
- 객체지향 데이터베이스 모델을 가진 관계형 데이터베이스 관리 시스템
- 소프트웨어 개발자가 스스로 데이터 형과 메서드(명령문)를 자유롭게 정의하여 데이터베이스를 개발할 수 있는 데이터베이스 관리 시스템

③ 대표적인 특성
- 클래스도 도메인이 될 수 있다.
- 클래스의 한 속성값이 한 개 이상 존재할 수 있다.
- 클래스는 매소드(Method)를 가진다.
- 계층적 클래스 구조를 갖는다(Inheritance).

제3장 지리정보체계(GIS : Geographic Information System)

01 GIS 개론

1. 개요

1) 정의 및 특성

(1) 정의

① 실세계의 다양한 형상들에 대한 공간자료를 수집, 생성, 갱신, 검색, 저장, 변환, 분석, 표현을 위해 필요한 도구들이 모여진 도구상자

② 정보시스템(GISystem) : 지리적 좌표체계에 의해 참조된 데이터를 다루기 위한 목적으로 고안된 정보시스템

③ 지리정보학으로 인식하면서 GIS를 정보학의 한 분야 : 정보의 창출과 처리, 저장 및 사용과 관련하여 연구하는 학문

(2) 특성

① 기능적인 측면 : 특정 목적을 달성하기 위해 체계적인 방법으로 정보를 수집, 저장, 분석, 표현하는 시스템

② 구조적인 측면 : 데이터와 기술자원과 인력자원으로 구성

③ 통계적인 측면 : 시스템에서 이루어지는 일련의 처리과정을 관리하고 또한 개개의 정보시스템은 독립적으로 작동되는 동시에, 다른 정보시스템들과 표준화된 통신규약을 통해 서로 연결되는 정보시스템 네트워크를 형성

④ 지리적 자료를 수집, 관리, 분석할 수 있는 정보시스템으로 방대한 지형공간 정보를 시스템에 데이터베이스화하여 다양한 목적에 따라 결과물을 생산, 활용할 수 있는 시스템

⑤ 지리정보를 기초로 데이터를 수집 · 분석 · 가공하여 지형과 관련되는 모든 분야에 적용하기 위해 설계된 종합정보시스템

⑥ 복잡한 계획과 관리 문제를 해결하기 위해 컴퓨터를 기반으로 공간 자료를 입력, 저장, 관리, 분석, 표현하는 체계

⑦ 다양한 공간 분석기능과 모델링을 통해 고부가가치의 정보를 추출하고 더 나아가 공간적 의사결정을 지원할 수 있는 정보나 지식을 창출할 수 있다.

⑧ 다양한 공간적 분석이 가능하여 도시계획, 환경, 생태 등의 여러 분야에서 의사결정에 활용될 수 있다.

⑨ 자료의 통계분석과 분석결과에 따라 다양한 지도제작이 가능하다.

⑩ 효율적인 수치지도를 제작할 수 있다.

⑪ 효율적인 GIS 데이터 모델을 적용할 수 있다.

⑫ GIS의 일반적 작업순서 : 실세계 → 데이터 수집 → DB구축 → 분석 → 결과 도출 → 사용자

2) 구성요소

(1) 조직 · 인력

① 가장 중요한 요소, 운영할 수 있는 조직 및 기술인력

② 관찰자(지리정보 검색), 일반사용자(GIS를 사용자), GIS 전문가(실질적인 업무담당자)

(2) 자료

① 속성정보와 도형정보 등 모든 정보를 입력하여 보관하는 정보의 저장소

② 구축하는 작업은 비용 및 시간에 있어 GIS 사업에서 가장 큰 비중을 차지한다.

③ 지리자료 : 측지기준 네트워크(모든 지리자료의 기초), 지형기준(기본도), 도형중첩(주제자료)

④ 수치도형 자료 : 벡터(점, 선, 면으로 표현), 래스터(격자 셀), 표면자료(동일한 값을 가지고 있는 점 또는 실세계)

(3) 하드웨어

① 지리정보를 수집, 저장, 분석, 표현하기 위해서 사용되는 코어(Core)와 주변장치

② 입력장치 : 디지타이저, 마우스, 스캐너, 키보드

③ 저장장치 : 자기디스크, 자기테이프, CD, DVD, 기타 기억장치

④ 출력장치 : 플로터, 프린터, 모니터

⑤ 연산 · 저장장치

(4) 소프트웨어

① 정보의 입력, 출력, 검색, 추출, 분석 등을 위한 컴퓨터 프로그램의 집합체

② 클라이언트/서버 컴퓨팅 : 한 지역 또는 분산 네트워크상의 서로 다른 컴퓨터들 간의 작업분배 개념을 기초로 함

③ 입력 소프트웨어 : 기존의 지도와 현장탐사 및 조사 등을 통한 자료를 단말기나 디지타이저, 스캐너, 문자파일 등의 도그를 이용하여 컴퓨터에 입력시키는 역할

④ 출력 소프트웨어 : 지리정보의 수집된 상태나 분석결과를 단말기나 프린터, 플로터 같은 매체를 통하여 종이지도나 표, 그림 등의 형식으로 출력

⑤ 공간데이터베이스 관리 소프트웨어 : 사용자가 필요한 공간정보를 색출, 검색, 수정, 편집할 수 있도록 제반 기능을 지원

GIS 구성요소
- 4가지 구성요소 : 조직(인력), 자료, 소프트웨어, 하드웨어
- 7가지 구성요소 : 조직, 자료, 소프트웨어, 하드웨어, 네트워크, 절차와 방법, 애플리케이션

3) GIS 기능

① 위치표시 기능 : 절대적 위치와 상대적 위치 파악

② 도형과 속성자료의 상호연계 기능
- 도형자료의 선택을 통한 속성자료 검색, 속성자료에 의한 도형자료 검색
- 논리적 또는 산술적 연산에 의하여 동시검색이 가능

③ 공간적 상호관계 분석기능
- 공간분석 : 공간상에 분포하는 지형지물 간의 공간적 상호관계를 인식하여 필요한 정보를 취득
- 위상관계(Topology) : 공간적 상호관계(인접성, 연결성, 포함성)

④ 공간자료의 동적인 변화 분석기능
- 일정 기간에 대한 공간상의 변화에 관한 자료를 수집, 정리하는 기능 포함
- 시간이 공간적 특성에 미치는 영향을 분석

⑤ 현실세계의 모형정립 기능
현실세계의 현상을 사용목적에 적합하도록 조합하여 추상화함으로써 공간상의 현상들을 일반화하여 이해하기 쉽게 함

4) GIS 필요성

① 전문부서 간의 업무의 유기적 관계를 갖기 위하여, 정보의 신뢰도를 높이기 위하여, 자료 중복 조사 방지 및 분산 관리

② 시간적, 공간적 자료의 부족, 개념 및 기준의 불일치로 인한 신뢰도 저하 해소(정
보의 신뢰도 향상)

③ 행정환경 변화의 능동적 대응(자료의 중복 조사 방지)

5) 토지정보체계(LIS)와 지리정보체계(GIS)의 차이점

① 지리정보체계의 공간기본단위는 지역과 구역이다.

② 토지정보체계는 일반적으로 대축척 지적도를 기본도로 한다.

③ 토지정보체계의 공간기본단위는 필지(Parcel)이다.

구분	토지정보체계	지리정보체계
공간기본단위	필지(Parcel)	지역, 구역
축척 및 기본도	대축척, 지적도	소축척, 지형도
정확도	높다	낮다(가변적)
세분정보	토지이용의 최소단위	보편적 지역범위

6) 발전과정

(1) 등장배경

① 주제도 제작 : GIS가 지표면에서 나타나는 형상물들의 기하학적 특성에 따라
서 개개의 커버지리로 표현된다는 점에서 GIS가 등장하게 된 기원은 18세기
중반 주제도의 제작이다.

② 컴퓨터 기술의 발달

③ 공간분석 기법의 발달

(2) 발전과정

① 1950년대 미국 워싱턴 대학에서 연구를 시작하여 1960년대 캐나다의 자원관
리를 목적으로 CGIS(Canadian GIS)가 개발되어 각국에 보급되었다.

② 1970년대에는 GIS전문회사가 출현되어 토지나 공공시설의 관리를 목적으로
시범적인 개발계획을 수행하였다.

③ 1980년대에는 개발도상국의 GIS도입과 구축이 활발히 진행되면서 위상정보
의 구축과 관계형 데이터베이스의 기술발전 및 워크스테이션 도입으로 활성
화되었다.

④ 1990년대에는 Network 기술의 발달로 중앙 집중형 데이터베이스의 구축으
로 경제적인 공간데이터베이스의 구축과 운용이 가능하게 되었다.

년도	발전과정
1960년도	미국과 캐나다에서 시작, 전산지도의 개념으로 주로 래스터 자료구조, 정부 등 공공기관에서 주로 사용
1970년도	컴퓨터의 급속한 발전과 CAD의 등장, 벡터 자료 구조의 일부 수용, 자원관리 및 환경관리 · 공공시설관리에 주로 활용
1980년도	GIS의 저변 확대기, 벡터 자료구조 및 위상구조의 본격적인 활용, 공간정보와 속성정보의 유기적 연관 및 공간분석 기능, 워크스테이션과 RDMS 등장, 정부하부조직 및 민간 영역에서 GIS의 활발한 도입
1990년도	H/W, S/W의 급속한 발전, 저장 매체 및 통신기술의 발달, Internet GIS와 3D GIS의 등장, 중앙 집중형 데이터베이스의 구축

2. GIS 기술동향

1) Desktop GIS

① 전문적인 GIS의 제품의 성능에는 미치지 못하지만 데스크톱 PC상에서 사용자들이 손쉽게 지리정보의 매핑과 웬만한 공간분석을 수행할 수 있는 소프트웨어이다.

② Desktop PC상에서 사용자들이 손쉽게 GIS 자료를 매핑과 일정수준의 공간분석을 수행할 수 있는 기술이다.

③ 장점 : 사용하는 O/S의 비용이 저렴하고 작업 환경이 보통 윈도우 환경에서 이루어지므로 보다 편리한 공간자료에 대한 분석이 가능하다.

④ 단점 : GIS의 특성상 자료가 복잡하고 많은 연산과 대용량의 저장 공간이 필요한 작업 수행이 요구되므로 현재 PC의 성능에는 운영과 분석에서 한계점이 있다.

2) 전사적(Enterprise) GIS

① 과거 독립시스템 또는 한 부서에서 국부적으로 이용하던 GIS시스템을 LAN 및 WAN 등의 네트워크를 통해 한 기관의 전체 부서 또는 한 지역 내 관련 기관에서 모두 운영하는 개념으로 데이터의 공유를 근간으로 부서와 조직의 경계를 넘어서는 시스템 통합 차원의 GIS 기술이다.

② 조직 내에서 공동으로 이용되므로 조직의 자원을 공유하고 개발 행위를 조정하여 인력 및 자원의 낭비를 최소화한다.

3) 컴포넌트(Component) GIS

① 컴포넌트란 '정의된 인터페이스를 통해 특정 서비스를 제공 할 수 있는 소프트웨어의 최소 단위'를 말한다.

② 개발자들이 특정 목적을 가진 응용프로그램 개발에 있어 기존에 개발된 코드나 다른 종류의 컴포넌트를 유용하게 재사용함으로써 응용프로그램을 더욱 확장시키는 것이다.

③ 새로운 프로그래밍 언어를 습득하는 것보다는 표준 개발환경에서 사용할 수 있는 컴포넌트를 원하고 있다.

④ 소프트웨어 엔지니어링 방법론 도입(기본적인 단위로 사용하여 소프트웨어를 개발) : 확장 가능한 구조, 분산 환경을 지향, 특정 운영환경에 종속되지 않는다.

4) Internet GIS : Web GIS

① 인터넷 기술과 GIS 기술을 접목하여 지리정보의 입력, 수정, 조작, 분석, 출력 등 GIS 데이터와 서비스의 제공이 인터넷 환경에서 가능하도록 구축된 GIS이다.

② GIS DB구축 및 활용이 개인컴퓨터 환경에 얽매이지 않고 웹(Web)을 통해 사회 다수의 이용자에게 제공되는 GIS 환경을 갖는다.

③ 다른 기종 간에 접속이 가능한 시스템으로 네트워크상에서 움직이기 때문에 각종 시스템에 접속이 가능하다.

④ 클라이언트–서버 형태의 시스템으로 대용량 공간자료의 저장, 관리와 분산처리가 가능하다.

⑤ 인터넷 기술을 GIS와 접목시켜 네트워크 환경에서 GIS 서비스를 제공할 수 있도록 구축한 시스템이다(분산적, 대화형, 동적, 상호 운용적, 통합적).

⑥ 데이터베이스와 웹의 상호 연결로 시공간상의 한계를 극복하고 실시간으로 정보 취득과 공유가 가능하다.

5) Mobile GIS

① 휴대폰 모바일 단말기 등 휴대용 단말기를 이용하여 언제 어디서나 공간과 관련된 자료를 수집, 저장, 분석, 출력할 수 있는 컴퓨터 응용시스템

② 시 · 공간의 제약이 없는 무선통신 환경에서 사용자들이 개인 휴대 단말기를 이용하여 필요한 지리정보를 실시간 제공받을 수 있는 GIS 솔루션 기능이 있다.

③ 사용자가 GIS 정보를 기반으로 자신이 원하는 다양한 부가정보(위치정보, 도로안내, 버스안내, 시설물관리, 매핑, 이동단속업무 등)를 주고받을 수 있게 하는 서비스이다.

④ 응용 서비스 분야 : 위치확인 및 추적 서비스, 트래킹 및 네비게이션 서비스

6) Temporal GIS

① 공간 및 속성 정보의 시공간적인 변화에 대한 질의, 분석, 시각화와 이를 통한 시공간 변화 추정 및 활용이 가능한 지리정보시스템

② 지리현상의 공간적 분석에서 시간의 개념을 도입하여, 시간의 변화에 따른 공간 변화를 이해하기 위한 GIS이다.

③ 연구대상지역의 변화를 파악할 수 있으며, 시간성 부여를 토대로 미래 지리적 변화를 예상할 수 있도록 한다.

④ 시간적 정보의 저장을 통하여 어느 곳에서, 무엇이, 어떻게 변화하는지를 보여준다.

7) Virtual GIS

① 래스터 데이터를 다루는 GIS 소프트웨어

② 높은 하늘에서 실제지형을 보는 듯하게 화면을 구현해낼 뿐만 아니라 그렇게 표현된 3차원 이미지로 각종 GIS 분석을 가능하게 해주는 소프트웨어

③ 2차원 공간데이터를 실제와 같은 3차원의 공간 데이터로 보여주는 소프트웨어

3. GIS 관련 정보체계

1) 도시정보체계(UIS : Urban Information System)

① 도시지역의 다양한 위치정보와 속성정보를 데이터베이스화하여 통합적 · 체계적으로 관리함으로써 효율적인 도시경영 및 도시계획 수립을 지원하는 시스템

② 도시 현황 파악 및 도시 계획, 도시 정비, 도시 기반 시설의 관리를 효과적으로 수행할 수 있는 시스템

③ 효율적인 도시관리 및 행정서비스 향상의 정보 기반구축으로 시설물을 입체적으로 관리할 수 있다.

④ 도시 전반에 관한 사항을 관리 · 활용하는 종합적이고 체계적인 정보시스템

⑤ 지적도 및 각종 지형도, 도시계획도, 토지이용계획도, 도로교통시설물 등의 지리정보를 데이터베이스화한다.

⑥ 활용사례 : 개발가능지 분석, 토지용변화 분석, 경관분석 및 경관계획

2) 도면자동화 및 시설물관리(AM : Automated Mapping/FM : Facilities Management)

① AM : 수치적 방법에 의한 지도제작 공정의 자동화에 중점

② FM

   • 도로, 상하수도, 전기 등의 자료를 수치지도화하고 시설물의 속성을 입력하여 데이터베이스를 구축함으로써 시설물 관리 · 활동을 효율적으로 지원하는 시스템

- 대규모 공장, 관로망 또는 공공시설물 등에 대한 제반 정보를 처리하는 시스템
- 건축, 전기, 설비, 통신 등 도면 자동화를 통해 구축된 수치지도를 바탕으로 지상 및 지하의 각종 시스템상에 구축하여 지원하는 시스템

3) 지하정보체계(UGIS : UnderGround Information System)

① 지하 시설에 대한 정보를 관리하는 시스템, 즉 지하 도로, 상하수도, 지하 통신로, 가스, 전기, 소방도 등 지하 시설물과 이와 관련되는 지상 정보와의 연계를 다룬 시스템

② 불가시, 불균질 공간을 가시화시켜 시설물의 3차원 위치정보와 그 속성정보를 분석하는 시스템

4) 측량정보체계(SIS : Surveying Information System)

① 측량기에 의한 수치지형도 작성, GPS에 의한 3차원 위치 결정, 항공사진을 이용한 지형도 작성, 원격탐사정보 시스템

② 측지 정보, 사진 측량 정보, 원격 탐사 정보를 체계화하는 데 활용된다.

5) 자원정보체계(RIS : Resource Information System)

① 농산자원정보, 삼림자원정보, 수자원정보 등과 관련된 정보체계

② 위성영상과 지리정보 시스템을 활용하여 농작물 작황조사, 병충해 피해조사 및 수확량 예측한다.

③ 토질과 지표특성을 고려한 산림자원 경영 및 관리대책을 수립할 수 있다.

④ 수리, 강우량, 증발량, 기상 지하수 등을 고려한 수문자료 기반 구축과 농업용수, 저수지 운용, 상수도, 강설량 등을 고려한 수자원 모형을 수립할 수 있다.

⑤ 석탄 수급현황의 분석 및 비상시 공급체계의 대책 수립 등에 이용된다.

6) 환경정보체계(EIS : Environmental Information System)

① 대기오염정보, 수질오염정보, 고형폐기물 처리정보, 유해폐기물 위치평가 등 각종 오염원의 생성과 관련된 정보를 효율적으로 관리한다.

② 환경관리 정보 체계를 이용하여 산업체 입지분포, 풍향, 지형 특성 등을 고려한 대기오염의 예측 및 분석이 가능하다.

③ 하천 수계별 수질오염의 분석과 화력 및 원자력 발전소의 냉각수 온도확산 분포조사, 매립장, 각종 시설물의 입지선정 및 영향평가에 활용된다.

④ 자연환경, 생활환경, 생태계, 경과변화 예측, 대형시설물의 건설에 따른 일조량의 변화 등을 예측할 수 있다.

7) 교통정보체계(TIS : Transportation Information System)

① TIS를 이용하여 육상 교통 관리, 해상 교통 관리, 항공 교통 관리, 교통 계획 및 교통 영향 평가를 할 수 있다.

② 교통량, 노선 연장, 운수업, 화물수송량, 도로 보수 공정, 도로 완공 일정 등을 효과적으로 관리할 수 있다.

8) 재해정보관리체계(DIS : Disaster Information System)

① 지역별 실시간적인 재해 정보, 일반인을 위한 재해 대비 요령, 날씨정보 등을 상세히 열람할 수 있다.

② 재해의 종류 : 위험요소인 댐 안전성, 지진, 폭염, 화재, 홍수, 위험 물질, 허리케인, 사면활동, 복합 위험, 핵, 테러, 폭풍우 토네이도, 쓰나미, 화산, 대형 화재, 겨울 폭풍 등

9) 국방정보체계(NDIS : National Defence Information System)

① 국방 목표 달성과 관련하여 적군과 아군 또는 우군의 자원과 기술 따위에 관한 모든 정보의 수집, 생산, 전파, 활용 및 관리를 유기적으로 연결하고 통합하여 최적화하는 과학적 수단의 집합체

② 언제, 어디서나 필요한 국방정보를 사용할 수 있고 사용자의 요구를 반영할 수 있도록 한 정보체계

10) 컴퓨터 이용 설계(CAD : Computer Aided Design)

① 설계와 제도 분야에 컴퓨터를 도입하여 작업을 효율적으로 수행하는 것

② 제품의 모양 그 밖의 속성 데이터로 되어있는 모델을 컴퓨터의 지원에 의하여 그 내부에 작성하고, 처리함으로써 진행하는 설계의 형식을 가지고 있다.

11) 컴퓨터 이용 제조(CAM : Computer Aided Manufacturing)

① 생산과 제조 분야에서 컴퓨터를 도입한 것

② 컴퓨터 내에서 입력된 설계도 혹은 제작도 등을 디스플레이하고 생산 및 가공 단계에서 필요한 여러 가지 자료를 얻어내고 실행시킨다.

459

02 공간자료 구조

1. 토지정보

토지정보는 위치정보와 특성정보로 구분되며, 위치정보는 절대위치와 상대위치로, 특성정보는 도형정보와 속성정보로 구분된다.

1) 위치정보

(1) 절대위치

① 실제공간에서의 위치자료를 말하여 지상, 지하, 해양, 공중 등 지구공간의 위치기준이 된다.

② 절대기준에 관한 위치의 개념으로 경도, 위도, 표고 등을 말한다.

③ 기준좌표계의 장점

- 자료의 수집과 정리를 분산적으로 할 수 있다(서로 다른 사람이 자료를 수집하고, 지도화하여 나타낼 때에도 통일성이 있음).
- 전 세계적으로 이해할 수 있는 표현 방법이다.
- 공간데이터의 입력을 분산적으로 할 수 있다.
- 거리, 면적, 각도에 대한 기준이 통일된다.

(2) 상대위치

① 임의의 기준으로부터 결정된 위치

② 모형공간에서의 위치자료를 말하는 것으로서, 상대적 위치 또는 위상관계를 부여하는 기준이 된다.

2) 특성정보

(1) 도형정보

① 벡터자료

- 스파게티자료는 상호연관성에 대한 정보가 없어 인접한 객체들의 특징과 관련성, 연결성을 파악하기가 힘들다.
- 위상자료는 공간 객체 간의 위상정보를 저장, 선의 방향, 특성간의 관계, 연결성, 인접성 등을 정의한다.
- 실세계에서 나타나는 다양한 대상물이나 현상을 X, Y와 같은 실제 좌표에 의한 점, 선, 다각형을 이용하여 표현하는 자료구조이다.

② 래스터자료

- 래스터 데이터 구조는 매우 간단하며, 일정한 격자모양의 셀이 데이터의 위치와 그 값을 표현하므로 격자데이터라고 한다.

• 도면을 스캐닝하여 취득한 자료와 위성영상 자료들에 의해 구성된다.

(2) 속성정보

① 개념

• 공간상에 객체와 관련 있는 특성에 대한 데이터(대상물의 성격이나 정보를 기술)
• 지적정보는 토지대장, 임야대장에 수록된 내용(토지소재, 지번 지목 등)
• 공간데이터 내용적 유형별로 테이블을 구성(제공되는 정보는 문자 형태로 나타남)

② 속성데이터 형태

• 토지정보시스템에서는 토지대장의 등록사항으로서 토지소재, 지번, 지목, 행정구역, 면적, 소유권(변동사항, 공유자, 주민등록번호), 토지등급, 토지이동사항(합병, 분할, 신규등록, 등록전환) 등
• 통계자료, 보고서, 관측자료, 범례 등의 형태로 구성되었으며 주로 글자나 숫자의 형태로 표현
• 통계자료는 각종 정책적, 경제적, 행정적인 자료를 말하며 글자와 숫자로 구성
• 보고서의 경우에는 사업계획서, 법규집, 보고서 등의 자료를 말하며 글자와 숫자 또는 텍스트로 구성
• 관측자료는 토지이용도 및 좌표, 수치영상 등으로 숫자와 영상자료로 구성
• 범례는 주로 도형자료의 속성을 설명하기 위한 자료로 도로명, 심벌, 주기 등으로 글자, 숫자, 기호, 색상으로 구성

③ 속성자료의 유형

• 속성자료의 형식적 유형은 숫자형, 문자형, 날짜형, 이진형으로 구분
• 숫자형은 정수, 실수 등 숫자로 기록된 자료로 자료의 비교 및 산술·연산·처리 가능
• 문자형은 문자 형태로 기록되며 산술연산처리는 불가능하지만 특정한 지명찾기 내림차순, 오름차순 정렬 등으로 처리 및 검색 가능
• 날짜형은 연월일시와 같은 날짜형으로 기록되며 자료는 날짜순으로 오름차순, 내림차순, 특정기간 내의 자료 찾기 등의 처리에 활용됨
• 이진형은 숫자형, 문자형, 날짜형이 아닌 모든 형태의 파일로서 기록되는 방법
• 지리적 객체와 관련된 정보가 문자 형식으로 구성되어 있음

④ 속성자료의 관리
- 속성테이블은 대표적으로 파일시스템과 데이터베이스 관리시스템으로 관리함
- 토지대장, 임야대장, 경계점좌표등록부 등과 같이 문자와 수치로 된 자료는 키보드를 사용하기 쉽고 편리하게 입력할 수 있음
- 속성자료를 입력할 때 입력자의 착오로 인한 오류가 발생할 수 있으므로 입력한 자료를 출력하여 재검토한 후 오류가 발견되면 수정하여야 함
- 입력자 착오 오차 : 속성자료 입력 시 발생할 수 있는 가장 일반적인 오차

(3) 속성자료와 도형자료 연계

① 다목적 지적제도의 5대 구성요소
- 측지기준망
- 기본도
- 지적중첩도
- 필지식별자
- 토지자료파일

② 필지식별자
- 각 필지의 등록사항의 저장과 수정 등을 용이하게 처리할 수 있는 고유번호(지번)
- 지적정보에서 대장(속성)정보와 도면(도형)정보를 연계하는 역할 수행
- 필지식별자는 부동산 식별자, 단일필지 식별번호라고도 함
- 토지소유자가 기억하기 쉽고 이해하기 쉬워야 함
- 토지의 분할 및 합병 시에 수정이 가능하여야 함
- 토지거래에 있어서 변화가 없고 영구적이어야 함
- 공부상에 등록된 사항과 실제 사항이 완벽하게 일치하며 유일무이
- 오차 발생이 최소화되어야 하며 정확하여야 함
- 모든 토지행정에 사용될 수 있도록 충분히 유동적이어야 함
- 토지 관련 정보를 등록하고 있는 각종 대장과 파일 간의 정보를 연결하거나 검색하는 기능 향상시킴

③ 속성정보와 도형정보의 관계
- 대장을 중심으로 이루어진 속성정보와 도면중심으로 이루어진 도형정보는 연계·통합되어 구축되어야 함
- 서로 별개의 정보가 아닌 하나의 정보로 이용할 수 있어야 하며, 이러한 역할을 수행하는 데 연결키가 되는 것이 식별자임

• 토지의 필지를 명백하게 식별하는 필지식별자, 필지에 하나의 지번이 부여되어 있는 지번식별자, 모든 사람 개개인에게 부여되어 있는 주민등록번호 식별자가 필요함

  ④ 도형자료와 속성자료를 링크하여 통합 관리할 경우 장점

    • 데이터의 조회가 용이

    • 데이터의 통합적인 검색 가능

    • 공간적 상관관계가 있는 자료를 볼 수 있음

    • 공간자료와 속성자료를 통합한 자료분석, 가공, 자료갱신이 편리함

2. 벡터자료

1) 개념

(1) 특징

  ① 현실 세계의 객체 및 객체와 관련되는 모든 형상의 점, 선, 면을 사용하여 지도상에 나타내는 것

  ② 표현하는 지역의 정확한 위치 표현을 위하여 연속적인 좌표계의 사용을 전제로 한다.

  ③ 지적도면의 수치화에 주로 사용된다.

  ④ 객체들의 지리적 위치를 방향과 크기로 나타낸다.

  ⑤ 현상적 자료구조를 잘 표현할 수 있고 축약되어 있다.

  ⑥ 공간해상도에 좌우되지 않는다.

  ⑦ 속성정보의 입력, 검색, 갱신이 용이하다.

  ⑧ 실세계의 이산적 현상의 표현에 효과적이다.

(2) 장점

  ① 시각적 효과가 높으며 실세계의 정확한 형상을 표현할 수 있다.

  ② 고해상력을 지원하므로 상세하게 표현되며 높은 공간적 정확성을 제공한다(그래픽의 정확도가 높다).

  ③ 세밀한 묘사에 비해 데이터 용량이 상대적으로 작다.

  ④ 벡터 데이터 모델은 저장 공간을 적게 차지한다.

  ⑤ 위상에 관한 정보가 제공됨으로 관망 분석과 같은 다양한 공간분석이 가능하다.

  ⑥ 검색이 빠르다.

  ⑦ 좌표변환을 고속으로 처리할 수 있다.

⑧ 압축된 자료구조를 제공하며 따라서 데이터 용량의 축소가 용이하다.

⑨ 복잡한 현실세계의 묘사가 가능하다.

⑩ 위상에 관한 정보가 제공된다.

⑪ 지도를 확대하여도 형상이 변하지 않는다.

(3) 단점

① 벡터데이터 구조는 복잡하며, 래스터데이터 구조보다 관리하기가 어렵다.

② 중첩 및 공간분석 기능을 수행하는 경우 공간연산이 상대적으로 어렵고 시간이 많이 소요된다.

③ 데이터 갱신이 번거롭다.

④ 데이터 입력이 수작업이기 때문에 비용이 많이 든다.

⑤ 그래픽 구성요소는 각기 다른 위상구조로 중첩이나 분석에 기술적으로 어려움이 수반된다.

2) 기본요소

(1) 점(Point)

① 점은 (x, y) 또는 (x, y, z)와 같은 한 쌍의 좌표로서 공간상에 위치를 표현하며 범위를 갖지 않는 0차원 공간객체이다(위치와 속성을 가진다).

② 점은 거리와 폭의 개념이 존재하지 않으나, 심벌을 사용하여 지도나 컴퓨터 화면상에 표현된다.

③ 소축척의 지도에서 산의 정상이나 건물의 위치와 같은 Line이나 Area로 디스플레이하기에 너무 작은 지리적 Feature를 표현하는 단일 x, y좌표이다.

④ 점은 위치 좌표계의 단 하나의 쌍으로 표현되는 대상이다.

⑤ 사용 : 지적기준점, 기하학적 위치결정 등

(2) 선(Line)

① 선은 연속되는 점의 연결로서 공간상에 그 위치와 형상을 표현하는 1차원의 길이를 갖는 공간객체이다.

② 영차원인 점들의 집합으로서 연속적인 점들의 표현으로 이루어진다.

③ 주어진 축척에서 영역으로 디스플레이하기에는 너무나 좁은 지리요소의 형태나 면적을 가지지 않는 Liner Feature를 표현한다.

④ 길이와 방향을 가지고 있다.

⑤ 노드에서 시작하여 노드에서 끝난다.

⑥ 사용 : 지적도 경계선, 등고선, 철도, 하천, 도로중심선 등

(3) 면, 영역(Area, Polygon)

① 영역은 선에 의해 폐합된 형태로서 범위를 갖는 2차원 공간객체이다.

② 일차원인 선이 모여서 만들어진 닫힌 형태로 면적을 가지고 있다.

③ 점, 선, 면의 데이터 중 가장 복잡한 형태를 갖는다.

④ 경계를 형성하는 연속된 선들로서 형태가 이루어진다.

⑤ 사용 : 필지경계선, 산림, 건물 등

(4) 공간자료의 표현

① 0차원 공간객체 : 점(Point), 노드(Node)

② 1차원 공간객체 : 스트링(String), 아크(Arc), 링크(Link), 체인(Chain)

③ 2차원 공간객체 : 폴리곤(Polygon), 내부영역(Interior Area)

3) 위상구조

(1) 구성요소

① 노드(Node)

- 체인이 시작되고 끝나는 점, 서로 다른 체인 또는 링크가 연결되는 곳에 위치한다.
- 노드 위상테이블 : 노드에 대해서는 먼저 노드의 좌표를 기록하는 속성테이블이 필요하다. 그 다음 각 노드에서 만나는 체인을 기록하는 테이블이 필요하다.

② 체인(Chain)

- 1차원 공간객체로 시작노드와 끝노드에 대한 위상정보를 가지며 자체 꼬임이 허용되지 않는 위상의 기본요소이다.
- 체인 위상테이블 : 체인 위상테이블은 2가지가 필요하다. 먼저 각 체인을 연결하는 노드를 기록하는 속성테이블, 면을 이루는 각 체인에 대해서는 면의 좌우 위상관계를 기록하는 속성테이블이 필요하다.

③ 영역(Area)

- 영역은 하나 이상의 체인을 경계선으로 하여 내부와 외부로 나누어진다.
- 영역 위상테이블 : 영역을 구성하는 체인을 속성테이블로 기록한다.

(2) 위상구조화 유형

① 선형위상구조

- 객체들은 점들을 직선으로 연결하여 정확하게 표현할 수 있다.
- 도로중심망, 관망, 배전선로망 등 선형위상구조가 이루어지면 최단경로탐색, 흐름분석과 같은 네트워크분석을 할 수 있다.

② 영역위상구조
- 행정구역, 필지경계 등과 같이 영역의 집합으로 구성되는 유형으로 구성되는 자료를 대상으로 영역형 자료분석을 할 수 있도록 위상구조화가 된 것을 말한다.
- 폴리곤 구조는 형상, 인접성, 계급성의 세 가지 특성을 지닌다.
- 객체들이 위상구조를 갖게 되면 주변 객체들과 공간상에서의 관계를 인식할 수 있다.

③ 위상관계(Topology)
- 공간의 관계를 정의하는데 쓰이는 수학적 방법으로서 입력된 자료의 위치를 좌표값으로 인식하고 각각의 자료 간의 정보를 상대적 위치로 저장한다.
- 연결되어 있는 인접한 요소 간의 공간적 관계이다.
- 점, 선, 면으로 객체 간의 공간 관계를 파악할 수 있다.
- Arc의 위상관계는 Arc의 From-node와 To-node, Arc의 좌우 Polygon에 관한 것이다.
- 위상학적인 관계라는 것은 간단한 요소들을 복합적인 요소로 만드는 것이다.
- Point(가장 간단한 요소), Arc(point를 연결한 것), Area(Arc를 연결한 것), Route(Area 또는 Arc의 일부분인 Section의 집합)
- 객체들은 점들을 직선으로 연결하여 정확하게 표현할 수 있다.
- 공간적 모델링 기능은 좌표를 필요로 하는 것이 아니라 오직 위상학적인 정보만을 필요로 하기 때문에 위상관계는 GIS에서 꼭 필요한 것이다.
- 공간 객체 간의 위상정보를 저장하는 데 일반적으로 사용되는 방식이다.
- 관계된 점의 좌표를 사용하지 않고 공간분석이 가능한 것이 가장 큰 장점이다.
- 다각형의 형상(Shape), 인접성(Neighborhood), 계급성(Hierarchy)을 묘사할 수 있는 정보를 제공한다.
- 좌표데이터만을 사용할 때보다 다양한 공간분석이 가능하다.
- 공간 객체 간의 위상정보를 저장하는 데 보편적으로 사용되는 방식이다.

(3) 위상구조를 이용하여 가능한 분석

① 인접성(Neighborhood, Adjacency)
- 두 개의 객체가 서로 인접하는지를 판단한다.
- 서로 이웃하여 있는 폴리곤 간의 관계를 의미한다.
- 공간 객체 간의 상호 인접성에 기반을 둔 분석에 필수적이다.

- 이웃하여 있는 폴리곤들의 경우 상, 하, 좌, 우와 같은 상대적 위치성 또한 파악하여야 할 중요한 요소이다(도형자료의 위상 관계에서 관심 대상의 좌측과 우측에 어떤 사상이 있는지를 정의).
- 도로와 같은 공간 객체가 상호 연결되는 방식, 상호 연결성에 따라 허용 가능한 움직임이나 행동을 명시할 규정이 정해져야 한다.

② 연결성(Connectivity)
- 두 개 이상의 객체가 연결되어 있는지를 판단한다.
- 하나의 지점에서 또 다른 지점으로 이동 시 경로선정이나 자원의 배분 등에 활용된다.

③ 포함성(Containment), 계급성(Hierarchy)
- 폴리곤이나 객체들의 포함관계를 나타낸다.
- 객체 간의 포함여부를 가지고 다양한 분석이나 연산에 사용한다.

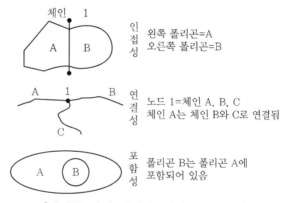

[객체들 간의 인접성, 연결성, 포함성]
출처 : 이희연, 지리정보학, p185

(4) 도형정보에 위상을 부여할 경우 기대효과

① 저장된 위상정보는 빠르고 용이하게 분석할 수 있다.
② 입력된 도형정보는 위상과 관련되는 정보를 정리하여 공간 DB에 저장하여 둔다.
③ 공간적인 관계를 구현하는 데 필요한 처리시간을 최대한 단축시킬 수 있다.
④ 다양한 공간분석을 가능하게 해주는 구조이다.
⑤ 지형·지물들 간의 공간관계를 인식할 수 있다.
⑥ 다중연결을 통하여 각 지형·지물은 다른 지형·지물과 연결될 수 있다.

(5) 위상구조의 단점

① 자료구조가 복잡하여 구현하기에 기술적으로 난이도가 있다.

② 모든 노드를 확인하는 데 많은 시간이 소요된다.

③ 복잡한 네트워크상에서 면을 폐합하고 노드를 형성하기 위한 과정에서 불확실성과 오류가 발생할 수 있다.

4) 스파게티 구조

(1) 특징

① 객체들 간에 정보를 갖지 못하고 국숫발처럼 좌표들이 길게 연결되어 있어 스파게티 구조라고 한다.

② 객체가 좌표에 의한 그래픽 형태(점·선·면적)로 저장되며 구조화되지 않은 그래픽 모형이다.

③ 인접한 폴리곤 간의 공통 경계는 각 폴리곤에 대하여 반드시 두 번 기록되어야 한다.

④ 하나의 점(X, Y좌표)을 기본으로 하고 있어 구조가 간단하므로 이해하기 쉽다(각각의 선은 X, Y좌표로 기록된다).

⑤ 도면을 독취할 때 작성된 자료와 비슷하며 자료구조가 단순하여 파일의 용량이 작은 장점이 있다.

⑥ 데이터파일을 이용한 지도를 인쇄하는 단순작업의 경우에 효율적인 도구로 사용되었다.

⑦ 상호 연관성에 관한 정보가 없어 인접한 객체들의 특징과 관련성, 연결성을 파악하기 어렵다.

⑧ 객체들 간의 공간관계에 대한 정보는 입력되지 않으므로 공간분석에서 필요한 정보를 별도로 계산하여야 하므로 비효율적이다.

⑨ 데이터 파일을 이용하여 지도를 인쇄할 경우에는 작업이 단순하여 효율적이다.

⑩ 선형 데이터를 생성하고 관리하기 위해 초기에 적용되었던 벡터 데이터 모델이다.

⑪ 각각의 벡터 라인들을 별도로 저장하여 관리하고 있으며, 라인이 한 점에서 교차하거나 끝 점으로 만난다 하더라도 각 선분들 간의 연결을 기록한다거나 이들 간의 관계를 설정하지 않는다.

⑫ 폴리곤의 경계선이 공유되는 경우에도 두 번씩 반복해서 저장된다. 결국 토폴리지에 대한 관계는 형성되지 않는 모델이다.

(2) 스파게티 자료 구조

① 점, 선, 면 등의 객체(Object)들 간의 공간관계가 설정되지 못한 채 일련의 좌표에 의한 그래픽 형태로 저장되는 구조

② 공간분석에는 비효율적이지만 자료구조가 매우 간단하여 수치지도를 제작하고 갱신하는 경우에는 효율적인 자료구조

5) 상용 벡터데이터 포맷

(1) AutoCAD의 DXF(Drawing eXchange Format)

① 개요

- 서로 다른 CAD 프로그램 간에 설계도면 파일을 교환하는 데 사용되는 파일 형식
- ASCII 코드 형태 그래픽 자료 파일 형식으로 *.dxf를 확장자로 가진다.
- CAD 자료를 다른 그래픽 체계로 변환한 자료파일이다.
- 1라인당 하나의 필드로 구성되어서 그만큼 파일 크기가 커지는 단점이 있다.
- 도형자료 관리에는 효율적이지만 속성정보를 포함하지 못하는 한계가 있다.
- DXF 구조는 단순하여 범용적으로 사용될 수 있다는 장점이 있으나 GIS에서 필수적으로 수반되는 속성자료와 위상정보의 교환이 어렵다는 문제점이 있다.
- 다양한 종류의 도형, 선의 두께와 형태, 색상, 폰트 등을 지원한다.
- 일반적인 텍스트 편집기를 통해 내용을 읽고 쉽게 편집할 수 있다.
- 도형표현의 효율성과 자료생성의 용이성을 가진다.

② DXF 파일의 구성

- 헤더 섹션 : 도면과 관련된 변수설정 내용(이력정보, 환경변수, 버전 등)
- 테이블 섹션 : 치수 · 라인 · 문자 스타일, 레이어, 좌표계, 사용자 뷰 등
- 블록 섹션 : 도면에서 정의된 모든 블록에 대한 내용
- 엔티티 섹션 : 실제 도면의 형상정보가 들어 있는 섹션

(2) ESRI의 Shape File

① 도형과 속성으로 나누어 공간정보를 저장할 수 있는 비위상구조의 데이터 포맷이다.

② 공간데이터 정보가 들어있는 SHP 파일, 인덱스 정보가 들어 있는 SHX 파일, 그리고 속성정보가 들어 있는 DBF 파일 3개로 구성되어 있다.

(3) Arc/Info의 E** 파일포맷

① E**파일은 Arc/Info의 커버리지 파일을 하나의 파일로 내보내기 위한 파일이다.

② 공간데이터와 속성데이터를 하나의 파일에서 기술하며, 아스키 파일형태로 구성된다.

③ Coverage 파일 : 벡터 데이터 저장의 기본단위가 되는 디지털화된 지도

(4) MicroStation의 ISFF 파일포맷

① 인터그래프 표준 파일포맷(ISFF)은 MicroStation과 Intergraph사의 대화형 그래픽 디자인 시스템에서 공통으로 사용하는 파일 포맷이다.

② 확장자는 DGN으로 하나의 이진파일로 구성되며 속성데이터를 포함하지 않는다.

(5) MapInfo의 MID/MIF 파일포맷

① MIF : 공간데이터를 포함, MID : 속성데이터

② 파일단위로 관리되며 두 파일 모두 아스키 파일형태로 구성

(6) 미국지질조사국에서 만든 DLG(Digital Line Graph)파일

① 전형적인 수치지도

② 지도 제작할 때 쓰이는 수치 자료를 위한 벡터 자료형식의 표준

(7) 미국 국방성의 VPF(Vector Product Format) 파일

① 미국방성 NIMA(National Imagery and Mapping Agency)에서 개발

② 군사적 목적의 벡터형 파일

(8) 미국 TIGER(Topologically Intergrated Geographic Encoding and Referenc - ing System) 파일

① U.S. Census Bureau에서 개발

② 인구조사를 위해 개발한 벡터형 파일

(9) NGI 파일 포맷

① 수치지도 Ver 2.0의 배포를 위한 국토지리정보원 내부포맷 공간데이터와 속성데이터의 저장할 때 파일이 분리된다.

  • 공간데이터 : *.NGI, *.NBI

  • 속성데이터 : *.NDA, *.NDB

② 공간데이터와 속성데이터를 서로 연결할 수 있도록 UID(Record ID) 사용

③ 네트워크 위상까지 표현 가능한 위상 수준

④ 아스키 파일과 바이너리 파일 포맷 제공

3. 래스터(격자)자료

1) 개념

(1) 특징

① 공간을 평평한 데카르트 평면으로 간주하여 균등하게 분할한 셀(Cell), 격자(Grid) 또는 화소(Pixel)로 구성된 배열이다.

② 셀(Cell), 또는 화소(Pixel : 도형 또는 영상을 격자형으로 나타내는 최소단위)로 구성된 배열형태로 이루어진다.

③ 각 픽셀의 형태와 크기는 그 자료 파일 내에서는 동일하며 배열 안에서 줄(Row)과 열(Column)의 위치에 의해 자동적으로 표시된다.

④ 격자가 나타내는 면적이 적을수록 그만큼 자세한 현실세계의 표현이 가능하며, 나타내는 면적이 클수록 자세한 현실의 표현보다는 개략적인 현실세계의 표현에 치중한다.

⑤ 래스터자료는 지리공간을 격자 셀로 세분하고, 공간해상도는 최소매핑단위(MMU)로 표시한다.

(2) 위치 표현

① 행과 열의 격자로 표현하는 격자좌표계 방법

② 벡터구조의 위치표현에 사용되는 XY좌표계 방법

(3) 장점

① 상대적으로 데이터 구조가 간단하다.

② 셀로 표현되므로 초보자들도 이해하기 쉽고 사용이 가능하다.

③ 각 셀에 속성값이 코드화되었기에 때문에 지도의 중첩이나 공간분석 기능을 쉽고 빠르게 처리할 수 있다.

④ 3차원 표시가 간단하다.

⑤ 위상영상 등과 중첩을 간단히 할 수 있다.

⑥ 원격탐사 영상 자료와의 연계가 용이하다.

⑦ 중첩분석이 용이하다.

⑧ 스캐닝이나 위성영상, 디지털 카메라에 의해 쉽게 자료를 취득할 수 있다.

⑨ 격자의 크기 및 형태가 동일함으로 시뮬레이션이는 용이하다.

(4) 단점

① 해상도를 높이면 자료의 양이 크게 늘어난다. 셀(Cell)의 크기가 커질수록 해상도가 낮아진다.

② 정확한 지형의 모습을 표현하는 것이 어렵고, 원형의 데이터를 유지 관리하기 어려운 단점들도 있다.

③ 위상구조를 부여하지 못하므로 공간적 관계를 다루는 분석이 어렵다.

④ 데이터 변환 시 시간이 많이 걸린다.

⑤ 격자의 크기를 확대할 경우 자료의 양은 줄일 수 있으나 상대적으로 정보의 손실을 초래한다.

⑥ 객체단위로 선택하거나 자료의 이동, 삭제, 입력 등 편집이 어렵다.

⑦ 격자의 크기를 확대할 경우 객체의 경계가 매끄럽지 못하다.

2) 영상자료 구조

(1) 영상자료 저장방식

① 영상자료는 수신되는 전자파영역을 적당한 밴드(파장)별로 분해하고, 각기 다른 센서에 의해 감지되는 각 밴드별로 저장된다.

② 다중채널 데이터, 다중밴드 데이터, 다중스펙트럼 데이터

(2) 영상자료 포맷

① BMP(Microsoft Windows Device Independent Bitmap)
- 윈도우 환경에서 사용되는 비트맵 데이터를 표현하기 위하여 마이크로소프트에서 정의하고 있는 비트맵 그래픽 파일
- 그래픽 파일 저장 형식 중에 가장 단순한 구조
- 픽셀의 색상을 R(Red), G(Green), B(Blue)의 세 가지로 표현
- 알고리즘이 원시적이어서 같은 이미지를 저장할 때, 다른 형식으로 저장하는 경우에 비해 파일 크기가 매우 크다.

② JPEG(Joint Photographic Experts Group)
- 사용자가 직접 압축률을 지정하여 압축할 수 있는 영상파일 포맷
- JPEG 규격의 디지털 이미지 데이터는 컴퓨터 상에서 jpeg, jpg, jpe, jfif, jfi, jif 등의 확장자를 갖는 파일로 저장된다.
- 인터넷상에서는 대부분 JPEG 규격 이미지가 사용된다.

③ TIFF(Tagged Image File Format)
- 가장 큰 특징은 태그를 사용할 수 있어 확장성을 부여할 수 있다는 점이다.
- 영상을 임의로 분할할 수 있는 타일링 기능과 영상압축 등도 지원한다.
- 좌표정보 등을 포함할 수 없다는 단점 때문에 GIS 분야에서 사용은 제약이 있다.

④ GeoTIFF(Tag Image File Format)
- 기하학적 지리좌표정보를 담을 수 있는 영상자료의 저장방식
- TIFF 장점과 GeoTag라는 지리정보를 표현할 수 있는 태그를 첨가한 것이다.
- 소스 코드가 공개되어 있어 많은 GIS나 CAD관련 업체에서 제공되는 소프트웨어에서 구현이 용이하다.

⑤ BIFF
- FGDC(미국 연방 지리정보 위원회, Federal Geographic Data Committee)에서 발행한 국제표준영상 처리와 교환을 위한 영상데이터 표준
- 영상데이터의 교환에서 상호연동성을 목적으로 한다.
- GeoTIFF는 오랜 사용으로 인하여 사용자의 편의가 우수한 반면, BIFF는 상대적으로 많은 보완이 요구되고 있으며 관련 프로그램 개발이 미흡한 실정이다.

⑥ GIF(Graphics interchange Format)
- 이미지의 전송을 빠르게 하기 위하여 압축 저장하는 방식 중 하나이다.
- JPEG 파일에 비해 표현할 수 있는 색상이 적고 압축률도 떨어지지만 전송 속도는 빠르다.

3) 벡터자료와 래스터자료의 비교

비교항목		벡터자료	래스터자료
특징	데이터 형식	임의로 가능	일정한 모양
	정밀도	기본도에 의존	격자간격에 의존
	도형 표현 방법	점, 선, 영역(면)으로 표현	면(화소, 셀)으로 표현
	속성데이터	점, 선, 영역(면) 각각의 공간 데이터와 속성데이터 연결	속성데이터를 화솟값으로 표현
	도형처리 기능	점, 선, 영역(면)을 이용한 도형처리	면을 이용한 도형처리
데이터	데이터 구조	복잡한 데이터 구조	단순한 데이터 구조
	데이터양	• 데이터양이 적은 편 • 객체의 수에 비례	• 일반적으로 데이터양이 많음 • 해상도의 제곱에 비례
	입력시간	초기 데이터 입력에 시간과 인력이 많이 소요됨	빠른 데이터 입력이 가능
	입력장비	디지타이저, 마우스, 키보드	스캐너, 디지털 카메라, 위성영상

비교항목		벡터자료	래스터자료
지도 표현	시각적 표현	정확히 표현 가능	벡터데이터와 비교하면 거칠게 됨
	지도축척	지도를 확대하여도 형상이 변하지 않음	지도를 확대하면 격자가 커지기 때문에 형상을 인식하기에 나쁨
가공 처리	중첩분석	중첩분석 및 조합이 나쁨	각 단위의 형태와 크기가 균일하여 중첩분석 및 조합이 쉬움
	시뮬레이션	시뮬레이션을 위한 처리가 복잡함	각 단위의 형태와 크기가 균일하므로 시뮬레이션이 쉬움
	네트워크 해석	네트워크 연결에 의한 지리적요소의 연결을 표현하고 분석 가능	네트워크 연결과 분석은 곤란
	자료편집	객체단위로 이루어짐	화소단위와 영역단위로 이루어짐
활용성		• 필지단위의 토지정보체계 구축에 적합 • 대축척이나 소축척에 관계없음 • 점, 선, 영역단위로 자료관리를 하는 데 적합	• 필지단위의 토지정보체계 구축에는 부적합 • 소축척으로 지형분석, 환경분석 등에 적합

4) 래스터자료 압축방법

(1) 체인 코드(Chain Code) 방법

① 대상지역에 해당하는 격자들의 연속적인 연결 상태를 파악하여 압축시키는 방법으로, 시작점부터의 연결 상태를 파악하기 위하여 각각의 방향에 대하여 임의의 수치를 부여할 수 있다.

② Chain Code는 대단한 압축방법으로서 환영을 받으나 객체와 객체 간의 중복되는 경계부분은 이중으로 입력되어야 한다는 단점이 있다.

③ 시작점부터 연결 상태를 파악하기 위하여 각각의 방향에 대하여 임의의 수치를 부여한다.(동쪽=0, 서쪽=2, 남쪽=3, 북쪽=1)

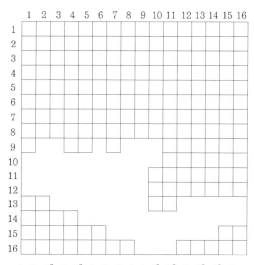

0, 1, 0², 3, 0², 1, 0, 3, 0, 1 0³, 3², 2, 3³, 0², 1,
05, 3², 2², 3, 2³, 3, 2³, 1, 2², 1, 2², 1, 2³, 1, 2³, 1³

[Chain Code 방법]

출처 : 김계현, GIS 개론, p.133

(2) **연속 분할 코드(Run‒length Code) 방법**

① 래스터 데이터의 각 행마다 왼쪽에서 오른쪽으로 진행하면서 처음 시작하는 셀과 끝나는 셀까지 동일한 수치값을 가지는 셀들을 묶어 압축시키는 방식이다.

② 동일한 속성 값을 개별적으로 저장하는 대신 하나의 런(Run)에 해당하는 속성 값이 한 번만 저장된다.

③ Quadtree 방법과 함께 많이 쓰이는 격자자료 압축방법이다.

④ 런(Run)은 하나의 행에서 동일한 속성 값을 갖는 격자를 의미한다.

A	A	A	A	A	A
A	A	A	A	B	B
A	A	A	B	B	B
B	B	B	B	B	C
B	B	B	B	C	C
B	B	B	C	C	C

10A2B3A8B1C4B2C3B3C

[Run‒length Code 방법]

(3) 블록 코드(Block Code) 방법

① 2차원 정방형 블록으로 분할하여 객체에 대한 데이터를 구축하는 방법이다.

② Run-length Code 기법에 기반을 둔 것으로 각각의 블록에 대하여 블록의 중심이나 좌하측 시작점의 좌표와 격자의 크기를 나타내는 세 개의 숫자만으로 표기가 가능하다.

③ 정사각형의 크기가 클수록 경계가 단순해지고 보다 효율적인 Block Coding 이 가능하다.

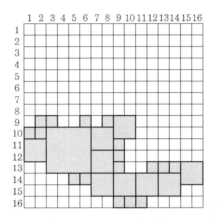

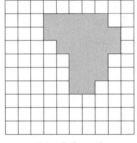

(a) 객체 모델   (b) 셀 값

블록크기	개수	셀	좌표				
1	7	4,2	8,2	4,3	6,5	6,6	6,7	7,7
4	2	8,3	7,2				
9	1	5,2					

(c) 파일구조

[Black Code 방법]

출처 : 이희연, 지리정보학, p196

(4) 사지수형(Quadtree) 방법

① 크기가 다른 정사각형을 이용하며, 공간을 4개의 동일한 면적으로 분할하는 작업을 하나의 속성값이 존재할 때까지 반복하는 래스터자료 압축 방법이다.

② 전체 대상지역에 대하여 하나 이상의 속성이 존재할 경우 전체 지도는 4개의 동일한 면적으로 나누어지며 이를 Quadrant(사분면, 상한) 한다.

③ 각각의 Quadrant에 대하여 두 개 이상의 속성이 존재하는 지역은 다시 Quadrant를 4등분하게 된다. 이러한 과정이 Quadrant가 하나의 속성값만 가질 때까지 반복된다.

④ 현실적으로는 많은 수의 격자를 갖는 넓은 지역이 하나의 Quadrant로서 존재하는 관계로, 매우 효과적인 압축이 가능하다.

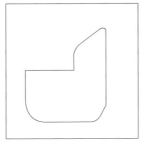
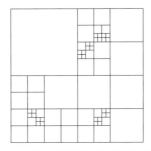

(a) 원래 나타난 수치지도 형태 (b) Quadtree 방식으로 표현된 형태

[Quadtree 방법]

출처 : 김계현, GIS 개론, p.130

03 공간자료 취득

1. 도형자료 입력

1) 벡터구조로 도형자료 입력

(1) 입력장비

① 디지타이저(좌표독취기) : 전자식, 카메라 유도식, 기어엔코딩 방식, 캐드게이지

② 전기적으로 민감한 테이블을 사용하여 종이에 그려진 그림, 도표, 설계도, 지도의 X, Y좌표를 검출하여 컴퓨터에서 사용할 수 있는 수치자료로 변환하는 데 사용되는 장비

(2) 디지타이징

① 디지타이저라는 테이블에 컴퓨터와 연결된 커서를 이용하여 필요한 객체의 형태를 컴퓨터에 입력시키는 것으로, 해당 객체의 형태를 따라서 X, Y 좌표값을 컴퓨터에 입력시키는 방법이다.

② 디지타이징은 스캐닝과 비교하여 자동의 보관상태가 좋지 않는 경우에도 입력이 가능하며 결과물은 벡터구조를 갖는다.

③ 디지타이저를 이용하여 사람이 도면상에 점, 선, 면(영역)을 일일이 입력하는 것이다.

④ 디지타이징 작업을 통하여 벡터데이터가 얻어진다. 그러나 디지타이징 작업은 많은 시간과 주의를 필요로 하는 노동집약적인 작업이다.

⑤ 디지타이징의 효율성은 작업자의 숙련도와 사용되는 소프트웨어의 성능에 크게 좌우된다.

⑥ 대상물의 형태에 따라 마우스를 계속적으로 움직여 좌표를 입력시키는 것으로 노동집약적인 일이며, 따라서 실수나 오차를 유발하기가 쉬우며 그에 따라 생성되는 도형자료의 품질이 저하될 우려가 크다.

⑦ 디지타이징이 끝난 후 컴퓨터 프로그램과 같은 도구를 이용하여 위상구조를 생성하여야 한다.

⑧ 디지타이징의 효율성은 작업자의 숙련도에 따라 크게 좌우된다.

⑨ 디지타이저를 이용한 입력은 지적도를 디지타이징하여 벡터자료파일을 구축하는 것이다.

⑩ 전반적인 정확도가 스캐닝보다 높다.

⑪ 일반적으로 많이 사용되는 방법으로, 간단하고 소요 비용이 저렴한 편이다.

(3) 디지타이징 좌표입력방법

① 기준좌표계, 투영법 등을 미리 설정한다.

② 독취기판에 도면을 밀착하여 부착하고 디지타이저와 컴퓨터, 그리고 편집소프트웨어를 구동한다.

③ 등록점을 인식시킨다.

④ 입력하고자 하는 점, 선, 영역(면) 위치를 따라 커서의 버튼을 누르면, 도면상의 자료를 컴퓨터에 입력된다.

(4) 스크린 디지타이징(Screen Digitizing) 방법

① 현행 지적도면 수치화 벡터라이징 기법으로 주요 사용된다.

② 스캐너 기능을 이용하여 스캔한 이미지를 불러서 스크린상에서 디지타이징을 수행하는 기법이다.

③ 자동 디지타이징 입력방법을 통한 수치지도 제작 과정

스캐닝(종이지도 준비 → 전처리 → 스캐닝) → 벡터라이제이션(선 세선화 → 벡터화 → 편집, 수정 → 위상관계 구축 → GIS와 통합)

④ 벡터라이징(래스터 → 벡터 자료)의 종류별 특징

구분	특징
자동 입력방식	• 스캐닝과 자동 벡터라이징에 의해 이루어진다. • 도면을 스캐닝하여 컴퓨터에 입력하고, 벡터라이징 소프트웨어를 이용해 벡터 자료를 추출한다. • 정확도의 불안함을 고려하여 완전자동보다는 반자동 벡터라이징 방식이 많이 사용된다. • 디지타이징을 통해 작성한 벡터 자료는 상당한 오류 수정 작업을 필요로 하며 자동 디지타이징에 의한 자료는 더욱 섬세한 관찰과 수정을 요구한다.
반자동 입력방식	• 간단한 직선이나 확실한 굴곡 등은 컴퓨터가 인식하여 자동 수행한다. • 복잡한 부분 및 부정확한 자료는 사용자가 직접 처리한다. • 속도와 정확도 확보가 가능하다.
스크린 디지타이징 입력방식	• 래스터를 화면에 띄워 놓고 마우스나 전자펜 등으로 벡터의 특이점을 표시하는 방식이다. • 많은 시간과 비용이 소요된다. • 작업에 따라 결과 차이가 발생한다.

(5) 도면 디지타이징 과정에서 발생할 수 있는 오류

① 오버슈트(Overshoot) : 어떤 선분까지 그려야 하는데 그 선분을 지나치는 경우

② 언더슈트(Undershoot) : 어떤 선분까지 그려야 하는데 그 선분까지 미치지 못한 경우

③ 슬리버 폴리곤(Sliver Polygon) : 지적필지를 표현할 때 필지가 아닌데도 조그만 조각이 생겨 필지로 인식하는 경우

④ 스파이크(Spike) : 교차점에서 두 선이 만나거나 연결될 때 한 점에 잘못된 좌표가 입력되어 튀어나온 상태

⑤ 오버래핑(Overlapping) : 영역의 경계선에서 점, 선이 이중으로 입력되는 경우

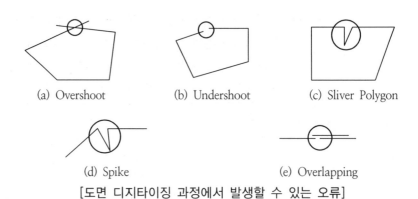

(a) Overshoot   (b) Undershoot   (c) Sliver Polygon

(d) Spike   (e) Overlapping

[도면 디지타이징 과정에서 발생할 수 있는 오류]

2) 래스터구조로 도형자료 입력

(1) 입력장비

① 스캐너
- 평판 스캐너 : 도면을 평평한 테이블 위에 부착시킨 후 레이저 광선을 이용하여 스캐닝 헤드가 빠른 속도로 도면 위를 회전하면서 도면의 정보를 읽어내는 방식
- 원통형 스캐너 : 도면을 원통형 드럼에 부착시킨 후 스캐닝 헤드는 움직이지 않고 드럼이 회전하면서 도면을 읽어내는 방식
- 손상된 도면을 입력하기 어렵고 벡터화가 불안전한 부분들의 인식 · 점검이 필요하며 래스터 및 벡터자료 편집용 소프트웨어가 필요하다.
- 스캐너의 정밀도에 따라 이미지 자료의 변형이 발생하며 벡터라이징 과정에서 자료를 선택적으로 분리하기 어렵다는 단점이 있다.
- 파장이 적을수록 래스터의 수가 늘어나서 스캐닝의 결과로서 생성되는 데이터의 양이 늘어난다는 단점이 있다.

② 자동벡터화 방법
- 래스터자료를 소프트웨어로 벡터화하는 것
- 변환된 벡터데이터 수정, 레이어별 분류 등 후속작업이 필요
- 일부 제한된 경우에 사용, 수동 디지타이징보다 결과가 나쁠 수 있음

③ 반자동벡터화 방법
- 대화 방식
- 인간의 정확한 도형인식능력과 컴퓨터의 빠른 벡터화 능력을 결합

(2) 스캐닝

① 스캐너로 도면을 읽어서 래스터 형태로 저장한 다음 벡터화 소프트웨어를 이용하여 벡터화하는 방법이다(준비 → 래스터데이터 취득 → 벡터화 → 편집 → 출력 및 저장).

② 스캐닝을 완료한 후에 래스터파일별로 먼저 도면보정 작업을 수행한 후 래스터파일을 화면에 표시하면서 벡터라이징을 수행한다.

③ 스캐닝할 때 발생한 왜곡 또는 변형을 벡터라이징할 때 회복할 수 있도록 스캐닝 시 4개 이상의 기준점을 표시해 둔다.

④ 지적도의 경우 도곽좌표를 알고 있으므로 벡터라이징할 때 도곽좌표를 표시해주면 나중에 변형된 것을 바로 잡을 수 있다.

⑤ 지적도는 폴리곤으로 이루어져 있으므로 폴리곤에 대한 그래픽 수정작업이 완료된 후 폴리곤들 사이에 틈새(Silver Polygon)가 형성되지 않았는지 확인한다.

⑥ 스캐닝으로 입력된 도면의 검수작업은 벡터화된 지도를 화면상의 래스터 이미지와 육안으로 비교하되, 화면상의 크기가 원래 도면의 축척과 1 : 1이 되도록 한 후 비교한다.

⑦ 스캐닝 시에 빨강, 파랑, 녹색의 세 가지 컬러 필터를 사용하여 동일지역을 여러 차례 반복하여 읽음으로써 컬러영상을 얻을 수 있다.

⑧ 스캐너는 광학주사기 등을 이용하여 레이저 광선을 도면에 주사하여 반사된 값에 수치값을 부여하여 데이터의 영상자료를 만드는 것이다.

⑨ 선명한 영상을 얻기 위한 방법
- 원본 형상의 보존 상태를 양호하게 한다.
- 하프톤 방식의 스캐닝 시에는 되도록 속도를 느리게 한다.
- 크기가 큰 영상은 영역을 세분화하여 차례로 스캐닝한다.

⑩ 장점
- 도형(지적선)의 인식이 가능하다.
- 이미지상에서 삭제, 수정할 수 있어 능률이 높다.
- 복잡한 도면을 입력할 경우에 작업시간이 단축된다.
- 지도성의 정보를 신속하게 입력할 수 있다.
- 깨끗하고 단순한 형태의 도면 입력에 적합하다.
- 스캐너는 지도상의 모든 정보를 함께 신속하게 입력시킬 수 있으며 사람의 수작업을 최소화하는 이점이 있다.

481

⑪ 단점
- 손상된 도면의 경우 스캐닝에 의한 인식이 원활하지 못할 수 있다.
- 스캐너의 정밀도에 따라 이미지 자료의 변형이 발생된다.
- 벡터라이징 과정에서 자료를 선택적으로 분리하기 어려워진다.
- 특정 주제만을 선택하여 입력시킬 수 없다.
- 정보의 종류별로 레이어를 구분하여 입력할 수 없다.
- 벡터화가 불안전한 부분들의 인식 · 점검이 필요하다.
- 공간해상도가 높을 경우 셀의 수가 많기 때문에 파일이 차지하는 용량이 크다.
- 디지타이징에 비해 하드웨어와 소프트웨어의 구입비용이 높다.

3) 측량에 의한 자료취득(COGO : Coordinate Geometry)

① 현지측량 등으로 얻어진 대상물의 좌표를 직접 입력하여 공간정보를 구축하는 방식이다.
② 거리, 방향각 등 관측값을 입력하여 컴퓨터에서 각 점의 좌표를 계산하여 처리하는 방법이다.
③ 평판측량 방법, 수치측량 방법, 항공사진측량 방법, GPS 측량에 의한 방법, 위성 영상에 의한 원격탐사 방법 등이 있다.
④ 토털스테이션으로 얻은 자료를 컴퓨터에 입력하는 방법으로는 관측된 수치자료를 키인(Key-in)하거나 메모리 카드에 저장된 자료를 컴퓨터에 전송하여 처리한다.

4) 항공사진에 의한 자료취득

① 항공사진은 사진 판독을 통하여 지질도, 토지 이용도 등의 각종 주제도 제작 시 자료로 이용한다.
② 항공사진을 스캐닝하여 공간데이터에 대한 보조적 자료로 활용한다.
③ 해석 도화기의 결과 데이터는 GIS 공간 데이터로 쉽게 활용된다.
④ 변동사항이 광역적이지 않은 경우 간단히 최근의 항공사진과 비교함으로써 공간 데이터를 최신 정보로 수정할 수 있다.
⑤ 제작과정 : 계획 준비 → 촬영계획 → 지상기준점 측량 → 사진기준점 측량 → 해석도화 → 현지 조사 → 항측 보완 측량

Sensor

① 대상물에서 반사 혹은 방사되는 전자기파를 수집하여 사진, 영상 또는 기타 기록 매체로 기록을 하기 위한 장비

③ 수동적 센서 : 방출되거나 반사된 전자기파를 측정하는 센서(Camera, MSS, TM, HRV)

④ 능동적 센서 : 전자기파를 보내서 다시 받는 능동적 센서(Radar, LiDAR, Sonar)

- LiDAR : 레이저의 특징을 이용하여 지표면을 포함한 대상체의 위치정보를 갖는 점군(Point Cloud) 데이터를 취득하는 기술
- Sonar : 바닷속 물체의 탐지나 표정(標定)에 사용되는 음향표정장치(音響標定裝置)에 대한 명칭

사진측량용 도화기 발달 과정

Analog(기계식) 1900~1970년	Analytical(해석식) 1960~1990년	Digital(수치식) 1980년~현재
Wild A10	C130	VirtuoZo NT

5) 위성영상에 의한 자료취득

① 인공위성에서 보내어진 영상을 분석하여 지표면의 자료를 추출하고 도형자료를 제작하는 방법으로 경제적이고 간편하다.

② 위성 영상처리 과정 : 인공위성영상 → 전처리(잡음제거) → 좌표변환 → 후처리(토지이용도 분석) → 토지이용현황도(격자구조) → 벡터변환 → 위상정립 → 공간데이터베이스

③ 원격탐사(Remote Sensing) : 목표물에서 반사 또는 복사되어 나오는 전자기파를 감지하여 그 물리적 성질을 측정하는 기술

- 수동센서 : 태양에너지를 통해 반사되는 정보를 수신받아 지구에 전달하는 방법(일반적인 카메라) : Landsat 위성, SPOT 위성, IKONOS 위성
- 능동센서 : 인공적으로 만들어진 전자기에너지를 쏘아 센서로 되돌아오는 복사속을 분석하는 방법(전자기파, 레이더 등)

2. 지도

1) 개요

(1) 지도의 개념

① 측량 결과에 따라 공간상의 위치와 지형 및 지명 등 여러 공간정보를 일정한 축척에 따라 기호나 문자 등으로 표시한 것이다.

② 정보처리시스템을 이용하여 분석, 편집 및 입력·출력할 수 있도록 제작된 수치지형도와 이를 이용하여 특정한 주제에 관하여 제작된 지하시설물도·토지이용현황도 등 수치주제도(數値主題圖)를 포함한다.

③ 지도의 유용성

- 지도는 작은 평면상의 종이 위에 실세계에 대한 정보를 크게 손상시키지 않고 나타내 준다.
- 지도는 우리 주변환경의 복잡성과 세부적인 속성들을 단순화시켰기 때문에 이해하기 쉽다.
- 지도를 통해 우리는 사물들의 현재 모습을 그대로 볼 수 있다.
- 지도는 시각적으로 강한 영향력을 준다.
- 지도는 표현되어진 모든 정보들을 동시적이며 총괄적인 이미지로 제공해 준다.

④ 지도의 한계성(문제점)

- 실세계와 다른 왜곡된 이미지를 갖게 될 수도 있다.
- 지도학적 추상화와 일반화 과정에서 필요로 하는 전문적인 지식이 부족할수록 제작된 지도는 보다 인공적이며 진실성을 잃어버리게 될 확률이 높다.

(2) 지리참조(Georeferencing)

① 공간정보의 조작은 모든 공간 측정을 관련시키는 공간참조시스템(Spatial Reference System)의 구축을 필요로 한다.

② 지리적 참조(Geographical Referencing)를 간단하게 지리참조(Georeferen-cing)라고 한다.

③ 특정한 좌표계의 공간구조 내에서 실세계 구성요소들의 위치를 표현하는 것으로 정의된다.

④ 지리참조의 목적은 실세계 구성요소들의 측정, 계산, 기록 그리고 분석에 의해서 정확한 공간구조를 제공하는 것이다.

⑤ Georeferencing이란 영상이나 일반적인 데이터베이스 정보에 좌표를 부여하는 과정이다.

⑥ Address Gecoding은 Georeferencing의 일부이다.

⑦ 영상의 Georeferencing에서는 주로 지상기준점을 활용한다.

(3) 지도화 과정

① 선택(Selection) : 지도로 나타내야 될 지리적 공간, 지도의 축척, 지도 투영법 등을 고려하면서 지도 제작목적에 맞는 적절한 자료와 변수를 선정한다.

② 분류화(Classification) : 대상들이 동일하거나 유사한 경우 그룹으로 묶어서 표현한다.

③ 단순화(Simplication) : 선택과 분류화 과정을 거쳐 선정된 자연경관이나 인공경관의 현상들 가운데 너무 세부적인 형상들을 제거하면서 보다 매끄럽게 형상을 표현한다.

④ 기호화(Symbolization) : 실제의 대상물과 같은 모습으로 디자인하여 나타내는 복사적(대상물) 기호화와 추상적 기호화 두 종류가 있다.

(4) 통계지도

① 특정 목적을 위해 특정한 속성의 크기를 관측단위로 하며 면적, 거리 및 방향의 왜곡은 고려하지 않고 제작하는 지도를 말한다.

② 통계 등을 통해 수치화된 지리 정보를 한눈에 알아보기 쉽도록 점, 선, 면, 색상, 도형 등을 활용하여 지도로 표현한 것을 통계 지도라고 한다.

③ 통계 지도의 종류에는 유선도, 점지도(점묘도), 등치선도, 단계 구분도, 도형 표현도 등이 있다.

2) 수치지도

(1) 개념

① 수치지도 : 지표면 · 지하 · 수중 및 공간의 위치와 지형 · 지물 및 지명 등의 각종 지형공간정보를 전산시스템을 이용하여 일정한 축척에 따라 디지털 형태로 나타낸 것

② 수치지도1.0 : 지리조사 및 현지측량(現地測量)에서 얻어진 자료를 이용하여 도화(圖化) 데이터 또는 지도입력 데이터를 수정·보완하는 정위치 편집 작업이 완료된 수치지도

③ 수치지도2.0 : 데이터 간의 지리적 상관관계를 파악하기 위하여 정위치 편집된 지형·지물을 기하학적 형태로 구성하는 구조화 편집 작업이 완료된 수치지도

④ 수치주제도 종류

• 지하시설물도	• 토지이용현황도	• 토지적성도
• 국토이용계획도	• 도시계획도	• 도로망도
• 수계도	• 하천현황도	• 지하수맥도
• 행정구역도	• 산림이용기본도	• 임상도
• 지질도	• 토양도	• 식생도
• 생태, 자연도	• 자연공원 현황도	• 토지피복지도
• 관광지도	• 건설교통부령이 정하는 수치주제도	

(2) 특성

① 수치지도는 수치 데이터 취득 시에 항목마다 구분하여 코드화되어 있으므로 지도 데이터의 선택적 이용이 매우 용이하다.

② 수치지도는 입력되어 있는 수치지도 데이터를 가공할 수 있다.

③ 수치지도 데이터는 속성정보에 의하여 여러 가지 정보를 추가할 수 있어 지도 정보와 연결하여 지형공간정보시스템에 이용된다.

④ 종래 지도는 지면에 그리기 때문에 복잡한 공정과 많은 노력이 필요하지만 수치지도에서는 신속한 지도제작 및 출력할 수 있다.

⑤ 어떠한 도법으로도 출력이 가능하며 투영의 변환도 용이하고, 데이터와 연결함으로서 효과적인 지도를 작성할 수 있다.

참고

국가 기본도(國家基本圖), 국토 기본도

• 국토 전역에 걸쳐 일정한 정확도와 축척으로 엄밀하게 제작되고, 일정한 기준과 정확한 측량을 기초로 하여 국가에서 제작하는 기본도(지형도)를 말한다.

• 우리나라 국토기본도는 축척 1 : 5,000, 1 : 25,000, 1 : 50,000의 기본도와 1 : 25,000의 토지이용도 및 1 : 250,000의 지세도가 있다.

(3) 수치지도 제작

① 수치지도 제작 과정

촬영계획 → 항공사진촬영 → 정사영상제작 → 항공삼각측량(항측기준점측량) → 수치도화(해석도화) → 지리조사(현지조사) → 정위치편집 → 구조화편집 → 지도편집 → 검수

② 항공사진 촬영 및 기준점 측량

- 촬영계획
- 항공사진 촬영
- 항측 기준점 측량

③ 항공사진 도화

④ 지리조사

⑤ 수치지도 작성 및 정위치 편집

㉠ 수치지도 작성 : 지적원도와 디지타이징을 이용하여 수동으로 입력하거나, 스캐너를 이용하여 자동입력하여 제작한다.

㉡ 정위치 편집

- 현지보완측량 및 지리조사에서 얻어진 성과 및 자료를 이용하여 도화 성과 또는 지도데이터 입력 성과를 수정·보완하는 작업
- 현지 보측에 의하여 수정 편집된 정위치 데이터 파일을 가지고 정위치 도화하는 작업
- 지도편집은 도화원도, 기존 지도자료, 현지조사자료, 측량성과자료 및 각종 가료를 이용하여 도식 및 도식규정에 따라 사용 목적에 적합한 지도 원도를 작성하고, 제도작업에 필요한 자료를 작성하는 과정을 의미

㉢ 구조화 편집

- 자료 간의 지리적 상관관계를 파악하기 위하여 정위치 편집된 지형, 지물을 기하학적 형태로 구성하는 작업
- 여러 개의 도면을 병합하는 과정에서 인접 도면들의 도형구조를 결합하는 일련의 작업
- 데이터 간의 지리적 상관관계를 파악하기 위하여 지형·지물을 기하학적 형태로 구성하는 작업
- 도면을 구성하는 점·선·면의 기하구조와 위상 논리구조를 연결하는 작업

⑥ 성과 검수
- 품질관리 및 검수 지침
- 항공사진촬영 검수
- 항공사진도화 검수
- 지리조사 검수
- 수치지도 검수

(4) 수치지도 구성

① 도엽코드 및 도곽
- 도엽코드(圖葉code) : 수치지도의 검색·관리 등을 위하여 축척별로 일정한 크기에 따라 분할된 지도에 부여한 일련번호
- 도곽(圖廓) : 일정한 크기에 따라 분할된 지도의 가장자리에 그려진 경계선
- 수치지도의 도엽코드 및 도곽의 크기는 수치지도의 위치검색, 다른 수치지도와의 접합 및 활용 등을 위하여 경위도를 기준으로 분할된 일정한 형태와 체계로 구성하여야 한다.

② 레이어 코드
- 레이어 : 투명한 도면 여러 장을 기능상이나 표현상 구분이 필요한 내용을 따로 분리해 그려놓고 관리하는 기능
- 수치지도(1/5000) 레이어 코드 : 1(철도), 2(하천), 3(도로), 4(건물), 5(지류), 6(시설물), 7(지형), 8(행정 및 지역경계), 9(주기)

③ 지형코드
- 지형코드는 레이어코드의 부속코드로서 수치지도의 가장 기본적 구성요소로서 대분류·중분류·소분류 및 세분류의 계층구조로 이루어져 있다.
- 1:5,000축척과 1:25,000축척의 수치지도 분류체계
  대분류(9그룹), 중분류(27그룹), 소분류(92그룹), 세분류(567가지)

3) 주제도

(1) 주제도(Thematic Map)

① 어떤 특정한 현상(강우량, 토지이용현황 등)에 대해 표현할 것을 목적으로 작성된 지도
② 특정한 목적에 따라 특수한 주제·내용만을 나타내어 그린 지도를 '주제도', 또는 '목적도'라고 함
③ 어느 시점에서의 일기 상황을 나타낸 기상도, 운전할 때 쓰이는 도로도, 통계값을 그림·그래프 등으로 지도에 그려 넣은 통계 지도 등

(2) 음영기복도(Shaded Relief Image)

① 지형의 표고에 따른 음영효과를 시각적으로 표현함으로써 2차원 표면의 높낮이를 3차원으로 보이도록 만든 영상 또는 지도

② 3차원의 형태를 가진 지형을 2차원의 평면 위에 자연스럽고, 직관적인 방법으로 표현한 지도

③ 높이값을 갖는 3차원의 데이터와 빛의 방향, 음영, 색조를 이용하여 지형을 알아보기 쉽도록 제작한 지도

④ 음영기복도는 DEM과 같은 3차원 데이터를 이용하여 작성

⑤ 사용자가 정의한 태양 방위값과 고도값에 따라 지형을 표현한 것

⑥ 태양이 비치는 곳은 밝게 표시되고, 그림자 부분은 어둡게 표시

⑦ 지형의 표고에 따른 음영효과를 시각적으로 표현함으로써 2차원 표면의 높낮이를 3차원으로 보이도록 만든 영상 또는 지도를 말함

(3) 주제도 매핑기법

① 단계구분도(段階區分圖, Choropleth Map)

㉠ 단위지역이 갖고 있는 속성값을 등급에 따라 분류하고 등급별로 음영이나 색채로 표시하는 주제도 표현방법

㉡ 지역의 분포 차이를 유형이나 색상으로 구별하여 표현한 통계 지도

㉢ 지역별 통계 자료를 몇 단계로 구분하여 표현하며 불연속 분포하는 정보를 표현하는 데 적합

㉣ 집계된 자료를 표현한 기본도를 작성하고 그 자료를 분류해서 색깔별, 유형별로 면적을 기호화 → 통계치의 크기나 비율 등의 차이를 지역별로 쉽게 구분할 수 있음

㉤ 특정한 공간 단위로 수집된 데이터를 표현하는 데 사용

㉥ 공간단위의 데이터가 몇 개의 계급으로 그룹화

㉦ 지역 간의 분포의 차이를 구별되는 색상이나 서로 다른 패턴으로 표현한 지도

• 높이로 그 양적 크기를 나타낸 3차원 자료모델

• 행정구역별로 집겸된 자료를 수치로 표시한 기본도 → 계급별로 면적 기호화

[단계구분도로 기호화되는
3차원의 자료 모델]

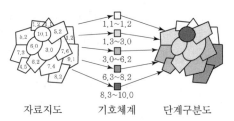

자료지도   기호체계   단계구분도

[단계구분도를 구축하는 데 필요한
요소들]

② 도형표현도(圖形表現圖)

- 특정 지역에 나타나는 현상의 차이를 도형의 크기로 표현한 통계 지도
- 통계치를 시각적인 효과를 높이기 위해서 막대·원·기둥 같은 도형을 이용하여 표현한 지도
- 특정 지점이나 행정구역 전체에 걸쳐 나타나는 현상의 양적 크기를 도형의 크기를 달리하여 나타내는 지도로서 통계수치가 높을수록 도형의 크기가 커짐 → 한눈에 통계자료를 쉽게 파악할 수 있으며 지역 간의 분포나 속성을 표현하며 지역별 비교와 크기를 나타내는 데 편리
- 비례적 표현도 : 특정한 위치에서 발생하는 데이터의 크기에 비례하도록 기호의 크기를 조정하여 표현
- 위치는 실제의 점, 개념적인 점일 수도 있음

③ 등치선도

- 같은 수치가 나타나는 지점들을 선으로 연결하여 만든 통계 지도
- 기복이 있는 표면을 선이라는 기호로 나타냄
- 전체적인 형태뿐만 아니라 변화의 방향과 경사도 등을 파악하기가 쉽기 때문에 다른 지도보다 많이 선호됨
- 제작에 중요한 요소 : 기준점의 위치, 경사도, 보간법, 기준점의 수
- 표본 지점들의 알려진 값을 이용해 다른 지점들에 대한 인터폴레이션(이미 알려진 특정 신호의 정보 영역에서 새로운 정보 신호를 추정하여 구성하거나 추가·삽입)을 수행함으로써 일련의 등치선을 산출하는 기법

  예 개별 기상 관측소에서 수집된 기온 데이터를 통해 등치선을 만들어 내는 것

④ 점묘도

- 한 점의 현상이 특정한 양을 나타내도록 설정
- 현상에 가장 잘 발생할 것으로 생각되는 곳에 그러한 점들을 위치시킴으로써 생성되는 지도

⑤ 카토그램(Cartogram), 왜상통계지도 : 특정 주제를 나타내는 통계 수치를 바탕으로 하여 일반 지도를 왜곡하여 표현한 주제도

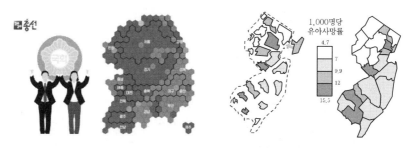

[비연속적 Cartogram에 단계구분도를 중첩시킨 지도의 예]

04 공간자료 편집

1. 데이터 품질

1) 지리적 데이터 품질의 범위

① 신뢰할 수 있어야 하고 정확해야 한다(실세계와 일치).
② 데이터는 간결해야 하고 이해하기 쉬워야 한다.
③ 하나의 형식으로 저장되어야 한다.

2) 데이터 품질의 일반적인 척도

① 정확도 : 데이터가 표현하는 실세계 사상에 대한 수치값과 기술내용이 실제와 일치하는 정도(참값 또는 허용값에 얼마나 근접하는지에 대한 척도)
② 정밀도 : 정밀하게 측정되고 저장되는가에 대한 척도
③ 오차 : 편차, 차이, 불일치(데이터가 지니고 있는 정확도, 정밀도의 결핍)
④ 불확실성 : 알지 못하는 어떤 것에 대한 척도

3) 지리데이터 품질의 구성요소

① 계통성 : 특정 지리데이터가 추출된 자료원(누가, 언제, 어떻게, 아디서 등)
② 위치정확도 : 실세계의 실제 위치에 대한 지리 데이터베이스 내의 좌표의 근접함
  • 일반적으로 대축척 공간데이터가 소축척 공간데이터보다 높은 위치정확성을 갖는다.

③ 속성정확도 : 실세계 사상에 대한 근접함 정도
  • 지형지물 분류 코드가 제대로 입력되었는지를 판단하여 속성 정확성을 측정할 수 있다.
④ 논리적 일관성 : 실세계와 기호화된 지리 데이터 간의 관계 충실도에 대한 설명서
  • 통합 대상 공간데이터가 동일한 데이터 포맷 사양을 준수하는지를 판단하여 논리적 일관성을 측정할 수 있다.
⑤ 완전성 : 공간적 완전성(대상지역), 주제적 안전성(의도하는 응용에 부합) 정도
  • 공간데이터가 대상지역을 완전히 포함하는지를 판단하여 공간적 완전성을 측정할 수 있다.
⑥ 시간 정확도 : 시간표현에 관련된 자료의 품질척도
⑦ 의미정확도 : 공간 대상물이 얼마만큼 정확하게 표시, 명명되었는가

4) 데이터 품질의 평가

(1) 위치정확도 평가

① 구성요소 : 평면 정확도, 표고 정확도
② 표본점들의 좌표와 이들에 대응하는 참조 좌표 사이의 차이는 평균제곱오차(RMSE)에 의해 표현되는 것으로 지도의 전체 정확도를 계산하기 위해 사용된다.

(2) 속성정확도 평가

① 속성정확도는 야외 검사나 고정도의 정확도를 지닌 자료원으로부터 취득된 참조 데이터와 표본공간 데이터 단위값을 비교함으로써 얻어진다.
② 서수 및 명목 데이터는 각기 등급 및 범주형 데이터이다. 참값으로부터의 편차로서 오차는 이런 경우에 적용되지는 않아 결과적으로 전혀 RMSE가 산정되지 않는다. 대신에 부호화된 값과 그에 대응하는 표본의 위치에 대한 참조값 또는 실제값 사이의 차에 대한 빈도를 보여주기 위해 오차행렬이 구성된다.

(3) 분류오차행렬

① 전체정확도(PCC : Percent Correctly Classified)
  • 표본의 총수인 n에 의해 나누어지는 오차행렬(대각선 값들의 합)
  • PCC $= (S_d/n)*100\%$ (여기서 S_d=대각선의 합, n=표본의 수)
② 생산자의 정확도
  • 올바르게 분류된 표본공간 데이터 단위의 확률이고 표본데이터가 속하는 특정항목에 대한 누락오차의 척도이다.

- 생산자 정확도=(C_i/C_j)*100% (여기서 C_i=열에서 정확하게 분류된 표본, C_j=열에서 표본의 총수, 누적오차=100-생산자 정확도)

③ 사용자의 정확도

- 영상 또는 지도상에서 분류된 공간데이터 단위가 실제로 지상에서 그것의 특정 항목을 나타내는 확률이다.
- 사용자 정확도=(R_i/R_j)*100% (여기서 R_i=행에서 정확하게 분류된 표본, R_j=행에서 표본의 총수, 위임오차=100-생산자 정확도)
- 카파계수는 계수 산정에 있어 대각선을 벗어나는 모든 값을 포함시킴으로써 과장된 전체정확도(PCC) 지수를 제어할 수 있다.
- 수치지도의 속성정확도 검증을 위하여 오차행렬을 작성하면 다음과 같다.

구분		검증데이터			합
		수계	초지	농경지	
수치 지도	수계	75	15	10	100
	초지	20	120	60	200
	농경지	5	15	80	100
합		100	150	150	400

속성정확도 평가

① PCC=(75+120+80)/400=68.8%

② 생산자 정확도
- 수계(75/100) 75%
- 초지(120/150) 80%
- 농경지(80/150) 53%

③ 사용자 정확도
- 수계(75/100) 75%
- 초지(120/200) 60%
- 농경지(80/100) 80%

• 속성분류 정확도를 평가하기 위하여 참조데이터와 샘플데이터를 정리한 결과가 표와 같을 때, 전체 정확도 PCC=(2+5+4)/14=78.6

샘플데이터	참조데이터			계
	Class A	Class B	Class C	
Class A	2	1	0	3
Class B	1	5	1	7
Class C	0	0	4	4
계	3	6	5	14

(4) 지리적 샘플링

① 목적

• 표본 크기의 정확도 검사를 위한 표본점들의 수와 관련이 있는 반면, 지리적 샘플링 방법은 표본점들의 공간 분포와 관련이 있다.

• 지리적 샘플링 방법을 설계한 목적은 오차행렬에 도입되는 공간적인 편의를 피하기 위함이다(공간정확도를 확인하기 위해서는 샘플링이 필요하다).

② 샘플링 방법

• 단순 무작위(임의) 샘플링(Simple Random Sampling) : 각 점이 무작위로 선택되는 것이며, 각 점의 선택 기회가 동일하다.

• 계통 샘플링(Systematic Sampling) : 먼저 초기점을 무작위로 선택하고, 또 다른 점들을 결정하기 위해 고정된 간격을 선택한다.

③ 층화 무작위(임의) 샘플링(Stratified Random Sampling)

• 연구 지역을 층들로 세분화하고, 각 층 안에서 표본점들은 무작위로 선택된다.

• 모집단에 대한 기존지식을 활용하여 모집단을 몇 개의 소집단으로 구분하고, 각 소집단 내에서 랜덤(Random)추출하는 방법으로 구성요소들보다 더욱 동질적이 될 수 있도록 추출하는 방법

④ 충화계통 비정렬 샘플링(Stratified Systematic Unaligned Sampling) : 임의,
계통, 충화된 샘플링의 이점을 갖는 샘플링

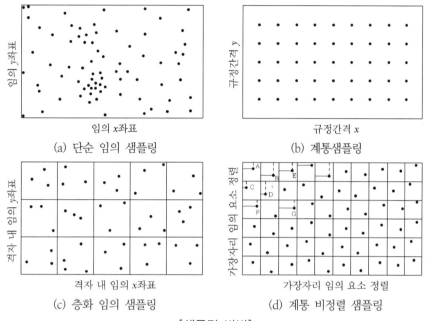

(a) 단순 임의 샘플링

(b) 계통샘플링

(c) 충화 임의 샘플링

(d) 계통 비정렬 샘플링

[샘플링 방법]

2. 자료편집 정확도

1) 정확도 유지

(1) 세부적인 항목

① 위치 정확도 : 공간상의 모든 객체의 올바른 위치를 확인하는 데 가장 기본적
이고 중요한 사항이다.

② 속성 정확도 : 일반적으로 위치오차에만 국한되기 쉬우나 실제적으로 속성자
료의 정확도 역시 중요성을 갖는다.

③ 논리적 타당성 : 자료를 구성하는 구성요소 간의 논리적 관계를 의미한다.

④ 해상력 : 자료를 표현하는 최소단위를 의미한다. 항공사진이나 인공위성 영
상의 경우 해상력은 분별이 가능한 최소 객체를 의미(공간 해상력)한다.

(2) 전반적인 항목

① 완결성 : 하나의 데이터베이스에서 일정 지역에 관한 모든 정보를 제공할 수
있도록 완전하게 구축이 되었다는 것을 의미한다.

② 시간 : 자료의 수집과 작성에 있어서 시간은 보편적으로 원시 자료의 획득 일자를 의미한다.

③ 문서화 : 자료와 관련된 원시 자료의 각종 처리과정을 나타낸 자료의 역사와 도 같다.

(3) 지리정보자료의 정확도 향상 방안

① 자료의 정확도 보증을 위한 검증과정의 채택

② 가능한 초기의 자료 검증

③ 자료 조작 시 여러 단계에서의 정확도 검증

④ 정확도가 높은 자료와 낮은 자료의 혼합사용 금지

⑤ 자료의 본질 파악

⑥ 신중한 자료의 사용, 수집의 객관성 확보

⑦ 처리 결과의 신중한 적용, 품질관리 규정의 마련 및 준수

⑧ 분석 결과에 따른 부정확성에 대한 명시

2) 공간데이터 오차

(1) 오차의 발생 원인

① 일반적으로 공간 데이터에 나타나는 오차는 크게 원시자료, 데이터 수치화와 지도 편집 과정, 데이터 처리 과정과 분석 단계에서 발생한다.

② 오차 발생 유형의 특성을 토대로 분류되는 오차로는 원래부터 잠재적으로 지니고 있는 내재적 오차(Inherent Errors)와 구축과정에서 발생하는 작동적 오차(Operational Errors)로 범주화할 수 있다.

③ 공간데이터의 수집 단계에서 발생하는 오차는 일반적으로 그 다음 단계로 옮겨지면서 누적된다. 데이터의 집합이 오차를 담고 있다면 최종성과물은 모든 오차가 결합된 누적효과가 나타내는 오차를 포함할 것이다.

④ 서로 다른 출처, 포맷, 축척, 정확도 수준의 수치 데이터들이 하나의 시스템 환경에 통합되어 작동되기 때문에 상당한 오차가 내재되어 있음에도 불구하고 특별한 경우가 아니면 사용자들은 오차로 인한 문제점을 거의 알지 못하게 된다.

⑤ 오차의 발생 원인

• 자료입력을 수동으로 하는 것도 오차 유발의 원인이 된다.

• 지역을 지도화하는 과정에서 선으로 표현할 때 오차가 발생한다.

• 여러 가지의 자료층을 처리하는 과정에서 오차가 발생한다.

(2) 벡터화 과정에서의 오류

① 선의 단절 : 사람의 눈으로는 조그마한 선의 끊어짐을 발견하지 못하지만 매우 짧은 선의 단절이 발생하여도 선이 끊어지게 된다. 이런 경우 단절된 선을 수작업으로 연결해 주어야 한다.

② 주기와 대상물의 혼돈 : 예를 들어 Seoul의 O는 폴리곤으로 볼 수도 있고 문자로 인식할 수도 있다.

③ 방향의 혼돈 : T자형의 수직선을 만나면 어떤 방향으로 이동하여야 할지 정확하게 판단하지 못해 생기는 오류

④ 불분명한 경계 : 대상물이 두 개의 유사한 색조나 색깔을 가지고 있는 경우 소프트웨어적으로 구별하기 어려워서 발생되는 오류

(3) 오류유형

① Undershoot(못미침) : 교차점이 만나지 못하고 선이 끝나는 것

② Overshoot(튀어나옴) : 교차점을 지나 선이 끝나는 것

③ Spike(스파이크) : 교차점에서 두 개의 선분이 만나는 과정에서 생기는 것

④ Sliver(슬리버) 폴리곤

- 두 개 이상의 커버리지 오버레이로 인해 폴리곤의 경계에 생기는 작은 영역을 일컫는 것
- 하나의 선으로 연결되어야 할 곳에서 두 개의 선으로 어긋나게 입력되어 불필요한 폴리곤을 형성한 상태
- 오류에 의해 발생하는 선 사이의 틈, 두 다각형 사이에 작은 공간이 있어서 접촉되지 않는 다각형, 선을 입력되어야 할 곳에서 두 개의 선으로 약간 어긋나게 입력
- 폴리곤이 겹치지 않게 적절하게 위치를 이동시킴으로써 제거될 수 있는 경우도 있고, 폴리곤을 형성하고 있는 부정확하게 입력된 선분을 만든 버틱스들을 제거함으로써 수정될 수도 있다.
- 지적필지가 아니면서 경계부분에서 조각부분이 발생하여 필지로 오인되는 형태의 오류

⑤ Overlapping(점, 선의 중복) : 점, 선이 이중으로 입력되어 있는 상태

⑥ Dangle(댕글) : 부정확한 디지타이징 때문에 발생하는 위상 오차로 한쪽 끝이 다른 연결점이나 절점(Node)에 완전히 연결되지 않은 상태의 연결선

⑦ 라벨오류 : 잘못된 라벨을 선택하여 수정하거나 제 위치에 옮겨주면 된다.

05 메타데이터

1. 개요

1) 정의

① 메타데이터란 수록된 데이터의 내용, 품질, 조건 및 특징 등을 저장한 데이터로서 데이터에 관한 데이터, 즉 데이터의 이력서라 할 수 있다.

② 공간데이터의 각종 정보설명을 문서화한 것으로 공간데이터 자체의 특성과 정보를 유지 관리하고 이를 사용자가 쉽게 접근할 수 있도록 도와준다.

③ 지리정보자료의 내용이나 품질, 상태, 제작시점, 제작자, 소유권자, 좌표체계 등 특성에 관한 제반사항을 나타내는 부가자료이다.

④ 메타데이터는 작성한 실무자가 바뀌더라도 변함없는 데이터의 기본 체계를 유지하여 시간이 지나도 일관성 있는 데이터를 사용자에게 제공이 가능하여야 하므로 표준용어와 정의에 따라야 한다.

⑤ 메타데이터는 정보의 공유를 극대화하며 데이터의 원활한 교환을 지원하기 위한 프레임을 제공한다.

⑥ 수록된 데이터의 내용, 품질, 작성자, 작성일자 등과 같은 유용한 정보를 제공하여 데이터 사용의 편리를 위한 데이터이다.

⑦ 자료의 수집방법, 원자료, 투영법, 축척, 품질, 포맷, 관리자를 포함하는 데이터 파일에서 데이터의 설명이나 데이터에 대한 데이터를 의미한다.

⑧ 메타데이터가 중요한 이유는 공간 데이터에 대한 목록을 체계적으로 표준화된 방식으로 제공함으로써 데이터의 공유화를 촉진시키고, 대용량의 공간 데이터를 구축하는데 드는 비용과 시간을 절감할 수 있기 때문이다.

⑨ 메타데이터의 표준을 통해 공간 데이터에 대한 질적 수준을 알 수 있고, 표준화된 정의, 이름, 내용들을 쉽게 이해할 수 있다.

⑩ 공간데이터를 설명한 기능을 가지며 데이터의 생산자, 좌표계 등 다양한 정보를 포함하고 있다.

2) 기본요소

① 개요 및 자료 소개(Identification) : 수록된 데이터의 명칭, 개발자, 데이터의 지리적 영역 및 내용, 다른 이용자의 이용 가능성, 가능한 데이터의 획득방법 등을 위한 규칙이 포함된다.

② 자료 품질(Quality) : 데이터의 속성정보 정확도, 논리적 일관성, 완결성, 위치정보 정확도, 계통(lineage)정보 등

③ 자료의 구성(Organization) : 자료의 코드화(Encoding)에 이용된 데이터 모형 (벡터나 격자 모형 등), 공간상의 위치 표시 방법(위도나 경도를 이용하는 직접 적인 방법이나 거리의 주소나 우편번호 등을 이용하는 간접적인 방법 등)에 관 한 정보가 서술된다.

④ 공간참조를 위한 정보(Spatial Reference) : 사용된 지도 투영법, 변수, 좌표계에 관련된 제반정보를 포함한다.

⑤ 형상 및 속성 정보(Entity & Attribute Information) : 수록된 공간객체와 관련 된 지리정보와 수록방식에 관하여 설명한다.

⑥ 정보 획득방법 : 정보의 획득과 관련된 기관, 획득 형태, 정보의 가격에 대한 사항 을 설명한다.

⑦ 참조정보(Metadata Reference) : 메타데이터의 작성자 및 일시 등을 포함한다.

3) 메타데이터의 역할 및 필요성

① 각 기관 자료의 공유가 가능하다면 자료 중복 구축을 상당부분 피할 수 있다. 현재 여러 기관에서 구축되고 있는 다양한 토지정보자료는 각각 사용 목적이 다 르게 구축된 내용이지만 각 기관 간의 자료의 공유가 가능하다면 일부 중복된 부분을 활용함으로써 경제적인 효과를 기대할 수 있으므로 자료의 공유는 매우 중요하다.

② 기존에 구축되어 있는 모든 자료에 대한 정보의 접근이 용이하다. 기존에 구축된 자료를 다른 목적으로 사용하기 위해서는 기존 자료에 대한 접근 이 편리하여야 하며, 다양한 자료에 대한 접근의 용이성을 최대화하기 위해서는 참조된 모든 자료의 특성을 표현할 수 있는 메타데이터의 체계가 필요하다.

③ 사용 목적에 부합되는 품질의 데이터인지 미리 알아볼 수 있는 정보를 제공한다.
- 메타데이터는 취득하려는 자료가 사용목적에 적합한 품질의 데이터인지를 확 인할 수 있는 정보가 제공되어야 하며 시간과 비용을 절약하고 불필요한 송수 신 과정을 최소화시킴으로써 공간정보 유통의 효율성을 제고시킬 수 있다.
- 특히 토지정보체계의 자료가 표준화된 규정에 의해 구축될 경우 그에 따른 효 과는 매우 높게 나타나므로 메타데이터의 중요성을 확인할 수 있다.
- 이와 관련하여 국제 표준화기구에서는 메타데이터의 표준안을 제시하는 각 나 라마다 각각의 메타데이터 표준안을 제정하여 활용하고 있다.

④ 대용량 공간 데이터를 구축하는 데 드는 비용과 시간을 절약해 준다.

⑤ 자료의 생산, 유지, 관리하는 데 필요한 정보를 제공해 준다.

⑥ 이질적인 자료 간의 결합을 촉진한다.

⑦ 자료에 대한 접근현상을 실시간으로 보여준다.

⑧ 자료의 다양한 공간 분석 기준을 제시해 준다.

⑨ 이용자 측면 : 메타데이터를 이용해 검색할 수 있으므로 원하는 콘텐츠에 신속하게 접근하고 원하는 자료가 맞는지 식별한다.

⑩ 생산자 측면 : 메타데이터를 사용하여 콘텐츠에 대한 설명을 통해 콘텐츠 이외의 정보를 제공하며, 이용자가 효율적으로 접근할 수 있게 한다.

⑪ 관리자 측면 : 메타데이터를 통해 효율적으로 콘텐츠를 관리할 수 있기에 이용자에게 제공이 용이하다.

⑫ 사용가능성, 관리정보, 사용적정성

2. 메타데이터 현황

1) 국외 메타데이터 현황

(1) 미국 FGDC 메타데이터

① 제0장 메타데이터 : 자료의 내용, 품질, 상태, 입수 방법, 특성에 관한 사항을 나타낸다.

② 제1장 식별정보 : 자료에 대한 기본적이고 계량적인 정보를 포함하며, 제목, 목적, 지리적 영역, 현재성, 자료의 상태, 대표어, 보안적인 사항, 자료 입수, 이용에 관한 사항 등을 들 수 있다.

③ 제2장 데이터 품질에 관한 정보 : 자료의 품질에 관련된 정보를 나타내며 여기에는 자료의 품질평가, 위치 및 속성의 정확도, 완결성, 일치성, 자료에 대한 원시자료 정보, 자료의 생성 방법 등이 포함되어 있다.

④ 제3장 공간자료 구성 정보 : 간접 공간 참조 자료(주소체계), 직접 공간 참조 자료, 자료 생성 방법 등이 포함되어 있다.

⑤ 제4장 공간좌표에 관한 정보

⑥ 제5장 도형과 속성에 관한 정보 : 실제의 형태, 속성 및 속성값의 범위 등에 관한 정보를 의미하며, 실제의 속성과 속성의 값의 정의 및 이름을 포함한다.

⑦ 제6장 공급에 관한 정보

⑧ 제7장 메타데이터에 관한 정보

⑨ 제8장 인용 문헌

⑩ 제9장 시간에 관한 정보

⑪ 제10장 연락처에 관한 정보

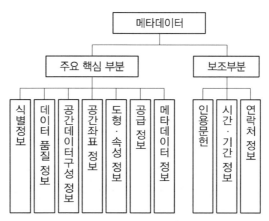

[미국 연방지리정보위원회
FGDC(Federal Geographic Data Committee) 메타데이터 구성도]

(2) 호주의 메타데이터

① 1994년 메타데이타 사용을 결절

② 체계 : 국가적 수준, 연방수준, 지방수준으로 구분

(3) ISO/TC211 메타데이터

① 국제 표준화 기구(ISO : the Intermational Organization for Standardization)
는 표준 관련 국제 연합체로서 산하의 지리정보 관련 기술위원회(TC211)가
있다.

② 구성도

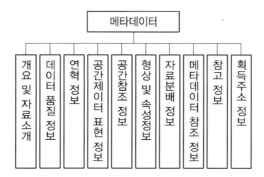

(4) 유럽 공동체 메타데이터

① CEN/TC 287 : 유럽공동체 산하의 표준화위원회 기술분과위원회(WG2)

② 자료의 수요자가 자료의 활용성과 적합성을 판단할 수 있도록 정보를 제공하
는 데 중점을 두고 있다.

501

2) 국내 메타데이터 표준안

(1) 한국전산원 메타데이터 표준안

① 적합성 수준 1

자료를 식별하기 위한 최소한의 메타데이터를 제공 : 간략히 목록화하고 유통관리기구를 통한 검색을 목적으로 한다.

② 적합성 수준 2

- 자료의 모든 정보를 상세하게 기술
- 식별 정보, 자료품질 정보, 연혁 정보, 공간자료 표현 정보, 기준계 정보, 대상물 목록 정보, 자료 배포 정보, 메타데이터 참조정보

(2) 국립지리원의 수치지형도 메타데이터 표준안

① 11개 구성(8개 주요장, 3개 종속장)

㉠ 8개 주요장 : 자료식별 정보, 데이터 품질 정보, 연역 정보, 공간데이터 표현 정보, 공간참조 정보, 형상 및 속성 정보, 자료 배분 정보, 메타데이터 참조 정보

㉡ 3개 종속장 : 출처 정보, 연락처 정보, 주소 정보

3. 데이터 웨어하우스

1) 개요

① 부서 및 응용프로그램 단위 등으로 흩어져 있는 정보들을 하나의 저장창고에 통합, 저장함으로써 자료의 가치와 효율성을 극대화하는 것

② 사용자의 의사결정에 도움을 주기 위하여 분석 가능한 형태로 정보들이 저장되어 있는 중앙저장소 [정보(Data) + 창고(Warehouse)]

2) 특징

① 조직 내 의사결정 지원 인프라이다.

② 기업의 운영시스템과 분리되며, 통합적인 데이터의 집합체이다.

③ 데이터 웨어하우스는 여러 개의 개별적인 운영시스템으로부터 데이터가 집중된다.

④ 신뢰할 수 있는 하나의 버전(One Version of Truth)을 사용자에게 제공한다. 기존 운영시스템의 대부분은 항상 많은 부분이 중복됨으로써 하나의 사실에 대해 다수의 버전이 존재하게 된다. 그렇지만 데이터 웨어하우스에서 이러한 데이터는 전사적인 관점에서 통합된다.

⑤ 시간성 혹은 역사성을 가진다.

일, 월, 년 회계기간 등과 같은 정의된 기간과 관련되어 저장된다. 운영시스템의 데이터는 사용자가 사용하는 매순간 정확한 값을 가진다. 즉 바로 지금의 데이터를 정확하게 가지고 있을 것이 요구된다. 반면 웨어하우스의 데이터는 특정 시점을 기준으로 정확하다.

⑥ 주제 중심적이다.

운영시스템은 재고 관리, 영업관리 등과 같은 기업운영에 필요한 특화된 기능을 지원하는 데 반해, 데이터 웨어하우스는 고객, 제품 등과 같은 중요한 주제를 중심으로 그 주제와 관련된 데이터들로 조직된다.

⑦ 컴퓨터 시스템 혹은 자료 구조에 대한 지식이 없는 사용자들이 쉽게 접근할 수 있어야 한다.

조직의 관리자들과 분석가들은 그들의 PC로부터 데이터 웨어하우스에 연결될 수 있어야 한다. 이런 연결은 요구에 즉각적이어야 하고, 또한 신속성을 보여야 한다.

⑧ 읽기 전용 데이터베이스로서 갱신이 이루어지지 않는다.

웨어하우스 환경에서는 프로덕션 데이터 로드(Production Data Load)와 활용만이 존재하며, 운영시스템에서와 같은 의미의 데이터의 갱신은 발생하지 않는다.

데이터 마이닝(Data Mining)
- 대용량의 데이터에서 통계적 패턴이나 규칙, 관계를 찾아내 분석함으로써 정보를 추출하여 의사결정에 활용하는 과정
- 데이터 마이닝은 데이터베이스 내에서 어떠한 방법(순차 패턴, 유사성 등)에 의해 관심 있는 지식을 찾아내는 과정
- 대용량의 데이터 속에서 유용한 정보를 발견하는 과정
- 기대했던 정보뿐만 아니라 기대하지 못했던 정보를 찾을 수 있는 기술을 의미
- 데이터 마이닝을 통해 정보의 연관성을 파악함으로써 가치 있는 정보를 만들어 의사결정에 적용함으로써 이익을 극대화
- 데이터 마이닝의 적용 분야로 가장 대표적인 것은 데이터베이스 마케팅이다.
- 막대한 데이터속에 감추어진 유용한 상관 관계를 발견해 내는 방법(마이닝 : 광산이나 석유를 채굴한다).

503

06 공간정보 표준화

1. GIS 표준화

1) 표준화

① 데이터의 유통과 변환이 가능하도록 데이터의 포맷 등 형식을 동일한 방식으로 규정하는 것

② 데이터의 교환 표준, 메타데이터 표준, 용어 표준, 데이터 정확도 표준, 장비측정 표준, 측지 표준 등

③ SDTS는 GIS 표준 포맷의 대표적인 예이다.

④ NGIS에서 수행하고 있는 표준화 내용은 기본 모델연구, 정보구축표준화, 정보유통표준화, 정보활용표준화, 관련기술표준화이다.

⑤ 국가 기본도 및 공통 데이터 교환 포맷 표준안을 확정하여 국가 표준으로 제정하고 있다.

2) 표준화 장점

① 경제적이고 효율적인 GIS 구축이 가능하다(자료의 중복구축 방지로 비용을 절감).

② 기존에 구축된 모든 데이터에 쉽게 접근할 수 있다.

③ 서로 다른 시스템 간의 상호연계성을 강화할 수 있다.

④ 수치적인 공간자료가 서로 다른 체계 사이에서 원래의 내용이 변형 없이 전달된다.

3) GIS 표준화 필요성

① 데이터의 제작 시 사용된 하드웨어(H/W)나 소프트웨어(S/W)에 구애받지 않고 손쉽게 데이터를 사용할 수 있다.

② 표준 형식에 맞추어 하나의 기관에서 구축한 데이터를 많은 기관들이 공유하여 사용할 수 있다.

③ 데이터의 공동 활용을 통하여 데이터의 중복 구축을 방지함으로써 데이터 구축 비용을 절약할 수 있다.

④ 토지정보체계(지적정보)의 자료구축에 있어서 표준화의 필요성

- 다른 지적정보 활용시스템과의 정보 교환 조건을 정의하여 상호연동성을 확보할 수 있다.
- 시스템 간의 상호연계성을 강화할 수 있다.
- 기 구축된 지적정보의 재사용을 위한 접근 용이성을 향상시킬 수 있다.
- 공동 데이터의 공유 및 자료의 중복구축 방지로 비용을 절감할 수 있다.
- 기존에 구축된 모든 데이터에 쉽게 접근할 수 있다.

• 수치적인 공간자료가 서로 다른 체계 사이에서 원래의 내용이 변형 없이 전달
된다.

4) GIS 표준 분류

(1) 법적 기준에 따른 분류
① 실제 표준 : 일반적인 산업 표준
② 규정 표준 : 미국표준협회 등 표준을 만들 수 있는 법률상 권한이 부여된 조
직에 의하여 개발
③ 법률 표준 : 정부 입법에 의하여 정립된 규정 표준

(2) GIS에서 표준
① 기능 측면
• 응용 표준 : GIS 이용에 대한 지침을 제시하는 표준
• 데이터 표준 : 지리 데이터의 교환 포맷이나 구조를 기술하는 표준
• 기술 표준 : 컴퓨터 기술의 사용에 관련된 다양한 측면에서 대한 표준과
전송규약을 포함
• 전문 실무 표준 : 실무자의 자격심사나 전문능력 인증 등
② 데이터 측면
• 내적 요소 : 데이터 모형 표준, 데이터 내용 표준, 메타데이터 표준
• 외적 요소 : 데이터 품질 표준, 데이터 수집 표준, 위치참조 표준, 데이터
교환 표준
③ 영역 측면 : 국지적 범주, 국가 범주, 국가 간 범주, 국제 범주

(3) 지리자료 표준의 구성요소
① 표준 데이터 성과품 : 기본적으로 국가와 지방자치단체 차원에서 제작된 기
본도를 기반으로 만들어진 데이터
② 데이터 변환(교환) 표준 : 어떤 GIS 시스템에서 다른 시스템으로 데이터를
변환하는 방법을 개념화한 것
③ 데이터 품질 표준 : 특정한 공간 범위 또는 특정 응용시스템에 맞는 데이터
품질에 관한 요구사항이 나열된 일종의 문서
④ 메타 데이터 표준 : 지리정보 유통망 구축을 위해 필요함

2. SDTS(Spatial Data Trasfer Standard)

1) 개요 및 특징

(1) 개요

① 광범위한 자료의 호환을 위한 규약으로서, 국가지리정보체계(NGIS)의 공간
데이터 교환포맷

② 다른 체계들 간의 자료를 공유를 위한 공간 자료교환 표준으로 대표적인 것

③ 서로 다른 응용시스템들 사이에서 지리정보를 공유하고자 하는 목적으로 개
발되었다.

④ SDTS는 자료를 교환하기 위한 포맷이라기보다는 광범위한 자료의 호환을
위한 규약으로서 자료에 관한 정보를 서로 전달하기 위한 언어이다.

⑤ SDTS는 서로 다른 하드웨어, 소프트웨어, 운영체계를 사용하는 응용시스템
들 사이에서 지리정보를 공유하고자 하는 목적으로 개발된 정보교환 매개체
로 미국 연방정부에 의하여 개발되었다.

⑥ 미국 연방 정부의 표준으로 채택되어 공간자료의 교환 표준뿐만 아니라 수치
지도의 제작, 관리, 유통 등에 이르는 광범위한 기능과 역할을 담당하며, 호
주, 뉴질랜드, 한국 등의 국가에서 채택되었던 데이터의 교환표준이다.

⑦ SDTS는 정보손실 없이 서로 다른 컴퓨터 사이의 지구좌표를 갖는 공간자료
를 변화하는 강력한 방법이다.

(2) 특징

① 1995년 12월 우리나라 NGIS 데이터 교환 표준으로 SDTS가 채택되었다.

② 공간자료에 관한 정보를 서로 전달하는 언어의 성격을 지니고 있다.

③ 자료의 교환표준을 구체적으로 사용 가능하도록 규정하고 설계한 프로파일
을 제공한다.

④ 자료모델로 Geometry와 Topology를 정의하고 있다.

⑤ 공간데이터 전환의 조직과 구조, 공간형상과 공간속성의 정의, 데이터 전환
의 코드화에 대한 규정을 상세히 제공하고 있다.

⑥ 다양한 공간데이터의 교환 및 공유를 가능하게 한다.

⑦ 공간자료 간의 자료 독립성 확보를 목적으로 한다.

⑧ 자료의 교환표준을 구체적으로 사용 가능하도록 규정하고 설계한 프로파일
을 제공한다.

⑨ 미국, 한국, 뉴질랜드, 호주의 국가 지리정보 데이터 교환 표준으로 채택하고
있다.

⑩ 위상구조로서의 순서(Order), 연결성(Connectivity), 인접성(Adjacency) 정보를 규정하고 있다.

⑪ 모든 종류의 공간자료들을 호환 가능하도록 하기 위한 내용을 기술하고 있다.

2) SDTS 구성

(1) 총괄적인 구성

① 1장 : 공간데이터의 논리적 규약

    ㉠ 공간데이터 모델 : 공간자료를 정의하는 이론적 틀을 제공

    공간자료에 활용되는 각종 정의 및 공간정보의 구성, 그래픽 표현 방법 등을 표현

    ㉡ 자료 품질

        • 언제나 자료의 변화가 있을 때 추가, 갱신, 삭제가 자유로우며 독립적으로 분리와 전환이 가능하여야 함

        • 구성요소 : 자료이력, 위치정확도, 속성정확도, 논리적일관성, 무결성

    ㉢ 전환포맷의 구성

    모델의 정의를 위한 표현방법, 각 모듈에서 사용되는 개념들의 상하관계를 규정하는 부분, 전환을 위하여 구성되는 모듈의 형태

② 2장 : 자료사전(용어정의)

    • 자료가 전환될 때 확인되는 공간형상들에 대한 분류와 의미를 제공

    • 자료의 명칭 및 내용, 변환의 가능성, 추가를 위한 공간

③ 3장 : 전환규약

    • ISO 8211 규정을 적용

    • 일반 범용의 교환 표준, 인코딩, 독립성, 확장성

④ 4장 : 프로파일

    • 벡터자료와 래스터 자료의 프로파일에 관한 규정을 정의

    • 1장, 2장, 3장에 기술된 내용을 적용하여 구체화

(2) 공간자료 구성

① 개념적 모델

    • 실세계의 현상을 나타내는 공간현상

    • 현상의 표현 대상인 공간객체

    • 공간현상과 공간객체와의 관계를 총체적으로 나타내는 공간현상

507

② 객체의 분류
- 0 차원 : Point, Node
- 1 차원 : Line, String, Arc, Link, Chain, Ring
- 2 차원 : Area, Ployon, Pixel(2차원 그림), Grid Cell(2차원 객체)
- 공간객체의 집합 : Image, Grid, Layer, Raster, Graph

3) 공간자료의 품질에 대한 평가지표
① 데이터 이력
② 위치정확도
③ 속성정확도
④ 논리적 일관성
⑤ 완결성

3. 표준화 동향

1) ISO/TC211

(1) ISO/TC211 개요
① 국제표준화기구(ISO : International Organization for Standardization)는 1994년에 산하 기술위원회(TC : Technical Committee)인 ISO/TC211 Geographic Information/Geomatics를 설립
② ISO/TC211은 국제표준화기구인 ISO의 공간정보 부분의 기술위원회
③ 지리정보분야에서 대한 표준화를 위해 지리적 위치와 직·간접으로 관련이 되는 사물이나 현상에 대한 정보표준규격을 수립하는 국제표준화기구

(2) ISO/TC211 목적
① 지구상의 지리적 위치와 직·간접적으로 관계있는 사물이나 현상에 대한 표준 마련
② 표준을 통해 공간정보를 쉽게 활용할 수 있는 환경을 제공하거나 공간정보를 다루는 컴퓨터 시스템 간의 상호 운용성 실현, 공간정보의 접근성 및 통합성 증대

(3) ISO/TC211 활동방식
① 2015년 현재 34개 참가국과 31개 참관국이 활동하고 있으며, 국제표준 제정을 위해 50여 개의 기관 등과 연락관계를 맺고 있음

② 조직은 총 5개의 기술실무위원회로 구성 : 업무 구조 및 참조 모델을 담당하는 작업반 WG1, 지리 공간 데이터 모델과 운영자를 담당하는 WG2, 지리 공간 데이터를 담당하는 WG3, 지리 공간 서비스를 담당하는 WG4 및 프로파일 및 기능에 관한 제반 표준을 담당하는 WG5로 구성

③ 표준 모델 : 공간참조, 기하 및 위상구조, 지리적 형상, 메타데이터, 품질, 시간, 묘사

2) CEN/TC287

① ISO/TC211 활동이 시작되기 이전에 유럽의 표준화 기구를 중심으로 추진된 유럽의 지리정보 표준화 기구

② 추진과제 : 기초연구, 자료설명, 참조, 처리

3) DIGEST(Digital Geographic Exchange STandard)

① 국방 분야의 지리정보 데이터 교환 표준으로 미국과 주요 NATO 국가들이 채택하여 사용하고 있다.

② DGIWG(Digital Geographic Information Working Group) 위원회를 구성하여 제작

③ 구성

- Part 1 : 교환 표준의 일반적 설명
- Part 2 : 교환 표준의 이론적 모형, 교환구조, 전환방식
- Part 3 : 교환 표준에 사용되는 코드 및 매개변수
- Part 4 : 데이터 사전

4) NTF(National Transfer Format)

① 지리 정보의 교환을 위한 표준

② 1985년 처음 발표되었으며, 영국의 국가 지도 제작 기관인 Ordnance Survey와 민간부문의 공동노력으로 이루어졌다.

5) ISO 19113(지리정보의 품질원칙)

① 품질개요요소 : 목적, 용도, 연혁, 추가 품질개요요소

② 품질요소 및 세부요소 : 완전성, 논리적 일관성, 위치 정확성, 시간 정확성, 주제 정확성, 추가품질요소

③ 품질세부요소설명자 : 품질범위, 품질측정, 품질평가절차, 품질결과, 품질 값 유형, 품질 값 단위, 품질 일자

6) ISO 19152(LADM : Land Administration Domain Madel)

① MDA(Model Driven Architecture) 기반의 효율적이고 효과적인 토지행정시스템의 개발을 위한 확장 가능한 기초를 제공

② 국제공간표준 기반에서 국가 또는 기관간 정보를 공유하기 위한 모델 제공

③ 5가지 기본 패키지 제공
- 당사자들(인간과 조직)
- 권리, 책임, 제한(소유권리)
- 공간 단위(필지, 건물 및 네트워크)
- 공간 출처(측량)
- 공간 설명(기하 및 위상)을 갖고 추론과 개념적 스키마를 제공

7) OGC(개방형 공간 정보 컨소시엄, Open GIS Consortium, 또는 Open Geospatial Consortium)

① OGIS(Open Geodata Interoperability Specification)를 개발하고 추진하는데 필요한 합의된 절차를 정립할 목적으로 비영리의 협회 형태로 설립

② OGC는 지리정보와 관련된 여러 처리방식에 대하여 개방형 시스템적인 접근을 시도

③ 지리 공간 정보 데이터의 호환성과 기술 표준을 연구하고 제정하는 비영리 민관 참여 국제기구

④ 지리정보를 활용하고 관련 응용분야를 주요 업무로 하고 있는 공공기관 및 민간 기관으로 구성된 컨소시엄

⑤ GML(Geography Markup Language)
- OGC에서 XML기반으로 지리정보의 저장 및 정보교환을 지원하기 위해 제정된 표준
- 점, 선, 면 등과 같은 도형을 포함하는 다양한 정보를 여러 응용 서비스에서 표준화된 방법으로 공유 및 활용할 수 있는 언어
- ISO/TC211의 표준으로도 채택되었고, 국내 KS X ISO 1936 : 2014 표준으로도 제정

⑥ OGC의 지리공간정보 표준은 북미와 유럽 연합은 물론 대다수 정부 기관에서 국가 공간 정보 기반 시설(Spatial Data Infrastructure) 개발에 이미 활용하고 있거나 채택을 고려하고 있어 지리 공간 정보 산업계에 미치는 영향력이 매우 큼

⑦ OGC에는 구글(Google), 마이크로소프트(Microsoft), 에스리(ESRI), 오라클(Oracle) 등 지리 공간 정보 관련 글로벌 정보 기술(IT) 기업과 미국의 연방지리정보국(NGA), 항공우주국(NASA), 영국 지리원(OS), 프랑스 지리원(IGN) 등 각국 정부 기관, 시민 단체 등 약 460여 개 기관이 회원으로 참여하고 있음

8) KS X ISO 19113 품질원칙

(1) 표준의 목적
① 데이터 품질에 관한 정보를 구성하는 방식을 설명
② 생산자는 데이터 세트가 제품사양에 적합한지 평가함으로써 품질정보 제공
③ 사용자는 데이터 세트가 자신의 응용분야에 적합한 품질인지 결정

(2) 품질 요소
① 완전성
- 초과 : 데이터 세트 내에서 부정확하게 존재하는 초과 데이터
- 누락 : 데이터 세트 내에 있어야 하지만 생략된 데이터

② 논리적 일관성
- 개념적 일관성 : 항목이 관련된 개념적 스키마 규칙을 따름을 나타내는 척도
- 영역 일관성 : 항목이 그것의 값 영역과 일치하고 있는지에 관한 척도
- 포맷 일관성 : 데이터 세트 내에서 데이터세트의 물리적 구조와 상충되지 않는지
- 위상 일관성 : 데이터 세트 내에서 도형 위상(연결 등)의 정확성

③ 위치 정확성
- 절대적 또는 외적 정확도 : 보고된 좌표값의 실제 값에 대한 근접도
- 상대적 또는 내적 정확도 : 한 피처와 다른 피처 간의 상대적 수평, 수직 정확성
- 그리드 데이터 위치 정확도 : 그리드 데이터의 위치값의 실제 값에 대한 근접도

④ 시간 정확성
- 시간 측정 정확성 : 시간 측정값의 실제 값에 대한 근접도
- 시간 일관성 : 순서의 정확도
- 시간 유효성 : 시간 데이터의 유효성

⑤ 주제 정확성
- 분류 정확성 : 지형지물 분류코드가 틀리지 않은 것

• 비정량적 속성 정확성 : 비정량적 속성이 정확한지 여부의 측정

• 정략적 속성 정확성 : 주제 속성에 있을 수 없는 속성값이 없을 것

(3) 품질 하위 요소 설명

① 품질 범위 : 층위, 항목유형, 지리적 범위, 시간적 범위

② 품질 측정 : 품질 범위마다 하나의 품질 측정 제공

③ 품질 평가절차 : 품질 측정마다 하나의 품질 평가절차 제공

④ 품질 평가결과 : 품질 측정마다 하나의 품질 품질결과 제공

⑤ 품질값 유형 : 가부, 숫자, 백분율

⑥ 품질값 단위 : %

⑦ 품질 일자 : 평가일

9) 지리정보 – 데이터 품질 : KS X ISO 19157 : 2013

(1) 데이터 품질 구성요소

① 완전성

② 논리적 일관성

③ 위치 정확성

④ 주제 정확성

⑤ 시간적 품질

(2) 데이터 품질 측정의 구성요소

① 측정 식별자

② 이름

③ 별칭

④ 요소 이름

⑤ 기본 측정

⑥ 정의

⑦ 설명

⑧ 파라미터

⑨ 값 유형

⑩ 값 구조

⑪ 참조 정보

⑫ 보기

4. 오픈소스 공간정보 소프트웨어

1) 오픈소스의 개념

① Open Source는 "소프트웨어 혹은 하드웨어의 제작자의 권리를 지키면서 원시코드를 누구나 열람할 수 있도록 한 소프트웨어 혹은 오픈소스 라이선스에 준하는 모든 통칭"을 일컫는다.

② 오픈이라고 하는 뜻은 무료로 제공하는 의미가 아니라 소프트웨어의 소유권이 독립되어 있지 안다는 것을 의미한다. 특정 소프트웨어는 유로로 운영되는 경우도 있다.

③ 오픈소스라고 하는 것은 개발에 필요한 소프트웨어 소스가 공개되어 있고 재가공해 다시 배포할 수 있는 특징일 뿐이다.

④ 원시코드란 SW 또는 HW를 움직이는 SW의 프로그램 코드로 프로그램을 개발한 언어(C, C^{++}, 자바 등)로 작성되어 있다. 일반적으로 오픈소스라고 하면 오픈소스 비영리 재단 등에서 무료로 제공하는 '오픈소스(커뮤니티 버전)' SW를 말한다. 리눅스, 안드로이드 등의 운영체제와 리브레오피스(LibreOffice)와 같은 응용프로그램 등 다양하다.

2) 오픈소스 공간정보 SW 종류

(1) 종류

QGIS, PostGIS, GRASS GIS, gvSIG, ILWIS, MapWindow GIS, SAGA GIS, uDig, GeoServer 등

(2) QGIS(Quantum Geographic Information System)

FOSS4G(Free and Open Source Software) 프로젝트 일환으로 일반 데스크탑의 GIS 분야에서 가장 안정적인 소프트웨어 중 하나

제4장 공간분석

01 공간자료 변환

1. 벡터화 변환

1) 전처리 단계

(1) 필터링(Filtering) 단계

① 격자데이터에 생긴 여러 형태의 잡음을 윈도우(필터)를 이용해 제거하고,

② 연속적이지 않은 외곽선을 연속적으로 이어주는 영상처리의 과정

③ 위성영상의 전반에 걸쳐 불규칙한 잡음(Speckle Noise)이 발생하여 이를 보정하는 단계

(2) 세선화(Thinning) 단계

① 격자데이터의 형태를 그대로 반영하면서 대상물의 추출에 별로 영향을 주지 않는 격자를 제거하여 이전 단계인 필터링에서 만들어진 두꺼운 선형 패턴을 가늘고 긴 선과 같은 형상으로 만들기 위해 가늘게 세선화하는 것을 의미

② Hilditch 알고리즘, Zhang Suen 알고리즘

(a) 잡음 섞인 격자데이터   (b) 필터링 후 격자데이터

[Filtering 단계]

(c) 필터링된 이미지   (d) 세선화 후 이미지

[Thinning 단계]

2) 벡터화 단계
① 세선화 단계를 거친 격자데이터는 벡터화가 가능
② 전처리를 거친 격자구조를 벡터화 단계를 거쳐 벡터구조로 전환

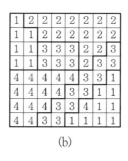

(a)   (b)   (c)

3) 후처리 단계
① 벡터화 단계를 통해 얻은 데이터는 모양이 매끄럽지 못하고, 울퉁불퉁하거나 과도한 Vertex, Spike 등의 문제점이 나타남
② Topology 생성, 점·선·면 단위원소 분류, 연결성·인접성·계급성에 관한 정보 파악 등 각각의 원소 간의 관계를 효율적으로 정리

2. 격자화 변환

1) 격자화 개요
벡터구조에서 격자구조로의 변환은 벡터구조인 점, 선, 면의 위치를 동일한 격자자료에서 찾는 작업

2) 격자화 과정
직선 격자화, 폴리곤(사각형, 다각형) 격자화, 원(원 경계. 원 내부) 격자화

02 공간자료 일반화

1. 개요

1) 정의 및 특징

(1) 정의
① 사용가능한 자료로부터 위치정보나 속성정보의 변환을 통해서 기호적 또는 수치적으로 코드화된 데이터를 획득하는 과정

② 선택된 대상을 지도화하거나 기호화를 통한 공간자료의 형식화 등을 통해 자료의 양을 감소시키고 원하는 축척으로 단순화하여 표현하는 것

(2) 특징

① 지표와 이를 둘러싼 공간에는 다양한 정보들이 포함되어 있는데 이를 모두 표현하는 것은 불가능하며 분석에 필요한 정보만을 추출하고 시각적으로 복잡한 정보를 단순화시켜 표현하는 것이 요구되므로 일반화가 필요하다.

② 지도 일반화를 위해서는 지도의 구축 및 활용 목적을 충분히 이해하고 축척에 맞게 의미가 전달될 수 있도록 표현하여야 한다.

③ 지리정보시스템(GIS)의 공간 및 속성자료 분석기능 중 여러 가지 종류의 객체를 합쳐서 상위수준의 클래스로 만드는 기능으로서 대축척 지도로부터 소축척 지도로 만드는 과정에서 적용되는 기능이다.

④ 대축척 지도에서 소축척 지도로 변환할 경우에 지도의 일반화 과정의 정밀도가 더욱 많이 요구된다.

⑤ 지도의 일반화 적용에 있어서 일관성과 정확도 유지 등을 고려하여야 한다.

⑥ 지도 일반화는 단순화, 분류화, 기호화 등의 세부과정을 거치게 된다.

⑦ 벡터 기반의 일반화에서는 단순화, 집단화, 재배치 등이 이루어진다.

2) 주요 고려사항

(1) 자료 복합성 감소

① 지도의 축척이 감소됨으로써 야기되는 외관상의 혼란은 지도의 효용성을 감소시킬 수 있다.

② 지도가 가지고 있는 다양한 도형요소의 시각적 상호작용을 측정하여 효과적인 지도표현을 할 수 있도록 복잡성을 감소시켜야 한다.

(2) 공간정확도 유지

① 대상물의 질적 · 양적인 요소들의 공간적 일치와 그들의 실제적인 분포현상의 표현이 지도의 근본적인 요구사항이다.

② 일반화는 정보의 삭감을 수반하지만 원래 지도의 핵심적인 내용은 유지되어야 한다.

(3) 속성정확도 유지

① 공간적 표현의 정확도 유지와 함께 속성정보의 정확도도 함께 고려되어야 한다.

② 공간특성의 표현에 영향을 줄 수 있는 속성 관련 특성들도 변화하는 과정에서 자동적으로 변환되는 것들을 최소화해야 한다.

(4) 시각적 품질 유지

① 지도의 전반적인 미적 품질은 지형의 상호위치 관계, 컬러 또는 흑백톤 등의 요소를 지도제작의 특성에 맞게 사용하느냐에 따라 결정된다.

② 수치데이터의 일반화 조정 작업도 지도의 미적인 품질을 유지하기 위한 주요 기술사항이다.

(5) 논리적 단계 유지

① 일반화에서는 지도의 시각적인 계층구조가 유지되어야 한다.

② 단계별 논리성의 적용은 지도의 제작 목적과 사용자 의도도 함께 고려되어야 한다.

(6) 일반화 규칙 적용

① 처리과정에서 주관성을 제거시키기 위해 많은 노력을 기울여야 한다.

② 일반화의 규칙 적용에 있어서 주관적인 요소와 객관적인 요소를 일관되게 응용하도록 노력해야 한다.

(7) 지도 사용목적 및 사용자 의도

① 일반화 과정에서 가장 중요한 요소는 지도의 용도와 사용자의 의도이다.

② 공간적·지리적 성질을 나타내는 주어진 공간데이터베이스를 서로 다른 활용분야에 이용하는 데 있어 사용자는 각기 사용목적에 맞도록 공간 및 속성 정보를 이용한다.

(8) 적절한 축척의 선택

(9) 명확성 유지

(10) 비용경제성의 고려

(11) 데이터 저장용량의 삭감

(12) 최소 컴퓨터 메모리의 요구

3) 일반화 분류

(1) 시각적 일반화

① 지도의 일반화는 단순화, 확대, 재배치, 합침, 선택 등이 있다.

② 점은 점으로, 선은 선으로, 면은 면 그대로 유지됨으로 기호의 종류는 변화가 없다.

③ 주로 도형자료의 기하학적 요소를 다루고 있다.

(2) 개념적 일반화

① 합침과 선택 과정에 의해 성격이 달라지며, 상징화와 강조로서 기호의 종류가 변경되거나 추가될 수 있다.

② 주로 속성과 관련된 정보를 다루는 면에서 지도적 요소에 더 많은 지식이 요구된다.

2. 격자 및 벡터 기반의 일반화

1) 격자기반 일반화

(1) 구조적 일반화

① 축소(Reduction)

② 재배역(Resampling)

③ 모자이크 구조변환(Tessellation)

④ 격자구조변환

(2) 수치적 일반화

① 수치적 일반화는 필터(Filter)를 이용한 공간필터링(Spatial Filtering)에 의한 일반화로 수치영상의 복잡도를 감소하거나 영상매트리스의 편차를 줄이는데 사용된다.

② 공간필터링 : 위성영상에 후춧가루를 뿌린 것처럼 불규칙한 잡음(Speckle Noise)이 발생하여 이를 보정하고자 할 때 적합한 방법

③ 공간필터 : 저역통과필터, 고역통과필터

(3) 영상 분류

(4) 범주적 일반화

2) 벡터기반 일반화

벡터기반 일반화는 격자기반 일반화는 달리 좌표와 방향성을 가지므로 보다 다양한 형태의 일반화가 이루어질 수 있다.

(1) 단순화(Simplification)

선을 구성하는 좌표점 중 불필요한 잉여점을 제거, 보다 적은 자료량으로 지형지물의 특성을 간편하게 표현하기 위해 선형의 특정점을 남기고 불필요한 버텍스(Vertex)를 삭제하는 일반화 기법

① 다글러스 – 푸케법
- 점의 삭제를 통한 복잡한 선이나 윤곽을 단순화하는 것으로 선을 일련의 점들의 연결로 보고 이 점들의 수를 줄임으로써 단순화시키는 것
- 삭제되는 점의 선택을 위해 허용오차(Tolerance)를 정해야 함

② 거리오차를 이용한 단순화 알고리즘
세 정점의 값을 이용하여 처리하는 방법

③ 각도오차를 이용한 단순한 알고리즘
세 정점의 각도를 이용하여 처리하는 방법

④ Lang 알고리즘을 이용한 단순화
선의 구조를 일정구간으로 나누어 이웃하는 점의 특징을 고려해 단순화를 진행하는 방식

⑤ Douglas 알고리즘을 이용한 단순화
선 전체 또는 명시된 선의 구간에 대해 결정적인 점을 반복적으로 선택하여 처리하는 총체적인 접근을 이용

⑥ Cromley의 계층적 알고리즘을 이용한 단순화
시작점과 끝점을 연결한 벡터와 시작점과 끝점 사이의 중간점들과의 수직거리를 계산하여 수직거리가 가장 긴 점을 중심으로 2개의 벡터로 나누어가며 수직거리를 트리구조로 저장하는 알고리즘

⑦ Buttenfield의 Strip Tree Geometry
시작점과 종료점을 연결한 선분과 가장 멀리 떨어져 있는 점들을 연결하는 최대사각형을 구한다. 이어서 가장 수직거리가 큰 정점을 중심으로 사각형을 2개로 나눈 다음 각각의 사각형 내에 위치한 정점들을 포함하는 사각형을 만들게 된다.

(2) 유선화(Smoothing)
선의 중요한 특정점들을 이용해 선을 유선형으로 변환

(3) 융합(Amalgamation)
전체영역의 특징을 단순화하여 표시

(4) 축약(Collapse)
지형이나 공간상의 범위 표시를 축소

(5) 정리(Refinement)
기하학적인 배열과 형태를 바꾸어 시각적 조정효과를 가져옴

(6) 집단화(Aggregation)

근접하거나 인접한 지형지물을 하나로 합치는 것

(7) 합침(Merge, Combination)

축척의 변화 시 전체적인 대표성 있는 패턴을 유지

(8) 재배치(Displacement)

겹치는 지역 등을 삭제하여 지도의 명확성을 높임

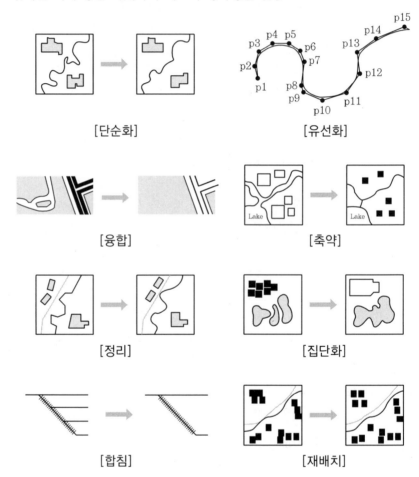

03 공간분석

1. 개요

1) 개념

① 공간자료로부터 추가적인 의미를 추출하기 위하여 원 자료로부터 다른 형태의 자료로 조작하는 것

② 공간 데이터베이스 내에 들어 있는 도형과 속성자료를 이용하여 현실세계에서 발생하는 각종 의문에 대한 해답을 제시하기 위하여 다양한 형태의 분석기법을 적용한다.

③ 데이터 모델을 이용하여 필요한 자료를 추출하고 향후 발생할 현상을 예측하는 것을 모델링이라 한다.

④ 데이터 모델을 이용하여 모델링을 통한 계획된 행위에 대한 결과의 예측을 위하여 공간분석을 사용한다.

⑤ 공간데이터에 가치를 부여하거나 공간데이터를 유용한 정보로 바꾸는 과정이다.

⑥ 공간적 특징들에 대해 새로운 정보를 추출하거나 작성하는 과정이다.

2) 중요성

① 데이터 모델을 이용하여 모델링을 통한 계획된 행위에 대한 결과의 예측이 가능하다.

② 공간정보에 관한 각종 질의 → 모델링 → 기존의 공간 DB로부터 필요한 정보 추출 → 새로운 정보의 예측 → 해답 제공

3) 기능

① 공간데이터의 관리와 분석 : 포맷의 변환, 기하학적 변형, 서로 다른 지도 투영법 간 변환, 융합, 동형화, 선 좌표의 간략화, 도형요소의 편집

② 속성데이터의 관리와 분석 : 속성데이터의 편집기능, 속성데이터의 질의 기능

③ 공간데이터와 속성데이터의 통합적 분석 : 갱신, 분류, 측정의 단순화, 중첩, 근접 분석, 연결성 분석

2. 공간분석 유형

1) 도형자료 분석

(1) 포맷 변환

① 서로 다른 두 개의 기관 간에 각기 다른 소프트웨어 간의 도형자료의 호환성을 높이고자 공동의 교환포맷 작성이 필요하다.

② DXF나 Shapefile, 위상구조를 갖는 벡터구조 상호 간의 데이터 변환
③ 벡터구조와 격자구조 간의 변환

(2) 동형화

① 서로 다른 레이어 간에 존재하는 동일한 객체의 크기와 형태가 동일하게 되도록 보정하는 방식
② 위치오차 보정사례
- 저수지의 경우에는 레이어가 만들어진 계절의 강수량에 따라 크기와 형태가 달라질 수 있다.
  > 예 여름철에는 겨울철보다 상대적으로 물이 많아 연중 저수지의 크기나 형태가 쉽게 변함
- 동일한 공간객체가 레이어가 만들어진 시기에 따라 크기와 형태가 달라지므로 현실적으로 사용에 불편을 초래한다.
- 이러한 불편을 없애고자 특정 공간객체에 대하여 레이어의 제작시기에 상관없이 향상 동일한 크기와 형태를 유지하도록 해당 공간객체의 표준 템플릿(Template)을 만들어 동형화한다.

(3) 경계 부합

① 지도 한 장의 경계를 넘어서 다른 지도로 연장되는 객체의 형태를 정확히 나타내기 위하여 사용된다.
② 인접한 지도들의 경계에서 지형을 표현할 때 위치나 내용의 불일치를 제거하는 처리방법이다.
③ 경계의 부합에서 발생되는 오차의 수정을 위한 기능은 상용 GIS S/W에서 제공되기도 한다.

(4) 면적 분할

① 넓은 지역에 해당하는 자료를 컴퓨터에 입력하여 관리할 때 관리 목적상 작은 단위 면적으로 분할하여 관리하는 것이 편리하다.
② 타일링 : 전체 대상지역을 작은 단위면적으로 분할하여 관리할 때 각각의 작은 면적을 나타내는 지도

(5) 좌표 삭감

① 객체의 형태를 변화시키지 않는 범위에서 적절히 좌표의 수를 줄임으로써 분석시간을 줄이는 등 여러 면에서 효율적일 수 있다.

② 임야도를 스캐닝하여 구축한 도형자료는 벡터라이징 과정에 의해 필요한 수보다 많은 좌표의 값이 저장된다. 이때 임야도의 필지(폴리곤) 형태를 유지하면서 좌표의 수를 줄이는 것

2) 속성자료 분석

(1) 질의

① 작업자가 부여하는 조건에 따라 속성 데이터베이스에서 정보를 추출하는 것
② 특정 폴리곤에 부여된 속성값을 찾는 것

(2) 분류

① 정해진 기준이나 특징으로 전체의 데이터 그룹을 나누는 것
② 세분화(Spcification) : 일정 기준에 세분화하는 과정

(3) 일반화(Generalization)

① 나누어진 항목을 줄이는 것
② 대분류, 중분류, 소분류에서 중분류를 대분류로 변화하는 것
③ 지도에서 동일 특성을 갖는 지역의 결합을 의미하는 것으로서 일정 기준에 의하여 유사한 성질을 갖는 폴리곤끼리 합침으로써 분류의 정도를 낮추는 것
④ 세분화의 반대 개념으로 나누어진 항목을 합쳐서 분류항목을 줄이는 과정을 말한다.

3) 도형과 속성의 통합분석

(1) 중첩

① 자료층(Layer)을 중첩(합성)하여 각각의 층이 가지고 있는 정보를 합하여 필요한 정보를 추출한다.
② 필요한 레이어 가공과 생성, 도형정보와 속성정보의 결합을 통하여 현실세계의 다양한 문제를 해결하기 위한 의사결정을 지원한다.

(2) 공간 보간(Interpolation)

① 공간상에 알려진 표고값이나 속성값을 이용하여 표고나 속성값이 알려지지 않은 지점에 대한 값을 추정하는 것이다.
② GIS에서는 지형데이터 분석을 위한 지형보간이 많이 이루어지고 있다.

(3) 지형 모델링

① 수치표고자료를 이용해 다양한 지형변이를 파악하고, 임의의 지점의 지형을 추정하여 정량화하는 것을 말한다.
② DEM, TIN, DTED

(4) 연결성 분석

① 연속성이나 근접성, 관망과 확산기능 등이 있으며 대표적인 것은 관망분석이다.

② 관망은 하나의 지점에서 다른 지점으로 자원이 이동하는 경우에 사용되는 경로를 정의한다.

(5) 지역 분석

① 특정위치를 에워싸고 있는 주변지역들의 특성을 추출하는 것을 말한다.

② 지역 내 특정시설물(Point-in Polygon)이나 조건에 만족하는 객체에 대한 통계자료를 추출하거나 임의 지역에 속한 도로(Line-in-Polygon) 등을 검색하는 데 사용한다.

(6) 측정기능

① GIS 기본적인 기능(거리, 면적, 분포, 평균값, 편차 등)

② 임의 지역에 일정 면적 이상의 폴리곤이나 시설물 등의 검색에 유용하게 사용된다.

3. 지형모델링과 공간보간

1) 표면모델링

(1) 개념

① 지표면상에서 연속적으로 나타나는 현상의 경우 점, 선, 면으로 나타내기는 매우 어려우며, 흔히 표면으로 나타낸다.

② 표면이란 일련의 (x, y) 좌표로 위치화된 관심대상 지역에서 z값(높이)의 변이를 가지고 연속적으로 분포되어 나타나는 현상을 말한다.

③ 주어진 지역에서 연속적으로 분포되어 표면으로 나타나는 현상을 컴퓨터 환경에서 표현하기 위한 방법을 표면모델링(Surface Modeling)이라고 한다.

(2) 표면모델링 분류

① 자연적 표면모델링 : 지형이나 지질과 같이 표면의 고도를 실제로 관찰

② 추상적 표면모델링 : 주어진 지역에서 나타나는 비가시적인 현상을 통계수치로 표현

(3) 표면을 나타내는 방법

① 수집되는 데이터의 특성과 표현방법에 따라 완전한 표면과 불완전한 표면으로 구분된다.

② 불완전한 표면은 규칙적인 격자의 x, y좌표가 알려져 있고 z좌표 값만 입력하면 된다.

③ 선형으로 나타나는 불완전한 표면의 대표적인 것은 등고선 또는 등차선이다.

④ 완전한 표면은 관심대상지역이 분할되어 있고 각각의 분할된 구역별로 하나의 z값을 가지고 있거나, 수학적인 함수에 의해 대상지역의 모든 지점들이 z값을 갖고 있는 경우에 표현되는 표면이라고 볼 수 있다.

⑤ 다른 선형의 불안전한 표면은 산등성이나 계곡, 경사 등과 같은 구조적인 선으로 나타나는 경우도 있다.

2) 수치지형(표고)모델

(1) 수치표고모델(DEM : Digital Elevation Model)

① 실세계 지형정보 중 건물, 수목, 인공구조물 등을 제외한 지형부분을 표현한 수치모델

② 격자형 자료

③ 지상 위에 아무것도 없는 상태인 지표면을 표현한 것으로 지표면에 일정 간격으로 분포된 지점의 고도 값을 수치로 기록

④ 중심투영으로 인한 항공사진의 기하학적인 왜곡을 보정하기 위해 정사영상 제작과정에 필수적인 자료

⑤ 수치표고모델의 제작방법에는 LiDAR를 활용하는 방법, 수치지도에서 고도값을 추출하여 제작하는 방법 등 다양한 방법이 있음

⑥ DEM 제작방법 : 지상측량, 항공사진측량, 수치지형도, 위성영상, 항공 LiDAR

(2) 수치표면모델(DSM : Digital Surface Model)

① 실세계의 모든 정보, 즉 지형, 수목, 건물, 인공 구조물 등을 표현한 모형

② 벡터형 자료

(3) 수치지형모델(DTM : Digital Terrain Model)

① 수치표고모델과 동일하게 사용, 일정 간격의 표고점으로 구성

② 벡터형 자료

(4) 수치높이모델(DHM : Digital Height Model)

수치지형모형(DTM) 중 평균해수면이 아닌 특정 기준면으로부터 높이를 이용하여 지형을 근사하게 표현하는 모형

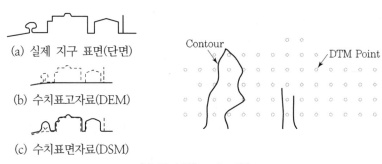

(a) 실제 지구 표면(단면)

(b) 수치표고자료(DEM)

(c) 수치표면자료(DSM)

[수치지형(표고)모델]

(5) TIN(Triangular Irregular Network)

① 특징

- 불규칙하게 분포된 위치에서 표고를 추출하고 이들 위치를 삼각형의 형태로 연결하여 전체 지형을 불규칙한 삼각형의 망으로 표현하는 방식
- 3개의 위치좌표를 가지고 하나의 삼각형을 이루게 되며, 나아가 세 점의 알려진 속성값을 이용하여 세 지점을 연결한 삼각형에 대하여 속성값을 추정할 수 있다.
- 표본점으로부터 삼각형의 네트워크를 생성하는 방법으로 가장 널리 사용되는 방법은 델로니(Delaunay) 삼각법이다.
- 벡터형 자료로 위상구조를 가지고 있다.
- DEM과는 달리 추출된 표본 지점들은 x, y, z값을 갖고 있다.
- 불규칙삼각망이 격자형 수치표고모형에 비해 자료의 저장이 용이하고, 불규칙한 간격을 가지는 표고 자료를 운용할 수 있는 편리한 자료구조를 가지고 있기 때문에 격자형 수치표고모형의 대안이 될 수 있다.
- 불규칙 표고 자료로부터 등고선을 제작하는 데 사용된다.
- 중첩분석이 쉽고 호환성이 뛰어나 표고 모형 중 가장 널리 쓰인다.
- 경사도, 사면방향, 체적 등을 계산할 수 있다.
- 정사영상 제작에 적합하며 음영기복도 제작에는 부적합하다. 정사영상을 생성할 경우에는 DEM이 효과적이다.
- 벡터데이터 모델로 추출된 표본 지점들이 x, y, z값을 가지고 있다. 국지적 변이가 심한 복잡한 지형을 표현하는 데에는 TIN이 유리하다.
- TIN 자료모델에는 각 점과 인접한 삼각형들 간에 위상관계(Topology)가 형성된다.

② 구조
- TIN은 격자 방식과 다른 특징은 벡터구조로서 지형데이터의 표현을 위한 위상을 갖추고 있다는 점이다.
- 추출된 표고점들을 일관된 삼각망 방식으로 연결시킴으로써 중복되지 않는 삼각면(Face)을 형성하는 연속적인 모자이크 표면으로 저장된다.
- TIN 모델은 내삽을 수학적으로 간단하게 처리하기 위해 경계(Edge)로 정의되는 평면 삼각면을 이룬다. 각 경계선은 끝 부분에 2개 결점(Vertice)을 가진다.
- 삼각형 외접원 안에 다른 점이 포함되지 않도록 하는 델로니 삼각망을 주로 사용한다.

③ TIN 구축 방법
- 델로니 삼각형(Delaunay Triangulation) : 삼각형 외접원 안에 다른 점이 포함되지 않도록 연결된 삼각망
- 보로노이 다각형(Voronoi Polygon) 또는 티센 다각형(Thiessen Polygon) : 델로니 삼각망 각 변의 이등분선으로 만들어지는 다각형
- TIN은 노드, 삼각형, 변으로 구성된다. 노드는 x, y, z값을 갖게 되고, 변은 각각의 변을 형성하는 두 노드의 인덱스에 저장된다. 그리고 삼각형은 삼각형을 이루는 3개의 변의 인덱스값으로 저장된다.

④ Thiessen Polygon(티센 다각형)
- TIN에서 형성된 삼각형은 델로니 삼각형이라 하며, 델로니 삼각형의 변의 중심점을 연결하여 생긴 다각형을 티센(Thiessen) 다각형이라 한다.
- Voronoi 다각형이라고도 하며, 공간보간법의 일종이다.
- 다각형 내의 모든 위치에서 다각형이 포함하는 점까지의 거리가 가장 가깝도록 설정된다.
- 2차원 공간에서 특정 지점과 가장 인접한 지점의 속성값을 추정한다.
- 유역의 평균강우량 산정방법의 일종인 티센법에서 인접 우량관측점들을 직선으로 연결한 삼각형의 각 변의 수직이등분선을 그었을 때 만들어지는 관측점 주위의 다각형을 말하며, 이들 다각형의 면적이 각 관측점의 가중인자로 이용된다.

⑤ 내삽

- 일반적으로 현장에서 취득된 자료는 공간상에서 여러 가지 형태의 불규칙한 간격으로 분포하게 된다. 삼각점, 식생, 인구조사 등과 같은 현장조사는 원하는 지점 모두에서 실시하기는 불가능하다. 따라서, 통계학적인 원리를 이용하여 최소의 노력으로 최대의 정보를 얻을 수 있는 조사설계가 필요하다.
- 불규칙한 형태의 조사점을 규칙적인 형태로 변환하거나, 특별히 필요한 지점의 값을 추정하는 경우에 내삽(Interpolation) 처리를 수행한다.
- 내삽 처리과정은 TIN 모델을 이용한 수학적인 계산과정에 의한다.

(6) 등고선

① 해발고도가 같은 지점을 연결하여 각 지점의 높이와 지형의 기복을 나타내는 곡선
② 종류 : 계곡선(計曲線) · 주곡선(主曲線) · 간곡선(間曲線) · 조곡선(助曲線)
③ 벡터형 자료

3) DEM 구축을 위한 공간보간

(1) 표본점의 선정방법

① 보간에 사용되는 표본점 선정은 일반적으로 Pointwise 방식을 사용하는데, 이는 주변에 분포한 표본점들의 값을 이용하여 보간하는 방법이다.
② Pointwise 방식

- 일반반경 : 보간점을 중심으로 일정한 크기의 반경을 그린 다음, 반경 내에 존재하는 표본점들의 표고값 평균을 보간점의 표고값으로 결정하는 방법
- 근접성 : 보간점에서 가장 가까운 위치에 존재하는 일정 수의 표본점들의 표고값 평균을 보간점의 표고값으로 결정하는 방법
- Quadrant : 보간점을 중심으로 4개의 방향으로 영역을 나눈 후, 각 영역에서 가장 가까운 위치에 있는 동일 개수의 표본점들의 표고값 평균을 보간점의 표고값으로 결정하는 방법

(2) 단순거리를 이용한 보간법

① 최단거리(Nearest Neighbor) 보간법

- 보간점에서 가장 가까운 거리에 있는 표본점의 표고값으로 대체하는 보간법
- 보간과정에서 검색시간만 소요되어 빠르게 결과를 얻을 수 있다(계산이 쉽고 빠르다).

- 사선과 곡선 주위에 계단효과가 생긴다.
- 연속적인 변화를 표현하는 것에는 한계가 있어 DEM에 활용할 경우 현실과 다른 결과를 올 수 있으므로 사용에 주의해야 한다.
- 자료값 중 최댓값과 최솟값이 손실되지 않는다.
- 다른 보간법에 비해 계산속도가 빠르다.
- 원래의 자료값을 평균하거나 변환하지 않고 그대로 이용한다.

② 역거리가중값(Inverse Distance Weighting) 보간법
  ㉠ 표본점과 보간점 간 거리의 역수를 가중값으로 하여 보간하는 방식
  ㉡ 거리가 가까울수록 가중값의 영향이 상대적으로 크다.
  ㉢ 보간 방법
   - Inverse Weighted Distance 보간법
     - 거리의 역으로 가중값을 적용한 보간법
     - 보간점에서 일정 반경 내에 존재하는 표본점 간 단순 거리의 역수에 가중값을 주어 보간점에 가까운 점일수록 큰 가중값을 갖게 한다.
   - Inverse Weighted Square Distance 보간법
     - 거리의 제곱값에 역으로 가중값을 적용한 보간법
     - 거리제곱의 역수를 가중값으로 사용한 것으로 거리의 영향을 보다 크게 한다.
   - Bilinear 보간법 : 면적으로 가중값을 적용하는 보간법
   - Bicubic 보간법 : 4×4 격자의 값들을 이용한 보간법

③ 크리킹(Kriging) 보간법
  - 관심지역(보간점)의 속성값을 이미 알고 있는 주위 속성값들의 가중선형조합으로 예측하는 방법
  - 표본지점들 간의 z값과 이들 지점들 간의 거리에 대한 평균분산의 차이를 분산도로 나타내고, 이를 토대로 하여 실측하지 않는 지점에 대한 z값을 추정하는 것

4) 보간법의 개념

(1) 개념

① 주변부의 이미 관측된 값으로부터 관측되지 않은 점에 대한 속성값을 예측하거나 표본 추출 영역 내의 특정 지정 값을 추정하는 기법
② 공간보간법이란 구하고자 하는 지점의 높이값을 관측을 통해 얻어진 주변지점의 관측값으로부터 보간함수를 적용하여 추정하는 것이다.

③ 공간추정 : 기존에 알고 있는 특정의 지점이나 지역의 속성값을 이용하여 알려지지 않은 지점이나 지역의 속성값을 추정하는 것이다.

(2) 전역적 보간법(근사치적 보간법)

① 모든 기준점을 하나의 연산함수로 표현한다.

② 한 지점의 입력값이 변하는 경우 전체 함수에도 영향이 미치게 된다.

③ 지형의 기복이 심하지 않은 완만한 표면을 생성하는 데 적합하다.

④ 전역적(Global) 내삽방법 : 추이분석, Fourier 급수 등

(3) 국지적 보간법(정밀 보간법)

대상지역의 전체를 작은 도면이나 한 구획으로 분할하여 각각의 세분화된 구획별로 부합되는 함수를 산출하여 표현한다.

① 크리킹(Kriging) 보간법 : 속성값을 알고 있는 주위 속성값들의 가중선형조합으로 예측하는 방법

② 스플라인(Spline) 보간법 : 표본 추출된 지점을 정확하게 통과하는 완만한 표면을 생성하는 2차원의 최소곡률 보간법

③ 이동평균(Moving average) 보간법 : 표본지점들의 평균값으로서 보간하는 방법

④ 역거리 가중값(Inverse Distance Weighting) 보간법 : 표본점과 보간점 간 거리의 역수를 가중값으로 하여 보간하는 방법

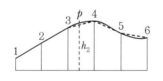

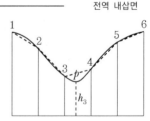

(a) 국소내삽, p점의 표고$= h_1$

(b) 곡면형성을 위한 전역내삽, p점의 표고$= h_2$, 여기 (a)에서 $h_2 > h_1$

(c) 곡면형성을 위한 전역내삽, p점의 표고$= h_3$ 여기 (a)에서 $h_3 > h_1$

4. 중첩분석

1) 개요

① 중첩은 서로 다른 레이어 사이에 좌표값이 동일한 지역의 정보를 합성하거나 수학적 변환기능을 이용해 변환하는 과정이다. 일반적으로 하나의 레이어를 구성하는 도형정보와 속성정보는 중첩에 의해 다른 레이어의 도형 및 속성정보와 그대로 합성되어 출력레이어에 나타나게 된다.

② 공간분석에 있어서 서로 다른 레이어에 속한 공간 데이터들을 Boolean 논리에 입각하여 주어진 조건에 따라 합성된 공간 객체를 만드는 것이다.

③ 중첩분석의 목적은 근접 분석 시 관심대상지역을 경계 짓는 것으로, 관심 대상지역과 경계하고 있는 내부와 외부지역의 공간적 특성과 상호 관련성을 분석하는 데 필수적인 기능이다.

④ 새로운 공간적 경계들을 구성하기 위해서 두 개나 그 이상의 공간적 정보를 통합하는 과정이다.

⑤ 동일한 지역에 대한 서로 다른 두 개 또는 다수의 레이어로부터 필요한 도형자료나 속성자료를 추출하기 위하여 많이 이용되는 공간분석이다.

⑥ 벡터 기반의 중첩분석은 근접 분석을 수행하는데 매우 중요하며, 특정지점 또는 선형으로 나타나는 공간 형상 주변지역의 특징을 평가하는 데 활용된다.

2) 기능

① 사용자가 필요로 하는 정보를 추출하기 위해 논리연산을 사용할 수 있다.

② 격자구조에서는 단위구조인 각각의 격자를 대상으로, 벡터구조에서는 기본 구조인 점, 선, 면을 대상으로 한다.

③ 버퍼링 등에 의해 둘러 싸여진 지역 내의 주민 수를 집계하거나 평균 연령 등을 구하는 각종 집계 계산이 가능하다.

3) 중첩 유형

(1) 결합(Union : A or B)

① 2개 또는 더 많은 레이어들에 대하여 OR 연산자를 적용해 합병하는 방법이다.

② 공간연산 후 연산에 참여한 모든 데이터들이 결과파일에 나타난다.

③ 입력레이어와 UNION 레이어 모두가 폴리곤 유형이어야 한다.

(2) 교차(Intersert : A and B)

① 중첩의 방법론 중에서 교집합의 개념으로 입력레이어 부분 중 INTERSERT 레이어와 중첩되는 부분만 결과레이어에 남게 된다.

② 두 레이어의 중복된 지역에서의 레이어 정보를 결과파일에 나타낸다.

(3) 동일성(Identity)

① INTERSERT 중첩과는 달리 입력레이어의 범위에 위치한 든 정보는 결과레이어에 포함되며, 레이어의 외부경계는 입력레이어 범위와 동일하다.

② 입력레이어의 모든 특징을 그대로 유지한다.

Map Algebra : 지도대수, 맵 아우쥬브라(대수학)

- 공간정보의 종합이나 분석에 이용되는 대수를 말한다.
- 다수의 래스터자료를 디지털화하고 수학의 사칙연산의 개념을 도입하여 수행하는 초보적인 연산이다.
- 래스터자료의 각 격자별 속성값에 대하여 격자별로 수학적 연산을 수행하는 방법이다.

4) 중첩을 통한 레이어 편집

(1) 자르기(Clip)

① 클립은 레이어에서 필요한 지역만을 추출하는 것이다.

② 원래의 입력레이어는 클립레이어에 의하여 정의된 지역에서 도형 및 속성정보만을 추출해 새로운 출력레이어를 만들게 된다.

(2) 지우기(Erase)

① 클립과 반대되는 개념으로 레이어가 나타내는 지역 중 임의지역을 삭제하는 과정을 말한다.

② 전체 레이어에서 분석할 필요가 없는 지역을 삭제하여 분석의 효율성을 기할 수 있다.

(3) 업데이트(Update)

① 레이어의 어느 한 부분에 대하여 갱신된 자료 또는 편집된 자료로 교체하는 것이다.

② 일부 데이터만을 수정 · 갱신할 수 있어 매우 효율적이다.

(4) 스프리트(Split)

① 하나의 레이어를 여러 개의 레이어로 분할하는 과정이다.

② 도형정보와 속성정보로 이루어진 하나의 데이터베이스를 나름대로의 기준에 따라 여러 개의 파일이나 데이터베이스로 분리하는 데 사용될 수 있다.

(5) 맵조인(Mapjoin)

① 여러 개의 레이어가 하나의 레이어로 합쳐지면서 도형정보와 속성정보가 합쳐지고 위상정보도 재정리된다.

② 2개 이상의 레이어에 걸쳐 있는 제반 공간객체의 연결성과 인접성이 만들어지고 선의 길이나 폴리곤의 면적 등이 정량적으로 재정립되는 위상구조를 새로이 만들게 된다.

③ 서로 다른 레이어 간에 중첩이 발생되는 것과 동일하므로 슬리버와 같은 불필요한 폴리곤이 생성이 수반되므로 이를 제거하기 위한 별도의 작업과정이 필요하다.

④ 4개의 타일(Tile)로 분할된 지적도 레이어를 하나의 레이어로 편집하기 위해서 이용하여야 하는 기능

(6) 어팬드(Append)

① 도형과 속성정보가 합쳐지기는 하지만 위상정보가 재정리되지 않는다.

② 위상정보를 다시 정립하기 위한 제반 작업과정이 별도로 요구된다.

(7) 디졸브(Dissolve)

① 맵조인이나 제반 레이어를 합치는 과정에서 발생한 불필요한 폴리곤의 경계를 제거하는 과정을 말한다.

② 동일한 속성값을 갖는 폴리곤에 대해 이름을 다시 부여하는데 사용하기도 한다.

(8) 엘리미네이트(Eliminate)

① 서로 다른 레이어가 합쳐지는 경우에는 슬리버와 같은 작고 가느다란 형태의 불필요한 폴리곤이 형성된다.

② 분석 초기에 엘리미네이트 과정을 통하여 불필요한 슬리버를 제거하는 것이 필수적이다.

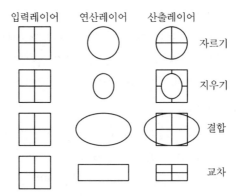

[백터데이터의 중첩]

출처 : 한국공간정보학회, 2016, 공간정보학, 푸른길, p210

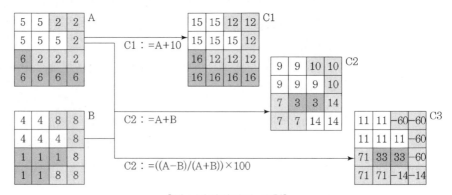

[래스터데이터의 중첩]

출처 : 한국공간정보학회, 2016, 공간정보학, 푸른길, p210

5. 관망분석

1) 관망(Network)분석 유형

(1) 관망에 걸리는 부하의 예측

① 관망은 일반적으로 하나의 지점에서 다른 지점으로 자원이 이동하는 경우에 사용되는 경로를 정의하는 것

② 상수도나 하수도의 특정 관거에 집중되는 유량 산정, 가스관거에 대한 부하량이나 압력산정 등

③ 하천의 물의 흐름이나 퇴적되는 침전물의 양을 계산, 댐 상류의 유량 추적 및 오염 발생이 하류에 미치는 영향 분석 등

(2) 경로의 최적화
① 하나의 지점에서 다른 지점으로 이동 시 최적 경로의 선정
② 화재나 응급 시 소방차나 구급차의 운전경로 또는 항공기의 운항경로를 결정하는 데 가장 적합한 분석방법

(3) 자원의 분배
① 주어진 조건을 바탕으로 선형의 구조물을 가지고 각각의 지점의 특성을 고려한 최적의 자원분배
② 창고나 보급소, 경찰서, 소방서와 같은 주요 시설물의 위치를 결정할 때 도심지 어느 곳이나 일정한 시간에 도달할 수 있는 위치 선정

2) 관망구조 및 탐색방법

(1) 관망구조
① 관망은 서로 연관되어 있는 몇 개의 간선(Arc)으로 이루어져 있다. 각각의 간선들은 위치값을 가진 시작노드(Node)와 종료노드로 정의된다.
② 각 간선에는 중간에 존재하는 점들을 버텍스(Vertex)로 정의된다. 버텍스와 노드의 가장 큰 차이점은 관망에서 위상관계에 대한 정보의 유무로 결정된다.
③ 버텍스는 단순히 선의 형태만을 묘사하며, 노드는 관망의 시작과 끝을 나타내는 위상정보를 가지고 있다.

(2) 관망탐색방법
① 깊이우선탐색
② 너비우선탐색

(3) 최적경로 선정
① 최적경로의 선정은 관망분석이 가장 많이 활용되는 분야 중의 하나이다. 여기서 최적경로란 사용자가 관심있은 항목(거리 또는 시간)에 대해 최솟값을 갖는 경로를 뜻한다.
　㉠ 하나의 목적지를 갖는 최적경로검색 알고리즘
　　• 다익스트라(Dijkstra) 알고리즘 : 모든 간선이 양수인 방향그래프에서 주어진 출발노드와 도착노드 사이의 최단경로를 푸는 알고리즘이다. 현 시점에서 볼 때 자신과 연결된 곳 중에서 가장 작은 가중값을 갖는 노드를 찾는 Greedy 방법을 기초로 한다.
　㉡ 벨만-포드 알고리즘
　　• 간선을 1개 사용하는 최단경로부터 최대 $n-1$개 사용하는 최단경로까지를 구해 결과를 찾는다.

- 다익스트라 알고리즘에서 다루지 못하는 음의 가중값에 대해서도 적용이 가능하다.
② 여러 개의 목적지를 갖는 최적경로검색 알고리즘
- 최단거리검색을 위해서는 우선적으로 비용 매트릭스를 구성하여야 한다.
- 실생활에서는 최적경로의 검색에 있어서 여러 목적지를 경유하는 경우가 많다.

6. 기타 공간분석 기법

1) 근접분석

(1) 개념
① 주어진 측정한 지점을 둘러싸고 있는 주변 지역의 특성을 평가하는 기능
② 공간상에서 주어진 지점과 주변의 객체들이 얼마나 가까운가를 파악하는 데 활용된다.
③ 3가지 조건 : 목표 지점의 설정, 목표 지점의 근접지역에 대한 명시, 근접지역 내에서 수행되어야 할 기능의 명시

(2) 검색기능
근접분석에서 가장 보편적인 기능
예 대도시 공원 주변 5km 이내 주택가의 가격에 대한 정보 추출

(3) 확산기능
① 주어진 지점에서 특정한 기능이나 현상이 공간상에서 일정 방향으로 그 영향력을 넓혀가는 것
② 다양한 특정 현상의 영향력을 분석하는 데 사용
예 복잡한 지표면상으로의 이동시간이나 그와 관련된 제반 비용 등을 계산

2) 지형분석
DEM이나 TIN 자료를 이용한 지형 분석
예 경사도, 경사면 방향, 단면도 생성, 3차원 시각화 등

3) 하계망 분석
물의 흐름 방향의 결정, 유역 면적과 하천의 수로, 최장수로 추출 등과 같은 수문학적 분석에 활용
예 높은 곳에서 낮은 곳 이동, 경사면 방향, 유역 경계(분수령) 등

4) 버퍼 분석

① 버퍼 거리(Buffer Distance)는 직선거리인 유클리디언 거리(Euclidian Distance)를 주로 이용한다.
  - Euclidian Distance : 피타고라스 정리의 개념을 이용하여 두 점 사이의 거리를 측정하는 기법

② 선사상을 입력하더라도 버퍼 분석의 결과는 면사상으로 표현된다.

③ 면사상 주면에 버퍼 존(Buffer Zone)을 형성하는 경우 면사상의 가장자리에 있는 지역을 설정한다.

④ 면사상에 대한 버퍼 존은 면의 내부에도 생성할 수 있다.
  - Setback : 폴리곤 버퍼의 경우 버퍼 존을 폴리곤 경계의 내부에도 구축하는 것을 의미

05 | Unit

응용측량

제1장 지상측량

01 수준측량

1. 정의

수준측량은 지표상 어느 점의 표고 또는 고저차를 구하는 측량, 각 지점의 높이는 평균해수면을 기준으로 측량하는 것을 말하며 레벨측량이라고도 한다.

2. 용어

1) 수평면(L.S : Level Surface)

정지된 해수면 및 그 해수면상에서 중력방향에 수직인 곡면, 즉 지구표면이 물로 덮여 있을 때 만들어지는 형상의 표면이다.

2) 기준면(D.L : Datum Level)

높이의 기준이 되는 수평면으로 일반적으로 평균해수면이다.

3) 수준원점

기준면은 가상의 면으로 실제 높이의 기준으로 사용하고자 하면 지상의 위치에 고정시키는 고정점으로 우리나라의 수준원점은 인천 인하대학 구내에 있으며 높이는 26.6871m이다.

4) 수준점(B.M : Bench Mark)

기준면에서 표고를 정확히 측정하고 수준원점을 출발하여 국도 및 주요도로를 따라 표석을 매설한 점으로 1등은 4km, 2등은 2km마다 설치한다.

5) 표고

기준면에서 지표상의 연직거리를 말한다.

6) 후시(B.S : Back Sight)

알고 있는 점에 세운 표척의 읽음 값이다.

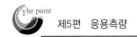
7) 전시(F.S : Fore Sight)

표고를 구하려는 점에 세운 표척의 읽음 값이다.

8) 기계고(I.H : Instrument Height)

지표 기준면에서 망원경 시준선까지의 높이로 지반고＋후시의 측정값이다.

9) 지반고(G.H : Ground Height)

표척을 세운 점의 표고로 기계고－전시의 측정값이다.

10) 이기점(T.P : Turning Point)

전시와 후시를 연결한 점으로서 이 점에 대한 관측오차는 이후의 측량 전체에 영향을 미친다.

11) 중간점(I.P : Intermediate Point)

지반고만을 구하기 위해 전시만 측정한 표척의 읽음 값으로 다른 점에 오차의 영향이 미치지 않는다.

3. 수준측량 분류

1) 측량방법에 따른 분류

① 직접수준측량 : 레벨을 사용하여 2점에 세운 표척의 눈금차로부터 직접 고저차를 구하는 방법이다.

② 간접수준측량 : 레벨 이외의 기구를 사용하여 두 점 간의 연직각과 수평거리 또는 경사거리로서 삼각수준 측량, 공중사진의 입체시에 의한 측량, 기압수준 측량, 스타디아 수준측량 방법 등이 있다.

③ 교호수준측량 : 강 또는 바다 등으로 인하여 접근이 곤란한 2점 간의 고저차를 직접 또는 간접 수준측량에 의하여 구하는 방법이다.

④ 기압수준측량 : 수은기압계와 아네로이드 기압계를 이용한 수준 측량이다.

⑤ 약수준측량 : 정밀을 요하지 않는 수준측량으로 답사 등을 목적으로 점 간의 고저차를 구하는 측량이다.

2) 측량목적에 따른 분류

① 고저 수준측량 : 고저차를 구하기 위한 측량

② 단면 수준측량 : 종단수준측량과 횡단수준측량으로 분류

• 종단 수준측량 : 도로, 하천, 철도 등과 같이 한 측선상 여러 점의 표고를 구하여 단면형을 결정하기 위한 측량으로 축척은 종과 횡을 달리한다.

- 횡단 수준측량 : 노선 측선상의 여러 점에서 직각방향의 표고를 구하여 단면형을 결정하는 측량으로, 축척은 종과 횡이 같다.

4. 직접수준측량

1) 직접수준측량의 방법

① 기계고(I.H) = 지반고(G.H) + 후시(B.S)

② 지반고(G.H) = 기계고(I.H) − 전시(F.S) = 기계고(I.H) − 중간점(I.P)

③ 고저차(h) = 후시의 총합 − 전시의 총합

④ 고저차에 기지점의 표고를 더하면 그 점의 표고를 구할 수 있다.

2) 전후시를 같게 함으로써 제거되는 오차

① 레벨의 조정이 불완전하여 시준선과 기포관축이 평행하지 않을 때

② 지구의 곡률오차와 대기의 굴절오차를 제거

③ 초점나사를 움직일 필요가 없어 그 때문에 생기는 오차 제거

3) 야장기입 방법

① 고차식 : 간단한 방법으로 2란(단)식이라 하며 전시의 합과 후시의 합의 차로서 고저차를 구하는 방법

② 기고식 : 임의의 점의 시준고를 구한 다음 여기에 임의의 점의 지반고에 그 후시를 더하여 기계고를 구하고 이것에서 다른 점의 전시를 빼면 그 점의 지반고를 얻는 방법으로 노선측량의 종단측량이나 횡단측량에 많이 쓰이며 중간시가 많을 때 적당하다.

③ 승강식 : 전시값이 후시값보다 적을 때는 그 차를 승란에, 클 때는 강란에 기입하는 방법으로 "후시 − 전시 = (+)이면 승란에, 후시 − 전시 = (−)면 강란에 기입" 임의점의 지반고는 앞 측점의 후시가 있는 지반고 + 승값, 지반고 − 강값이며, 임의의 점의 표고 계산은 쉬우나 중간점이 많으면 복잡하다.

4) 주의사항

① 표척을 수직으로 세우고 기포가 중앙에 있어야 한다.

② 측정 시 표척의 침하 및 이음매 부분을 주의하여야 한다.

③ 표척의 최상, 최하단을 시준하지 않는다.

④ 수준측량 시 왕복측량을 원칙으로 한다.

5. 간접수준측량

1) 앨리데이드에 의한 수준측량

앨리데이드의 경사분획을 n이라 하고 경사거리를 l이라 하면 경사각 α는

$\tan\alpha = \dfrac{n}{100}$에서 α각을 구할 수 있다.

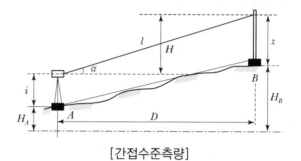

[간접수준측량]

수평거리 $D = l \cdot \cos\alpha$　　　고저차 $H = l \cdot \sin\alpha$　　　$H_B = H_A + i - Z$

여기서, H_A : A점 표고　　　H_B : B점 표고

α : 경사각도　　　i : 기계의 높이

l : 경사거리　　　Z : 표척의 높이

2) 삼각수준측량

삼각수준측량은 트랜싯을 이용하여 연직각과 거리를 관측하고 삼각법을 응용하여 2점의 고저차를 구하는 측량으로 간접수준측량에 속하게 된다. 직접수준측량에 비하여 비용 및 시간이 절약되지만 정확도는 낮다. 이유는 주로 대기에 의한 광선의 굴절, 기온, 기압 등 기상이 지역 및 시간에 따라 다르기 때문이다. 따라서 연직각의 측정은 대기의 안정성이 좋은 낮이나 밤이 좋으며 아침, 저녁에는 광선의 굴절이 심하기 때문에 좋지 않다. 두 점 사이의 수평거리를 D, P점의 연직각을 θ, 기계고를 i라 하면 P점과 A점의 고저차 H는 다음과 같다.

$$H = D \cdot \tan\theta + i \text{이며,}$$

A점, B점 및 P점의 표고를 각각 H_A, H_B, H_P라 하면

$$H_P = H_A + D \cdot \tan\theta + i$$

$$H_B = H_A + D \cdot \tan\theta + i - h \text{이다.}$$

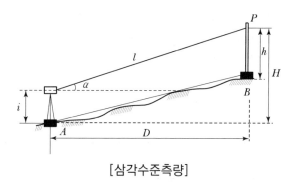

[삼각수준측량]

3) 교호수준측량

하천이나 계곡 등을 직접 수준측량을 할 수 없는 경우, 중앙에 기계를 세울 수 없을 때에 실시하는 방법으로 그림과 같이 A, B 양 점으로부터 거리가 $AC = BD$가 되도록 A, B직선상에 레벨을 세우고 C점에서 A, B점의 표척의 읽음 값을 a_2, b_2라 하면 고저차 h는 다음과 같다.

$$h = \frac{1}{2}(a_1 - b_1) + (a_2 - b_2)$$

여기서, a_1, a_2 : A점의 표척 읽음 값
b_1, b_2 : B점의 표척 읽음 값
l_1, l_2 : A, B 표척 읽음 값의 차(오차)

표척의 읽음 값	A점	B점	B점의 표고(H_B)
$a_1 > b_1$ $a_2 > b_2$	지반이 낮다.	지반이 높다.	$H_B = H_A + h$
$a_1 < b_1$ $a_2 < b_2$	지반이 높다.	지반이 낮다.	$H_B = H_A - h$

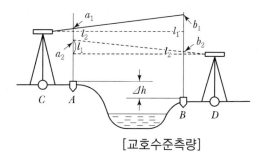

[교호수준측량]

6. 수준측량의 허용오차 및 수준기의 감도

1) 기본수준측량의 허용오차

구분	1등수준측량	2등수준측량	비고
왕복	$2.5\text{mm}\sqrt{L}$	$5\text{mm}\sqrt{L}$	2km 왕복했을 때
폐합차	$2.5\text{mm}\sqrt{L}$	$5\text{mm}\sqrt{L}$	L은 노선거리 km

2) 공공수준측량의 허용오차

구분	1급수준측량	2급수준측량	3급수준측량	4급수준측량	간이수준측량
왕복	$2.5\text{mm}\sqrt{S}$	$5\text{mm}\sqrt{S}$	$10\text{mm}\sqrt{S}$	$20\text{mm}\sqrt{S}$	$40\text{mm}\sqrt{S}$
폐합차	$2.5\text{mm}\sqrt{L}$	$5\text{mm}\sqrt{L}$	$10\text{mm}\sqrt{L}$	$20\text{mm}\sqrt{L}$	$50\text{mm}+40\text{mm}\sqrt{L}$

여기서, S : 편도거리, L : 노선거리

3) 수준기의 감도

수준기의 감도는 기포관의 기포 한 눈금(2mm)이 움직일 때 수준기축과 기포관 한 눈금 사이에 낀 각(중심각)을 말하며, 중심각이 작을수록 감도는 좋으며 주로 수준기의 곡률 반경에 좌우되고 곡률 반경이 클수록 감도는 좋다.

(1) 수준기의 조건
① 유리관의 질은 오랜기간 변하지 않아야 한다.
② 기포관 내면의 곡률반경이 모든 점에서 균일해야 한다.
③ 기포의 이동이 민감하고 액체는 표면장력과 점착력이 적어야 한다.

(2) 수준기 감도의 측정
수준기의 감도측정은 현장에서 간단히 측정하려면 그림과 같이 기포 A에서 적당한 거리 D만큼 떨어진 점에 세운 표척을 시준하고 약간 경사진 기포 B에서의 눈금을 읽었을 때 그 차이를 L이라 하면 AB의 길이를 D, D에 포함되는 눈금수를 n, 기포관의 곡률반경을 R로 하면, 비례식에 의해 곡률반경을 구할 수 있다.

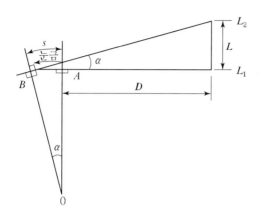

$$R : S = D : L, \ R = \frac{S \cdot D}{L}$$

4) 기포관의 감도

기포관 감도는 기포가 1눈금(2mm) 이동할 때 기포관의 경사각 α_0를 말한다. 기포관의 기포를 중앙으로 유도하고 수평거리(D)만큼 떨어진 지점에 세운 표척의 읽음 값을 L_1이라고 한다. 다음으로 $S(n$눈금)만큼 이동할 때의 읽음 값을 L_2라고 하면 다음 식이 성립한다.

$$\alpha'' = \frac{L_1 - L_2}{nD} \times \rho'' = \frac{L}{nD} \rho''$$

여기서, D : 레벨로부터 표척까지의 거리
L : 기포 이동에 대한 표적값 차이
ρ'' : 1라디안

① 기포관을 약간만 경사지게 하여도 기포가 크게 이동하면 감도가 양호하다고 말한다.
② 1눈금에 대한 중심각이 적을수록 또는 기포관의 곡률반경이 클수록 좋다.
③ 수준기에 사용하는 기포관의 감도는 $20'' \sim 50''$, 곡률반경은 $8 \sim 20$m 정도의 것이 많다.

02 지형측량

1. 정의

① 지형측량은 지구표면상에 나타나 있는 자연 및 인공적인 지물·모양, 즉 도로, 철도, 하천 또는 산정, 구릉, 계곡, 평야의 상호위치 관계를 정확히 측정하여 일정한 축척과 도식으로 표시하여 지형도(지도)를 작성하기 위한 측량을 말한다.

② 지형표현의 3원칙은 첫째, 기복을 알기 쉽게 표현하고, 둘째, 정량적 계획을 엄밀하게 하며, 셋째, 표현을 간결하게 하여야 한다.

2. 지형도의 축척

1) 지형도의 축척

① 대축척 : 1/1,000 이상

② 중축척 : 1/1,000~1/10,000

③ 소축척 : 1/10,000 이하

2) 우리나라의 지형도 축척

① 지형도의 대표적 축척은 1/50,000 지형도로 위도·경도차 15′

② 1/25,000 지형도는 위도·경도차 7′ 30″

③ 1/5,000 지형도는 위도·경도차 1′ 30″

3. 지형의 표시방법

1) 자연적 도법

(1) 영선법(게바법, 우모법)

굵기, 길이 및 방향 등으로 땅의 모양을 표시하는 방법으로 지면의 최대 경사방향에 단선상의 선을 그어 급경사는 굵고 짧게, 완경사는 가늘고 길게 표시하는 방법인데, 수치로 고저를 표시하거나 제도 등이 곤란하다.

(2) 음영법(명암법)

빛이 지표에 서북쪽으로 45°로 비치면 지표의 기복에 대하여 도상에 2~3색 이상으로 기복의 모양을 표시하는 방법으로 지표기복의 형상에 따라서 명암이 생기는 원리를 이용하는 방법으로서 고저차가 크고 경사가 급한 곳에 주로 사용되며 등고선과 영선법을 병용하는 경우도 있다.

2) 부호적 도법

(1) 점고법

지면상에 있는 임의점의 표고를 도상에 있는 숫자에 의하여 지표를 나타내는 방법으로, 일정한 간격의 표고 또는 수심을 도상에 숫자로 기입하며 하천, 항만, 해양 등의 심천을 나타내는 경우에 사용한다.

(2) 등고선법

동일표고의 점을 연결한 곡선, 즉 등고선에 의하여 지표를 표시하는 방법으로 등고선도는 고저차뿐만 아니라 지표경사의 완급 및 임의 방향의 경사를 구하기가 용이하여 토목공사 등에 가장 널리 사용된다.

(3) 채색법

같은 등고선의 지대를 같은 색으로 칠하여 표시하는 방법으로 높을수록 진하게, 낮을수록 연하게 칠하며 지리관계의 지도에 사용된다.

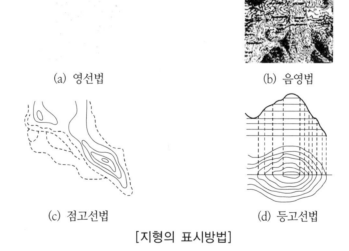

(a) 영선법   (b) 음영법

(c) 점고선법   (d) 등고선법

[지형의 표시방법]

3) 등고선의 성질

등고선에서 다음 등고선까지의 수직거리, 즉 절단면의 간격이 동일해야 편리하며 등고선은 다음의 성질을 갖는다.

① 동일한 등고선 상에 있는 점들은 높이가 같다.〈그림 a〉
② 급경사지는 등고선의 간격이 좁고 완경사지는 넓어진다.〈그림 b〉
③ 높이가 같은 경사지에서는 양 등고선의 간격이 같으며, 같은 경사평면인 지표에서는 동일 간격의 평행선이 된다.〈그림 c〉

④ 높이가 다른 등고선은 절벽이나 동굴 등을 제외하고는 교차하거나 합쳐지지 않는다.〈그림 d〉

⑤ 등고선은 도면 내나 외에서 반드시 폐합한다.〈그림 e〉

⑥ 등고선 간의 최단거리의 방향은 지표면에서 최대경사방향을 가리키므로 등고선에 연직(수직)한 방향이 된다.〈그림 f〉

⑦ 등고선이 곡선을 통과할 때는 한쪽에 연하여 거슬러 올라가서, 곡선을 직각방향으로 횡단한 다음 곡선 다른 쪽에 연하여 내려진다.〈그림 g〉

⑧ 등고선이 도면 내에서 폐합하는 경우는 산정이나 계곡 등에서 나타나며 물이 없는 계곡은 저지의 방향에 화살표를 그려 구분한다.〈그림 h〉

⑨ 등고선이 능선을 통과할 때는 능선 한쪽에 연하여 내려가서 능선을 직각방향으로 횡단한 다음 능선 다른 쪽에 연하여 거슬러 오른다.〈그림 i〉

⑩ 한 쌍의 등고선 능선이 서로 마주 서있고, 다른 한 쌍의 등고선이 바깥쪽으로 향하여 저하할 때는 고개를 나타낸다.〈그림 i〉

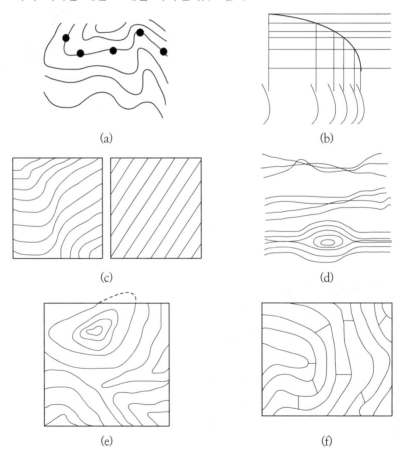

(a)

(b)

(c)

(d)

(e)

(f)

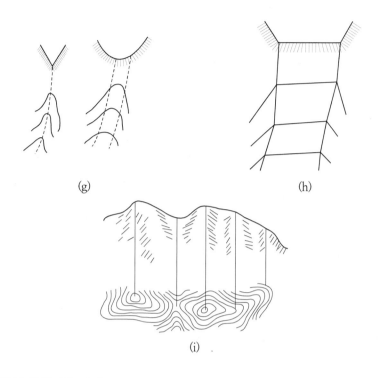

(g)

(h)

(i)

4) 등고선의 종류 및 간격

등고선의 간격	기호	1/10,000	1/25,000	1/50,000
주곡선	가는 실선	5m	10m	20m
간곡선	가는 파선	2.5m	5m	10m
보조곡선(조곡선)	가는 점선	1.25m	2.5m	5m
계곡선	굵은 실선	25m	50m	100m

4. 지형측량

1) 측량계획

작성하고자 하는 지도의 사용목적, 측량구역의 넓이, 지형, 축척의 크기, 등고선의 간격, 측량에 필요한 정도와 시간 등 지형도 작성을 위해서 이용 가능한 자료를 수집하는 것을 말한다.

551

2) 등고선의 측정법

(1) 직접측정법

대축척(1/5,000 이상)도에 쓰이며 직접수준측량의 원리에 의하여 일정한 높이에 있는 등고선상의 여러 점을 측정하는 방법으로 지면의 경사가 완만하고 기복이 불규칙한 토지 등 정밀한 지형을 표시하는 경우에 적합하고 삽입에 따른 오차는 소거 가능하나 시간이 많이 걸린다.

① 레벨에 의한 방법 : 레벨을 이용하여 직접 등고선을 측정

② 평판에 의한 방법 : 엘리데이드에 의하여 등고선상의 각 점에 세운 표척 또는 시준판의 눈금을 읽고 방사법에 의해 그 점의 위치를 구하는 방법

(2) 간접측정법

① 목측법 : 지성선상의 경사교환점의 위치와 표고를 이용하고 등고선의 성질에 의해 2점 간의 등고선 위치를 목측에 의해 정하고 이를 연결하여 등고선을 삽입하는 방법으로 특히 1/10,000 이하의 소축척의 측량에 많이 사용한다.

② 종단점법 : 지성선의 방향이나 기지점에서부터 몇 개의 측선을 설정하고 그 선상의 지반고와 거리를 재고 등고선을 삽입하는 방법으로 소축척의 산지 등에 이용한다.

③ 횡단점법 : 수준측량이나 노선측량에서 많이 사용되는 방법으로, 중심선을 설치하고 이를 기준으로 좌우에 직각방향으로 측정하여 등고선을 삽입하는 방법이며 노선측량의 평면도에 등고선을 삽입할 경우에 이용한다.

④ 방안법 : 좌표점고법 또는 모눈종이법이라 하며 한 특정구역을 정방형 또는 구형으로 나누어 각 교점의 위치를 결정하고 등고선을 삽입하는 방법으로 지형이 복잡한 곳에 이용한다.

⑤ 방사절측법 : 트랜싯을 사용하여 경사가 변화하는 점을 측정하고 그 사이에 등간격으로 등고선을 삽입하는 방법으로 대부분 이 방법을 사용한다.

03 노선측량

1. 정의

노선측량은 도로, 철도, 운하 등의 교통로의 측량, 수력발전의 도수로 측량, 상하수도·관개용수의 도수관의 부설에 따른 측량, 운반용 삭도·통신선·전력선 등의 선상 구조물을 총칭해서 노선이라 하고 폭이 좁고 길이가 긴 구역의 측량을 말하며, 지형도와 노선을 계획·설계하기 위한 종횡단면도 등의 작성과 토량 등을 계산한다.

2. 노선측량 순서

노선 선정 → 계획조사 측량 → 실시설계 측량 → 용지 측량 → 공사 측량

3. 노선측량의 주요사항

가능한 경사가 완만한 직선으로(곡선부는 피함) 하고 토공량이 적게 되며 절토와 성토가 짧은, 균형된 구간으로 배수가 잘돼야 한다.

4. 곡선 설치

1) 곡선의 종류(곡선을 그 형상 및 성질에 따라 분류)

① 평면곡선 : 단곡선, 복곡선, 반향곡선, 머리핀곡선, 완화곡선
② 수직곡선 : 포물선, 원곡선
③ 원곡선 : 단곡선, 복곡선, 반향곡선, 머리핀곡선
④ 완화곡선 : 3차포물선, 고차포물선, 반파장사인, 렘니스케이트, 클로소이드

2) 단곡선

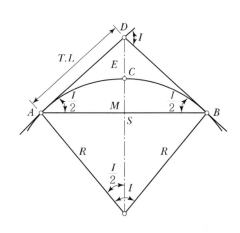

여기서, A : 곡선시점(Biginning of Curve) $B.C$
B : 곡선종점(End of Curve) $E.C$
C : 곡선중점(Secant Point) $S.P$
D : 교점(Intersection Point) $I.P$
I : 교각(Intersection Angle) I
$<AOB$: 중심각(Central Angl) I
OA : 곡선반경(Radius of Curve) R
OB : 곡선반경(Radius Fo Curve) R
AB : 곡선장(Curve Length) $C.L$
AB : 현장(Long Chord) C
AD : 접선장(Tangent Length) $T.L$
BD : 접선장(Tangent Length) $T.L$
CS : 중앙종거(Middle Ordinate) M
CD : 외할(External Secant)(S, L)

(1) 접선장

$$T.L = R \cdot \tan\frac{I}{2}$$

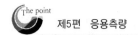

(2) 곡선장

$$C.L = R \cdot \frac{\pi}{180°} \cdot I = 0.01745° R \cdot I$$

(3) 현장

$$C = 2R \cdot \sin\frac{I}{2}$$

(4) 중앙종거

$$M = R\left(1 - \cos\frac{I}{2}\right)$$

(5) 외할

$$E = (S.L) = R\left(\sec\frac{I}{2} - 1\right)$$

(6) 편각

$$편각 = \delta = 1,718.87' \frac{l}{R}$$

3) 편각 설치법

(1) 호장과 현장

중심말뚝의 표준간격은 20m이지만 곡선부에서 호장 20m를 측정한다는 것은 곤란하므로 일반적으로 현장을 측정하여 사용한다.

$$호장과 \ 현장의 \ 차이 \quad C - l = \frac{C^3}{24R^2}$$

(2) 편각의 성질

① 단곡선에서 접선과 현이 이루는 각으로 편각을 이용하여 곡선을 설치한다.
② 비교적 정밀도가 높아 도로 및 철도에 널리 사용한다.

③ 곡선반경이 작으면 오차가 따른다.

④ 시단현 및 종단현을 계산하여 편각을 구한다.

(3) 중앙종거법($\frac{1}{4}$법)

곡선의 검사 또는 조정에 편리하며 곡선 반경이나 곡선 길이가 적은 시가지의 곡선 설치에 이용된다.

$$M_n = R\left(1 - \cos\frac{I}{2}\right) \fallingdotseq \frac{M_{n-1}}{4}$$

5. 완화곡선

1) 칸트(Cant)와 확폭(Slack)

(1) 칸트

① 곡선부를 통과하는 열차는 원심력을 받기 때문에 밖으로 떨어지려고 하는데 이 떨어지는 것을 막기 위해 바깥레일을 안쪽레일 외면보다 높이는 것을 칸트라 하며, 철도에서의 칸트는 150mm가 최대한도이다.

② 균형칸트는 궤간이 1,067mm일 때

$$C = 8.87\frac{V^2}{R}$$

여기서, V : 계획 최고속도(km/h)

③ 궤간이 1,435mm일 때

$$C = 11.8\frac{V^2}{R}$$

여기서, R : 곡선반경(m)

(2) 확폭

자동차가 곡선부를 주행할 경우 뒷바퀴는 앞바퀴보다도 항상 안쪽을 지난다. 그래서 곡선부에서 그 내측 부분을 직선부에 비교하여 넓게 하는 것을 확폭이라 한다.

555

$$확폭(\varepsilon) = \frac{L^2}{2R}$$

여기서, L : 차량의 전면에서 뒷바퀴까지의 거리
R : 곡선반경

2) 완화곡선이 가지고 있는 모든 성질

① 곡선반경은 완화곡선의 시점에서 무한대이고 종점에서 원곡선 R이 된다.
② 완화곡선의 접선은 시점에서 직선에, 종점에서 원호에 접한다.
③ 완화곡선에 연한 곡선반경의 감소율은 칸트의 증가율과 동률(다른 부호)로 되고 또 종점에 있는 칸트는 원곡선의 칸트와 같게 된다.

04 터널측량

1. 터널측량 정의

터널측량이란 도로, 철도, 수로 등의 노선을 지하 또는 수저를 관통시키기 위하여 실시하는 터널의 위치 선정을 위한 측량과 그 공사를 시공하기 위한 측량으로 수평에 가까운 터널측량뿐 아니라 수직갱, 경사갱 등도 포함된다. 터널측량은 크게 나누면 갱외측량, 갱내측량, 갱내외 연결측량으로 나눈다.

2. 작업 순서

답사 → 예측 → 지표설치 → 지하설치

3. 갱외측량(지상측량)

터널 착공 전에 두 갱구를 맺는 중심선을 지상에 측설하기 위한 지표 중심 측량과 터널 입구의 지형측량을 위하여 삼각점 및 보조삼각점 등 기준점 측량을 실시하고 이에 의거 지형측량, 중심선측량, 수준측량 등을 실시한다.

4. 갱내측량(지하측량)

갱내측량은 갱내의 굴진방향 및 높이를 결정하고 보수 등을 위해 갱내에 영구적인 중심점(도벨 : Dowel)을 설치하는 것이 목적이며, 터널중심선을 갱내에서 결정하여 굴착 중 그 방향을 유지하는 측량이므로 반복하여 작업을 점검하고 방향에 착오가 없도록 할 필요가 있으며 측량방법은 트래버스측량, 수준측량과 마찬가지이지만 좁고, 어두운 갱내에서 작업하기 때문에 트랜싯에 조명을 부착하고 표지를 천장에 붙이는 등의 방법이 필요하다.

1) 갱내측량의 일반성

갱내측량을 할 때 고저의 변동, 중심선의 이동을 기록하여 두고 몇 회 반복하여도 틀린 경우는 다음의 원인을 조사한다.
① 갱구 부근에 설치한 갱의 기준점의 움직임 여부
② 갱내의 도벨의 상태
③ 측량기계의 불량 여부
④ 지산(地山)의 움직임 여부

2) 갱내의 수준측량

지상 측량 좌표와 지하 측량 좌표를 같게 하는 측량으로 크로노미터, 트랜싯, 레벨, 고무관 수평기, 기압 수준기 등을 사용

5. 갱내외 연결측량

터널이 지하로 굴착하는 경우 지상과 지하의 갱내를 연결하는 방법으로서 경사갱에 의한 경우와 수직갱에 의한 경우가 있다. 지표로부터 기울어진 갱도를 경사갱이라 하며 지표로부터 수직으로 된 갱도를 수직갱이라 한다.

1) 한 개의 수갱(수직갱)에 의한 연결측량

한 개의 수직갱으로 연결할 경우에는 수직갱에 2개의 추를 매달아서 이것에 의해 연직면을 정하고 그 방위각을 지상에서 관측하여 지하의 측량으로 연결
① 깊은 수갱에서는 피아노선(강선)을 이용
② 깊은 수갱에서 추의 무게는 50~60kg
③ 얕은 수갱에서는 보통 철선, 동선, 황동선 등이 사용
④ 얕은 수갱에서 추의 무게는 5kg 이상

⑤ 수갱 밑에는 물 또는 기름을 넣은 탱크를 설치하고 그 속에 추를 넣어 진동하는 것을 방지

⑥ 추가 진동하므로 직각 방향으로 수선진동의 위치를 10회 이상 관측해서 평균값을 정지점으로 함

2) 두 개의 수갱에 의한 연결측량

두 개의 수갱에 한 개씩의 수선을 정하고 이 수선을 이용하여 기점 및 폐합점으로 하고 다각측량을 실시

제2장 사진 및 위성측량

01 사진측량

1. 정의

사진측량이란 중심투영인 측량용 사진으로부터 지표면의 정사투영인 지도를 만드는 것으로, 지상이나 공중으로부터 촬영된 사진을 이용하며 일반적으로 측량용 사진으로부터 피사체에 대해 그 위치와 형상 및 그 밖의 양적인 관계를 구하고 질적인 관계를 읽어 이를 분석하며 종합적인 판단을 내리는 기술이다. 지형도는 문화재의 조사, 지질조사, 토지 이용 조사, 산림조사, 건물현황 등에 광범위하게 항공사진측량을 이용하고 있다.

2. 사진측량의 장단점

1) 장점

① 사진은 정량적, 정성적인 측량이 가능하다.
② 동적인 측량이 가능하다.
③ 촬영에 따른 재측이 용이하다.
④ 측량대상의 범위가 넓으며 넓은 지역에 경제성이 높다.
⑤ 측량의 정확도가 균일하다.
⑥ 동적인 것도 측정 가능하며 접근하기 어려운 대상물의 측량도 가능하다.
⑦ 분업에 의한 작업이 능률적이다.
⑧ 축척변경이 가능하며 시간을 포함한 4차원 측량이 가능하다.

2) 단점

① 기상상황의 영향을 많이 받는다.
② 좁은 지역일 경우에는 비경제적이다.
③ 장비가 고가이며 초기 시설투자비가 많다.
④ 피사체 식별이 곤란한 부분이 있다.

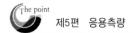
3. 사진측량

1) 사진측량의 작업 순서

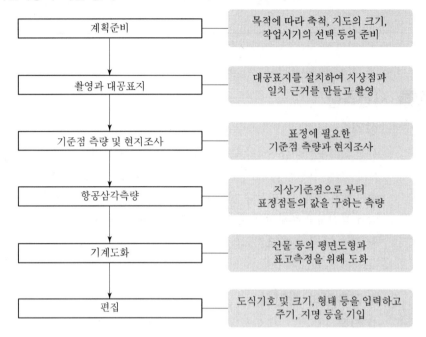

계획준비	목적에 따라 축척, 지도의 크기, 작업시기의 선택 등의 준비
촬영과 대공표지	대공표지를 설치하여 지상점과 일치 근거를 만들고 촬영
기준점 측량 및 현지조사	표정에 필요한 기준점 측량과 현지조사
항공삼각측량	지상기준점으로 부터 표정점들의 값을 구하는 측량
기계도화	건물 등의 평면도형과 표고측정을 위해 도화
편집	도식기호 및 크기, 형태 등을 입력하고 주기, 지명 등을 기입

2) 항공사진의 특수3점

항공사진의 특수3점은 주점, 등각점, 연직점을 말한다.

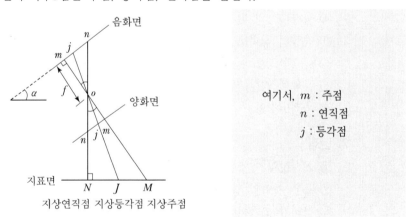

여기서, m : 주점

n : 연직점

j : 등각점

① 주점 : 주점은 사진의 중심점으로서 렌즈의 중심으로부터 화면에 내린 수선의 발, 즉 렌즈의 광축과 화면이 교차하는 점이다.

② 등각점 : 등각점이란 사진면에 직교되는 광선과 연직선이 이루는 각을 2등분하는 광선이 사진면에 마주치는 점이다.

③ 연직점 : 렌즈의 중심으로부터 지표면에 내린 수선의 발을 말하며 수선의 발에 의해 내린 점을 지상연직점이라 하며 수직사진에서는 주점과 일치한다.

3) 사진측량의 축척

① 계산에 의한 축척

$$M = \frac{1}{m} = \frac{l}{L} = \frac{f}{H}$$

여기서, M : 축척 m : 축척의 분모수

l : 화면에서 두 점 간의 거리 L : 지상에서 두 점 간의 거리

f : 초점거리(화면거리, 주점거리) H : 촬영고도

② 지도상에서 구하는 방법

$$m = \frac{지도상의 \ 길이}{사진상의 \ 길이} \times m_k$$

여기서, m_k는 지도 축척분모수

4) 사진의 포괄면적 구하는 방법

① 초점거리를 사용하는 방법

$$포괄면적 = \frac{aH}{f} \times \frac{bH}{f} = \frac{abH^2}{f^2}$$

여기서, a, b : 화면의 가로, 세로

h : 촬영고도

f : 초점거리

② 축척을 사용하는 방법

$$포괄면적 = \frac{a}{M} \times \frac{b}{M} = \frac{ab}{M^2}$$

여기서, a, b : 화면의 가로, 세로

M : 축척

561

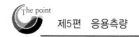
5) 촬영기선길이(기선고도비)

1코스의 촬영 시 임의의 촬영점에서 다음 촬영점까지의 실제거리를 촬영기선길이, 또는 촬영종기선길이(B)라 한다.

$$B = am\left(1 - \frac{P}{100}\right)$$

여기서, a : 화면의 크기　　　m : 축척분모
P : 종중복도

4. 항공사진 촬영

1) 측량용 사진기의 종류 및 용도

카메라 종류	초점거리(mm)	화면의 크기(cm)	화각	필림의 길이	용도
보통각(NA)	210	18×18	60°	120m	산림 조사용
광각(WA)	150	23×23	90°	120m	일반 도화 판독용
초광각(SWA)	90	23×23	120°	60m	소축척 도화용

2) 촬영

(1) 촬영계획 세울 때 주의할 점

① 촬영코스는 촬영지역을 완전히 덮어야 하며 인접 코스 사이에는 약 30%의 중복도를 갖도록 한다.

② 도로, 하천 등은 직선코스를 조합하여 촬영하며 넓은 지역은 동서방향을 원칙으로 하며 남북으로 긴 지역은 남북 방향 코스를 계획한다.

③ 같은 코스 내의 인접사진은 반드시 50% 이상 중복되게 촬영해서 실체시가 가능해야 하며 안정성 등을 고려하여 60% 중복촬영이 많으나 산악지대는 70~80% 중복을 하면 사각부분을 없앨 수 있지만 중복도가 너무 크면 촬영기선 길이가 짧아져 오히려 높이 측정 정도가 나빠진다.

④ 1코스의 길이는 일반적으로 30km 이내로 한다.

⑤ 촬영시기는 태양고도가 지평선으로부터 30° 이상인 10시~14시를 택하며 1촬영 경로에 요하는 촬영시간은 약 15~20분이다.

⑥ 촬영구역 전부를 실체시 하도록 촬영 코스의 시점 및 종점은 반드시 촬영구역외까지 촬영해야 한다.

(2) 촬영면적과 사진매수

① 촬영면적

$$(a \times m)(a \times m) = (a \times m)^2$$

여기서, a : 사진크기 m : 축척분모

② 촬영유효면적

$$(a \times m)^2 \times \left(1 - \frac{p}{100}\right) \times \left(1 - \frac{q}{100}\right)$$

여기서, p : 종중복도 q : 횡중복도

③ 전체 면적을 고려한 경우

$$소요매수 = \frac{전체\ 면적}{1매당\ 촬영\ 유효면적} \times (1 + 안전율)$$

④ 노선촬영의 경우

$$노선사진매수 = \frac{촬영코스연장(S)}{촬영기선길이(B)} \times (1 + 안전율)$$

※ 보통의 경우 안전율은 30% 정도이다.

5. 사진판독의 요소

1) 음영

판독 시와 촬영 시의 빛의 방향을 일치시키는 것이 입체감을 얻는 데 용이하며 그림자의 윤곽에 의하여 전주, 굴뚝, 교량 등의 입체형을 알 수 있다.

2) 모양

피사체의 배열상황에 의하여 판별하는 것으로 사진상에서 볼 수 있는 식생, 지질, 지형 또는 지표상의 색조 등을 판독한다.

3) 크기

어느 피사체가 갖는 입체적, 평면적 넓이와 길이를 나타내며 사진상에서 육안 식별능력은 0.2mm 이상의 크기여야 한다.

4) 색조

피사체가 갖는 빛의 반사에 의한 것으로, 수목의 종류를 판독하는 것을 말한다.

5) 질감

색조, 형상, 크기, 음영 등의 여러 요소의 조합으로 구성된 조밀, 거칠음, 세밀함 등으로 표현하며 나무의 종류 및 농작물을 판별한다.

6) 형태

목표물의 구성 배치 및 일반적인 형태를 말한다.

7) 상호 간의 위치관계

주위의 물체와의 관계를 파악한다.

8) 과고감

렌즈의 초점거리와 중복도에 의하며 지표면의 기복을 과장하여 나타낸 것으로 산지는 실제보다 돌출하여 보이고 경사면의 경사는 실제보다 급하게 보이므로 주의하여야 하며, 과고감은 촬영고도(H)에 대한 촬영기선길이(B)와의 비인 기선고도비 B/H에 비례한다.

6. 입체사진 표정

사진상의 임의의 점과 대응되는 땅의 점과의 상호관계를 정하는 방법으로 지형의 정확한 입체모델을 기하학적으로 재현하는 과정을 말한다.

1) 표정의 순서

내부표정 → 상호표정 → 절대표정(대지표정) → 접합표정

2) 기계적 표정

(1) 내부표정

도화기의 투영기에 촬영 당시와 똑같은 상태로 양화필름을 장착시키는 작업으로 화면거리 조정과 주점의 표정작업이 이루어진다.

(2) 상호표정

양투영기에서 나오는 광속이 촬영 당시 촬영면에 이루어지는 종시차를 소거하여 입체모형 전체가 완전 입체시가 되도록 하는 작업을 말한다.

① 상호표정 인자운동 : 회전인자와 평행인자는 최소 5점의 표정점 필요

② 상호표정 인자의 선택 : 5개 이상의 독립된 표정인자에 의해 종시차 소거

③ 그루버법에 의한 평탄지 상호조정과 산악지 상호표정

④ 불완전 상호표정

(3) 절대표정

대지표정이라고도 하며 대체로 축척을 결정한 후 수준면을 결정하고 시차가 생기면 다시 상호표정으로 돌아가 표정을 하는 것으로 대상물 공간 또는 지상의 기준점을 이용하여 대상물의 공간 좌표계와 일치토록 하는 작업으로 절대표정은 입체모형좌표, 횡접합모형좌표, 종·횡접합의 모형좌표인 3차원 좌표로부터 표정기준점 좌표를 이용하여 축척경사 등을 조정함으로써 절대좌표를 얻는 과정을 의미한다.

① 축척결정

② 수준면 결정 : 사진이 3° 정도 경사를 갖고 최소 3점 이상의 표고기준점이 필요하다.

③ 위치 결정 : 평면상에 2점의 좌표로 위치가 결정되고 방위가 결정한다.

④ 7개의 표정인자가 필요하다.

3) 해석적 표정

(1) 내부표정

① 정밀좌표관측기에 의해 관측된 상좌표로부터 사진좌표로 변환하는 작업이다.

② 변환식은 관측좌표에 대응하는 사진좌표를 이용하여 최소제곱법으로 변환식에 의거 계수를 구한다.

(2) 사진좌표 보정

① 렌즈왜곡 : 방사방향의 왜곡, 접선 방향의 왜곡으로 분류할 수 있으며 대칭형이다.

② 대기굴절 : 촬영고도가 높아지면 광선은 대기보정의 영향을 받는다.

③ 지구곡률 : 지상점의 위치를 수평위치로 계산하려면 지구에 의한 상의 왜곡을 보정해야 한다.

④ 필름변형 : 필름의 수축 및 팽창량은 지표 사이의 관측된 거리와 검정자료를 비교하여 측정한다.

(3) 상호표정

① 공면조건 이용방법에는 종시차를 소거하는 방법이 있으며 3차원 가상좌표인 입체모형좌표를 형성하게 된다.

② 공선조건을 이용하는 방법은 사진의 노출점의 위치와 경사를 공간전방교회
에 의해 결정하는 방법으로 입체모형좌표를 형성하지는 않는다.

4) 접합표정

한 쌍의 입체사진 내에서 한쪽의 표정인자는 움직이지 않고 다른 한 쪽만을 움직여
다른 쪽에 접합시키는 표정법으로 촬영경로상 다수의 입체사진에 대해 독립적으로
입체모형을 형성하면 입체모형에서 좌입체모형의 우사진과 우입체모형이 있으면
좌사진은 공동이므로 2개의 입체모형 변화에 이용하고 있는 종접합점이 존재하고
항공 삼각 측정에 사용된다.

7. 원격탐측

원격탐측은 원거리에서 대상물과 현상에 관한 정보를 해석함으로써 자원 및 환경문제
를 해결하는 학문으로, 비행기나 인공위성의 탑재기에 탑재된 센서를 통하여 지표의 대
상물에서 반사 또는 방사된 전자 스펙트럼을 측정하고 이들 자료를 이용하여 대상물이
나 현상에 관한 정보를 얻는 기법이다.

1) 특징

① 짧은 시간 내에 넓은 지역을 동시에 측정할 수 있으며 반복 측정이 가능하다.
② 다중파장대에 의한 지구표면 정보획득이 용이하여 측정자료가 기록되어 판독이
자동적이고 절량화가 가능하다.
③ 회전주기가 일정하므로 원하는 지점 및 시기에 관측하기가 어렵다.
④ 관측이 좁은 시야각으로 얻어진 영상은 정사투영상에 가깝다.
⑤ 탐사된 자료가 즉시 이용될 수 있으며 재해, 환경문제 해결에 편리하다.

2) 원격센서의 종류

(1) 수동적 센서

① 선주사 방식 : 광기계적 주사 방식, 전자적 주사 방식
② 카메라 방식 : 사진방식, T.V.방식(Vidicon)

(2) 능동적 센서

① 라이다 방식
② 레이저 방식

02 위성측량

1. 정의

GPS(Global Positioning System)는 인공위성을 이용한 범세계적 위치결정 체계로 정확한 위치를 알고 있는 위성에서 발사한 전파를 수신하여 관측점까지의 소요시간을 관측함으로써 관측점의 위치를 구하는 방식이다. 위성체 연구, GPS 전파의 정확도 향상, 위성궤도의 향상 및 수신기술 개발이 접목되어 측량분야 외에도 광범위한 여러 분야에서 응용되고 있다.

2. GPS 측량의 장단점

1) 장점

① 주야간 악천후 등 기상상태와 관계없이 관측 수행이 가능하다.

② 지형, 지물의 여건에 관계없으며 또한 측점 간 상호시통이 되지 않아도 관계없다.

③ 관측 작업이 신속하다.

④ 관측점에서 모든 데이터의 취득이 가능하며 하나의 통일된 좌표계를 사용한다.

⑤ 사용자 1인이 1개의 수신기로 위치 측정이 가능하므로 측정 작업이 간단하며 적은 인원으로도 가능하다.

2) 단점

① 위성관측 시야각(절사각)이 15° 이상 개방되어야 한다.

② 직진성 파장인 극초단파를 사용함에 따라 나무나 고층건물이 가릴 때 관측이 곤란하며 주위에 전파 방해물이 없어야 한다.

③ 장비가 비교적 고가이고 장비사 간 소프트웨어 호환성에 문제가 있다.

3. GPS의 구성요소

1) 우주부분(Space Segment)

우주부분은 인공위성으로 구성되어 있으며 모두 27개의 위성으로 구성되는데 이 중 24개가 항법에 사용되고 3개의 위성은 예비용으로 배치되며 GPS 위성은 지구의 적도면과 55° 궤도 경사각을 이루며 위도 60°의 6개 궤도로 60°씩 떨어져 있고 1궤도면에는 4개의 위성이 위치하여 있으며 고도는 20,183~20,187km로 위성은 약 12시간 주기로 운행하는 3차원 후방교회법의 방식으로 위치를 결정한다.

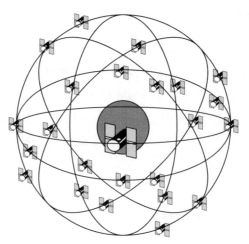

[GPS 위성의 궤도 배치]

2) 제어부분(Control Segment)

GPS 관제는 GPS 위성의 정확한 궤도, 일력, 위성시간을 계산하여 정확한 위치 계산과 전체 GPS의 운용, 제어 및 위성의 작동상태를 총 감독하는 2개의 주제어국과 무인으로 운영되며 위성의 위치를 추적하는 5개의 추적국, 위성의 정보를 수신하는 3개의 전송지구국이 있다. 위성궤도와 시간결정을 위해 위성을 추적하고 전리층 및 대류층의 주기적인 모형화와 위성시간의 동일화를 통한 위성으로의 자료전송 등을 담당한다.

3) 사용자부분(User Segment)

사용자부분은 GPS 수신기와 사용자 단체로 이루어지며 수신기는 위성으로부터 받은 신호를 처리하여 위치를 결정하고 송신시각을 비교하여 거리를 측정한다.

4. GPS의 원리

1) 코드 관측방식에 의한 위치결정(의사거리를 이용한 위치결정)

위성에서 발사한 코드와 수신기에서 미리 복사된 코드를 비교하여 두 코드가 완전히 일치할 때까지 걸리는 시간을 관측하고 여기에 전파속도를 곱하여 거리를 구하는데 이때 시간의 오차가 포함되어 있으므로 의사거리라 한다.

2) 반송파 관측방식에 의한 위치결정 원리

위성에서 보낸 파장과 지상에서 수신된 파장의 위상차를 관측하여 거리를 측정한다.

5. GPS의 신호체계

1) 반송파에 의한 방법

반송파의 정보는 PRN 부호와 항법메시지로 이루어져 있다.

① L1 반송파는 1,575.42MHz(154×10.23MHz) 주파수로 전송

② L2 반송파는 1,227.60MHz(120×10.23MHz) 주파수로 전송

2) 코드에 의한 방법

(1) P 코드

① 반복주기가 7일인 PRN 코드(불규칙한 이진수열로 위성까지의 거리를 측정)

② 주파수 10.23MHz, 파장 30m

③ AS 모드로 동작하기 위해 암호화되어 PPS(정밀측위서비스) 사용자에게 제공

④ L1, L2 반송파 모두 운반

(2) C/A 코드

① 반복주기가 1ms(milli-second)인 PRN 코드

② 주파수 1.023MHz, 파장 300m

③ L1 반송파에 운반

(3) Y 코드

해석된 P 코드를 대체하기 위한 군사용 코드

6. GPS 측량방법

1) 단독측위(절대관측) 방법

일반적으로 수신기를 1대만 사용하는 측위방법

① 단독 측위방법에는 동시에 4개 이상의 GPS 위성이 필요하며 지구상 사용자의 위치를 관측하는 기초적인 응용단계이다.

② 위성으로부터 전파신호에 포함되는 궤도정보나 기타 필요 정보(전리층, 위성시계의 보정치)를 해독하고 신호의 도달시각 측정값으로 미지점의 위치를 결정한다.

③ 측점의 수신기에서 관측한 위상기록은 자기적 또는 전자적인 매체 등에 기록한다.

④ 낮은 정확도로 인하여 항공기, 선박, 자동차 등의 항법장치에 사용한다.

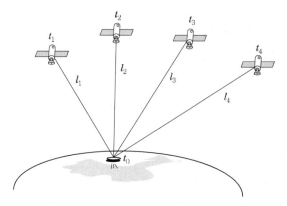

여기서, t_0 : 지상수신기에서 전파를 수신받는 시간

$t_1 \sim t_4$: 위성에서 전파를 발사하는 시간

$l_1 \sim l_4$: 의사거리

2) 간섭계 측위(상대관측) 방법

2개 이상의 수신기를 이용하는 측위 방법

(1) 정지[스태틱(Static)] 측량

① 기준점 측량 중 삼각측량 방법에서 많이 실시하며, 2개 이상의 수신기를 고정하여 측량

② 정지측량 방법에서는 반송파의 위상을 이용하여 관측점 간의 거리를 계산

③ 수신기 설치시에는 안테나 높이를 측정하여 입력

④ 관측 소요 시간은(40분~2시간) 기선의 길이와 위성의 배치상태에 따라 다르다.

⑤ 고정점은 정확한 성과를 알고 있는 점을 기준으로 한다.

(2) 이동[키네매틱(Kinematic)] 측량

① 기준점 측량 중 도근측량에서 많이 실시한다.

② 성과가 가장 양호한 삼각점을 선정하여 고정점(Reference Point)으로 한다.

③ 관측 소요시간은 5~15분이 적당하다.

④ 5~10mm± 1ppm의 정밀도를 구할 수 있다.

(3) 실시간 이동측량(RTK : Real Time Kinematic)

① 실시간 이동측량으로 주로 일필지 확정측량에 사용한다.

② 최근 측량장비는 정밀도가 높고 장거리 사용이 가능하므로 삼각점을 고정점으로 사용하여도 좋다.

③ 관측 소요시간은 2~5초 정도 된다.

④ 수신기의 신호단절이 발생하지 않도록 주의하여야 하며, DOP이 양호한 시간대를 선택하여 관측한다.

⑤ 초기화할 때는 L1, L2 신호의 추적을 확인한 후 시작한다.

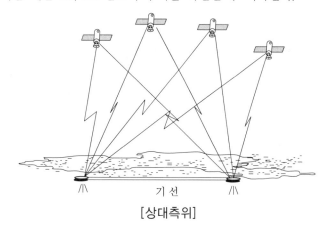

기 선

[상대측위]

7. GPS 측량 오차

1) 구조적 요인에 의한 오차

① 위성시계 및 궤도오차

② 전리층과 대기권에 의한 전파지연

③ 전파적 잡음, 파장측정 오차

④ 다중경로 오차, 기지점의 좌표 오차

2) 위성의 배치상태에 따른 오차

일반적으로 위성의 배치상태에 따른 오차에는 DOP가 사용된다.

(1) DOP(Dilution of Precision)의 종류

① GDOP : 기하학적 정밀도 저하율

② PDOP : 위치 정밀도 저하율(3차원 위치로 3~5가 적당)

③ HDOP : 수평 정밀도 저하율(수평위치로 2.5 이하가 적당)

④ VDOP : 수직 정밀도 저하율

⑤ RDOP : 상대 정밀도 저하율

⑥ TDOP : 시간 정밀도 저하율

(2) DOP의 특징

① 수치가 작을수록 정확하다.

② 지표에서 가장 좋은 배치상태일 때를 1로 한다.

③ 5까지는 실용상 지장이 없으나 10 이상인 경우에는 재측량한다.

④ 수신기를 사이에 두고 4개의 위성이 정사면체를 이룰 때, 즉 최대체적일 때 GDOP, PDOP 등이 최소이다.

3) 선택적 가용성(SA : Selective Availability)

4) 주파 단절(Cycle Slip)

8. WGS 84 좌표계

GPS는 WGS 84(World Geodetic System 1984)라는 기준좌표계를 사용하며 1950년대 말 미국 국방성에서 전 세계에서 사용할 수 있는 통일좌표계를 사용할 수 있도록 만든 지심좌표계로서 GPS에 의한 모든 위치결정은 WGS 84 좌표계를 이용하여 좌표를 구하게 된다.

1) WGS 좌표계의 변천 연혁

WGS 60 → WGS 66 → WGS 72 → WGS 84

2) WGS 84

(1) WGS 72 비교의 개선사항

① 많은 양의 자료를 처리할 수 있도록 전산기에 의한 정보처리기법 사용

② 도플러위치 결정으로부터 얻은 자료와 레이저 추적자료, 표면중력자료 사용

③ 위성고도, 레이더 고도계 이용

④ 남북 70° 범위 해양지역의 지오이드고를 사용

(2) 자료 취득방법

① WGS 72 개발에 사용된 위성 자료를 미국 해군 항행 위성체제로부터 자료 취득

② 광학위성자료는 BC−4사진기 및 Baker−Namn 사진기 등으로 취득

③ WGS 72에 사용된 지구중력 모형과 지오이드 모형은 오래되어 정확하고, 광
역의 기준계변환의 요구 등에 따라 개발

(3) WGS 84 좌표체계

① 1984년 국제시보국(BIH)에서 채택한 지구평균자전축을 "Z축"으로 규정
② X축은 1984년 국제시보국에서 정의한 본초자오선과 평행한 평면이 지구의
적도면과 교차하는 선을 말한다.
③ Y축은 X축과 Z축이 이루는 평면과 직교한다.

9. 좌표변환

1) 변환요소(7 Parameter) 방법

최소제곱기법으로부터 산정된 7개의 변환계수를 적용하여 상이한 두 직교좌표 간의
변환을 수행

2) 회귀다항식(MRE) 방법

두 기준계상의 위성관측점에 대한 WGS 84 및 Bessel 좌표의 직교좌표성분의 차를
도출하고 이를 독립변수로 하는 4차원 경향별 해석을 통하여 보정량을 산출하고 두
직교좌표 간 변환 수행

3) 몰로덴스키(Molodensky) 변환

두 기준계상의 위성 관측점에 대한 WGS 84 및 Bessel 좌표의 측지좌표 성분의 편차
량을 몰로덴스키 변환식으로 도출하고 이를 보정하여 두 측지계 간의 변환을 수행

제3장 지하시설물 측량

01 지하시설물 측량 정의

지하시설물 측량은 지하에 설치된 통신, 가스, 상하수도, 난방시설 등 수많은 지하시설물을 효과적으로 등록 관리하기 위한 측량

02 작업순서

① 지하시설물 자료 수집
② 지하시설물 탐사
③ 현황 측량
④ 종합 관리도 및 시설물 상세도 편집
⑤ 제도
⑥ 지하시설물 대장 작성

03 지하시설물 탐사 장비

1. CCV 안테나

매설물의 정밀측량에 사용되며 매설물의 정확한 위치에서는 신호가 없고 매설물에서 멀어질수록 신호가 상승

2. GRM 안테나

지하에 매설된 멘홀 또는 철 구조물의 탐사에 사용

3. SSV 안테나

매설물에 가까워지면 신호의 강도가 증가하나 정확한 위치에서는 급격히 신호가 감소한다.

04 지하시설물 탐사방법

1. 수평측정방법

① 간접법 : 송신기 없이 수신기만을 사용하여 탐사하며 지하에 매설된 송전 케이블 및 인접 도선 탐사에 이용된다.

② 직접법 : 저주파나 중파를 이용하며 저주파는 매설물에 전파되는 신호의 감소율이 낮고 다른 인접 매설물에 영향을 적게 미치며 중파는 매설물의 전파가 통하지 않는 부분이 있어도 전파가 통하게 한다.

③ 유도법 : 송신기를 매설물의 일부에 연결하지 않고 예상되는 매설물의 방향과 일직선으로 설치하고 중파나 저주파를 이용하여 탐사한다.

2. 깊이측정방법

① 버튼법 : GPR 404 수신기와 CCV 안테나를 이용하여 깊이 측정

② 45°법 : 수신기에 SSV 안테나를 끼워 매설물의 정확한 위치에서 45°가 되도록 기울여 잡고 검류계의 눈금이 0이 되도록 이동하여 관측

③ 수직법 : 수신기에 SSV 안테나를 끼워 매설물의 방향과 직각이 되게 수평이동하여 깊이를 관측

05 지하시설물 현황도

1. 평면도

지적경계선, 지번, 기초점, 건물 및 주요지형지물 등 등록

2. 상세도

시설면도, 노선의 길이, 지상구조물까지의 거리 등 등록

3. 횡단면도

도면의 축척은 1/100~1/300 정도로 지하시설물의 배치상태를 구별할 수 있도록 작성

4. 일람도

축척 1/3,000~1/10,000으로 도엽별로 도번호를 식별할 수 있게 도곽선으로 구획

06 지하시설물 대장 등재사항

① 시설물의 소재 및 종류, 크기 및 깊이
② 지상구조물의 수
③ 가로명 및 가로번호
④ 관리청 명칭 및 소재
⑤ 시공 연월일
⑥ 도면번호
⑦ 기타 필요한 사항